伦理与德性

——王淑芹学术论文集

王淑芹　著

人民出版社

目　录

道德哲学篇

政治伦理篇

经济伦理篇

诚信伦理篇

公民道德篇

道德缘起条件的哲学分析

　　道德缘何存在？这是伦理学的一个重要的基本理论问题，也是社会道德建设的理论支撑。然而，对这一道德存在的根本性问题，常为人们所忽视，甚至许多教科书或论著常把其作为不证自明的伦理理论的基本预设直接引用，加之人们对现实道德问题的强烈关注，致使这一基本理论问题缺乏寻根究底的深入探究。

　　人为何有德？这是一个深邃而又浅显的问题。尽管道德作为实践经验问题，我们可以通过观察和体认进行实证分析；但作为道德的本体问题，我们必须站在哲学的高度进行理性思辨，提出道德是如何可能的？阐明什么是道德存在的必需条件？基于此，我们从六个维度进行理证。

一、人的生理特性与道德

　　道德是一种属人的社会现象，因此，对于人类道德活动和现象的考察，就不能离开人性本身，因为人性的先在特性是人活动的"基因"

和能够作为的主观条件。何谓"人性"？好像已有了无须多言的定论，因为在关于人性问题的研究著述中，学界基于历代思想家们的箴言和马克思主义的人性学说，已有了人性是自然属性与社会属性统一的抽象概述和基本共识，但我们发现，在对人性的具体阐释和实际运用过程中，存在着以社会属性挤压自然属性的现象，以致影响以此为理论前提的相关问题的全面分析。在伦理学的道德缘起的问题上，就存在此类倾向。

对于人性，众多学人已惯常从人的特性的眼光来审视，即从人与动物相区别的视角来把握，所以经常看到的只是人的思维、意识、理性的光辉在社会中的普照以及由之支撑的人的活动的社会性。但不可回避的是，人从动物进化的客观事实及生命机体的生物机制，就先在地决定了人最初存在样态的生物性或自然性，并注定人在生命历程的成长过程中，不能完全摆脱生物内部规律的制约。就此，恩格斯曾有过精辟的论断："人来源于动物这一事实已经决定人永远不能完全摆脱兽性，所以问题永远只能在于摆脱得多些或少些，在于兽性或人性的程度上的差异。"① 这表明，人的生命存在的生物性即自然属性是人永远无法彻底割舍掉的，否则，人就会被神化；同样重要的是，人的自然属性要受制于社会制度、文化等规约，否则，人就会被动物化。由之，对人的基本概括应该是，人是具有生理、心理、思维、社会活动等综合特征的有感觉和理性的生命有机体。为此，我们认为，对人性的全面理解，既看到人的社会本质性又承认人的自然属性存在的客观性，则是科学阐释道德缘起的理论基础。

人的生理构造以及由此衍生的食、性、喝、安全等自然欲求，是人活动的原始动力。人作为生命机体，具有维持自身生存的自保需要，即生命力的保存和扩展需要生命力的积聚，所以，任何生命有机体都需

---

① 《马克思恩格斯全集》第 2 卷，人民出版社 1979 年版，第 94 页。

要向外摄取营养物以满足体内的新陈代谢。因之,"需要"作为一种体内的匮乏状态和摄取状态,是各个有机体维持和发展自己生命的共同特征和基本的冲动形式,这就预制了人不能逃离维持生命生存和发展的物质性需要。恰是这种需要,展开了人类的全部活动并成为活动的基本驱动力。为此,马克思一语道明:"任何人如果不同时为了自己的某种需要和为了这种需要的器官而做事,他就什么也不能做。"① 而心理学的研究成果也有相同的表述:"任何生命机体的积极性,归根到底都是由它的需要引起的,并且指向于满足这些需要。"②

毋庸置疑,人的生存,离不开需要的满足。但人的需要是如何满足的呢?正像英国哲学家大卫·休谟在其《道德原理探究》中所分析的那样,大自然没有把福泽直接赐给人使其坐享其成,而是通过主动劳动自我满足。由于单个人劳动能力的弱小、人的需要的多面性及其劳动分工所造成的人们的一种必不可免的联合,就决定了人在需要驱动下的生产劳动只能是在协作基础上的共同活动,并预示着人们在劳动中必然要结成一定的生产关系。"人们在生产中不仅仅影响自然界,而且也互相影响。他们只有以一定的方式共同活动和互相交换其活动,才能进行生产。为了进行生产,人们相互之间便发生一定的联系和关系;只有在这些社会联系和社会关系的范围内,才会有他们对自然界的影响,才会有生产。"③ "由于他们的需要即他们的本性,以及他们求得满足的方式,把他们联系起来(两性关系、交往、分工),所以,他们必然需要发生相互关系。"④ 显然,是人的生存需要引致了生产活动,而生产活动又衍生出了生产关系及其他社会关系,而道德作为协调人们之间利益关系、

---

① 《马克思恩格斯全集》第 3 卷,人民出版社 1960 年版,第 286 页。
② [苏] 彼德罗夫斯基:《普通心理学》,魏庆安等译,人民教育出版社 1981 年版,第 168 页。
③ 《马克思恩格斯选集》第 1 卷,人民出版社 1995 年版,第 344 页。
④ 《马克思恩格斯选集》第 1 卷,人民出版社 1995 年版,第 94 页。

规整人们行为的规范，显然是以人的社会关系的存在为先决条件的。但如果我们简单地遮蔽人的自然属性，就无法推演出需要与社会关系的内在逻辑，也就不能很好地对道德的缘起进行科学的溯源。

二、人的心理特性与道德

人的生理构造，虽奠定了人与动物衔接的基础，但其大脑的特殊构造以及在此基础上形成的第二信号系统即高级神经系统，使人所具有的思维能力，即感知力、想象力、理性等心智机能，又拉开了人与动物的距离。人所具有的思维和意识，禀赋的理性和想象力，提升了人作为生命有机体的等级地位，使人成为生命发展的最高形式，并使其能够超越他作为动物自身的受动性的限制，成为一种具有自觉能动性并使活动显现出自主性的创造者，表现为在劳动过程中主动制造生产工具、建立关系并自觉协调劳动关系。进言之，唯有人具有意识，人才能够依劳动的需要建立关系、反映协调关系的客观需要，并根据蕴涵在社会"关系"之中的应有条理和秩序的要求，凝结出不同的行为规范。按照恩格斯对规范生成的分析，生产活动的正常进行，在客观上就产生了确立某种规范以协调人们之间关系的需要，即"把每天重复着的生产、分配和交换产品的行为用一个共同规则概括起来，设法使个人服从生产和交换的一般条件。"[1] 可见，如果光有社会利益关系的存在，人没有意识，意识不到社会生产及交往的秩序需要某种规范"整合"人们的行为，那么，道德也不会产生。也正是如此，因动物不对什么发生关系，且其活动缺乏意识性而没有道德。

---

[1] 《马克思恩格斯选集》第 2 卷，人民出版社 1972 年版，第 538—539 页。

三、人活动的倾向性与道德

人活动的社会性，为什么就产生了"整合"人们行为的社会规范的要求呢？这就涉及了人活动的倾向性。人作为有感觉的生命有机体，所具有的欲求和需要，不仅促发了人的社会活动和社会关系的产生，而且也潜设了人活动的倾向性，即人的欲求的冲动性、生命的自保性和行为的自利性等生物特性，决定了人具有按着个人的意志和利益去行动的倾向。详解之，人的感性欲望所诱发的趋利性和自利性，造就了个人行为的任意性。不难想象，若任由个人的自行其是，必会导致人们之间的冲突、伤害、矛盾、斗争、残杀等，亦如英国哲学家霍布斯所言的"人与人之间的战争"。人类的智慧就在于能够寻求预防和减缓矛盾的方式（道德则是其一），即提供符合社会整合要求的行为范式和克服冲突的恰当方式，而不使人的为我任性行为破坏个人和共同体的发展。

我们不能无视或小视人的感性冲动性和自保自利对道德产生的基础作用，正是人的这些看似低级的倾向性使道德的产生成为必需。试想，如果人类没有感性的冲动，完全理性处事而不会损及他人，还需要设定相关的规范对人的行为给予制约和导向吗？或人类天生仁慈无私，相互礼让，讲信修睦，爱人如己等，人性的宽厚与包容自身就消融了冲突和矛盾，还有必要对人们的行为进行约束吗？可见，人性的自身局限性是道德得以产生的重要诱因。所以，美国学者约翰·麦克里兰在其《西方政治思想史》中明确指出："思考道德的时候，我们必须将我们的人类同胞视为不是非常善良，也不是非常邪恶。人天生非常善良，则思考道德是多余的，因为你可以看准他会好好做人。人天生非常坏，思考道德也是多余，因为你可以看准他们会做坏事。思考道德，是在非常好与非常坏之间思考，而且假设圣贤与恶魔都非常少。"[①]

四、物质财富的有限性与道德

人们之间会产生利益冲突和矛盾，不仅与人的有限仁慈和慷慨相关，也与社会财富的稀缺性密不可分。社会财富的有限性，在客观上加剧了人们逐利的矛盾性。自然提供给人类的生存条件，不都是像空气那样任由人们自由的摄取，而是通过劳动创造出有限的财富而对人们实行限量供给。社会财富的创造性和有限性就需要对人们财富的占有形式、获取方式、满足形式进行规定以维持一定的秩序，避免或减少伤害性行为的发生。故而，物质资源的匮乏性则是道德产生的又一诱因。试想，如果社会财富丰富无限，人们能够按需所得，人们还会因获取不到或获取少而发生争执或冲撞吗？还会有困扰当今世界各国施政的"公平与效率"的二难选择吗？

所以，我们认为，不谈人性的缺陷和物质财富的有限性，就不可能真正理解道德何以产生。换言之，如果没有人性的缺陷和物质财富的短缺，就无须道德。这也正是调节利益关系和矛盾成为道德基本问题的关键。反过来，伦理、道德也就成为社会存续的基础性条件之一。

五、人性的完善与道德

前述分析表明，人性的局限性是道德得以产生的主观要件，但从

---

① ［美］约翰·麦克里兰：《西方政治思想史》，彭淮栋译，海南出版社 2003 年版，第185 页。

另一个视域也说明，人对社会的适应、对人身上动物性和野蛮性的超越、对行为任意性的克服，需要修身养性，善化心灵，扩展才智，使人更具人性。因此，道德的缘起，不止是一种社会发展的整序的需要，也是类的发展和人性提升的需要，即人之为人，需要人们借助理性能力的存在优势而抑制或克服人性中带有动物性、侵略性、破坏性的冲动或贪欲及自私自利的倾向，需要人们对自己的欲望和行为进行合理的节制。就像法国思想家卢梭在《社会契约论》中所描写的那样："人们首先关心的是自己，是个人利益，因此，人们必须在听从自己的欲望之前，首先请教自己的理性，以理性为自己立法，使自己成为道德人。"综之，人的意识、理智，不仅使道德立法成为可能，而且由于人的理智能够控制各种情欲和行为，也使人遵守道德规则成为可能，即敦促人对自己品行进行主动的修养，并在价值追求中发扬人性的光辉。值得注意的是，人性的完善是一个历史进步中的渐进过程。

所以，我们应该清楚，人源于动物又不是动物，人具有神性又不是神，人处于动物与神的中位。至于每个个体，是动物性多些还是神性多些，境界高还是低，则是因人而异。虽然人永远也摆脱不了动物性，但道德可以提升人性使人远离动物性，所以，我们对道德的功用要给予合理的定位，它只是在一定程度上化解人的动物性，使人的生物性的自然需要如饮食男女等，赋予一定的审美、情感、价值等，而不能完全根除人的自然性需要。因此，我们万不能把道德完全"崇高化和神化"，否则，道德就会失去人味，直至失去对人的感召力。道德不在于根除人的情欲、物欲，而是在于归拢人的情欲、物欲，使之达到合理满足，即控制在人的身体健康需要和社会和谐发展的范围内。

六、个体的社会化与道德

道德得以存在和显现，还需把社会性和类的道德需要转化为个体的道德需要。确切地说，无论是道德的社会整序需要还是道德的类的完善需要，都是一种观念形态，它们只有为社会成员接受转化为个人的道德需要才是一种现实的道德。对个人道德需要推动的力量，主要基于两个必须：一是个人社会化的必须。人的社会性存在方式决定了个人的社会化的必然性。人的社会化除了要掌握和学习在世生活所必需的科学知识和基本技能外，还要通晓当时社会的各种规范要求，包括政治、法律、道德等。在这种社会化的过程中，每个人一方面发展着自己的社会性，以便被社会接受、容纳；另一方面就是形成自己的个性，以突显自己的独特性。但不论是社会性的丰满还是个性的玉成，都离不开对现实道德价值的认知、选择、认同、接受及对自我成长要求的规定。因此，道德是人在社会生活中安身立命的必要条件。就此而论，一般的社会成员都有道德需要，尽管这种道德需要方式会有一种"迫不得已"而为之的外在性特征，但它是人们正常生活的一种必须，有人可以违反它，却没有人能逃避它。二是个人心理需求的必须。人的生物性、心理性、理性的综合统摄，不仅决定了人生活在物质世界，更决定了人生活在精神世界，而且精神生活成为人超越动物的本质体现。由于道德的基本行为方式能够为人们提供人际交往的安全感和心理沟通的信任感及其社会性的肯定和自赏性的满足，因之，道德作为人们认识世界和把握世界的一种实践精神，是满足人的归属、爱、尊重、自我实现等精神性需求的重要方式，是人获得心理宁静、精神愉悦及人的本质实现的根本保证。

扼要概之，道德的缘起是多种要素的有机统合，且人的自然属性是不可或缺的诱因。它预示，伦理理论的确证不能脱离人性和人的实际生活，伦理规范戒律的推导要合乎人性原则（道德对人的感性冲动和欲望节制的适度性且提出的规范要求为人们能够做到）、效用原则（道德是一种合宜的生活态度和行为方式，具有为个人"服务"的能力，是人的一种生存力和发展力）、心灵原则（道德是人的一种精神需求，能够合理舒缓人的躁动激情，安顿人的心灵归属，净化人的灵魂）。唯有如此，道德才会有生命力，才不会被人们悬搁和抛弃。

发表于《理论与现代化》2006 年第 1 期

论道德的逻辑与历史的对立统一

社会经济运行机制的转型，使得市场经济成为全社会经济生活的基本制度，并引发了学术界对"市场经济与道德关系"的深入研究和广泛探讨。在对市场经济道德秉性及经济行为道德属性的辨析中，出现了种种相互抵牾的伦理判断和命题。这种纷争看上去是道德的超功利与自律理解的歧异所致，实则是道德的逻辑与历史对立统一的表征。

道德存在的逻辑形式与历史形式

道德作为"类"的一种标志，表示的是人性的完善与优越。人禀赋着理性思维和想象力，使人具有了超越他作为动物自身的受动性的限制，成为一种具有自觉性并使活动显现出自主性的能力。这种能力，使人不若一般动物，只盲从于感觉和欲望的驱使，从根本上决定了人的存在，不是一种单纯的"生存性"存在，而是一种能动的"创造性"的存在，可以"按照任何一个种的尺度进行生产，并且懂得怎样处处把内在的尺度运用到对象上去。"① 故而，人是一种自知的生命现象，具有主体

---

① 《马克思恩格斯全集》第 42 卷，人民出版社 1979 年版，第 97 页。

的觉悟和意识，不仅知其所在、所为，而且知其当为。人的活动蕴涵着主体的目的追求，并在超出动物纯粹生命维持的本能适应性活动中创造出人之所以为人的价值和快乐。人对其自身存在意义的价值追求和其主体性质的深刻领悟，使他自觉意识到了维系人类自身能够存在以及共同进化完善、和谐发展的责任。这种"责任"的主观呈现就是人的道德意识或道德良知。

道德作为人性的一种本质规定，有两种显现形式：道德的逻辑形式和道德的历史形式。

道德的逻辑形式是以人的理智结构、人的主体地位和主体性质为前提而产生的"人类应然道德"。人的理性，使人超出了动物对世界的直接感受性的局限及外在世界控制的受动性，成为世界的"主体"。人在世界上的主体地位决定了人是最高的价值和社会活动的最终目的，直接孕育出了尊重人、重视人的价值和尊严的道德原则；人的主体具有的创造、独立、自由和平等的特性内涵了重视人的自由和权利、公正平等、智慧勇敢、自爱爱人等道德规范。这些道德法则是人的主体自身的内在规定的"当然之则"，代表了道德的完满价值。然而，这种从普遍人性出发的道德逻辑形式只存在于理论的抽象中，而不能直接成为社会的现实。

道德不止于理论抽象，更是一种"实践精神"。实践总是"现实的人类的活动"，因而道德必须也只能以社会历史的方式存在。不言而喻，道德除了具有逻辑形式外，也具有历史形式。道德的历史形式是从人的现实存在、社会属性出发而产生的"社会实有道德"。纵观历史和放眼社会，"人是最名副其实的社会动物，不仅是一种合群动物，而且只有在社会中才能独立的动物。"① 人以社会为其存在方式。人的生命机体及其需要的本性和满足需要的方式使人们必然地以一定形式结合起来共同

---

① 《马克思恩格斯选集》第 2 卷，人民出版社 1972 年版，第 87 页。

活动和相互交换其活动，因而，社会及其生产方式是人存在和发展的前提和基础，人受着以生产关系为基础的一切社会关系总和的制约，是社会历史中的现实存在者。不待言，社会关系是人性的现实基础和决定性因素。所以，"人性"作为"最一般的抽象总只是产生在最丰富的具体发展的地方"①，而且也只有根基于一定的社会历史条件，并只有依赖这些条件，它们才会有具体的含义和内容。可见，"人性"的概念既是对"类"的普遍性的抽象，又是一个历史范畴；它既有人类的一般的共同特征，又有历史的具体特征。人性的抽象普遍性与具体的社会历史性的统一决定了道德的逻辑形式只有找到适应于自身的社会形式才可能不流于空洞的形式并真正得到实现。这意味着人的价值、独立、自由、尊严、平等等人类崇高的普遍道德价值只能在社会中具体地、历史地实现，从而预示，那种完全从抽象人性出发的道德，由于把人性高悬在了社会和历史之上，不可能具有广泛的现实基础。

道德的逻辑与历史的对立和统一

前述分析表明，道德既有理论的逻辑形式又有现实的历史形式。我们确立的人性的社会性和历史性，从根本上抛弃了对人类、人性抽象的哲学立场，为我们辩证地理解道德的逻辑与历史提供了可能。

首先，道德的逻辑与历史具有对立性。人的社会本性和社会决定性使得人类主体按照历史的客观规律发展着。人受制于客观世界的存在事实，决定了人类在社会中存在的历史形式及主体性的历史实现方式，表明人在自然和社会中的主体地位及主体性会不同程度地受到社会历史发展水平和社会关系、社会制度的局限，乃至造成人类应然道德和

---

① 《马克思恩格斯全集》第46卷上，人民出版社1979年版，第42页。

社会实有道德的差异和矛盾。这在道德历史发展的初期显得尤为明显和突出。奴隶社会和封建社会道德，尽管它们具有一定的历史进步性，但由于自然经济和宗法等级制度，使得它们所提倡的维护等级、特权、人身依附关系的道德规范直接与人类应然道德的尊重人、重视人的自由和权利相背离。易言之，奴隶社会和封建社会在政治和经济上存在的人身占有或依附关系，使得被统治阶级完全丧失了人的主体所应具有的独立、自由、平等的道德属性。正如马克思所描述的，"一切先前的所有制形式都使人类较大部分——奴隶，注定成为纯粹的劳动工具。历史的发展、政治的发展、艺术、科学等等是在这些人之上的上层社会内实现的。"① 社会的等价和剥削践踏了道德的自由和平等。资本主义商品经济的发展，倡导了自由、平等、博爱的道德规范，但由于经济私有制造成了人们社会地位的不平等及商品交换导致的物化、金钱化，道德的自由、平等、博爱仍难于真正全面实现。"用物的尺度代替人的尺度"倒置的畸形经常冲击和破坏以"人"为出发点和目的的人类应然道德。要言之，社会历史发展的阶段性和局限性制约着人类应然道德的实现与光大，引致了道德的逻辑与历史的对立。应该坦诚，迄今为止，人类只是随着社会的发展不断缓解二者的矛盾，彻底地消除则有待于社会的完全人性化。更直接地说，只有到了马克思称之为的"人类的真正历史"的共产主义社会，自然界和社会失去了其妨碍人类发展的特征，人的发展和社会的发展和谐一致，道德的逻辑与历史才会趋于一致。

其次，道德的逻辑寓于道德的历史之中。人的社会存在方式及人性的人类社会学意义，说明人、人的主体地位及主体性必须在社会历史中才能得到科学的解释和确证。由此决定道德的逻辑不能封闭在理论或想象中，必须与社会历史结合才能找到生长点。简言之，社会生产力发展水平、生产关系的性质、社会制度等社会环境是人类应然道德生长的

---

① 《马克思恩格斯全集》第 46 卷下，人民出版社 1980 年版，第 88 页。

现实基础。封建社会是宗法等级制和以家族制为基础的自然经济的综合体。以自耕而食、自织而衣为特点的自给自足的自然经济，使各个经济单位孤立、分散、封闭，人们的社会关系和联系极少超出共同体的狭隘界限；经济地位和政治法律地位的不同而形成的社会等级及等级身份的世代相承，严格规定了社会成员的等级名分和禁止僭越的道德要求，人们非但不能享有平等的权利，而且被束缚在等级秩序之下，犹如网上之结，没有独立自主性。这时的道德观念以服从一个共同体或更高的等级为美德，以至于父慈子孝、夫妇合美、做人忠贞信义等人类应然道德在封建社会是以扭曲的形式实现的，即是以父、夫、君的"尊"；子、妇、臣的单方面的屈服为前提。封建社会沉积的人们的因循守旧、不思进取、知足常乐等保守心理酿成的人们的被动性、懒惰性乃至奴性，使得人类应然道德只能在贫瘠的土壤中艰难生长。资本主义社会在经济形式上取代了自然经济；在政治形式上原则上消除了等级划分。市场经济的价值规律及资源配置要素的自由流通，确立了排他性的物权制度和独立平等的主体制度，市场主体具有了独立地位、利益和自由、平等。一切自然形成的关系和纽带都荡然无存。个人成为独立的个人，而个人越是独立，越是打破现实关系和观念关系的狭隘性，就越是使他们之间的相互关系和联系获得普遍性和全面性，以至于个人的自由、平等、价值得到了社会的承认和尊重。还有，商品生产者和经营者面向市场、消费者需求的经济活动，蕴涵了对顾客意愿的尊重和自由权利的承认，培植了人们平等互敬的精神。不难看出，资本主义市场经济对生产力的发展，既为人的自由全面发展创造了物质前提并在自身之内直接发展了人的能力，也为人类的应然道德的生长提供了较深厚的社会基础。由此可得，道德的逻辑形式只有深植于社会历史中，在社会道德的渐进完善过程中才能实现自己。

再者，道德的历史从根本上与道德的逻辑相一致。尽管人的社会历史性使社会道德与人类道德具有很大的差异，但人类道德的普遍特征是以"扬弃"的形式被保存在每个具体的历史时代的道德之中的。一方面，道德逻辑的"类"价值规定着道德历史的发展方向。现实的存在不仅仅是存在着的东西，而且还是应有的东西。因为人的主体地位和社会实践活动使存在蕴含了应该怎样存在的价值倾向，是人对应有世界的价值追求。这种应有世界的价值就是道德的逻辑表现，它预示着道德的发展趋势和总的价值目标，在逻辑意义和时间意义上具有领先地位即超前性，以至于道德常常成为社会变革的价值观念的先导。社会变革导源于"应有"对社会历史"现有"的超越，表现为现存生产关系失去适应生产力发展性质后，道德就会顺应这种历史必然性从道义上谴责和否定旧的社会制度的不合理性和非人道性，促使人们对现有的社会制度产生不满、愤怒和厌恶，激起人们对现实改造的决心和意志，追求一种更合理、更人道的社会。资本主义代替封建制度，就是得力于文艺复兴时期的人文主义者和18世纪法国启蒙思想家所提出的人道主义道德理论。人道主义道德理论对于封建的宗法等级制、特权及宗教禁欲主义道德的抨击，对人的价值、尊严、个性、自由、权利的肯定与宣扬，瓦解了传统的腐朽的价值体系，并成为资产阶级革命的理论旗帜、行动的动力和目标。同样，无产阶级革命也是起因于资本主义经济关系的非人格化、具有敌视人、压迫人的反人道性。一言以蔽之，道德的逻辑就是不断变革社会现实以实现道德历史的嬗变而丰满自己。另方面，道德的历史渐近地实现着道德逻辑的普遍价值。人类的历史，是不断摆脱自然的奴役与压迫以及社会不断发展进步的历程。在这个过程中，完善人性、实现人的全面发展，始终是人类社会发展的最终目的，以至于各个社会历史都在尽量地把现实的社会道德同人类道德的普遍目的与价值协调起来，都在为达到人类的普遍目的而实现着过渡性的目的。社会生产力的飞跃发展及社会制度的变革与完善，不但是人类一定程度上的自我解放，也是社会道德在新、旧道德更替中而实现的向人类道德的发展与接近。资本主义制度对封建制的革命，不仅使人类从整体形式上获得了较大的解放，而且使尊重人、重视人的价值、尊严、自由等体现人类道德价值原则和标准得到了很大程度的贯彻和实现。况且，这种"人"的道德意识不止于同类或自身，延及了生物和自然界，使得人们在对待自然界和生物的具体实践态度和世界观的认识论上深入了道德价值。准此观之，人类对道德完善的追求是在"类"本质推动下，在人类世代更迭和社会发展过程中历史地渐进实现的。

道德的逻辑与历史的对立和统一，揭示了道德的"至上性"和"非至上性"。人优越于动物的主体性及人类历史发展的最终目的和道德不断进步的前景，说明了道德是具有普遍历史意义的人类法则，是度衡历史时代的社会制度和人性的一种终极的价值目标，预示着人类具有道德完善的无限可能性；社会历史进程中道德意识的承继性、连续性和进行着各种形式道德活动统一的主体——人类，又说明了道德具有完整性。道德在人类历史发展中完善的无限可能性和完整性，表现了道德的"至上性"。人的社会性本质及社会发展的阶段性决定了道德都只能是处于一定历史发展阶段上的社会道德，并不可避免地带有特殊阶段的社会特征，显现出不同的社会经济结构具有不同的利益表现和道德要求，致使人类完善的可能性是有限的，是在历史发展中渐进地完善的。由此可见，人类道德的"至上性"与人类道德实现于其中的具体社会道德的"非至上性"是统一的。这种统一性表明，现实的道德不是直接呈现道德逻辑，而是在根源于现实利益要求基础上蕴有道德逻辑普遍价值的"应有成分"。这种"应有"是潜在地存在于现实实有之中的，它只有在理想和目的的意义上才是直接的。故此，任何道德，作为一种价值观念体系，既具有理想的合理性又具有现实的合理性，是超前的提升性和现实的规范性的统一。其另一方面也说明，道德的实践主体只能是具体的现实的个人而不是抽象的人类。尽管人类的理性具有借助于符号进行抽象思维和运用思维成果把握世界的自觉能动性和用理智控制行为的自主性，使人类为自己道德立法成为可能，但是，各个历史时代的道德立法者只是少数具有道德智慧的先进分子，社会大多数人是道德的接受者。更何况，立法者制定的道德律令不是主观的臆造或纯粹的理性抽象，而是基于社会历史的必然规定和现实的利益要求。这种道德法则对于大多数个体来说，不是"自我"为自己制定的法则，而是"自我"为自己接受、认同的法则。不辨自明，这种带有社会和历史规定性的道德法则对个人的思想和行为首先表现为客观的制约性和外在的约束性，只有道德主体认同、尊重了社会道德，才意味着道德主体克服了道德的外在强制的障碍，去掉了道德原来的外在目的性和必然性的外壳，把其变成了"自我"为自己提出的目的和规定，实现了道德自由。所以，道德的自律性是具体的道德主体践行道德的主动性和自觉性，是对他律外在强制的超越。

道德的逻辑与历史的对立统一，表明道德有两种相互区别但又联系的存在样态——人类的应然道德与社会的实有道德。人类的应然道德作为人类保持和发扬人性美好东西、避免人类丑恶东西，实现人之为人的价值和愿望的表达，是对人的"终极关怀"，是道德的理想。由于人类已有的社会制度和生产方式未能为这种完美道德提供直接的生长土壤，只是社会的实有道德在历史发展的必然中不同程度地体现着人类的应然道德，以至于人类的应然道德与社会的实有道德不仅有明显的差异和距离，而且有不同的评价对象。人类的应然道德是估评社会本身不完善缺陷程度和衡量社会道德进步与否的价值标准；社会的实有道德是判断和评价社会成员品行的具体价值标准。因此，在当前市场经济条件下，切忌用纯粹的人类应然道德的观点和眼光看待和直接评价现实社会人们的道德品行。尽管"人皆可以为尧舜"，但不能用尧舜的圣人标准衡量所有的社会成员，把人类道德理想阶段直接植入当今的社会现实，无视道德在日前发展阶段的道德历史形式，人为地拉平"道德现实"与"道德理想"的落差，使道德成为光有"崇高"而无现实基础的"善良愿望"，这样道德因拔高标准最终使其作用弱化，即在道德客体主体化过程中，现实的道德主体因无法达到它的完美，要么伪善，践踏道德的本义；要么道德主体对可望不可即的道德产生对抗感、厌恶感，把道德视为羁绊，背离道德而自行其是，滑向道德虚无主义。

道德的逻辑与历史在社会发展中的对立与统一，说明人类道德的普遍价值形式是在具体的历史和社会中实现的；意味着道德作为人类自身人性完善的方式，不是对抽象的"人性"的空洞完善，而是对社会历史中的具体人性的真实完善。其完善的内容和方面是社会生产力发展阶段和社会关系性质的一种"必然性"要求和规定。这种"必然性"要求蕴含着人的现实存在、行为及生活的一种"合理性"和"正当性"，表示人在历史规定下"存在和生活"的具体应当状态。"应当"通过道德原则表现出来，为人们的行为提供共守的行为范式和模式，使那个时代的人成为"应该怎样存在"的社会人。可见，现实的道德既是在历史发展阶段上对道德逻辑的追求，也是社会的一种历史规定。前者是人的本质自身的规定，从内在必然性方面决定了道德自身的目的性，从而使道德具有了主观的超功利性；后者表现了社会的必然性规定，其内容是由社会经济关系表现的利益决定的，致使道德自身天然就具有某种类型的利益实现的功利趋向和能力，是人际关系的"黏合剂"和社会秩序的维护者，毫无疑问地内含了"工具的合理性"，使道德具有了客观的功利性。

结　论

研究道德的出发点，既不能从抽象的人本身和孤立的个人出发，也不能从人之外的抽象实体——社会出发。人对道德的情有独钟，直接源于人的本质。由于人的需要本性及满足需要的方式使人们必然地以一定形式结合起来共同活动和相互交换其活动，从根本上决定了人是社会的存在物，即人不能以孤立的个体形式存在，只能以群体形式存在。人的存在和活动的社会本性决定了人的本质，"在其现实性上，是一切社会关系的总和。"① 社会关系及其历史变动性决定了人只有在历史的社会关系中才成其为人。这不仅意味着人以社会为依托，不是抽象的、孤立的个体，同时也意味着"社会"是由人组成的"人的社会"，而不是人之外的实体。因为社会是"个人彼此发生的那些联系和关系的总和"②，是由人们的社会关系连接的共同体。质言之，社会关系的总和是人的本质，也是社会本身；人存在于社会之中，社会表现人的本质，所以，社会不是人之外的单纯的客体。社会关系的存在与维持，客观上要求调节人们之间的非协调互动关系，以期在人们之间及个人与社会之间造成一种符合人性的恰当的和谐关系。人的理性、意识基于这种客观的需要，为自身设定了道德法则。

研究道德的方法必须是逻辑分析和经验实证相结合。道德是人的本质的一种规定，人的本质在现实性是社会关系的总和，而社会关系既是一个具有普遍性的抽象范畴，又是一个具有历史性的具体范畴，以至于在现实的人身上，不但有一些在任何时代人类都有的共同的社会属性，更占有了人类社会发展的特殊阶段的独有社会属性。正是现实的人集合了人类的一般社会属性和具体的历史属性构成了道德的人类性和历史性。道德的这种客观事实，决定了研究道德，不仅要用理性思辨从逻辑上论证道德的本性和共同性，而且必须要立足于经验事实，从历史发展的视角具体考察道德的特殊价值。唯有如此，才能客观地对待人类历史的道德文化，科学而实效地建构道德体系，避免道德出现远离任何现实社会实现的可能性的"仰视现象"，或缺乏逻辑论证的"庸俗现象"。

康德式的道德的超功利和自律在现阶段不可能完全实现。道德的

---

① 《马克思恩格斯选集》第 1 卷上，人民出版社 1972 年版，第 18 页。

② 《马克思恩格斯全集》第 46 卷上，人民出版社 1979 年版，第 220 页。

存在和自由唯有建立在社会存在和自由的基础上才能成为真正的存在和"实在的自由"，道德的这种社会制约性预制了道德的超功利性和自律性是在社会中历史地、具体地实现的。道德的超功利和自律性作为道德的个性，是在人与道德的实践关系中表现出来的人的主体性和自由本质。人的主体性的发挥和自由本质的实现有赖于社会的发展。

发表于《首都师范大学学报》（社会科学版）2001 年第 3 期

马克思主义的道德社会历史观
对普世伦理的超越

由传统社会向现代社会的转型，绝不只是单纯的经济运行方式的转换，从根本的意义上，更是一种思想、道德、文化的嬗变与建设。而普世伦理兴起的全球价值"道德共识"的思想，使一些人对马克思主义的道德社会历史观产生了质疑，认为马克思主义所强调的道德的社会历史性、阶级性、客观统一性等观点过时了。为此，我们需要对马克思主义道德观的理论基础及其道德社会本质论进行全面的解读，以正本清源。

一

任何科学的思想、观点，都需要坚实的理论支撑。马克思主义的道德社会历史观，是以其人的需要理论和人的本质学说为基础的。

马克思对人类道德现象的考察，不是到人之外去寻求产生的客观根据，而是立足于人和人的需要，从人的需要、活动、社会关系引出道德需要。在马克思看来，人是有多种需要的生命机体。人作为自然存在物，"具有自然力、生命力"，而"这些力量作为天赋和才能、作为欲望存在于人身上……他的欲望的对象是作为不依赖于他的对象而存在于他之外的；但这些对象是他的需要的对象。"①无疑，人作为自然的生命体所具有的欲望和需要，就构成了人的生命力向外摄取和扩张的动力，恰是人的维持生命活动的物质性需要，展开了人类的全部活动。所以，马克思说："任何人如果不同时为了自己的某种需要和为了这种需要的器官而做事，他就什么也不能做。"②虽然维持生命生存的物质需要是人和动物所共有的，但他们满足需要的方式不同。"动物只是在直接的肉体需要的支配下生产，而人甚至不受肉体需要的影响也进行生产，并且只有不受这种需要的影响才进行真正的生产。……动物只是按照它所属的那个种的尺度和需要来构造，而人懂得按照任何一个种的尺度来进行生产，并且懂得处处都把内在的尺度运用于对象，因此，人也按美的规律来构造。"③即是说，人的生产绝非仅仅出于肉体的直接需要，而是能满足人的各种不同需要的全面而自觉的活动。

马克思把人的生产活动与动物的本能适应性活动的剥离，突显了人的"生产活动"的本质特征：一是生产活动的"社会关系"性，即人类的生产活动不是孤立的个体活动，而是人们以一定方式相结合的群体的共同活动。所以，马克思说："由于他们的需要即他们的本性，以及他们求得满足的方式，把他们联系起来（两性关系、交往、分工），所以，他们必然要发生相互关系。"④"人们在生产中不仅仅影响自然界，而且也互相影响。他们只有以一定的方式共同活动和互相交换其活动，才能进行生产。为了进行生产，人们相互之间便发生一定的联系和关系；只有在这些社会联系和社会关系的范围内，才会有他们对自然界的影响，才会有生产。"⑤可见，生产活动内联着社会关系。二是生产活动

---

① 《马克思恩格斯全集》第 42 卷，人民出版社 1979 年版，第 167 页。
② 《马克思恩格斯全集》第 3 卷，人民出版社 1960 年版，第 286 页。
③ 《马克思恩格斯全集》第 42 卷，人民出版社 1979 年版，第 97 页。
④ 《马克思恩格斯全集》第 3 卷，人民出版社 1960 年版，第 514 页。
⑤ 《马克思恩格斯选集》第 1 卷，人民出版社 1995 年版，第 344 页。

的意识性，即人所具有的思维和意识，禀赋的理性和想象力，使人能够超越他作为动物自身的受动性的限制，成为一种具有自觉能动性并使活动显现出自主性的创造者，表现为在劳动过程中主动制造生产工具、建立生产关系并自觉协调劳动关系。"动物和自己的生命活动是直接同一的。动物不把自己同自己的生命活动区别开来。它就是这种生命活动。人则使自己的生命活动本身变成自己的意志和自己意识的对象。他的生命活动是有意识的。这不是人与之直接融为一体的那种规定性。有意识的生命活动把人同动物的生命活动直接区别开来。正是由于这一点，人才是类存在物。……他自己的生活对他来说是对象。仅仅由于这一点，他的活动才是自由的活动。"① 概而言之，人类生产活动的能动性、自觉性、自由性，恰是其超越其他动物的本质特征，故此，马克思在《1844年经济学哲学手稿》中明确指出："一个种的整体特性，种的类特性就在于生命活动的性质，而人的类特性就在于生命活动的性质。"②

正是由于人类生产活动的社会关系性和意识性，才使道德产生得以可能。质言之，人们在需要驱动下的生产劳动所结成的社会关系，在客观上产生了确立某种行为规范以协调人们之间关系的客观需要，而人类对这种维系生产活动和交往秩序协调需要的自觉意识，就使人类为自己的道德立法、主动制定共守的行为规范成为可能。确切地说，需要是道德产生的逻辑前提，社会关系是道德产生的直接动因，人的意识是道德产生的主观条件。

马克思主义道德社会历史观的理论基础，除了人的需要理论，还有人的本质的学说。

人性、人的本质以及与道德的关系，是历代思想家关注和研究的重心。近代资产阶级思想家曾高度重视人性和道德的关系问题，从英国

---

① 《马克思恩格斯全集》第 42 卷，人民出版社 1979 年版，第 96 页。
② 《马克思恩格斯全集》第 42 卷，人民出版社 1979 年版，第 96 页。

的经验主义道德哲学到 18 世纪法国的启蒙伦理思想以及费尔巴哈的人本主义，他们都把人看成是感性存在物，认为人的本性是趋乐避苦，主张道德上的善恶依人的苦乐感决定；而以笛卡尔、斯宾诺莎、康德等为代表的理性主义道德哲学，则视理性为人与动物区别的根本，强调道德原则和道德知识源于天赋观念，德是对理性的符合。马克思既没有否认人性与道德的关系，也没有在抽象的意义上谈论人和人性，而是把人置于一定的生产活动中，从生产活动的社会关系性质和历史变化中，论述人的本质。马恩在《德意志意识形态》清算黑格尔、费尔巴哈和施蒂纳等人的人性学说时指出：人们"是什么样的，这同他们的生产是一致的——既和他们生产什么一致，又和他们怎样生产一致。因而，个人是什么样的，这取决于他们进行生产的物质条件。"① 正是马克思从生产劳动阐明人的本质，才有其在《费尔巴哈提纲》中从社会关系的角度对人的本质的经典论述，"人的本质不是单个人所固有的抽象物，在其现实性上，它是一切社会关系的总和。"② 而"各个人借以进行生产的社会关系，即社会生产关系，是随着物质生产资料、生产力的变化和发展而变化和改变的。"③ 正是社会关系作为人性的现实基础和决定性因素，是历史的、发展变化的，所以，马克思明确指出，"人性"作为"最一般的抽象总只是产生在最丰富的具体的发展的地方"④，即由社会关系规定的人，必定是现实的、具体的人。可见，"人性"既是对"类"的普遍性的抽象，又是一个历史范畴；它既具有人类的一般的共同特征，又有历史的规定性。马克思所确立的人性的社会性和历史性，从根本上抛弃了抽象人性论的哲学立场，为我们辩证地理解道德的普遍性、客观性和社会历史性提供了可能。

---

① 《马克思恩格斯选集》第 1 卷，人民出版社 1995 年版，第 68 页。
② 《马克思恩格斯选集》第 1 卷，人民出版社 1995 年版，第 56 页。
③ 《马克思恩格斯全集》第 6 卷，人民出版社 1961 年版，第 487 页。
④ 《马克思恩格斯全集》第 12 卷，人民出版社 1962 年版，第 754 页。

二

马克思的这种对"人性"的社会性和历史性的确证，奠定了马克思主义的科学道德观。

首先，马克思主义认为，道德是由一定社会经济关系决定的社会意识。马恩从人的需要、生产劳动以及结成的社会关系出发，阐明了道德的社会决定性。马克思说："人们按照自己物质生产率建立相应的社会关系，正是这些人又按照自己的社会关系创造了相应的原理、观点和范畴。"①"因此，道德、宗教、形而上学和其他意识形态，以及与它们相适应的意识形式便不再保留独立性的外观了……而发展着自己的物质生产和物质交往的人们，在改变自己的这个现实的同时也改变着自己的思维和思维的产物。不是意识决定生活，而是生活决定意识。"②"意识一开始就是社会的产物，而且只要人们存在着，它就仍然是这种产物。"③马克思的论述表明，道德作为人们对现实社会客观规定的一种反映和意识形态，既不是由人之外的某种"神的意志"和"绝对观念"主宰的，也不是人的"主观意志"自生的，而是由人所生活的社会经济基础及其利益关系的性质决定的。所以，马克思把道德置于经济基础之中，从根本上解决了道德的客观性和发展的规律性问题。

其次，马克思主义认为，利益是道德的基础。由于马恩是站在现实历史的基础上解释观念的东西，而社会经济关系又是现实历史的集中体现，加之"每一个社会的经济关系首先是作为利益表现出来"④，因

① 《马克思恩格斯选集》第1卷，人民出版社1995年版，第142页。
② 《马克思恩格斯选集》第1卷，人民出版社1995年版，第73页。
③ 《马克思恩格斯选集》第1卷，人民出版社1995年版，第81页。
④ 《马克思恩格斯选集》第2卷，人民出版社1972年版，第537页。

而，马克思指出："正确理解的利益是整个道德的基础。"① 一方面，不同的社会经济关系会有不同的道德观念和规范。"财产的任何一种社会形式都有各自的'道德'与之相适用。"② 另一方面，社会经济关系所表现的利益决定着道德观念的内容和规范的价值方向。马恩从不抽象地谈论道德和利益的统一，而是认为对待利益关系的态度和处理方式要依据社会历史条件，所以，他们不是抽象地讲自我牺牲或反对利己主义，而是说"共产主义者既不拿利己主义来反对自我牺牲，也不拿自我牺牲来反对个人主义"，因为"他们清楚地知道，无论利己主义还是自我牺牲，都是一定条件下个人自我实现的一种必要形式。"③ 具而言之，利己主义与自我牺牲这一道德对立不是纯粹的感情形式或思想形式，而是现实利益对立的反映。故此，恩格斯在批评杜林的抽象道德观时指出："人们自觉地或不自觉地，归根到底总是从他们阶级地位所依据的实际关系中——从他们进行生产和交换的经济关系中，吸取自己的道德观念。"④ 即人们的道德观念和道德规范都是从其所处社会经济关系的地位以及表现的利益中引申出来的。由于在阶级社会中，人们对生产资料占有的程度不同、所处经济地位和利益不同，必会产生不同的道德观念，以致在阶级社会中道德具有阶级性。对此，恩格斯曾明确指出："一切以往的道德归根到底都是当时的社会经济状况的产物。而社会直到现在还是在阶级对立中运动的，所以道德始终是阶级的道德。"⑤

值得注意的是，马恩在承认道德的阶级性的同时，也看到了道德所具有的全民性。关于这一点，可以从两方面来理证。一是可以从社会经济关系与道德的内在逻辑中进行直接推导：道德规范的价值内容取决

① 《马克思恩格斯全集》第 2 卷，人民出版社 1957 年版，第 167 页。
② 《马克思恩格斯选集》第 3 卷，人民出版社 1995 年版，第 114 页。
③ 《马克思恩格斯全集》第 3 卷，人民出版社 1960 年版，第 275 页。
④ 《马克思恩格斯选集》第 3 卷，人民出版社 1995 年版，第 434 页。
⑤ 《马克思恩格斯选集》第 3 卷，人民出版社 1995 年版，第 435 页。

于社会利益关系的性质，即利益的对立与统一决定人们道德观念的阶级性和共同性。二是可以从马恩的具体论述中得到佐证。恩格斯在《反杜林论》中，在强调当时社会封建贵族、资产阶级、无产阶级都各自具有自己特殊道德的同时，也明确指出，在三种阶级道德中，"还是有一些对所有这三者来说都是共同的东西……这三种道德论代表同一历史发展的三个不同阶段，所以有共同的历史背景，正因为这样，就必然具有许多共同之处。不仅如此，对同样的或差不多同样的经济发展阶段来说，道德论必然是或多或少地互相一致的。"① 而马克思在《国际工人协会成立宣言》中也指出："努力做到使私人关系间应该遵循的那种简单的道德和正义的准则，成为各民族之间的关系中的至高无上的准则。"② 可见，在马恩看来，在同一社会形态中，人们不仅会因利益的不同或对立，产生不同的道德观念，而且也会因各个阶级在某些方面利益的共同性而形成某些一致的道德观念，使道德具有全民性。

最后，马克思主义认为，道德的嬗变源于社会经济关系的变革和变化。马克思把道德置于人们的社会物质生活之中，就预示了道德变化的社会决定性。马克思在阐述其历史唯物史观时指出："人们在自己生活的社会生产中发生一定的、必然的、不以他们的意志为转移的关系，即同他们的物质生产力的一定发展阶段相适合的生产关系。这些生产关系的总和构成社会的经济结构，即有法律的和政治的上层建筑竖立其上并有一定的社会意识形式与之相适应的现实基础。物质生活的生产方式制约着整个社会生活、政治生活和精神生活的过程。……随着经济基础的变更，全部庞大的上层建筑也或慢或快地发生变革。"③ 易而言之，社会经济关系的调整和变化，必会引起道德体系或道德观念的相应变化，道德的社会类型的更替就是在社会经济关系的交替中实现的。这表明，

---

① 《马克思恩格斯选集》第3卷，人民出版社1995年版，第434页。

② 《马克思恩格斯选集》第2卷，人民出版社1995年版，第607页。

③ 《马克思恩格斯选集》第2卷，人民出版社1995年版，第32—33页。

社会经济关系的性质和其发展的阶段性决定了道德只能是处于一定历史发展阶段上的社会道德，并不可避免地带有特殊阶段的社会特征，显现出不同的社会经济结构所具有的不同道德要求。

三

社会进步所带来的人们利益的融合趋势以及经济的全球化引致的各种文化的"对话"而形成的一些基本价值观念的共识，无不催生了普世伦理的盛行。普世伦理就是在世界范围的不同文化之中，基于人类的人性完善和社会基本秩序的需要，而形成的"关于一些有约束力的价值观、不可或缺的标准以及根本的道德态度的一种最低限度的基本共识。"① 不可否认，普世伦理确实在一定程度上反映了当前世界不同道德文化所具有的一些共同价值准则的趋势，但这并不意味着马克思主义关于道德阶级性理论的过时。

首先，我们应该匡正，传统伦理学存在的突显道德的阶级性而遮蔽道德全民性的片面倾向。在 20 世纪 80 年代之前，我国的道德理论研究，由于存在着对马克思主义人性论的片面理解，把人性直接归于社会属性，并用阶级性简单地替代社会性，结果导致了对人性的共性的忽视，再加上新中国成立初期，阶级和阶级斗争的政治形势，道德的阶级性又有较大的社会基础，也在一定程度上加剧了人们对道德全民性的悬置。毫无疑问，这是对马克思主义道德观的一种误读。

其次，我们应该看到，马克思主义的道德社会历史观，既是一种有关道德的理论学说，也是一种有关道德研究的方法论。作为一种道德

---

① ［德］孔汉思、［德］库舍尔编：《全球伦理——世界宗教议会宣言》，何光沪译，四川人民出版社 1997 年版，第 8—9 页。

的理论学说，它向人们科学地揭示了道德的起源、本质、发展的规律等，指出道德不是独立于人和人的社会之外的观念体系，而是深植于社会经济关系之中的社会意识，因此，在阶级社会中，处于不同经济地位和具有不同利益需求的人们，会依利益的对立而具有不同的道德观念；作为一种道德的研究方法，它向人们提供了一种历史唯物观的普遍方法，即立足于一定的社会关系、深入社会的经济结构、考察人的利益欲求，研究人的道德观念。

我们认为，马克思主义关于人们的道德观念受制于其所处经济关系所表现的利益的思想，在寻求普世伦理的当代社会，仍具有科学性和说服力。一方面，马克思主义承认道德的全民性，这与普世伦理所倡导的不同民族、宗教以及非信教者在人类的一些共同生活方面可以达成最低限度的道德价值原则的思想具有相通性；另一方面，马克思主义看到了人们利益的矛盾对道德观念的影响，应该说，这种认识是深刻的。普世伦理虽然看到了人类在面对一些共同的生存问题上可以形成一些普遍的价值原则，但它对不同民族和文化道德相异性的忽视，不能不说是一种被表象蒙蔽的肤浅认识。因为在当今政治多极化、国家主权日益凸显、民族道德文化不断强化的多元文化的世界中，即便能达成某种"道德共识"，但其在利益矛盾的锐器下它的脆弱性是可想而知的。

在我们国家，虽然现在不存在阶级的划分和对立，但在改革几十年的过程中，我国已形成了不同的阶层。按照中国社科院陆学艺等人发表的《当代中国社会阶层研究报告》，我国初步形成了以职业分工、就业状态为参考指标的十大阶层[1]。阶层的存在，无疑意味着利益的区别，即在社会共同利益下，不同的阶层会有不同的利益需求，而不同的利益要求，必会衍生出不同的道德价值取向。目前，多元的社会结构和日益

---

[1] 十大阶层：国家与社会管理者阶层、经理人员阶层、私营企业主阶层、专业技术人员阶层、办事人员阶层、个体工商户阶层、商业服务业员工阶层、产业工人阶层、农业劳动者阶层、城乡无业、失业、半失业者阶层。

复杂的利益关系，使得我国的社会管理进入到了政策精细化阶段，由于政策的承诺和法律的规定，都是对经济利益关系的一种协调，因此，对我国现行出台的一些政策，各个阶层常从自身利益的得失以及实现的难易程度出发，来评价政策和法律的合理性和道德性，并由之产生拥护或反对的不同态度。如在公平与效率的侧重和平衡问题上，不同阶层的人们就有不同的道德要求。以工商业领域的精英为代表的社会强势群体，由于其已占有较好的社会资源、具有较强的谋生能力，他们更希望现行的政策在权利与义务的分配中，侧重效率；而处于社会底层的弱势群体，更倾向于政府在保护社会成员基本生存条件方面加大力度，侧重社会公平。

可见，在当今社会统一道德之中，不可避免地存在着阶层道德。有鉴于此，我们既要用辩证的、历史的观点正视普世伦理的客观性，不能以纯粹对立的观点排斥普世伦理。那种断然否认普世道德价值存在的做法，是对人类文明的共同道德价值观采取的虚无主义态度，不利于当代文化与传统文化、本土文化与外来文化在碰撞中扬弃与交融，有背我国当前和而不同的和谐文化的建设宗旨。但同样重要的是，也不能用普世伦理而否认马克思主义的道德社会历史性的科学论断，不能把普世伦理的道德价值标准唯一化而否认各国独有的道德价值观念。

发表于《道德与文明》2009 年第 3 期

道德的自律与他律

——马恩与康德的两种不同的道德自律观

伴随着改革开放的发展，人们主体意识的提高，道德的自律性在日益受到人们广泛关注和重视的同时，也引发了人们对道德自律概念的争议。有人认为道德自律是与他律贯通的，有人则认为是完全对立的。探本溯源，这种相互抵牾的观点实际上是两种不同性质的道德自律观的反映。

道德的自律和他律是德国哲学家康德首创和使用的概念。马克思使用这一术语，经历了一个由最初的沿用到后来的否定改造的过程。在"评普鲁士最近的书报检查令"一文中，马克思批评基督教立法者把道德只看成宗教的附属物，不承认道德本身独立性的错误时指出，"道德的基础是人类精神的自律，而宗教的基础则是人类精神的他律。"① 现在有些人便以马克思的这句话为根据，认为道德只具有自律性，不具有他律性，讲他律就是宗教，完全否定道德的他律性质。这种理解离开了马恩思想发展的历史过程，只是字面的解用，其结论是仓促的、肤浅的。

纵观马克思思想形成的历程，可以发现，1842 年年仅 24 岁的马克思还是一个黑格尔理性主义者，还没有完成从唯心史观向唯物史观的

----

① 《马克思恩格斯全集》第 1 卷，人民出版社 1956 年版，第 15 页。

转变，在道德观上也还没有超越德国理性主义的局限。我们知道，欧洲中世纪是基督教神学统治时期。按基督教的教义，道德是上帝的启示，道德价值的根据在上帝。一切不是为了上帝、不皈依上帝的思想和行为，都是没有价值的。上帝就是万物的尺度。文艺复兴的觉醒，否定了上帝，回到人自身；批判了神性，高扬人性；否定了上帝的尺度，肯定人是万物的尺度，把道德价值的根据从上帝移到了人自身。德国哲学家进一步弘扬了文艺复兴的人文精神，他们崇尚理性，认为道德律令不是由上帝创造的，而是源于人的理性，按照康德的观点则是来自纯粹理性。总之，在康德等理性主义者看来，道德律的根据既不是神，也不是社会历史。道德的自律就是表明道德是人自身之内的规律而不是人之外的规律。尽管这种理性主义观点在当时的社会历史条件下具有一定的进步意义，但它不是唯物主义道德观，而是一种唯心主义道德观。马克思的这句话表达的也是这种理性主义的观点。因此，我们不能把马克思的这种不成熟的道德自律说看成是马克思主义的自律观。马克思在超越黑格尔，创立历史唯物史观后，完全摒弃了这种理性主义的自律说，并在历史唯物主义的基础上重新确立了道德的自律性，认为道德是历史的产物，道德价值的根据存在于社会历史之中，道德不仅有自律性，而且也有他律性，是自律与他律的统一。

对于康德的道德自律说的主观主义的片面性早在马克思之前的黑格尔就已进行了批判和纠正。在黑格尔看来，作为"客观精神"发展阶段的道德，虽然是意志内部的、主观的规定，但善和恶的标准不能是内部的、主观的，要有外部世界的客观根据，这就要求道德必须向客观精神阶段的伦理转化，使道德从属于伦理。伦理作为客观精神的实际发展过程，包括家庭、市民社会和国家。这表明，黑格尔已把道德同人的一切实在活动及其现实的社会关系相联系，使道德具有了客观基础，使道德价值有了客观根据。尽管黑格尔的这一天才思想是以颠倒的、唯心主义形式表达的，但正像恩格斯所指出的"在这里，形式是唯心的，内容是现实的。法律、经济、政治的全部领域连同道德都包括在这里。"① 由此而知，黑格尔已把道德范畴同人的社会生活、人们活动的各方面关系联系在一起，并为道德寻找到了客观基础。他对道德主观性和客观性的承认，表明了黑格尔在肯定道德自律性的同时，也肯定了道德的他律性。对于黑格尔的这一深刻思想，马克思在"黑格尔法哲学批判"中，曾给予了高度的评价。马克思说："黑格尔把私人权利说成抽象人格的权利，或抽象的权利。而实际上这种权利也应该看作权利的抽象，因而应该看作抽象人格的虚幻权利，这就像道德（照黑格尔的解释）是抽象主观性的虚幻存在一样。黑格尔把权利和道德都看作这一类的抽象，但是他并没有由此得出结论说：国家，即以这些环节为前提的伦理，无非是这些虚幻东西的社会性（社会生活）而已。相反地，黑格尔由此得出结论说：这些虚幻东西是这种伦理生活的从属环节。黑格尔给现代的道德指出了真正的地位，这可以说是他的一大功绩。"② 马克思认为，在黑格尔之前的康德，只是从纯粹理性上讲道德，不讲伦理，使道德从根本上离开了社会关系和社会利益的制约，而黑格尔改变了康德的路线，不停留在人自身，不再把道德看成是理性自身的规定，而是把道德看成是"理念"发展的一个环节，从属于伦理，使道德根基于市民社会之中，这样，黑格尔就把道德落到了实处，为道德找到了客观的基础。所以马克思说，黑格尔把道德放在了真正的地位。马克思对黑格尔道德观的这种肯定，实际上也就是承认了道德的他律性。

马恩创立历史唯物史观后，曾多次论证道德的客观基础，直接阐述了道德他律的思想。他们认为研究道德既不能从道德自身出发，也不能从抽象的人性出发，只能从人们的物质生活条件出发。因为人的本质不是理性，而是"一切社会关系的总和"③。为此，马克思在研究和

---

① 《马克思恩格斯选集》第 4 卷，人民出版社 1972 年版，第 232 页。

② 《马克思恩格斯全集》第 1 卷，人民出版社 1956 年版，第 380 页。

③ 《马克思恩格斯选集》第 1 卷，人民出版社 1972 年版，第 18 页。

道德同属于社会意识形态的法律时指出，"法的关系正像国家的形式一样，既不能从它们本身来理解，也不能从所谓人类精神的一般发展来理解，相反，它们根源于物质的生活关系，这种物质的生活关系的总和"，就是黑格尔概括的"市民社会"①。在此马克思清楚地表明，法律的研究不能从人类精神出发，而应该到人们的社会物质生活关系中去理解。在马恩为创立新的世界观而共同撰写《德意志意识形态》中，更加明确地指出："思想、观念、意识的生产最初是直接与人们的物质活动，与人们的物质交往，与现实生活的语言交织在一起的。"② 即是说，作为意识形态的道德、宗教、形而上学等，都是由人们的社会生活决定的，是人们物质活动的直接产物，它们不再保留独立性的外观。所以，我们要"从市民社会出发来阐明各种不同的理论产物和意识形式，如宗教、哲学、道德等等，并在这个基础上追溯它们产生的过程。"③ 总之，在马恩看来，作为意识形态的道德，既不是由人的"主观意志"决定的，也不是由"神的意志""绝对观念"决定的，而是由人们的经济基础决定的。马恩不仅承认了道德的客观基础，而且也肯定了人的道德主体性。因为人不仅是"社会存在物"，受制于社会关系，而且人是"有意识的类存在物"，是"能动的自然存在物"，具有主观能动性。道德作为个体的存在方式，是个体对社会道德规范要求内化的结果，这个主体内部的意志规定，正是体现着主体自身的状态，表现着主体的自觉性、自主性、自律性。因而，人不是被动地服从社会道德的约束，而是主动把握道德规范的要求，自主地选择道德活动，也就是说，道德是在一定的社会关系基础上通过人的自由自觉的活动表现出来的。故此，道德不单是自律的，而且也是他律的。

　　不难看出，当马恩完成了新旧世界观转变后，就不再单纯从人的

---

① 《马克思恩格斯全集》第 13 卷，人民出版社 1962 年版，第 8 页。

② 《马克思恩格斯全集》第 3 卷，人民出版社 1960 年版，第 29 页。

③ 《马克思恩格斯全集》第 3 卷，人民出版社 1960 年版，第 42—43 页。

理性或纯粹理性上理解道德，而是从社会历史和社会意识上理解道德，并形成了与康德完全不同的道德自律观。两种自律观的不同，可以归结为以下几个主要问题。

首先，在道德价值的根据问题上，马恩与康德是根本对立的。道德善恶价值的根据在哪里？是在上帝、自然界、权威、理性？还是在人类社会历史、人的社会实践？康德认为，社会成员所普遍遵守的道德法则，既不源于上帝，也不源于人们的苦乐感或利益、幸福，而是源于人的理性自身。"全部道德概念都先天地坐落在理性之中，并且导源于理性。"① 在康德看来，道德法则就是理性对自身内在必然性的规定，是理性为自己确立的法则，这种法则是脱尽一切经验内容的纯粹理性规定。马恩则认为，人们的道德法则不但不源于神的意志或每个人的苦乐感，而且也不源于纯粹的理性，道德价值的根据在于人类社会历史和社会实践之中。因为人是以社会为其存在方式的，人受着以经济关系为基础的一切社会关系总和的制约，道德法则就是客观的社会关系提出的要求，是对人的一种规定，所以人们的道德观念和道德原则是一定社会经济关系的产物。"人们自觉地或不自觉地，归根到底总是从他们阶级地位所依据的实际关系中——从他们进行生产和交换的经济关系中，吸取自己的道德观念。"② 在马恩看来，任何"思想"都不能离开一定的"利益"，否则就会使自己出丑，所以，作为社会意识的道德是以人们的经济关系所表现的利益为基础的。或者说，调节人们行动的道德原则、规范归根到底是由人们的经济关系决定的。

尽管马恩和康德都承认道德法则具有客观的普遍有效性，但他们论证的出发点不同。马恩认为，道德法则不是理性自身的形式规定，而是人的理性、意识基于一定的社会经济关系的客观要求而为自身设定

---

① ［德］康德：《道德形而上学原理》，苗力田译，上海人民出版社1986年版，第62页。
② 《马克思恩格斯选集》第3卷，人民出版社1972年版，第133页。

的行为原则，这种行为原则一方面具有超越于个体特殊性的社会普遍性，它对个体而言，是既定的、先在的、不依他的意志为转移；另一方面，它又是与个体的特殊利益相联系的，是个体行为应当如何的规定界限。个体的行为活动尽管有其特殊性、偶然性，但就总体和趋势而言，都不能超出反映必然性和必要性的应当如何的规定。故而，道德原则具有普遍的客观效准性。而在康德看来，尽管道德法则是理性为自身设定的，"每一个有理性的东西，都赋有立法能力，规律或法律只能出于他的意志。"① 但真正的道德法则不是任何个体的理性意志，而是一种与任何利益无关的普遍的理性意志。因为每一个体"任何时候都要按照与普遍规律相一致的准则行动，所以只能是他的意志同时通过准则而普遍立法。"② 即是说，道德法则不是每一个理性存在者为自己确立的特殊的行为准则，他所确立的准则必须同时也是所有理性存在者都应该遵守的准则，唯有个体的理性意志准则上升为普遍的立法形式才成其为道德法则。所以，道德法则不是随个人意志而变的一种主观任意的东西，而是对一切理性存在者皆有效的"客观"法则。为此，康德甚至很少讲"人"，而总是使用"有理性的存在者"，认为只有作为理性存在的人才能对自己颁布具有普遍必然性的命令。这种逻辑推论形式上似乎严格，但却是空洞的。

在道德的历史性问题上，康德由于排除了道德法则的经验性质而否定了道德的历史性。康德强调理性为自身立法，使道德法则以普遍形式出现并适用于一切社会、一切时代和一切人的永恒不变的普遍的道德标准。这种道德标准由于抽掉了道德的社会历史内容而无法在具体世界落到实处，以至于看似"它对一切时代有效"，但实际上"对任何一个时代都无效；对一切人有效，对任何一个人都无效。"③ 马恩首先看到了人的社会性和历史性，认为人是社会历史的现实存在者，道德是人在历

---

① ［德］康德：《道德形而上学原理》，苗力田译，上海人民出版社 1986 年版，第 86 页。

② ［德］康德：《道德形而上学原理》，苗力田译，上海人民出版社 1986 年版，第 87 页。

③ ［德］康德：《道德形而上学原理》，苗力田译，上海人民出版社 1986 年版，第 31 页。

史规定下"存在和生活"的应当如何的要求。因此，他们反对一切想把任何道德教条当作永恒的、终极的道德规律强加给人的企图，他们肯定"一切以往的道德论归根到底都是当时的经济状况的产物"①。毫无疑问，道德必须是而且也只能是以社会历史的方式存在，任何个人的道德都离不开一定的社会历史条件。

其次，在道德法则何以成为自身之内规则问题上，马恩与康德有着重大分歧。康德认为，道德的自律性表现为有理性的人自觉遵守自己颁布的普遍法则。理性存在者虽然同其他自然物一样，要受自然法则的必然性限制，但他有能力按照自身的法则而行动，即他有能力按照对规律的观念或原则而自己规定自己的行为。如不要说谎、童叟无欺就是人们按照自己对诚实规律的观念而制定出规定自己行动的准则。由于这些符合普遍规律的行动准则是理性者为自己确立的法则，因此，他行动所遵守的法则不是外在强加于他的，而是理性自己向自己颁布的命令。"每个有理性东西的意志的观念都是普遍立法意志的观念。"② 即理性者自己立法自己遵守，道德主体所遵从的法则是自身之内的规则。这样，康德就把道德法则说成无源之水的先验法则。马恩认为，道德的自律确实表现为道德法则就是行为者自身之内的原则，这种原则虽是一种理性命令，但它不是先验的纯粹理性发布的命令，而是反映着社会关系规定的"应该如何"的理性命令，是人类社会历史规定的一种要求。即是说，任何人所信奉的行动准则都不是主观自生的，而是一定社会经济关系客观要求的产物。因此，道德的自律不是别的，而是个体在内化社会道德律令基础上自己立法的结果。这表明个人的道德立法是以社会立法为前提的。而社会的立法是一些思想家根据社会秩序发展的"规律"要求和人类自身人性完善的要求，并在总结人们道德生活实践基础上，提炼、概括、制定的行为原则，这种立法者颁布的道德律令既不是他们主

---

① 《马克思恩格斯选集》第 3 卷，人民出版社 1972 年版，第 134 页。

② 《马克思恩格斯选集》第 3 卷，人民出版社 1972 年版，第 83 页。

观的臆造，也不是纯粹理性的规定，而是基于社会历史的必然和现实利益的要求。社会确立的道德法则对于个体而言，不是"自我"为自己创制的法则，起初这些法则对于个人而言就是先在的、客观的，并具有外在的约束性，在个体没有把它变为自身之内的规则之前，社会道德对他就是外在的；一旦这种带有社会和历史规定性的道德法则为个体反映、理解、认同，并在各自人生体验、知识结构、思想境界等基础上选择、内化，社会法则就成为心中准则，道德法则便在他们自身之中。这种客观的社会道德法则变为个人自我规定的一种内在要求，道德便有了自律的性质。但自律并不意味着"规律来自自身之内"，没有他律性。因为人们的道德观念和准则不是天生就有的，而是来自社会经济关系决定的社会道德，即使是自己创制的道德信条，也仍是社会生活的反映。所以，不管人们道德的自律性有多高，其律令的根据始终是社会生活。所以，在马恩看来，道德的自律是与他律统一的自律，而不是离开他律的自律，因为"律"的根据始终是社会经济关系。愈是高度自律的人，愈是自律与他律的统一；只有完全停留在道德他律阶段的人，才无法达到自律与他律的统一。

再者，在意志自由问题上，马恩与康德截然不同。意志自由是人的行为具有道德性的必要条件，如果人没有意志自由，不能成为自己行为的主宰，那就根本没有道德可言，因此，马恩与康德都把意志自由当作道德之成为可能的前提。但在何为意志自由问题上，二者相差甚远。康德认为，自律是人作为理性存在者自由的体现，因此，自由是自律的前提。何为自由呢？"自由即是理性在任何时候都不为感觉世界的原因所决定。"[1] 更确切地说，自由就是理性的自决。"如果自由不是自决，它是什么呢？所谓自决，就是作自己的规律，乃是意志的属性。"[2] 这种自

---

[1] 《马克思恩格斯选集》第 3 卷，人民出版社 1972 年版，第 107 页。

[2] 《康德哲学原著选读》，商务印书馆 1987 年版，第 214 页。

决也就是理性的自律。依康德之见，意志自由一方面意味着意志可以控制爱好和欲望，并且能够完全摆脱爱好和欲望的影响；另一方面意味着意志所服从的规律同时又是自身立法的产物，即它所服从的规律是它的准则的普遍立法形式。如果人的行为完全为爱好和欲望的自然规律所规定，那人就无道德可言。只有人的意志完全摆脱了一切爱好和欲望的羁绊，独立于爱好和欲望而发挥作用，并服从自己为自己确立的普遍的必然道德法则，人才获得了不同于一般自然物的价值和尊严，才会有责任和道德。所以，人们的意志之所以是自由的，乃是因为他们所服从的道德法则是自由的规律而非自然的规律。自然法则是对一切经验对象的必然规定，而道德法则是理性存在者对于自身内在必然性的自觉，因此，所谓意志自由不是对外在必然性认识基础上的相对自由。那种在认识必然的自然因果律基础上，在许多可能性中选择行为的意志自由，不是真正的自由，因为它始终没有摆脱外在必然性的支配。真正的意志自由是理性为自身立法且能够在实践领域按着自身的法则而行动。

马恩也非常重视人的意志自由。马克思曾把"自由"视为"人的类的特性"①。并认为"如果不谈谈所谓意志自由、人的责任、必然和自由的关系等问题，就不可能很好地讨论道德和法的问题。"②但马恩的意志自由不是康德的那种摆脱一切外在必然性和利益支配的抽象的自由。在马恩看来，"自由不在于幻想中摆脱自然规律而独立，而在于认识这些规律，从而能够有计划地使自然规律为一定的目的服务。这无论对外部自然界的规律，或对支配人本身的肉体存在和精神存在的规律来说，都是一样的。因此，意志自由只是借助于对事物的认识来作出决定的那种能力。"③马恩所理解的"自由"是从必然性中生长出来的，这种自由不是消灭了必然性，而是人们自觉地服从了必然性。人们一旦意识到了

---

① 《马克思恩格斯全集》第42卷，人民出版社1979年版，第96页。

② 《马克思恩格斯选集》第3卷，人民出版社1972年版，第152—153页。

③ 《马克思恩格斯列宁斯大林论德育》，四川人民出版社1983年版，第54页。

必然性并自觉地服从必然性，就免除了必然性的拘束和强制，就获得了自由。所以，马恩认为，意志自由不是独立于社会和人自身没有经验内容的空洞形式，而是人在认识、把握两种必然性——外部自然界的规律和人本身的肉体存在和精神存在的规律基础上支配自己行动的能力。这种能力在道德领域一方面表现为，道德主体对反映社会历史规定的道德必然性的认识，并在个体主动认同、选择、接受的"肯定"中去掉道德原来的"外在必然性"的强制，在"行道而有得于心"的道德实践中，把社会的普遍道德法则凝结为个人的德性；另一方面表现为，人们对自身的生理和心理规律的认识和把握，自觉地把感性欲望、情感的冲动和满足控制在社会许可和个人正当的利欲要求中。因而，在马恩看来，道德自由离不开社会和人自身的必然性，意志自由则是道德主体在社会历史和人自身规定下所表现的能动性、自觉性及自主性。

综上所述，在马恩看来，道德的自律与他律是统一的，但我们一定要注意其确切含义。道德的自律与他律相统一中的道德，应该是个体道德，而不是泛指与政治、法律等意识形态相对应的社会道德。因为社会道德本身是没有自律性可言的，唯有在个体的道德实践中，人发挥出主体性，能够主动把握社会道德、内化社会道德准则，并自愿自觉地践履，才会有道德的自律性。应该说，道德的自律性恰是建立在道德他律性基础上的。因为一旦离开道德的社会决定性和客观制约性，道德的主体性就失去了表现的场所，也就无自律可言。所以，道德的自律是与他律贯通的。在此，我们要纠正一种普遍流行的错误认识，以为他律就是强制、被迫。其实他律不等于强制，宗教是他律，但宗教徒遵守教义是自愿的、非强迫的，因为宗教本身就是一种信仰。道德与宗教的区别不在于自愿与强迫，而在于它们的道德律令的根据不同。所以，道德他律在理论上则应指道德价值的根据，而不光是人们习惯上理解的强制。

发表于《道德与文明》1998 年第 4 期

论道德的超功利与功利

在当前的社会主义市场经济条件下，如何正确地理解道德的超功利性与功利性，不仅直接关涉着道德评价的正确与否，而且也关系着市场经济行为究竟是否具有道德属性以及能否进行道德评价和道德调节的问题。因此，对这对范畴进行明确的界说已成为严肃思考和回答的重要伦理课题，也是深入探究市场经济与道德关系的首要前提。

一

如今对道德的功利性和超功利性的用法在伦理学界比较自由随意，我们必须给予梳理与条陈。

道德作为一种特殊的社会意识形态，它是由社会经济关系所表现出来的利益决定的。利益是道德的基础。利益对于各种道德体系和规范的直接决定作用，使得道德原则和规范作为利益关系的价值反映和要求自身就具有促进某种利益的趋向，即低的道德原则和规范在客观上都具有某种类型的利益实现趋向。"道德行宜"，"内得于己，外施于人"无论是人类在改造、战胜自然和人类自身的人性弱点过程中形成的勇敢、勤奋、刚毅、自信、正直、创新、坚韧等进取性道德，还是人类在协调社会关系过程中形成的仁慈友爱、信义诚实、公正平等、忠诚恭谨等协调性道德，它们本身无不明显地存在着促进个人利益或社会利益的趋向。由此，道德本源的利益决定性就使得道德天然具有服务其赖以生养的利益关系的功效。质言之，德性实质上是实现某种利益的品质，拥有和践行德性就是一种有益于社会、他人乃至自身的品行。所以，从道德的利益决定性的社会本质来看，任何社会道德和个体道德都是功利道德。所不同的，是哪一个利益主体的功利？是无产阶级的功利还是资产阶级的功利，是个人功利还是社会功利。由此可见，道德不可能超越利益的功效。

还有，道德作为一种不同于政治和法律的行为规范，它具有调节利益的特殊方式。由于道德作为以现实的利益或利益关系为基础的价值规范，表达的常常是社会利益或集体利益的客观要求，这种客观要求往往具有超越于个体特殊性的社会普遍性，因此，道德原则和规范作为一种利益平衡的价值导向，遵循的是小利服从大利的原则，即为了更大更重要的利益而限制较小较轻的利益。可见，道德一般谋求的是大利，舍弃的是小利，在这个意义上，道德也不是超功利的。

但由于道德调节人们利益矛盾的突出特点是要求个人作出必要的节制和牺牲，并且这种必要的节制和牺牲又由于"道德是人类精神的自律"而表现出道德主体在道德责任感的驱动下，主动舍弃自己的某些利益而成全他人或社会利益，正是道德主体这种自愿牺牲自己利益而有利于社会和他人的道德行为，才使行为动机具有超然于个人利益得失的纯洁性和高尚性。即道德主体在利益矛盾的选择中对道德的践行，仅出于对道德准则的认同、尊重和诚服，不是以获取个人的某些外在私利如物质报偿、名利地位等为条件。这种行善不图名利回报，在行为动机上不掺杂个人私心杂念打算的道德行为，由于它超越了行为者自身的外在私利，我们在道德评价时，可以把这类道德行为视为是超功利的。由此可见，我们惯常所说的道德超功利，实际上是针对行为动机的纯洁无私而言的，即驱动道德主体活动的主观动机不是为图谋自身的外在利益，如金钱、财物、权势或地位名声等。只有在这种意义上，道德行为动机的超功利性才具有相对的独立性。因为利益作为人们通过社会关系表现出来的不同需要，它不仅包括人作为生命机体维持生存的物质需要以及与此相应的物质利益，而且也包括表现人的特性的精神需要及其精神利益，因此，个人利益涵容物质利益和精神利益。道德作为体现、肯定和实现人的社会属性的积极力量，本身就是人的精神需要的内容和精神利益的构成要素。不难看出，出于道德需要的行为，如助人为乐、舍己救人、扶危济贫等，超越的只是个人外在的利益，追求的是道德价值的体验以及伴有的心理愉悦和精神的充实，寻求的是深刻的欣慰感和幸福感的精神利益，所以，道德行为动机的超功利并不意味着它超越行为者自身的全部利益。

与道德的超功利性相对应的范畴是道德的功利性。道德的功利性是指道德主体以获取个人的外在利益为行为的动因和目标。在此，我们应该把道德的功利性与功利主义区别开来。功利主义是"以实际功效或利益作为道德标准的伦理学说"。① 它是以具体行为结果的效用性作为衡量人们道德行为性质善恶及价值量大小的测试器，不管道德行为动机的善良与邪恶。它是评价主体关于判断行为性质善恶的根据，而道德的功利性则是行为主体进行道德行为的个人外在利益动机；功利主义注重的是行为的实际结果，道德的功利性表现的是行为主体主观的利益欲求。

准此观之，道德的超功利性仅是指道德行为动机超乎个人外在私利的壁垒，不包括社会公利及个人的精神利益。

---

① 金炳华：《哲学大辞典》，上海辞书出版社 2007 年版，第 317 页。

二

前述分析表明，人们的道德行为动机可以是超功利的，但我们并不能由此推导出：道德的本性是超功利的。因为超功利并不是所有道德行为的普遍特征，也不是衡量道德行为与非道德行为的依据。

首先，道德并不完全排斥个人私利。社会作为"人们交互作用的产物"是以社会个体的存在为前提的，而社会各个成员的存在和发展依赖于各种需要的满足，所以，个人利益的存在不仅是客观的，而且也是必要的。只不过按社会价值来区分，个人需要和利益有合理与不合理、有益与有害之分。而道德作为一种反映人的生存发展价值体系，肯定的是个人合理的、有益的需要和利益，反对的是不合理的、有害的需要和利益。因此，道德允许合理的个人利益的存在。

其次，道德上的牺牲是一种必要的牺牲。尽管道德在调节利益矛盾时要求道德主体以社会利益、集体利益为重，但这种个人利益的牺牲不是任意的、随时随地的。唯有在个人利益与集体利益、社会利益发生尖锐矛盾，道德主体处在两难选择的处境，如果不适当节制和牺牲某种个人利益，集体利益和社会利益必会受到严重损害或不能得到很好实现的境遇中，才要求个人以高度的道德责任感自觉节制和牺牲某种个人利益。而在非两难选择的情形下，道德不需要个人牺牲其利益。如平时对公共财物的爱护，对环境卫生的维护，待人礼貌谦和，主动扶助残疾者等。也就是说，并不是所有道德行为都需要道德主体的奉献牺牲，尤其是随着社会的进步，个人利益与他人利益、社会利益的矛盾日趋缓解，利己与利他不是处在非此即彼的情形，人们在大多数情况下可以在不舍弃自己利益情况下行善。

再者，我国的道德理论体系从未否认个人利益。对个人利益的肯定与尊重不是资产阶级个人主义思想体系的独有内容。我们的集体主义道德原则尽管在五六十年代的实际贯彻上存在一些忽视乃至否定个人利益的偏差，但在道德理论上，集体主义道德原则从未否定个人利益，而是主张给个人利益以最充分的满足。我国在 1954 年的宪法草案报告中明确指出："我们的国家是充分地关心和照顾个人利益的。我们的国家和社会的公共利益不能抛开个人利益；社会主义、集体主义，不能离开个人利益；我们的国家充分保障国家和社会的公共利益，这种公共利益正是满足人民群众的个人利益的基础。"可见，我们的集体主义道德原则，不仅主张个人在二难选择处境中要服从集体利益，而且也强调集体应当尽最大可能来满足个人的正当利益。与个人主义不同的是，集体主义原则是把个人利益放在个人与集体之间的辩证关系中，而不是一味地抽象孤立地谈个人利益，反对的是把个人置于集体之上的利己主义。我国改革开放后，社会主义道德理论更加明确地承认和肯定个人合理的利益，1986 年《中共中央关于社会主义精神文明建设指导方针的决议》指出："鼓励人们发扬国家利益、集体利益、个人利益相结合的社会主义集体主义精神……社会主义道德所要反对的是一切损人利己、损公肥私、金钱至上、以权谋私、欺诈勒索的思想和行为，而决不是否定按劳分配和商品经济，决不能把平均主义当作我们社会的道德准则。"① 十四届六中全会在加强社会主义精神文明建设的决议中又强调指出，要树立"把国家和人民利益放在首位而又充分尊重公民个人合法利益的社会主义义利观"。② 不难看出，社会主义道德并不是一味地反对个人私利，而是主张谋利要以"义"为度，"得"以"德"为前提和基础，所以，诚实劳动，勤劳致富是社会主义道德允许和提倡的。

第四，社会主义道德规范体系是先进性与广泛性的统一。一方面，

---

① 李剑桥主编：《现代思想政治工作手册》，红旗出版社 1996 年版，第 1219 页。
② 《中国教育报》，1996 年 10 月 14 日。

道德规范体系包含着理想的性质和成分。道德规范作为协调人们之间利益关系的行为准则，是由社会经济关系所表现的利益决定的。道德不仅是对现实实有利益关系的反映和规定，而且还是对应有世界的价值追求。即是说，道德在基于现实客观的利益要求基础上，根据社会历史的发展及人类群体和个体进一步完善的需要，在所提出的道德准则中，除了体现眼前现实要求的禁令性和提倡性的基本道德规范外，还有表示远大目标的、高于现实生活的示范性的道德理想。另一方面，我国目前的社会主义初级阶段，不但必须实行按劳分配，发展社会主义的市场经济和竞争，而且还要在公有制为主体的前提下发展多种经济成分，利益主体呈多元化的态势。在这样的历史条件下，我们的全民道德建设就应当肯定个人的正当利益及其在分配方面的合理差别，鼓励人们用诚实劳动争取美好生活。但是，社会主义是向共产主义高级阶段前进的历史阶段。"我们现在建设和发展有中国特色的社会主义，最终目的是实现共产主义"①，所以，我们不仅应当大力提倡社会主义道德，而且也应当倡导共产主义道德。有鉴于此，社会主义道德必须"同时要把先进性要求同广泛性要求结合起来"，②既提倡公而忘私、勇于献身、至公无私、舍己为人的先进道德，也要提倡遵纪守法的社会公德、爱岗尽责的敬业精神和用诚实劳动获取个人利益的正当行为。可见，在我们当代的社会主义市场经济的历史条件下，道德对人们利益的调节，除了自我节制的道德原则外，还有公平原则、合理原则。公平原则是我们"在平衡中考虑的道德判断"③，它规定人们获取正当合理利益的"限度"，表达对应关系的"均衡"要求。公平的道德原则不需要道德主体完全超越个人利益，容许合理的自利动机的存在，只需摒弃不正当的自私自利。

综上所述，我们可以看出，道德在现实生活中存在有两种类型：一

---

① 《中国教育报》1996 年 10 月 14 日。
② 《中国教育报》1996 年 10 月 14 日。
③ 杜任之主编：《现代西方著名哲学家述评》，三联出版社 1980 年版，第 526 页。

种类型的道德是要求道德主体必须超越个人的外在私利，遵循无偿奉献原则，如公而忘私、见义勇为、拾金不昧、舍己救人、互助友爱等。即是说，这类道德要求道德主体作出的义勇善德之举不以个人功名利益为动机和行为的出发点，一旦掺杂了个人不可告人的思虑与打算就会使道德行为蒙上污浊，使道德性质发生变化，滋生伪善丑恶，如见义为得、救人要钱、关心他人为得实惠的虚情假意等。这类道德行为的本质特征就是行为动机的超功利。另一类型的道德是允许道德主体的动机有合理的个人利益欲求，遵循正当利益原则。如为了自己在社会上更好地安身立命而勤奋学习，为了发家致富的诚实劳动，为改善自己生活条件和才智发挥的发明创造，为了自身的知识修养和提职称的科研活动，为了获取丰厚利润的技术革新……尽管这些道德行为的动机不是出于道德需要、道德兴趣、道德理想追求和坚定的道德信念，但他们的个人意图、愿望和要求是符合社会生活中现行的规范和正义要求的。故而，这类行为在道德评价上是得到肯定的。"在现实生活中，群众在生存和发展过程中，在不侵犯别人利益前提下的利己行为是正当的，并非人性恶。"[①]所以，并不是所有道德都需要人们抛弃个人的利益欲求，超功利不是所有道德行为的本质特征。

三

在当前的社会主义市场经济的道德建设中，对于市场经济与道德关系的讨论，出现了一种道德与市场经济本性互斥论的观点。这种互斥论的理论论据之一，就是认为道德的本性是超功利的，即超越行为者自

---

① 梁丽萍、李庆华：《新时代要有新的精神动力——访中共中央纪律检查委员会原书记李昌同志》，《中国党政干部论坛》1996 年第 10 期。

身的物质利益，而市场经济的本性是功利的，即行为者只追求自身最大的物质利益，由此得出，市场经济行为是非道德行为，无须道德评价和道德调节。

这种互斥论的理论根据主要有两个：一个是道德行为的动机全部是超功利的，另一个是追逐物质利益最大化是驱动市场主体活动的唯一动机。

关于道德行为的动机全部是超功利的命题，前述分析已明证了其不真实性，因为道德并不一味地反对人们追求个人的物质利益，人们对物质利益的要求是其生存所必要的，蕴含合理个人利益的行为是道德的，以至于党的十四届六中全会关于加强社会主义精神文明建设的决议明确指出："在经济活动中，国家依法保护企业和个人利益，鼓励人们通过合法经营和诚实劳动获取正当经济利益。"[①] 因此，行为动机的超功利不是所有道德行为的普遍特征。把道德的本性视为超功利性，在逻辑上犯了以偏概全的错误，在道德实践上会把道德变成无视个人生命的生存条件和权利的空洞说教。

导致把超功利视为道德本质特征的错误症结，在于把我国过去极左思想下的传统道德等同于道德。我国在以公有制为基础的计划经济体制下，完全排除了私人性质的经济成分，人们的生活资料的满足全部由国家统一提供、调配，即个人利益的内容及满足的程度完全依靠国家，离开集体、国家的利益保障，个人无法生存，再加上政治上的斗私防修，尽管在道德理论上并不否认个人利益，但在实践上却要求人们"狠批私字一闪念"，要求人们一心为公、大公无私、毫不利己、专门利人，以至于道德上的正当行为基本上是公而忘私、无私利他。因此，传统的道德行为的动机完全是超乎个人利益的，只能为公、为人而不能为己营私，排除了蕴含个人正当利益的道德行为。正是这种传统的道德思维方式，使得一些人把道德仅仅囿于超功利的道德类型，忽视或否认现实生

---

① 《中国教育报》1996 年 10 月 14 日。

活中合理的功利道德的存在。

下面让我们看一下"互斥论"的另一个理论论据，即追求物质利益最大化是驱动市场主体活动的唯一动机，是否是真实的。

把市场主体活动的唯一动机视为追逐自身物质利益最大化的观点，最早是英国古典经济学家亚当·斯密提出来的。亚当·斯密在《国富论》中把商品生产者和经营者预设为"经济人"。他认为，"经济人"活动的内在动力完全来自于自身利益的驱动，利润、赚钱是其活动的唯一目的。"经济人"的行为完全受价值规律"这只看不见手"的支配、导向，去尽力达到一个并非他本意要达到的目的。我们认为，亚当·斯密对"经济人"的预设是有局限的。

首先，亚当·斯密预设的"经济人"，是指处在资本主义自由竞争时期的商品生产者和经营者。那时的市场经济完全处于自由放任时期，一切经济活动完全靠市场调节，国家不给予干预。但1929—1933年的世界性经济危机，打破了市场万能的梦想，而且英国经济学家凯恩斯提出了宏观经济理论和国家干预政策。于是，资本主义市场经济自20世纪四五十年代起，便进入了国家对经济生活进行必要干预的现代市场经济，即西方各国政府都自觉启动"国家之手"与"看不见之手"协同动作，相互补充，共同发展经济。现代市场经济所实现的这种宏观调控与微观自主的统一，就是国家利益、社会利益约制、指导企业个人利益的追求和实现，这表明市场主体的活动不仅要受价值规律的支配，而且要服从国家对市场经济关系、运作程序、利益获取权限和手段的规范。因此，现代市场主体不仅负有自负盈亏的经济责任，而且还负有社会责任，如企业对环境的责任，对政府和公众的责任，对消费者的责任等。不难看出，在现代市场经济中，亚当·斯密预设的那种纯粹的"经济人"已不复存在。

其次，斯密预设的"经济人"是资本主义私有制市场经济的资本家。在资本主义制度下，由于市场主体作为私人占有者其活动的动力来自自身的利益，因而，斯密是把资本家对私利追求的本性概括为"经济人"的特征，认为"经济人"的行为动机完全是自利的。而我国是社会主义市场经济，尽管在所有制形式上是多种经济成分并存，但公有制仍是主体。不但国家的大中型企业经济活动的动力除企业自身利益外，包含着国家和社会利益，即使是其他市场主体，在社会主义的价值导向下，也必然包含着社会公益因素。况且，在现代市场经济中，即便是资本主义社会的市场主体，由于国家调控的介入及其企业家的社会责任感，其经济活动对他人、社会效益的促进已不仅仅停留在价值规律的自发调节之下，在主观上他人和社会的利益已属他们从事经济活动所要达到的本意。如日本本田汽车公司不仅生产、销售汽车，面且为了减少汽车排出废气对空气的污染，恶化城市环境，便决定把卖车所得的一部分利润转为植树费用，以美化城市街道。而美国的一家以生产酒类闻名的柯尔斯公司，为了改善公共生活环境，开展一系列的以"反脏乱为主题的废旧铝罐回收活动"，他们不仅收购自己生产的废弃物，而且也收购别家生产的废弃物，积极为社会承担责任，趋利不忘义。① 可见，具有社会责任感的企业家，不光为了赚钱，还注意自觉地为社会谋福利，并不是所有的市场主体都只追求自身最大的物质利益。

再者，现代市场主体不是经济动物而是社会人。行为科学派的研究成果及大量的事例已表明，市场主体不是一个自利性的动物，而是具有心理和社会需要的社会人。他们活动的真谛不仅仅在于谋求和享受物，而是在谋取物和享用物时表现人之为人的特性、价值和意义。因此，市场经济行为不仅是人对物的占有，对货币和财富的追求，而且也是人的心理活动和精神追求。其活动的动机既有对自身经济效益的追求，也包括着社会的责任感、对事业的追求、个人兴趣和爱好等其他因素。所以，市场主体在选择经济活动时总是不断地进行价值判断，尽管

① 《经济与法》1996 年第 2 期。

在其价值判断中，营利大小的经济价值往往属于价值判断的核心和主导地位，但除此之外的其他价值如法律价值、政治价值、道德价值、自我实现的价值等也参加价值判断。这意味着市场主体的经济活动的动力不是单纯的经济利益，也蕴含着非物质利益的精神利益。

综上所述，我们可以得出：盈利赚钱、谋取物质利益最大化并不是所有市场主体的唯一动机。一方面，国家对市场经济的适度干预和价值导向，在客观上就要求市场主体具有社会的责任，必须把社会效益纳入经济活动的意图之中；另一方面，市场主体作为社会中的人，不仅有物质方面的需求，而且也有精神方面的需求。因而，正像美国经济学家约瑟夫·熊彼特所说："经济活动可能有任何动机，甚至是精神方面的动机，但它的意义只是在满足需要。"①

发表于《首都师范大学学报》（社会科学版）1997 年第 2 期

---

① ［美］约瑟夫·熊彼特：《经济发展理论——对于利润、资本、信贷、科息和经济周期的考察》，何畏等译，商务印书馆 1991 年版，第 14 页。

道德法律化正当性的法哲学分析

正如约翰·罗尔斯所言：法律与道德的主题提出了许多不同的问题，而道德的法律强制、法律制度的道德基础则是其中的重要问题。[①] 在我们国家，表面上看道德法律化正当性的确证似乎在学界的主流观点中已通论达识，好像无须多论，实则道德法律化的语义含义及其正当性的理据，仍有细论之必要。

一、道德法律化疏正

"道德法律化"的术语，尽管在学界及日常用语中是一个被普遍使用的概念，但其内涵仍需廓清。从目前学界流行的主要观点来看，基本是在立法的意义上，将道德法律化理解为把最基本的道德规则通过立法程序上升为法律制度。"道德法律化是国家的立法机关借助于一定的立法程序将那些全体公民都应该而且必须做到的基本道德要求上升为法律的活动。"[②] 所谓"道德法律化"，是指"国家将一定的道德理念和道德

---

① [美] 约翰·罗尔斯：《法律义务与公平游戏责任》，毛兴贵译，童世骏校，载毛兴贵编《政治义务：证成与反驳》，江苏人民出版社 2007 年版，第 55 页。

② 刘云林：《道德法律化的学理基础及其限度》，《南京师范大学学报》2001 年第 6 期。

规范或道德原则借助于立法程序以法律的、国家意志的形式表现出来并使之规范化、制度化"①。然则我们认为，这种理解有偏狭之处，未能揭示出道德法律化的全面含义。

道德法律化应包括两种语义含义：一是在法德的渊源关系上，指法律理念、法律原则源于道德精神和原则，这是法律对道德价值的需要，是一种主动的法律化；二是在道德的推进中因需借助法力的强势而把道德的最基本的准则法制化，这是道德对法律功能的需要，是一种被动的法律化。所以，道德法律化实则是道德与法律相互需要的产物，而不仅仅是道德的单方面需要。

法律对道德的需要有抽象和具体之分：在抽象的意义上，道德是法律价值的重要基础，即法律对道德价值具有天然的需求性。关于"法的价值"或"法律价值"，沈宗灵先生把其概括为法律促进哪些价值、法律本身有哪些价值和法律根据什么标准来进行价值评价。② 事实上，无论何者层面的法律价值，都不可能与道德价值无涉。如若对"法律价值"进行归类，可细分为两种：一个是法律的目的价值，诸如正义、平等、自由等；另一个是法律的工具价值，即秩序、安全、效率等。法律的应然状态是目的价值与工具价值的统一，且目的价值能够统领工具价值。易言之，法律所维护的社会秩序、保障的社会安全以及追求的社会效率，必须合乎正义的道德价值，在这个意义上可以说，法律的意义来自道德的赋予，并构成法律运行的宗旨与目的。为此，古希腊著名的思想家亚里士多德，在其法治思想的论述中，专门纠正了盛行于古希腊的"合法即正义"的传统思想，追问了法本身的价值规定，指出："法治应包含两重含义：已成立的法律获得普遍的服从，而大家所服从的法律又应该本身是制订得良好的法律。"③ 罗马著名法学家塞尔苏斯也说："法

① 范进学：《论道德法律化与法律道德化》，《法学评论》1998 年第 2 期。

② 沈宗灵主编：《法理学》，高等教育出版社 1994 年版，第 46 页。

③ ［古希腊］亚里士多德：《政治学》，吴寿彭译，商务印书馆 1995 年版，第 199 页。

律是善良公正之术。"①

在具体的意义上，首先表现为道德是良法与恶法的评判标尺。一个社会的法律是良法还是恶法的性质判定，不是来自其自身，就像标尺不能度量自己一样，它来自社会的道德价值标准，即良法不能违背社会的基本道德观念和价值取向，因此之故，可以说法律的性质是道德圈定的。"法律的内在道德不是某种添附或强加到法律的力量之上的某种东西，而是那种力量本身的基本条件。"② 其次表现为法律的原则和规范直接来自道德，即社会已有的道德思想、规则影响法律的理念乃至直接上升为法律原则。虽然在具体的价值要求上，法律与道德具有等次的区别，但二者的基本价值要求具有吻合性乃至某种程度上的同一，从而导致法律直接来源于道德的现象。"以法律规范覆盖道德领域，并使既存规范吻合一个合理的道德体系的要求，造就了近代法。"③ 反观人类最早的一些法律，其内容不过就是把当时社会人们公认的一些道德准则、盛行的风俗习惯纳入法律，使之具有普遍的约束力。"一个法律体系存在于社会的必要条件之一就是法律至少应当包含有这些（道德）原则所提供的最起码内容。"④ 人类法律所经历的由习惯法到成文法的历程，就彰显了法源于道德的客观事实；而在法学发展史上"分析法学所做的对价值的清除工作最终归于无效"，又无不例证了"法律无法排斥价值和道德存在"的客观事实⑤；当代西方许多国家的实在法，摄取大量的道德内容，以整肃社会风纪，不只是西方国家道德建设治理路径的一种选择方式，更是道德理念融入法律体系的一种必然。综上所述，无论是法律

---

① 转引陈允、应时：《罗马法》，商务印书馆 1931 年版，第 74 页。

② ［美］富勒：《法律的道德性》，郑戈译，商务印书馆 2005 年版，第 180 页。

③ ［美］罗斯科·庞德：《法律与道德》，陈林林译，中国政法大学出版社 2003 年版，第 45 页。

④ ［美］马丁·P. 戈尔丁：《法律哲学》，齐海滨译，王炜校，三联书店 1987 年版，第 63 页。

⑤ 曹刚：《法律的道德批判》，江西人民出版社 2001 年版，第 15 页。

条文直接显现道德还是以间接的形式反映道德的要求，无不表明，法律绝不仅是一种技术性和抽象性的规范，在一定程度上，它是一定道德观的外化，是显露的道德。

因此，我们不能把道德法律化仅理解为是道德的一种无奈选择，还要看到法律本身对道德的依赖性。对道德法律化的全面理解，有助于人们在思想和实践上正确地把握法律的本质和价值，既能够使人们明晰法律与道德在根本上的价值连接关系、法律的价值理性与工具理性的统一性，避免倒向夸大法律地位和作用的法律独断论，也避免人们在立法和司法实践中背离道德价值而迷失法律工具的目的规定性。

二、道德法律化正当性的证成

道德法律化的存疑，实质上是道德法律化正当性的证成问题。而道德法律化正当性的证成性，在于它的"回溯性"和"前瞻性"[①]。前者是以"发生的进路"追问道德法律化何以必然，后者是以"目的的进路"明证道德法律化何以必要。

道德法律化证成的"回溯性"，来自道德自身的非自洽性。从法的起源来说，法是弥补道德自觉协调力的不足而产生的一种强制性的规则。在原始社会，相对简单的社会利益关系，靠道德基本能够维持氏族公社内部的秩序，而伴随着私有制产生的阶级社会，利益集团的分化、利益矛盾冲突的尖锐性、利益关系的复杂性，使得靠人们内心信念和风俗习惯为制裁力的道德，无力全面协调社会利益关系，从而衍生了克服道德软弱性、以强制性为特征的法律的产生。"当道德对应受保障的利

---

① "回溯性"和"前瞻性"，是周濂在论述权力正当性时提出的概念，详见周濂《正当性与证成性：道德评价国家的两条进路》，载赵汀阳主编《年度学术 2004》，中国人民大学出版社 2004 年版。

益无法维持，则就会诉求于法律形式，致使相关的道德理念和原则融入法律。"① 也就是说，道德自身无法对破坏它的行为给予强制性严惩的先天性不足，客观上就需要另一规则体系加以弥补。可见，法律是由于道德协调力的不足而后生的一种社会调节方式。值得注意的是，道德协调力对社会秩序的非满足性，不是道德的价值原则和规范不能反映社会秩序的需要，而是这些规范的普遍践行光靠道德自身难于实现，因为道德规范本身的多元化以及缺乏权威性的确认，致使作为普遍同意的是非标准和解决人们纠纷的共同尺度出现了弱化，尤其缺少一个调解纠纷、解决争执的公正的裁判者。② 不难看出，人类是为弥补道德的弱项才创设了法律的强项，以至于法律具有了制定的专门化、规范的具体明确、实施的强制、执行程序的固定化等优势特征。显然，从法律的生成使命来看，法律担当着弥补道德软弱性的重任以落实道德，完成道德自身力量无法实现的规范要求，故道德法律化是一种必然。

道德法律化证成的"前瞻性"，在于法律对道德的维护性。

第一，道德的自由性与道德的结构化，需要道德法律化。道德作为一种内蕴在人伦关系中的应然之则，它本身具有价值的属性，并表现为个体在价值取向上的自由性，即道德具有价值的个性和选择性；但另一方面，社会的有序发展则需要减少或避免人们交往中的不确定性，即需要社会成员具有共守的行为准则，这在客观上又必然需要人们形成道德的共性。显然，个体道德的选择性与社会道德的共性之间存在一定的张力。由于道德诉求的是人心，良心、信念是其内控力的发生机制，而现实经验事实表明，光靠道德的内控力不足以推动人们从知到行的普遍转化，客观上需要借助法律外力的型塑性，所以，"那些被视为是社会交往的基本而必要的道德正义原则，在一切社会中都被赋予了具有强大

---

① ［美］罗斯科·庞德：《法律与道德》，陈林林译，中国政法大学出版社 2003 年版，第 155 页。

② 曹刚：《法律的道德批判》，江西人民出版社 2001 年版，第 13 页。

力量的强制性质。这些道德原则的约束力的增强，是通过将它们转化为法律规则而实现的。"①

第二，道德自治的应然性仅凭自身难于"实然化"。由于维系道德的力量是人们自身的道德良心和信念，体现的是人的一种个人的道德追求，是个人的道德选择、自我决定与内在约束，因此，道德在本质上具有自律的自治性。道德虽有自治性，但并不意味着它能够自然生成。在现实生活中，道德自治不会自行实现，原因是它的维序的循环系统常受两方面的挑战：一是人性自身的不完满性。人作为有感觉的生命有机体，生而有欲望和爱好，具有欲求的冲动性、生命的自保性和行为的自利性等生物特性，这就决定了人具有按着个人的意志和利益去行动的倾向性，即利己的冲动性。人的这种感性的冲动性和自保自利的倾向性，在一定程度上不可避免地构成了对道德的挑战性与破坏性。二是社会利益的满足系统一旦缺乏制衡的有效机制，未能在全社会形成德——得相通的利益获取理念、行为方式及其稳定的社会预期，就会出现大量的违德获利现象。而社会成员从现实经验生活中"反观"到的德福背离现象，就会打击人们的道德想望，消解人们的道德信念，以致发生个人的道德自律难于抵挡利益诱惑的现象。对此种情状的道德脆弱，慈继伟先生曾在其《正义的两面》的开篇进行过经典式的阐述："如果社会上一部分人的非正义行为没有受到有效的制止或制裁，其他本来具有正义愿望的人就会在不同程度上仿效这种行为，乃至造成非正义行为的泛滥。"② 即是说，道德一旦对利益的获取不构成筛选网，"非正义局面的易循环性"就会诱致败德行为的泛滥，因为"具有正义愿望的人能否实际遵守正义规范取决于其他人是否也这样做"③。如此看来，要避免非正

---

① [美] E.博登海默：《法理学——法哲学及其方法》，邓正来译，华夏出版社 1987 年版，第 361 页。

② 慈继伟：《正义的两面》，三联书店 2001 年版，第 1 页。

③ 慈继伟：《正义的两面》，三联书店 2001 年版，第 1 页。

义败德的循环，使社会道德得以普遍践行，就必须要借助对破坏规则行为的严惩机制。据此而论，道德的自治有赖于法律的惩恶系统对恶行的打击。

第三，法律对道德实现具有助力作用。"道德实现"虽然是一个比较通俗易懂的概念，但其语义内涵则存在歧义含混现象。为此，我们在把脉道德存在形态的基础上，需要对"道德实现"的基本内涵进行条陈。

道德的存在形态，我们可以具体划分为"观念的形态"与"实践的形态"。观念的道德形态具体表现为类的道德观念的存在与个体的道德观念的存在。类的道德观念是人类基于社会有序发展和人性完善的需要而建构的一种价值体系，亦可说它是人类用意义构建的一种规范体系，具体表现为人类感悟和概括出的道德思想以及凝练出的道德原则和规范。类的道德观念只表明道德的社会存在形式，它不能直接发挥导向与规范的作用，必须转化为社会成员个体的道德观念，质言之，社会成员对社会道德意识的了解、选择、接受、认同及其内化而形成相应的道德观念，则是"观念道德"的个体表现形式。个体的道德观念是一种未作为的"思想"，而思想的本质在于指导实践，实现思想的行动化，因此，个体道德观念必须进入道德的实践序列。道德的实践形态是观念道德的实践化，即个体按照一定的道德观念而行动。而社会成员道德活动的展现，就是社会的实际道德风尚和个体的道德品行。因此，我们认为，"道德实现"是一个具有内在逻辑关系的多维考量的术语。一是指社会道德意识的产生；二是指社会道德意识的个体化；三是指个体道德意识的外化。我们在此使用的"道德实现"的概念，是把第一层面作为预设的大前提，主要是第二层面尤其是第三个层面上使用，意旨一定的社会道德意识和要求为社会成员所践行而呈现的社会道德风尚和个性道德品行。由此观之，道德实现是主体道德意识的外化活动，是一种客观的、可见的道德的实存样态。而在道德实现过程中，要克服知而不行的道德表象化现象，则需要发挥法律制度的规范性、匡正性对道德实现的保障作用。

一方面，法律规范的确定性，能够给予社会成员明确、具体的价值信息，可为与不可为的界限分明。"法律这个概念，蕴涵统一性、规则性和可预测性诸理念。"① 与道德原则的抽象性、笼统性相比，法律规范分解了道德的一般指导性，便于社会成员遵守；另一方面，法律规范的外在强制性及法律后果的显见性所形成的稳定行为预期，对人们行为的任性具有抑制作用。尽管对人性的"理性经济人"的假设，学界仍有分歧，但人的行为所具有的"理性经济人"的倾向性却是不容置疑的，即人具有谋求个人利益最大化的倾向。我们不能小视或无视人的自利欲望为人们的行为提供的充足的动机资源，因为追逐利益是人活动的一个强大的动力，以致利益得失的权衡也就有意无意地成为人们行为抉择的重要原则之一，一旦一种获利的行为方式会有较大的政治风险、法律风险及道德风险，人们常会迫于风险系数过大而主动放弃。人们在行为选择上表现出的利益得失的行为收益与机会成本的比较，也就是哈贝马斯所描述的当代人渐以"策略性行动"（strategic action）为主，以是否最有效地达到既定目标作为选择行为的准则。② 有鉴于此，哈贝马斯提出，要想使人们的策略选择行为不危害他人或社会的利益，促成社会合作，必须建立一种归拢社会行动的共同有效性标准，而这种权威性行为规则的树立就只有依靠实在法（Positive Law）。"法律必须提供一个稳定的社会环境，在里面每一个人可以形成对不同传统的归属，并有策略地追求自我利益"③，因此，法律重行为表现且有显见的惩治性后果的特征，就会在人们的行为选项中产生抑制过度自利的"优先"制衡性，从而在

---

① ［美］罗斯科·庞德：《法律与道德》，陈林林译，中国政法大学出版社 2003 年版，第114 页。

② 谢立中：《西方社会学》，江西人民出版社 2003 年版，第 54 页。

③ Habermas, *Between Facts and Norms*, translated by W.Rehg, Polity Press, p.30.

客观上促使人们守德逐利。

三、道德法律化的适度原则

分析法学家将法律与道德完全分开，自然法学家将法律与道德完全等同的做法，都有失偏颇，因为分析法学家无视法律内容的道德属性以及在立法、司法诸环节中贯穿的道德精神和原则的客观事实，而自然法学家则抹杀了法律与道德两种规范体系各自具有的独特本质特征，忽视了道德法律化的"限度"。为保持道德和法律的适度张力，避免法律完全侵占道德领域的危险，在道德法律化过程中，应遵循如下原则：

第一，全民性原则。大家共知的一个基本事实，道德法律化不是把全部道德规则都用法律形式固定下来，而是只把那些涉及社会秩序和人性完善的最基本的道德要求法律化，因此，从价值要求的等次来说，法律依赖于公共道德标准，即法只摄取道德最低要求的内容。值得注意的是，"最低的道德要求"，是一个历史的社会范畴，它会因不同社会的秩序要求程度和社会成员的觉悟水平而各有千秋。通常情况下，它必须符合两个基本条件：一则必须是对社会具有重要影响的普遍性的行为样态；二则必须是所有社会成员能够做到的行为标准，这意味着上升为法律的行为要求不能超出社会成员的行动能力。按照富勒对道德的划分，能够上升为法律的道德，常是"义务的道德"而非"愿望的道德"，因为"义务的道德"是从人类所能达致的最低点出发的，"它确定了使有序社会成为可能或者使有序社会得以达致其特定目标的那些基本规则。"①

---

① ［美］富勒：《法律的道德性》，郑戈译，商务印书馆2005年版，第8页。

第二，抑恶性原则。道德作为人的精神属性之一，不仅具有向神靠近的趋善性要求，也有抑制人的动物冲动性的禁忌规范和戒律。法律的禁止性规范，对人们行为的强制，在一定意义上，就是对人们的自由选择权的限制，而自由又是人的重要本质特征，因而，法律对人的自由权的限制不是任意的，是以不做恶的道德底线为边界，即遵从平等原则，只对那些因行使自己的自由权利而妨碍或破坏其他人自由权利行使的行为给予惩戒。毋宁说，法律为了维护社会的公正，只把那些禁令性的道德义务要求上升为调控的对象以阻抑不德行为的泛滥，发挥法律恶恶相抑的作用。

第三，非心性原则。法律着力的是行为的合规则性，不关涉行为的动机，人们思想的好坏、动机的善良与否不是它力所能及的，因此，道德与法律虽有交叉之地，但在作用的空间上，是有明确划界的，心性的修养方面当属道德，法律不要越界企图规定人们的思想。故此，在道德法律化中，法律只是把那些具有普遍性的可描述和可预测的行为方式加以规定，而体现人的较高精神追求的道德要求不能加以法律化，因为较高层次的道德要求是逾越了人类基本秩序需要的自为行为，它仅是社会上一部分人的道德欲求，无法普遍化，"这一层次的道德存在恰恰在于它的内在体验性和个体性，它无法由法律来表达，更不能由法律来强制。"① 道德既能调整人的行为层面，又深刻触及人的思想、观念、情感甚至信仰等精神领域；但法律只能调整人的行为层面，即使某人有着极不道德的观念，只要它不表现为行动，法律就不能也不应对其进行制约和调整。正如马克思所言："惩罚在罪犯看来应该是他行为的必然结果，——因而也就应该是他本身的行为。他受惩罚的界限应该是他的行为界限。"②

---

① 唐凯麟、曹刚：《论道德的法律支持及其限度》，《哲学研究》2000 年第 4 期。
② 《马克思恩格斯全集》第 1 卷，人民出版社 1995 年版，第 16—17 页。

第四，缺失性原则。在道德法律化中，法律要吸纳哪些道德要求，还有一个现实性的需求问题。一般而论，在一个国家，当道德对一定的社会利益关系足以协调时，这些道德要求无须法律化；只有那些仅靠道德的力量无法协调且产生严重危害的行为，才可进入法律的范畴。因此，当一定的道德规范出现了严重的失范现象，对社会秩序的破坏构成了显见的消极影响，乃至成为社会道德滑落的表象，此时社会对道德堕落的整治，光靠道德良心的呼唤难以奏效的情况下，法律就要吸纳处于严重破损的道德要求，通过强制的惩恶而挽救道德。

在道德法律化中，要反对两种偏颇倾向：一是法律泛化论，认为人心难养，道德软弱，社会利益激化，道德难于调控，唯法律强制不可，故而，应该把道德中除崇高的规则外的道德要求全部法律化，完全依靠法律推进道德，不主张给道德留有更多的空间，不相信人的觉悟性和向善性。道德对人的目的意义，绝不止于单纯的行为规范和协调，更在于对人性的提升，所以，道德的法律化只是借助法律的功能而为道德服务，但终究不能取代道德。对此，美国学者马多佛说："法律不曾也不能涉及道德的所有领域。若将一切道德的责任，尽行化为法律的责任，那便等于毁灭道德。"[①] 二是道德独立论，认为道德对人心的涵养，是法律无法企及的，而道德最能体现人的自由的本性，因此，不应该让法律挤占道德的地盘，更不能通过法律矮化道德。尽管这种对道德挤压的担心是可理解的，但不要忘记，道德只有为社会成员遵守、践行，才具有实质的存在性。

发表于《哲学动态》2009 年第 9 期

---

① ［美］马多佛：《现代的国家》，转引自肖金泉主编《世界法律思想宝库》，中国政法大学出版社 1992 年版，第 402 页。

德治与法治：何种关系 *

一、引 言

德治与法治的关系，不仅关涉学理分析，是一个理论研究问题，而且也关系着国家治理方式的选择，是一个社会管理中必须要探索的实践问题，因而，自国家产生以来，它始终是政府与思想家们关注与探讨的对象。

目前，在学界，对于德治与法治的关系问题，在理解上仍存在着严重的分歧：一种观点认为，德治与法治的关系，在治国方略上，不是并列关系，也不是德主刑辅的主次关系，而应该是法治至上的独尊关系。即是说，在治国方略的层面，只能提依法治国，不能把以德治国提高到与依法治国相并列的同等高度，"以德治国只能作为依法治国理论的重要补充"。"依法治国与以德治国两个关系应为治国基本方略与治国辅助手段的关系。"① 理由是：治国方略只能有一个，而不能多个。一旦把以德治国提高到与依法治国同等高度的国策上，在实践层面，会削弱法治的统治地位，不利于依法治国的贯彻落实。尤其是对于我们这样具

---

① 孟兰芬：《"以德治国"研究述要》，《齐鲁学刊》2002 年第 5 期。

有德治文化传统的国家来说，法治建设的任务之一，就是要把道德人格置于法治规制下而树立体现人民意志和法定程序的法律权威。另一种与之相对立的观点认为，德治与法治关系，在治国方略上，可以是德法并重的并列关系。法治属于政治建设，德治属于思想建设，二者分属于不同的范畴，具有不同的功能和作用，而作为一个社会和国家的治理来说，应该是全面的，既要有思想道德建设，也要有法律制度建设，二者不可或缺、不可偏废，因而，德治与法治作为治国的两个方面，可以都提到国家治理的国策层面。

对于德治与法治关系这样一个古老而又富于争议的时代话题，我们应该如何理解：德治与法治：是并列关系还是主次关系？学界在这个问题上的主要分歧是什么？一些学者担心把以德治国提高到国家治理层面会影响依法治国的实施，是否有道理？如何准确地概括二者的关系？我们认为，要阐明这些问题，既需要对现代"德治"与"法治"的内涵进行厘定，也需要对二者关系进行具体分析，以找准学界分歧的主要关节点，从而在分析并列说与主次论基础上，凝练出二者关系的准确表达方式。应该说，对理论分歧的阐释与回应，是理论发展的一种重要形式。

二、现代"德治"与"法治"内涵辨析与厘定

廓清歧义概念、明确概念的内涵与外延，在一定程度上，是研究问题的前提和基础。无疑，对研究对象基本概念的定义和诠释，无论是对于个体理论研究的科学性还是对群体共同探讨问题的有效性来说，都是至关重要的。为此，首先需要对现代"德治"与"法治"概念进行厘定。

虽然"德治"与"法治"这两个概念，在日常生活和学术研究中

经常被人们提起和使用，其含义似乎为人熟知，好像不言自明，其实不然，这两个概念的确切内含至今仍存模糊之处。

关于"德治"，有必要阐释三个问题。一是"以德治国"与"德治"是否同义；二是中国传统"德治"的主旨思想是什么？三是"传统德治"与"现代德治"有何区别？

第一个问题："以德治国"与"德治"是否同义？在日常用语、理论研究及相关文件中，"以德治国"与"德治"基本上同义互换，没有明确的区分，认为"以德治国"就是"德治"。本文认为，这两个提法虽然含义相近，但还是有些区别的：前者强调在国家治理上，发挥道德的功能和作用，突出道德治理的手段性；后者除有此意之外，还包括"以德治国"产生的良好社会效果，即道德在社会生活中富有成效，实现了"以德治国"的仁政善民的社会治理目标。具而言之，以道德手段治理国家与道德治理成效是不同的，"以德治国"侧重在治国方略上是否重视发挥道德的作用，而"德治"既主张在国家治理中要发挥道德作用，又强调发挥道德作用要取得社会成效，达到道德治理的善治目的。简而言之，"德治"是道德手段与成效的统一。由此推之，"以德治国"并不必然就是"德治"。质言之，"以德治国"如果没有达到应有的道德治理目标，就没有真正实现"德治"。

第二个问题，中国传统儒家"德治"的主旨思想。中国传统儒家的"德治"是有为政治的一种表现，它强调在国家治理中重视道德并发挥道德的作用，实现为政者德化与民众有耻且格的道德教化。"总之，儒家的德治模式简单说就是'德政与教化并用'。"[1] 需要明确的是，中国传统儒家德治是一种德主刑辅的治国方略，既推崇道德的独特作用又不排除刑罚的抑恶功能，只不过认为道德与法律有主次之分，强调以道

---

[1] 中国政法大学人文学院哲学系编：《法治的哲学之维》，当代中国出版社2012年版，第2页。

德教化为本为主，刑罚为末为辅。荀子曰："治之经，礼与刑，君子以修百姓宁。明德慎罚，国家既治四海平。"① 西汉大儒董仲舒从天道的角度立论了德主刑辅的必然性："天道之大者在阴阳。阳为德，阴为刑；刑主杀而德主生。天之任德不任刑也。"② "为政而任刑，谓之逆天，非王道者。"③ 为此，董仲舒提出"教，政之本也；狱，政之末也。"④ 简而论之，中国传统德治不是否认法律作用的道德独尊论。

第三个问题是"传统德治"与"现代德治"有何区别。"传统德治"与"现代德治"既有联系也有区别。无论是"传统德治"还是"现代德治"，都肯定道德在国家治理中具有不可或缺的独特作用，但"传统德治"主张道德优于法律，"刑者德之辅"。⑤ 而"现代德治"主张道德与法律共治，不是重德轻法，尤其是在对于国家权力以及为政者行为约束方面，二者存在本质的不同。"传统德治"对国家权力制约强调为政者的道德自律而实施仁政，推崇以德治官以及为政者德行的感召力和示范作用；"现代德治"是在肯定法治对政治权力制约的前提下而注重为政者的道德修养与道德垂范作用。更直白地说，"传统德治"是在"人治"框架下运行的，而"现代德治"是在"法治"框架下运行的，二者具有本质区别。

综上所述，现代"德治"有三层含义：一是作为法背后价值源头的"德治"，指道德精神和价值原则对法的支撑和性质的规定；二是作为在法治框架下充分发挥道德独特作用的"德治"，指发挥好道德所具有的其他调节方式不可替代的功能与作用；三是作为道德实现良好状态的"德治"，指社会成员具有遵法守德的品行以及社会具有良好的道德风气。

---

① 《荀子·成相》。
② 《春秋繁露·阳尊阴卑》。
③ 《春秋繁露·阳尊阴卑》。
④ 《春秋繁露·精华》。
⑤ 《春秋繁露·天辩在人》。

关于"法治"，也有三个问题需要说明与辨析。一是"以法治国"与"依法治国"的关系；二是"依法治国"与"法治"的关系；三是现代"法治"的内涵。

第一个问题："以法治国"与"依法治国"的关系。多数学者认为，"以法治国"与"依法治国"有本质的不同，这点中外思想有共识。"'以法治国'的意思是'以法为工具和手段来治理国家'（rulebylaw）；'依法治国'的本意是'以法为根据和准则来治理国家'（ruleoflaw）。一个'以'字和一个'依'字，一个'by'和一个'of'，一个'工具'和一个'根据'，这里虽然只是一字（词）之差，其内容和意义却有着天壤之别：前者往往属于人治，后者才是我们所追求的真正意义上的法治。"① 我国社会学家费孝通先生在论及"人治"与"法治"的区别时也指出："法治其实是'人依法而治'"。而"人治""是'不依法律的统治'。"② 一言以蔽之，法治的核心是以"无人格统治"代替传统社会的"人格统治"。总括而论，"以法治国"是封建人治社会的一种治民维序手段，而"依法治国"是现代民主社会官民共治的一种"价值理性与工具理性"的统一。

第二个问题："依法治国"与"法治"的关系。在我国的语境下，多数学者认为，"依法治国"与"法治"是同义，"法治（ruleoflaw），即'依法治国'，是'以法为根据和准则来治理国家'，是让法律成为我们生活的普遍根据。"③ 也有一些学者认为，"依法治国"与"法治"不是完全同义的："依法治国"仍然存在较为鲜明的工具性和手段性特征，而唯有"法治"，强调"法的统治"，意味无人居于法之上，无人处于法

---

① 中国政法大学人文学院哲学系编：《法治的哲学之维》，当代中国出版社 2012 年版，第1页。

② 费孝通：《乡土中国》，人民出版社 2008 年版，第 58—59 页。

③ 中国政法大学人文学院哲学系编：《法治的哲学之维》，当代中国出版社 2012 年版，扉页。

之外，才能真正把国家权力预设在了法律的框架内。前者是一种治国理政的方式，后者既是治国理政的方式，也是一种社会治理的良好状态。显然，与"依法治国"的提法相比，"法治"更能表达当代社会的治理理念。

第三个问题：现代"法治"的内涵。尽管"法治"在现代社会是一个广为人知的概念，但其内含仍存某些有待进一步言明的模糊之处。美国学者布雷恩·Z.塔玛纳哈在其《论法治》中也持此种观点："即使法治快速并引人注目地上升为一种全球理念，但它是一个极其让人捉摸不定的观念。"① 正是由于"法治"界定有难度，所以，布雷恩·Z.塔玛纳哈最终也未对"法治"下一个简明的定义，只是从政府受法律限制、形式合法性、法律而不是人的统治三个核心主题对"法治"进行诠释。我国学者也有此种看法。"在今天，法治作为一个备受赞誉的历史理想（理念），其确切含义可能比以往任何时候显得都更不清晰。"②

不可否认，"法治"概念会因社会结构的历史性与民族文化的差异性等因素而呈现内含的殊异性，但这并不是放弃对"法治"概念界定的理由，恰恰是努力把握"法治"内核的动力。

法治的内涵与外延密切相关，而在概念界定中，不仅内含规定外延，在一定意义上，外延的确定也为内涵的精确奠定基础，为此，我们从"法治"外延的视角来阐释"法治"的内涵。"法治"的外延可以用上位、中位与下位来表述。"法治"的上位性是指法治是一个国家治理社会的根本原则与国家制度，即社会实行法的统治而对公权力制约和公民权保护；"法治"的中位性是指法的总和与性质，即社会的法律体系不仅健全、完备，而且法律合乎社会正义精神；"法治"的下位是指法

---

① ［美］布雷恩·Z塔·玛纳哈：《论法治》，李桂林译，武汉大学出版社2010年版，第4页。

② 中国政法大学人文学院哲学系编：《法治的哲学之维》，当代中国出版社2012年版，第10页。

的实效性，即法律得到有效的贯彻、落实而具有法律效力、法律权威、法律尊严，社会成员具有法律信仰。古希腊著名思想家亚里士多德在定义"法治"时，就是从法律性质与效力两方面进行概括的。他说："法治应包含两重含义：已成立的法律获得普遍的服从，而大家所服从的法律又应该本身是制订得良好的法律。"① 他纠正了古代的"合法即正义"的传统思想。

三、德治与法治关系的三种样态

道德和法律作为规范人们思想、行为而维护社会秩序和人性完善的重要手段，无疑是社会治理的两种重要方式。对于德治与法治关系问题，在中国历史上，有"德主刑辅"与"刑主德辅"之争；在西方历史上，存在以哈特为代表的实证主义法学派的"道德与法律分离说"与以富勒为代表的自然主义法学派的"道德与法律结合说"的辩争。在当今社会，德治与法治的关系，如前所述，也存在不同的观点。为此，对德治与法治关系进行梳理与条陈，就成为理论澄清和加强社会管理的关键。

我们认为，在当代社会，对德治与法治关系要做具体分析，不能笼统概说，因为德治与法治关系具有三种不同的存在样态。

第一种是法治框架下的德治与法治关系。前述分析已表明，"现代德治"与"传统德治"的区别，在本质上不是是否要进行道德教化以及重视为政者的德化问题，而是在什么样的社会政体结构中实施的问题。"传统德治"推行的社会基础，是缺乏对国家最高权力进行法律限定和约束的"人治社会"，主张通过道德教化、为政者的道德自律和道德垂

---

① ［古希腊］亚里士多德：《政治学》，吴寿彭译，商务印书馆 1995 年版，第 199 页。

范的德行而实现德政、德风;"现代德治"推行的社会基础,是法律对公权力实施制衡、制约的法治社会,强调在法律统治下而实行道德教化和德化。"一般认为,法治是内在于通过法律限制和控制政治权力这一原则的。"① 法治的本质特征是对公权力进行限制和约束,即把公权力关在法律的铁笼子里,并被置于社会监督的"火山口"上。简而言之,法治要求社会组织和成员均按照法律规则行事,政府权力和公民行为均受到法律制约,司法审查具有独立性,司法判决具有权威性,排除社会组织和个人意志的任意性和专横性。显然,在这个层面上,德治与法治的地位是不同的,法治具有至上性、绝对权威性,德治是在法治运行框架下而实施的。

第二种是法律渊源关系中的德治与法治关系。在法治社会,尽管法治是主导,但也不能因此忽视法德的渊源关系。法律与道德尽管运行机制有别,但它们的根本目的是一致的,具有共享的价值系统,尤其是在价值序列中,道德具有优先性,表现为法律对道德价值的需要,即法理念、法价值和原则源于合理的道德价值,或说道德精神和原则总是以渗透的隐形方式而存在于法律之中,法律需要从道德中获取精神资源。一言以蔽之,道德是法律背后的价值源。内隐于法律中的合理道德精神,是法的灵魂,或者说,制定合乎道德精神的良法是法治实施的前提和基础。因为"法律从本质上讲不只是命令,它暗含着正义和权利"②。为此,"西塞罗把法律合乎正义当成它具有至上性的前提条件"③。在这个层级中,德治与法治的地位也是不同的,道德具有上位性、统摄性。这表明,法律无论有多么独特的运行方式,其终究不能脱离合理的道德

---

① 夏勇等主编:《法治与 21 世》,社会科学文献出版社 2004 年版,第 3 页。

② John N.Figgis: *Studies of Political Thought*: *From Gersonto Grotius*,1414—1625,Bristol: Thommes Press,1998,p153.

③ [美]布雷恩·Z.塔玛纳哈:《论法治》,李桂林译,武汉大学出版社 2010 年版,第 15 页。

价值原则或背离道德精神，即在道德价值原则和精神层面，法律要受制于道德。法律对道德在价值渊源上所具有的依附性，表明道德是法律获得正当性的本质规定。

第三种是功能互补型的德治与法治关系。"德治"与"法治"各有其"能"的独特作用，也有各自"不能"的天然缺陷。道德依靠社会舆论、风俗习惯、个人内心信念、良心、耻感等使人自觉趋善避恶，法律依靠国家强制力对恶行的惩治使人趋利避恶。具而言之，道德教化和榜样感化的说服力和劝导力，能够提高社会成员的思想认识和道德觉悟，增强其道德情感，行善达德；而法律规范的具体、明确及其惩罚的威慑力，能够促进社会成员遵守法规，约束其行为的任意性。道德的功能是基于人的内在本质属性而不断地善化人性、提升人性，法律是基于人的自然属性的自利倾向性而坚决地阻遏人性的下滑，法律是道德的底线，为人性兜底。道德与法律各自所具有的独特制约机制，构成了对人的思想和行为的内外兼治的必需。唯有在这个意义上，德治与法治才具有平等的地位。

上述分析表明，对德治与法治关系，既不能笼统而论，也不能一概而论。无论是德法并重、德法并举的并列关系还是德主刑辅、刑主德辅的主次关系的概括，都不能完全反映二者关系的全貌，因为二者在不同层级关系中，具有不同的关系样态。

四、德治与法治关系：既非"并列"也非"主次"

德治与法治，究竟是何种关系？对此，我们需要对德治与法治关系的"并列论"与"主次论"分别进行剖析，以便对德治与法治关系能够进行准确概括。

德治与法治，不能归类为"并列关系"。在学界，人们惯常把"依法治国"与"以德治国"相结合，概括为"德法并重"或"德法并举"。这种概括从强调二者具有不可或缺性的作用角度来说，是没有疑义的，但从二者具体地位和作用发挥的角度上看，就存在抽象原则的笼统性，且易于导致理解上的混乱。故此，这种提法需要进一步商榷。其一，德治与法治，作为社会治理的两种不同的规范形式、调节方式，二者是相辅相成、相互促进关系而非并列关系，故不能简约为"德法并重"或"德法并举"。其二，"德法并重""德法并举"的表述，不能涵盖德治与法治关系的所有关系样态。因为在德治与法治的前两种关系中，在不同的层级中，二者的地位是不同的。显然，"德法并重"或"德法并举"的概括，有以偏概全之嫌。其三，"德法并重""德法并举"的表述存在模糊性，易于引起人们理解上的歧义和纷争。"德法并重""德法并举"这种提法，容易导致人们"把以德治国看成是与依法治国相对的另一个基本方略"①，由此产生两个方略的误解。其实，在德治与法治关系上，我国政府的一贯提法是"依法治国和以德治国相结合"，主张我国的治国方略既不是单纯的德治，也不是单纯的法治，而是德治与法治的结合才是一个完整的治国方略。借此，"德法并重""德法并举"的提法，不能反映德治与法治相结合的本质特征。

德治与法治，也不能归类为"主次关系"。无论是"德主刑辅"还是"刑主德辅"，都不是从道德与法律结合关系来谈的，而是着重于二者各自功能的优势效用。"德主刑辅"论认为，道德与法律相比，对人的规范与约束更为根本。道德通过社会教化、风俗习惯与个人的自我道德修养，能够把社会要求内化，并形成个体的信念、良心、荣辱感等内在约束力。这种内在约束力，使人具有道德定力，不为非义之利所动，能够自觉遵法守德，减少社会维序成本。道德主抓"人心"，人心向善，德行自然生。故而，孔子曰："道之以政，齐之以刑，民免而无耻。道

---

① 孟兰芬：《"以德治国"研究述要》，《齐鲁学刊》2002 年第 5 期。

之以德，齐之以礼，有耻且格。"① 在这个意义上，道德较之外在约束的法律而言，更为根本和重要。"刑主德辅"论认为，人的欲望和活动的自利倾向所形成的利导行为类型，唯有靠法律的刑罚才能使人们趋利而不为恶，道德教化和劝导在强大的利益面前，常具有软弱性和脆弱性。法律主抓"人行"，用法律的惩治可以威慑恶行。在这个意义上，法律较之劝导性的道德而言，其强制力对恶的惩处更为有效。显然，德治与法治的主次论都各有其合理性，但它们都是针对对方的劣势而突出自己的优势，以至于忽视了自己的劣势和对方的优势。

毋庸多论，主次论的这两种观点，都存在片面性。法律和道德都是与利益博弈的工具，在与利益抗争中，二者都存在"硬"和"软"的两面。对违法者的强制性处罚是法律"硬"的方面，而立法与惩治的漏洞作为法律自身无法根治的缺陷，则是法律"软"的方面。道德在人性义理上对不义之利的自制与节制，是道德"硬"的方面，只有人的道德未达到信念状态下才具有"软弱性"。

上述分析表明，提高我国社会治理能力，需要发挥好道德和法律各自特有的功能而实现德法共治，既不能因强调法治在当代社会的统治地位而忽视或否认道德对法治的价值指导性和法治实现的道德基础性；同样，强调社会道德建设，深化思想道德教育，也不能离开法治的保障性。

发表于《伦理学研究》2014 年第 5 期

---

① 《论语·为政》。

法治与德治相结合的正当性证成 *

人是认理与讲理的感性与理性相统一的主体，所以，人追问行为的价值理由，注重事物存在的正当性，以至于只有那些获得"正当性"的事物才易于为人们认同和信奉。因为"正当性"作为合乎事物内蕴规律或规则的合理性（rationality）、合法性（legality），是社会成员认理与讲理的价值依据。无须赘言，法治与德治相结合原则唯有获得了"正当性"，才会得到有效的贯彻和落实。法治与德治相结合原则正当性的证成，需要基于法律与道德关系的内蕴规律，即法律与道德价值的同源性与交叉性、规范的同宗性与重叠性、功能的独特性与互补性。

一、法律与道德价值的同源性与交叉性

道德和法律虽是人类社会的两种不同调控方式，但它们都源于正义，受正义的引领。正义是"人类文明的基本共识与人类生活的根本理想。"① 为了保障与实现正义所追求的人类的美好生活，道德与法律应运

---

① 马克思主义理论研究和建设工程重点教材《法理学》编写组：《法理学》，人民出版社、高等教育出版社 2011 年版，第 88 页。

而生。在这个意义上可以说，无论是道德还是法律，都是人类基于这种基本共识与根本理想的一种"自我立法""自我规制"和"自我提升"，所不同的是，二者"立法"生成的路径与规范要求程度及其实现方式有别而已。质言之，人类对自身人性完善、美好社会的基本共识与根本理想，是道德与法律产生和存在的根本价值理由和最终目的，也是衡量与检测道德与法律良善性质的根本价值标准。所以，不仅法律有良法与恶法之别，道德也有良善与邪恶之分。确切地说，正义是道德和法律之根。正义既是一种终极的价值追求，也是一种历时态的价值原则，致使不同时代、不同民族的正义观是有差异的。无论在人类社会发展中，正义观如何变化，道德和法律都是在其指引下体现和维护它的价值追求。由于道德既源于正义同时正义本身也是一种道德精神和原则，在这个意义上，法律与道德建立起了价值连接关系，即法律在精神与灵魂层面需要获得道德价值的支持。它表明，法律不能离开道德、有悖正义和道德公理，否则，它将会失去存在的价值理由。为此，有些法学家认为，与善性相悖的法律，"严格地和真正地说来就根本不是法律，而宁可说是法律的一种滥用。"① 所以，在现实生活中，无论是实体法还是程序法都是基于人类的正义精神并实现正义目标而设计的。正因为此，罗马著名法学家塞尔苏斯说："法律是善良公正之术。"② 一言以蔽之，法律不能与良善的道德相背离，否则，它就违背了自身产生的本意与初衷，因之也会失去其存在的正当性。事实上，好的法律不仅要符合程序、合乎社会公共利益，而且也不能背离人性发展与完善的本性。故而，好的法治在本质上是良法善治，而不单单是法律制度体系的健全与强制力的有效性。据此推之，法治与德治相结合的第一要义，是要求法律不能背离良善道德，有悖良善道德精神的法律是恶法，是法律的一种异化形式，是

---

① ［意］阿奎那：《阿奎那政治著作选》，马清槐译，商务印书馆 1963 年版，第 110 页。
② 陈允、应时：《罗马法》，商务印书馆 1931 年版，第 74 页。

需要尽快修订或废止的。在这个意义上可以说，法律的正当性不单是来自一定社会的法定程序，更在于合乎正义精神和良善道德要求。基于此，当代我国社会的法治建设，绝不只是社会主义法律体系的健全与完备，在本质上是如何避免恶法与劣法专横而损害公民权以及危害社会良序的问题。

二、法律与道德规范的同宗性与交叠性

法律是一种后补性的规范体系。人类理性自控能力的有限性、社会利益矛盾冲突的尖锐性以及道德自身调节力的软弱性等，使得社会正义普遍受到挑战，需要弥补道德不足而产生一种新的社会调节方式，即以强制力为后盾的法律。为此，美国法学家庞德说："当道德对应受保障的利益无法维持，则就会诉求于法律形式，致使相关的道德理念和原则融入法律。"① 这表明，在社会治理中，一旦道德难以维系社会正义，道德法律化就成为一种必然，即具有强制力的法律就要补位而上。也正因为此，才有"法律是显落的道德"之说。"那些被视为是社会交往的基本而必要的道德正当原则，在所在的社会中都被赋予了具有强大力量的强制性质。这些道德原则的约束力的增强，当然是通过将他们转化为法律规则而实现的。"② 上述分析表明，虽然法律规范与道德规范相比，具有明确具体、制裁力强制等特征，但它的规范要求不是另起炉灶自生的规范体系，而是在道德规范范围内圈定和摄取的，即它是把道德中那些最基本的、人人可以做到的行为要求（富勒所说的义务的道德）通过

① ［美］罗斯科·庞德：《法律与道德》，陈林林译，中国政法大学出版社2003年版，第155页。

② ［美］E.博登海默：《法理学——法律哲学与法律方法》，邓正来译，中国政法大学出版社2004年版，第391页。

法定程序上升为法律，亦即大家所说的"道德法律化"，由之便形成了"法律是最低限度的道德"之说。在这个意义上也可以说，法律是道德的变体，道德借用法律的外壳实现自己。

有鉴于此，美国法理学家富勒强调要在分清"义务的道德与愿望的道德"两种类型前提下，阐释法律与道德的关系。富勒的这个主张是恰当合理的。因为道德是多元的且规范要求是多层次性的，而法律是一元的且规范要求是唯一的。事实上，"道德法律化"中的"道德"是有严格限定的，不是所有道德，仅是那些可以明确表达的最基本的道德要求。具而言之，法律惯常源于义务性道德要求而不是愿望的道德要求，因为"如果说愿望的道德是以人类所能达致的最高境界作为出发点的话，那么，义务的道德则是从最低点出发。它确立了使有序社会成为可能或者使有序社会得以达致其特定目标的那些基本规则。"① 无须赘言，法律与道德规范要求的交叠性集中表现在"义务的道德"中。在通常的情况下，"道德法律化"是在坚持"全民性原则、抑恶性原则、非心性原则、缺失性原则"② 前提下实现法律规范与道德要求的有机融合。显然，道德与法律既是二元的，又是同构的。为了避免歧义，法律与道德相结合所具有的规范同宗性与交叠性，准确地说，主要体现在实体法中，程序法遵循正义精神一旦制定后，往往就具有自身的客观性与独立性，甚至它要求排斥干扰程序正义的一些道德情绪而确保其相对独立性。概言之，法治与德治相结合的第二个要义，是要求法律与道德在二元结构中实现法律在道德领域内有限的规范摄取，通过法定程序只把社会中最基本、较为重要的道德要求法律化。

在辩证唯物主义看来，"道德法律化"与"道德非法律化"的界限在历史和现实生活中是绝对性与相对性的统一，需要社会管理者的智慧

① ［美］富勒：《法律的道德性》，郑戈译，商务印书馆 2005 年版，第 8 页。

② 王淑芹：《道德法律化正当性的法哲学分析》，《哲学动态》2007 年第 9 期。

驾驭。一些国家在制定法律时，不仅要吸纳义务的道德要求，而且也会根据本国文化及其社会价值导向，把"见义勇为"等体现人性光辉和人道精神的一些"愿望的道德"也上升为法律要求，如美国的《撒玛利亚好人法》《美国刑法典》等都有保护人们"见义勇为"行为的条款。《撒玛利亚好人法》明确规定，在紧急情况下，见义勇为者的无偿救助行为，即使在施救过程中，因救助者缺乏经验或专业知识等给被救助者造成一些伤害，也要免除救助者的一切责任。这种免责的法律规定，在根本上消除了施救者的后顾之忧以及可能产生的各种法律风险和经济责任，有利于弘扬见义勇为的美德。美国法律在扬善的同时也抑恶。《美国刑法典》第八章第三节规定：救人者若被诬告，可反诉原告诈骗罪。《美国刑法典》惩处讹诈者的法律规定，在很大程度上，遏制了被救者的以怨报德、嫁祸于人的责任转嫁行为。可见，法律规范与道德规范的交叠范围不是绝对划一的，不同的国家和民族会因本国国情、民情、文化传统等方面的差异而在不同程度上吸纳道德要求。

三、法律与道德功能的独特性与互补性

法律与道德犹如鸟之两翼、车之两轮的比喻是恰如其分的，它体现了法律与道德的分工与合作。事实上，二者在社会中任何一方的缺失，都是一种残缺，并会影响另一方功能和作用的有效发挥，直至引发严重的社会问题，扰乱社会秩序。因为无论是法律还是道德，都有自身"能"与"不能"的优势与短板，二者在功能上具有天然的互补性。道德的"能"，是通过社会教化与濡化、社会舆论与风俗习惯、内心信念与良心等，使社会成员具有道德荣辱感和思想觉悟，并在慎独自律精神的自我约束下，自觉抵制各种不义的利益诱惑而趋善避恶。对于有德之人，道德具有强大的力量与作用，然而，对于那些没有道德良心与信念

的人，道德往往难以发挥作用，常常显现出脆弱性与软弱性，而法律规范的确定性、外在强制性，则弥补了道德的抽象性与软弱性。在这个意义上可以说，法律就是为弥补道德的"不能"而产生的一种补位性社会调节方式。正如古希腊哲人柏拉图所言："如果所有的人都是理性的和有美德的，就不需要法律和国家；一个完全有美德的人是受理性支配而不是受外在法律支配。但是很少有人是完善的，因此有必要用法律来确保我们的真正善的实现。这样，国家就是因为人性的不完善而产生。"①简而言之，弥补道德"不能"的缺陷是法律的使命。所以，道德与法律在调整范围宽窄、规范要求高低、制约程度刚柔、约束方式自律与他律、干预方式滞后与预防等方面是相倚互补的。

法律与道德在调节范围上具有宽窄互补性。道德既管人行，也管人心。道德不仅协调所有的社会利益关系及其矛盾，而且触及人们的心灵和行为动机，即对人们的思想观念、情感信念等精神领域也进行干预，而法律只调整能够进行行为类型设置的那些既涉及人们的重要利益关系又具有社会普遍性的行为类型。因为法律是一种典型的因果关系的行为模式。法律因果关系的确定性与惩罚的后果论特征致使缺乏客观性的因素难以入法。所以，在某种意义上可以说"法律仅与外部行为有关"②。正是由于法律不干涉人的内心世界以及行为动机的善恶，只管一部分社会利益关系及其行为，所以，法律无法调节的思想、动机、行为、社会利益关系等都将由道德来协调。在这个意义上，道德对法律的调节范围具有补漏的作用。

法律与道德在规范要求上具有高低层次的互补性。道德要求是多层次的，既有常德，也有美德和圣德，而法律只侧重道德的基本要求，即底线伦理，只有极少数规范会涉及美德伦理的内容，如前面所述的见

---

① 〔美〕弗兰克·梯利：《西方哲学史》，贾辰阳、解本远译，吉林出版集团有限责任公司2014年版，第81页。

② 〔美〕罗斯科·庞德：《法理学》第二卷，封丽霞译，法律出版社2007年版，第183页。

义勇为等。法律只管社会和人性难以容忍的恶行或严重危害社会秩序的行为。"只有在为了确使个人私域免受他人干涉而必须使用强制的场合，使用强制才是正当的，而在不需要使用强制去保护其他人的场合，则不得使用强制去干涉个人的私域。"① 具言之，法律对人性和社会秩序兜底，道德则引领人性向上，发挥人的道德主体性，为人的向善能力提供了广阔的空间。道德既禁止人们作恶，又倡导人们为善；法律只禁止人们作恶，一般不要求人们行善，除非对特定行善行为有专门的法律规定。道德的劝善与法律的惩恶相互补充、相得益彰。

法律与道德在制约程度上具有刚柔互补性。道德是一种弱规范性，不仅道德原则、规范本身的要求具有抽象性、笼统性，而且对人们的要求也是以劝导、建议、希望、鼓励等方式进行价值引导，做不做善事取决于个人意志，社会成员具有道德选择的自由。正是由于人们有道德选择的自主性、自愿性、自知性，才会有道德责任。为此，恩格斯说："如果不谈所谓自由意志、人的责任能力、必然和自由的关系等，就不能很好地议论道德和法的问题。"② 道德自由是道德责任的前提，为人们的向善力提供了广阔的空间。而法律凭借国家强制力，不以个人意志为转移，对人们的行为要求具有必行性。"法律平等地适用于每一个人，同样地约束每一个人，而不论每个人的动机如何。这是法律的核心。"③ 法律作为国家意志和社会理性，不以任何个人意志为转移，一经制定和颁布，无论个人多么不情愿，一律遵守，个人没有选择的自由。

法律与道德在约束方式上具有自律与他律的互补性。道德靠社会舆论、个人良心、荣辱感、信念、信仰等形成内在约束力，具有慎独境

---

① [英] 弗里德里希·冯·哈耶克：《法律、立法与自由》（第二、三卷），邓正来等译，中国大百科全书出版社 2003 年版，第 86—87 页。

② 《马克思恩格斯文集》第 9 卷，人民出版社 2009 年版，第 119 页。

③ [美] 罗纳德·德沃金：《认真对待权利》，信春鹰、吴玉章译，中国大百科全书出版社2002 年版，第 271 页。

界和天道义理信念，人们自己主动约束其任性的自利行为或投机行为，尤其面对利益诱惑，人具有道德定力，能够坚持道德信条，不为非义之利所动，做到洁身自律。法律要求和规定的命令性，是一种外在的社会规制，是一种权威性的社会理性要求，带有强迫性。正是由于法律的强制性所形成的违法必罚的稳定社会行为预期，会促使社会成员在法律成本、法律风险的利益权衡中，唯恐惩罚失利而守法，完全是一种利导行为方式。值得注意的是，法律以惩罚为核心的外在制约的成效，不是自然而然就有的，而是需要一定条件保障的，即在法律制度健全且违法必究的社会中，法律实现了亚里士多德所说的"矫正性公正"，法律成本大于违法收益，法律对人们牟利投机的企图与行为才会产生钳制作用。事实上，一个民族或国家进步与文明的表现，表层是行为合规则性，人们具有规则意识，但最为根本的是社会上大多数成员具有良知和理性。良知和理性追求的是正义公平公正，法律追求的也是正义公平公正，二者目标一致，但发力点不同，良知与理性是个体的自我修养和自律精神而形成的内在约束力，法律是以强制的规定与惩罚为基础的外在约束力。

法律与道德在干预方式上具有补救性与预防性的互补性。道德不仅善化人们的心灵，而且也对人们的行为进行善恶褒贬的评价，因此，道德既禁于将然之前，而且也禁于已然之后。马克思主义人学理论认为，人的行为是有目的、有意识的能动自觉活动，即人的行为是受思想支配的。基于此，道德对人的教化，就不仅局限在行为的合规上，更注重对人们的·些不良思想动机的引导，以避免危害性后果的发生。所以，道德既管人的外在行为也主人心。与道德的预防作用相比，法律仅禁于已然之后，只对那些已违法的行为进行惩处，即思想层面的不良动机在没有实施行为之前，法律一般无法干涉。显然，法律惩治的是犯罪的行为。为此，马克思认为，"惩罚在罪犯看来应该是他行为的必然结果，因而也就应该是他本身的行为。他受惩罚的界限应该是他的行为界限。"① 法治与德治相结合的第三个要义是，在社会治理中，要发挥好二者各自的独特功能而合力共治，反对随意侵占对方领地的乱作为。事实上，从实践角度来讲，法律与道德功能互补发挥的好坏是衡量社会管理者智慧与水平的重要方面。

孟子曰："徒善不足以为政，徒法不能以自行。"② 法律作为成文的道德，是任何社会组织和个体都必须要遵守的行为准绳；道德作为人们内心的法律，是社会心理文化的基石，唯有二者有机结合而互补互济、协同发力而同向共振，达至"法安天下，德润人心"③，才能在推进国家治理体系和治理能力现代化过程中实现良法善治的和谐社会。

发表于《伦理学研究》2017 年第 3 期

---

① 《马克思恩格斯全集》第 1 卷，人民出版社 1995 年版，第 120—122 页。
② 杨伯峻：《孟子译注》，中华书局 2008 年版，第 121 页。
③ 习近平：《坚持依法治国和以德治国相结合　推进国家治理体系和治理能力现代化》，《人民日报》2016 年 12 月 11 日。

法治与德治相结合的意蕴与适度性 *

道德与法律、德治与法治的关系，不仅是中外历史上纷争的一个重要问题，而且也是现代社会争辩的一个理论焦点问题，目前呈多学科研究态势。法治与德治相结合意蕴的含混性、道德泛化和法律扩大化等，是坚持和贯彻好法治与德治相结合原则、推进法治中国建设亟须解决的重要理论与实践问题。

一、法治与德治相结合的意蕴

依法治国和以德治国相结合，虽已确定为建设我国社会主义法治国家所坚持的重要原则，但在学界是存在争议的，尤其是对于法治与德治相结合的正当性以及如何结合的问题，分歧较大。事实上，要探讨法治与德治相结合是否具有正当性的问题，应该首先明确何为"法治与德治相结合"。如果在没有明确"法治与德治相结合"基本意蕴的情况下，就以不同的立场和理由反对或否定法治与德治相结合的原则，显然有失科学态度和精神。现有中央文献及其学界研究成果，对"法治与德治相结合原则"的具体内容几乎没有详细的阐述，只是提出法治与德治在国家治理中要"相互补充、相互促进、相得益彰"。也许正是由于"法治与德治相结合"所处的这种人人都能意会但又没有明确界定的境遇,才产生了各种思想的纷争。

显然,明确"法治与德治相结合"的具体内含,在很大程度上可以避免因缺乏共识的前提而引发的无谓争辩。从理论逻辑来讲,要确定法治与德治相结合的意蕴,需要首先厘定何为"法治"、何为"德治"?如果核心概念本身不清,存在较大的歧义,人们在二者结合问题上难以达成共识则是在所难免的。众所周知,法治与德治都是一个历史性的概念,有传统与现代之分。"现代法治"与"传统法制","现代德治"与"传统德治"的本质区别不再赘述。① "现代法治"与"现代德治"概念本身至今仍存在一定的模糊之处,需要廓清与厘定,因为概念明确是研究与探讨问题的前提。本文认为,"现代德治"是道德精神和价值原则对法的支撑和性质的规定,是在法治框架下充分发挥道德的独特作用,是社会成员具有遵法守德的品行以及社会具有良好的道德风尚。② "现代法治"是一个国家治理社会的根本原则与国家制度,是社会实行法的统治而对公权力制约和公民权保护,是具有合乎社会正义精神的较为完备的法律体系,是社会具有法律权威和公民具有法律信仰。③

基于上述对"现代德治"与"现代法治"的界说,本文认为,法治与德治相结合原则的核心和主旨是:道德是法律的母体,法律不能背离良善道德,更不能取代道德,而是要与道德相辅相成。基于此,一些法学家认为,应该"将法律理解为道德或正义的'分支',并且法律的'根本要素'是其与道德或正义之原则的一致性,而不是它与命令和威胁的结合。"④ "对法律之道德性的最低限度的坚守是保障法律之实践有

① 王淑芹:《德治与法治:何种关系》,《伦理学研究》2014 年第 5 期。
② 王淑芹:《德治与法治:何种关系》,《伦理学研究》2014 年第 5 期。
③ 王淑芹:《德治与法治:何种关系》,《伦理学研究》2014 年第 5 期。
④ [英] H.L.A 哈特:《法律的概念》(第二版),徐家馨、李冠宜译,法律出版社 2006 年版,第 8 页。

效性的基本条件。"① 这表明，无论法治建设多么重要和迫切，它都不能否认与道德的价值渊源关系。质言之，不管法律多么强大和管用，它都不能撇开或取代道德，因为它的内核是价值。法治有好坏之别，好的法治是与德治有机结合所形成的良法善治。事实上，法治与德治相结合原则，不是探讨在国家治理中，法律与道德何者更为根本和重要的问题，而是法律与道德如何恰如其分地有机结合避免恶法专横以及法德冲突问题。基于此，法治与德治相结合原则有三层含义：一是指正义、良善道德是法背后的价值源头，法理念、法原则源于正义原则和良善道德，法由之具有灵魂和内在道德性，进而赋予实在法以合理性与合法性。在逻辑的意义上，严格地说，实在法唯有合乎正义精神获得合理性才具有合法性。进言之，实在法是合规律性与程序性的统一体。马克思曾指出："立法者应该把自己看作一个自然科学家，他不是在制造法律，不是在发明法律，而仅仅是在表述法律，他把法律关系的内在规律表现在有意识的现行法律之中。"② 显然，合规律性是法律的本质要求。二是法律规范不是另起炉灶，而是源于社会基本的道德要求，是在道德要求范围内选取的。"那些被视为是社会交往的基本而必要的道德正当原则，在所在的社会中都被赋予了具有强大力量的强制性质。这些道德原则的约束力的增强，当然是通过将他们转化为法律规则而实现的。"③ 美国法学家德沃金也认为："当一个共同体要决定创制什么样的法律规范时，它应当接受道德的指导和约束。"④ 法律通过一定的程序把公意的道德要求和道德公理法制化，即是在尊重道德与法律二元结构框架下实现的有限的规范融通。它表明，尽管法律与道德共享 套价值系统，国家的实在法

① [美] 富勒：《法律的道德性》，郑戈译，商务印书馆 2005 年版，第 181 页。

② 《马克思恩格斯全集》第 1 卷，人民出版社 1995 年版，第 347 页。

③ [美] E. 博登海默：《法理学——法律哲学与法律方法》，邓正来译，中国政法大学出版社 2004 年版，第 391 页。

④ [美] 德沃金：《刺猬的正义》，周望、徐宗立译，中国政法大学出版社 2016 年版，第 436 页。

体现社会基本的道德要求，但法律与道德的融合与交叠是部分而不是全部，不是无视法律与道德区别而将二者完全等同，而是为二者的独特性留有足够的余地。三是在社会治理中，实现德法共治，既发挥好道德与法律各自的作用又促进二者的功能互补，使法律与道德相辅相成、相互促进、相得益彰，而不是偏废一方或抬高一方。"法治和德治不可分离、不可偏废，国家治理需要法律和道德协同发力。"①

上述分析表明，法治与德治相结合，不是法治与"传统德治"相结合，也不是与所有道德相结合，更不是对法律施加"不道德的思想暴力"，而是法律在价值理念上不能背离正义和良善道德精神，在规范摄取上不能离开义务性的道德要求。真正的法治与德治相结合，不是取消二者的界限相互取代，而是展现人类的主体性和智慧，巧妙地把法律与道德恰到好处地有机结合。毋庸置疑，法治与德治相结合原则，既要反对那种否认法律与道德渊源关系以及道德对法律性质规定的观点，也要反对道德泛化对法律独立性的干扰以及法律扩大化对现代法治的破坏。

二、法治与德治相结合的道德限制

法治与德治相结合的逻辑必然性毋庸置疑，问题是在实践中如何有机结合，既不相互跨界彼此消解又相辅相成。由于法律与道德的界限是绝对性与相对性的统一，所以，二者的有机结合是在人类智慧的运握中达致恰到好处的适度结合，具有历史性与地域性。在这个意义上可以说，法治与德治相结合不只是一个理论问题，更是一个考验人类治理社会智慧的实践问题。为此，美国法学家富勒指出："法律应当被视为一

---

① 习近平：《坚持依法治国和以德治国相结合　推进国家治理体系和治理能力现代化》，《人民日报》2016 年 12 月 11 日。

项有目的的事业，其成功取决于那些从事这项事业的人们的能量、见识、智力和良知。"①

法治与德治相结合的最佳样态，是二者在划界与跨界中实现同构互济。法治与德治相结合不是任意的，而是有限度的，需要避免道德泛化。在法治与德治相结合的适度性问题上，需要对立法前与立法后的法律与道德关系进行区别对待。在立法过程中，法律价值理念、法律原则、规范要求源于正义和良善道德，法律与道德具有天然的必然联系，道德对法律的影响是不容置疑的。通过立法程序颁布的实在法，获得了法的独立性，它需要遵循法自身的运行规律而不是道德要求，道德不能凌驾于法律之上，更不能把道德对法律立法过程中的影响作为道德干预法律独立性的理由。在我国语境中，道德泛化主要表现在三个方面：一是道德因质疑或批判恶法、劣法的不合理性而否认其"合法性"，即道德与现行实在法在某方面出现冲突的情况下，道德僭越法定程序而直接否定其"合法性"；二是在道德法律化过程中，未能把握好道德要求与法律逻辑结构要求的契合性，出现的超出法律能力的道德法律化问题；三是在司法领域，因没有把握好道德情感评判与法律判决的关系而出现的不尊重法律程序的道德对法律的绑架现象。

第一种情况是，道德作为应然与实然价值要求的统一，它对法律具有价值引领性。一旦某项实在法与社会发展的新情形出现非适应性，道德就会从道义上对其进行批判，质疑其合理性，以至于会出现某项实在法条款虽不合理但合法的矛盾现象。如最高人民法院《关于适用〈中华人民共和国婚姻法〉若干问题的解释（二）》第二十四条规定："债权人就婚姻关系存续期间夫妻一方以个人名义所负债务主张权利的，应当按夫妻共同债务处理。但夫妻一方能够证明债权人与债务人明确约定为个人债务，或者能够证明属于婚姻法第十九条第三款规定情形的除外。"

---

① [美]富勒：《法律的道德性》，郑戈译，商务印书馆 2005 年版，第 169 页。

此条款在司法实践中作为处理夫妻债务的法律依据，目前有较大争议。因为这一条款会使一些不知情的夫妻一方背负对方的债务而导致不公的判决。这一问题已引起社会的强烈反响，要求对相关法律规定进行修订完善。在此情形下，道德可以呼吁对不合理法条的修订或废除，形成舆论攻势，但不能越俎代庖、跨界越权直接否定其合法性。即是说，道德可以通过对恶法、劣法评析形成社会舆论促进法律废止或修改，但在法律未完成废止或修改等相关程序的情况下，不能以其"不合理性"直接否认其"合法性"，要尊重法律程序。"一个法，只要是实际存在的，就是一个法，即使我们并不喜欢它，或者，即使它有悖于我们的价值标准。"① 一言以蔽之，法律的合法性既来自合乎正义精神的合理性也来自符合法律程序的正当性，如果一项实在法没有完成废止或修订的法律程序，即使它缺乏合理性但它仍然具有法律效力，这个时候就会出现"法律说了算、道德说了不算"的窘地。由之也恰好反映出法律滞后的局限性。从法律方面来讲，及时修订与废止不符合社会正义和基本道德精神的恶法与劣法，则是避免恶法专横、实现法治与德治有机结合的重要体现。

第二种情况是，道德法律化不仅要考虑道德价值引导的社会需要性，更要考虑和坚持法律的适用性、针对性和可操作性原则。法律不仅具有专门的机构和人员制定，而且具有完整的因果逻辑关系，一种行为模式对应一种法律后果，法律规范明确、具体，规范要求确定。在社会生活中，即便一些道德要求是社会急需引导与强化的，但如果它缺乏普遍的适用性和可操作性，也不能法律化，否则，就会出现法律无力现象，影响法律的权威性。如我国的老年人权益保障法中关于"与老年人分开居住的家庭成员，应当经常看望或者问候老年人"的条款，因缺乏明确具体的规定，往往难于操作，进而降低法律的效能。无视法律规范

---

① ［英］约翰·奥斯丁：《法理学的范围》，刘星译，中国法治出版社2002年版，第208页。

的特性而把一些"愿望的道德"强行法律化的做法，既是"现代法治"所反对的，也违背"现代德治"的本意。所以，道德法律化要尊重道德和法律的特性及其各自的独立性，不要强行或随意拆除二者的中间隔离带。

第三种情况是，避免道德对法律的绑架而破坏司法的独立性。在司法领域，不仅要以法律为依据解决利益争端，而且要遵循法定程序，依法合规判案。在现实生活中，常会发生法院依法判决结果与一些人道德情感倾向不完全一致的现象，由之会产生道德对法律正义性的质疑。在此，需要注意法律与道德评判依据各有侧重的特性，即法律更偏重行为方式与结果，道德更看重行为动机与目的。人们的道德情感对于那些行为动机善良而后果危害性大的案子常会抱有天然的同情，而司法判决却要根据现行法律规定进行裁决，如果现行法律条文对这种良善动机的恶行没有给予足够的量刑考虑和空间，那么法官的依法判案结果就会出现与社会道德情感取向不完全一致的现象。同样，对于那些罪大恶极的坏人，人们的道德情感更会倾向于重判，但法官却是理性的，会按照法条来判决，如果现行法律规定的刑罚力度不大，法官也不能重判，这就是对法律的尊重。进言之，在依法判案中，无论好人还是坏人，只要违法的行为一样，其判决的结果基本是相同的，不会因好人而轻判，也不会因坏人而重判，体现法律平等的法治原则，但在道德评判中，人们自觉或不自觉地会对好人抱有更大的同情，对其谴责程度会比坏人轻一些。所以，法律判决与道德评判的结果常会有一些出入，是正常的。法官的判案是依据法律及其法定程序，而社会成员常常是顺应自己的天然正义感。"与司法裁判相关的诸种道德要求，永远也不能凌驾在'依法裁判'的构成性法律义务之上。"[①] 不言而喻，对于那些法理与情理不一的案件判决结果，人们的道德情感不能取代法律程序的公正性，不能无

---

① 陈景辉：《同案同判：法律义务还是道德要求》，《中国法学》2013 年第 3 期。

视司法的独立性，不能以道德舆论对司法判决进行舆论绑架而妨碍司法公正。

三、法治与德治相结合的法律限度

法治与德治有机结合的适度性，不仅要求避免道德泛化现象，同样也要求避免法律扩大化倾向。不能否认，法治建设是我国当前不可逾越的必经阶段，而且也是现阶段必须要主抓的重要方面，但加强法治建设，既不意味着法律越多越好，也不意味着刑罚越严苛越好，更不意味着否认道德教化和善化的作用。为此，需要警惕借法治建设之名而导致的"法律扩大化"倾向，不要以为法律能解决社会的所有问题。切忌从"德治独尊论"导向"唯法治论"，不能从一个极端走向另一个极端，我们要在两点论与重点论中统筹，要因社会成员的心理与行为问题施之不同的规约方式。

法律扩大化是对法治的一种伤害。无论法律规范还是法律程序，都是服务于法治目的。何谓法治目的？法治目的是保障和实现社会的良善生活，它有"价值理性"与"工具理性"两种目的：一个是法治的目的价值，包括正义、平等、自由；另一个是法律的工具价值，包括秩序、安全、效率等。无论是"价值理性"的目的还是"工具理性"的目的，都表明法治本身不是目的，它只是实现正义良善目的的手段，或保障人们充分享有自由与社会良序发展的有效手段，它是因其功能而被社会需要，而不是因其自身而被人们需要。正如美国法学家富勒所言："法律为了实现其目的而必须去做的事情同法律本身是完全不同的。"[①]简而言之，法治虽然具有目的性，但法治本身不是目的。法治本身的非

---

① ［美］富勒：《法律的道德性》，郑戈译，商务印书馆 2005 年版，第 128 页。

目的性表明，法律不是越多越好，更不是社会对法律形成过度依赖性就好。

　　法律扩大化会加大社会运行成本。法治的运行机制有极高的经济成本、人力成本，所以，加强法治建设，不能忽略"法律成本"的事实存在，因为立法、执法、司法都是有运行成本的。众所周知，法律的强制力是以国家机器为后盾，一旦制定更多的法律法规，公检法人员必将配套增加，与之相应，保障法律运行的人力成本及其他成本必然会增加。在某种程度上，法律法规越多，执法成本就会越大。"由于法律具有强制性和程序性等特征，所以社会为了维持法治需要支付警察、法庭、监狱等非生产性代价，而且犯罪分子本人被判刑，又需要提供监狱及其管教的狱警人员等。为了增强法律的准确性，就必须严格法律程序，而程序愈完善就意味着需要支付更大的社会成本。"① 因此，在法治建设中，需要树立节约成本的法律理念和思维，不要过度增加社会的负担。要警惕那种不计成本的法律设计思想的泛滥，要守住法律边界，不要跨界泛化。如果用低成本可以且能够解决好的利益冲突和矛盾问题，何必用高额的法律呢？所以，在法治建设的评估中，要考虑到法律的成本问题。历史经验表明，一个法治的国家，不是法律越多越好，而是社会成员心性品行好的人越多越好。社会成员具有良好的品行，是社会习俗、道德风尚、道德规约、自我修养、法律惩治等多方面共治的结果。确切地说，法治是社会成员具有良好品行的一个重要影响因子，而不是唯一因子。这表明，我们制定法律，不仅要考虑到我国国情，而且必须具有针对性，能够用其他方式解决的社会秩序问题，就不要一味强调法律的唯一性，应该是多管齐下、多元纠纷解决机制，共同治理社会。不要一出现社会矛盾就只想到法律调节，法律的强制及其惩治是在使用其

---

① 曲谏：《法律与道德的一致性和互补性是德治法治并举的理论基础》，《河北法学》2003年第1期。

他方法不管用的情况下才不得不出场，就像身体上的一些小毛病吃一些普通药就管用则无需用昂贵的、效力更大的药是一个道理。显然，社会治理"唯法治论"的法律泛化倾向是不可取的。

法律扩大化会破坏现代社会的合理架构。现代社会是政府、社会、公民共治的时代，小政府、大社会与公民自治是社会发展趋势，社会治理若过度依赖法律，所有利益矛盾皆用法来解决，不仅要制定庞大的法律体系，而且因要配套增加相关的机构和人员，会导致政府机构臃肿。因为"国家强制力是一种特殊的社会强制力，它的组织形式主要是军队、警察、法庭、监狱等。"① 显然，法律扩大化必会导致政府庞大。庞大的政府不仅有悖新时期小政府的现代治理理念，而且也与现代社会发展趋势不符。另外，中国具有自省、自律的优良文化传统，具有相互谅解协调矛盾、不喜欢诉讼的社会心理偏好与文化氛围，为此，不要一味照搬西方社会的单纯法治模式，要发挥我国优良文化传统中谦让与说和的矛盾和解方式。总而言之，真正的法治建设，不是凡事用法，而是用其他协调方式无法解决时再启用法律，好钢用在刀刃上。

法律扩大化会侵占道德自治领地，消解道德主体性。道德的独特性是人主体性的发挥，即人具有自我规范、自我约束的自律精神，表现为对恶行的主动规避、对善行的自觉追求。而法律扩大化，会把道德可以协调的利益关系与行为纳入法律调节范围，侵占道德自由领地。因为道德与法律对社会的控制力是一种反比例关系。"德昌则法简"，即社会成员普遍具有良好道德，则无须繁缛的、苛刻的法律；"德失则法繁"②，即社会道德沦丧，道德约束力下降，法律才需要补位来规范人们的行为。显然，法律作为一种弥补道德不足而制定的规范，不需要越界管理道德可以协调的利益关系和行为。

---

① 吴组谋等：《法学概论》，法律出版社 2007 年版，第 15 页。

② 谢可训：《人性视角下的法律与道德》，《人民法院报》2016 年 7 月 11 日。

上述分析表明，真正好的法治社会，不是排挤道德而实施法律独尊，也不是离开道德而专横，而是在法律与道德张力之间，把握好二者界限的绝对性与相对性关系，使法治与德治有机结合而实现功能互补的共治。

发表于《新疆师范大学学报》2018 年第 5 期

现代性道德冲突与社会规制

一、道德冲突廓清

明确概念内含与外延，是探讨和研究问题的前提。"道德冲突"概念的释义，需要在与相近概念的辨析中进行界定。道德模糊、道德悖论、道德困惑、道德困境都是与"道德冲突"有交叉内容的概念。这些概念与"道德冲突"除了语词上的差异外，是否还具有语义上的差异？它们是否可以被视为同一概念来使用？事实上，道德模糊、道德悖论、道德困境、道德冲突是人类道德产生以来一直都存在的一类社会道德现象，尤其是在社会转型期，它们会呈现加剧态势，且与道德权威呈负相关性。为此，对这些概念内涵进行厘定则成为廓清道德冲突概念的前提。

"道德模糊"是社会道德规范要求、价值标准存在的非确定性或社会个体对善恶价值标准难以分辨而呈现的道德意识不清。道德模糊有客观与主观之分：客观型道德模糊是由道德原则、规范本身的笼统性造成的。善、道德原则本身的抽象性，难于像法律规范那样对人们行为进行假定条件、行为模式、法律后果的具体规定。善与恶、正当与不正当、正义与非正义、荣与辱、诚实与虚伪等道德范畴、道德准则虽然在质性要求上是明确的，但善恶程度的变化及其善恶界限在不同境遇中的相对性，加之不同文化传统和社会变迁所形成的道德历史性，使善的观念多元化，会出现道德价值取向的差异性以及道德要求的不确定性。主观型道德模糊是行为主体因缺乏对善恶价值准则的全面把握而难以分辨善恶界限的混沌状态。每个社会成员道德发展程度、所处生活文化传统、道德认知、道德经验、道德情感、人生价值追求等不同，必会导致行为主体道德判断力与道德智慧的差异，从而使道德认知弱的社会成员，因缺乏足够的道德善恶辨析能力出现道德意识模糊。

"道德悖论"在本质上是对道德常理和道德逻辑背离而出现的一种矛盾现象。道德与幸福在应然层面具有统一性，德者得福、恶人遭祸，合乎善有善报、恶有恶报的因果道德律。善人未能得到应有的福报、恶人未受到应有的惩罚，是违背"天理""天道""自然法"的道德反常现象，"卑鄙是卑鄙者的通行证、高尚是高尚者的墓志铭"，是违背道德律的社会不公的表现。具体而言，守德者吃亏、缺德者获利，是违背道德与利益正常博弈因果关系的道德悖论；恩将仇报、以德报怨，是违背善恶因果报应逻辑的道德悖论；好心办坏事、歪打正着，是违背道德动机与效果因果同一律的道德悖论。一言以蔽之，无论是自然界还是道德领域，万事万物都有自身的规律，事物之间必然、稳定的关系，构成了人类社会的确定性和行为的可预期性。德者福、仁者寿，是道德天理，是一种体现社会正义的道德逻辑。概言之，"道德悖论"是违背人的"应然之德"与"应然之得"合理逻辑关系的一种反常现象。

"道德困境"有广义和狭义之分。广义的道德困境是针对道德在社会中应有地位与作用下降而言的；狭义的道德困境是针对行为主体道德选择而言的。本文"道德困境"的概念是在狭义上使用的，指人们在具体的道德境遇中，面对不同道德准则而必须作出合乎一种道德价值原则而违背另一种道德价值原则两者取其一的二难选择状态，即履行一种应尽义务而又会违背另一种应尽义务的矛盾状态。如在特定情形下忠孝不能两全的道德二难选择，表现为"陷于道德困境中的个人似乎无法找到正当行动的出路"。① 道德困境可分为道德主体困境与社会环境困境。前者是道德主体因缺乏必要的道德知识、道德经验、道德判断而导致的难以在不同道德价值体系、价值等次中进行正确选择和评价所产生的一种两难状态；后者是因道德缺乏必要的社会支持系统而产生的道德选择矛盾及其道德实践的困难，如排队有序上车与排队无法上车的道德困境。在车辆短缺和缺乏必要社会管理的状态下，即使许多社会成员具有排队上车的道德意识和觉悟，也会因社会环境缺乏排队上车的条件保障而使部分人放弃秩序道德，出现想道德而行动难的问题。

"道德冲突"不仅集中表现为具体道德情境中人们行为选择的矛盾状态，也存在于"道德准则矛盾"和"道德评价矛盾"中。"道德准则矛盾"是道德的一种"原生型冲突形式"。本文认为，不同道德体系之间道德价值原则的对立以及同一道德体系内规范要求层级之间的矛盾，既是引发道德行为选择冲突的原因，也是一种道德矛盾形式。进言之，"道德准则矛盾"是道德与生俱来自带的一种自然天性，是道德本身固有的一种存在状态。这种"原生型道德冲突"不仅是人类社会道德的一种普遍现象，而且是当代社会多元道德文化的一种"新常态"。由于"社会的复杂性使道德越来越难于定义"②，以至于"道德选择在本质上不可避免地是摇摆不定的（矛盾的）"。③

"道德评价矛盾"是道德的一种"衍生型冲突形式"。道德冲突不仅集中表现于个体或人格化的集体道德决定和行为选择中，而且社会道德评价中的对立与交锋，也是道德冲突的表现形式之一。当今社会的不同阶层以及同质化的圈子文化，致使异质化的不同群体，因秉持不同

---

① Macintyre，*A. Ethics and Politics*，*Selected Essays*，Vol.2，Cambridge University Press. 2006，p.88.

② ［美］艾尔林格：《生活中的道德怪圈》，刘菲菲译，中信出版集团 2015 年版，第 9 页。

③ ［瑞］鲍曼：《后现代伦理学》，张成岗译，江苏人民出版社 2003 年版，第 24 页。

的道德价值观念和准则而对同一道德事件的判断，常会出现分歧与对立。道德评价矛盾是社会转型期思想价值的多元多变的道德价值观碰撞与较量的集中表现。如若仅把"道德冲突"局限在道德行为选择中，则难以说明当前多元价值文化社会不同道德判断之间的矛盾状态。这种由不同道德价值原则和立场引发的人们在道德评价中的争论与对立的冲突现象，既是当代社会一种突出且普遍的时代伦理问题，也是社会和政府需要高度重视的一种道德舆情。道德评价矛盾如果缺乏必要的价值引导，不仅会加剧人们的道德困惑，而且会影响社会核心价值观的树立和践行。

"道德行为选择矛盾"同样是道德的一种"衍生型冲突形式"。人们惯常把道德行为选择矛盾理解为行为者在一定境遇下，面对两种不同道德价值准则或两种道德义务二者择其一的矛盾状态，表现为人们"为了一种价值而必须牺牲另外一种价值，为了一种善而必须牺牲另外一种善"[①]的道德悲剧。其实，除此之外，道德行为选择矛盾还有另外一种形式，即道德"应做"与利益"风险"博弈形成的二难选择状态。当前社会上一些见义勇为、助人为乐存在"好人难当"的法律和道德风险，常常会把人们推向想做不敢做的道德困境中。道德行为成本过高，或践踏道德风险过低，都会使社会成员陷入道德二难选择困境中。

有鉴于此，道德冲突与道德模糊、道德悖论、道德困境各有不同程度的交叉。具体而言，"道德模糊"主要集中于道德本身及其人们道德认知与判断方面，而"道德冲突"更集中体现为道德价值对立及其具体的道德行为选择与评价的矛盾。道德模糊、道德困惑本身不是道德冲突，只是引发或加剧道德冲突的诱因。"道德悖论"所表现的道德逻辑与道德现实的矛盾状态，是"道德冲突"的一种具体表现形式。狭义的"道德困境"与狭义的"道德冲突"同义，二者可以互用，因为"道德

---

① ［俄］别尔嘉耶夫：《论人的使命：悖论伦理学体验》，张百春译，学林出版社2000年版，第205页。

冲突的典型范式是道德困境"。①

二、道德冲突的社会规制

任何社会都存在着一定的道德冲突，所不同的是道德冲突的性质和程度有别。化解道德冲突，不能笼统而论。由于道德冲突不是单纯的道德问题，而是复杂的社会问题，因此，对道德冲突的规制，不能仅局限在道德领域，需要树立管理、法律、道德协调互济的综合治理观。

1. 构建合理的利益格局，避免和减少"非必要道德冲突"。德国学者萨尔迈尔认为："道德冲突是我们生活的一个本质性的组成部分。我们每天都要作出在道德上复杂的、缺乏可普遍接受的解答的决断。"② 道德冲突不是哪一个社会、哪一个国家特有的道德问题，也不只是当代社会才有的问题，但当代社会道德冲突更加凸显且内蕴更大的社会风险却是不争的事实。

道德冲突的治理在根本上要依赖社会的改革。在当代社会，化解道德冲突、治理道德问题的有效方法，首先需要配置好我们的公共资源，构建合理的社会利益格局。道德冲突在本质上是人们之间利益矛盾的不可调和性的道德反映。破解道德冲突，在根本上是要通过制度设计与安排形成合理的社会利益关系以及建立公平的利益获取机制。"因为合理的利益格局可以避免一些不必要的利益冲突的发生，减弱人们利益摩擦的尖锐性"③，直至减少或避免人们利益选择中的矛盾。一言以蔽

---

① Tannsjo, *Moral conflict and moral realism*, in The Journal of Philosophy 82 (3). 1985, pp.113-117.

② Sellmaier, S. *Ethik der Konflikte*, Stuttgart: W. in Kohlhammer. 2008, p.9.

③ 王淑芹：《论社会主义市场经济条件下集体主义道德原则的有关问题》，《社会科学辑刊》2000 年第 3 期。

之，我国当前避免或缓解道德冲突，不能仅局限在道德教化上，要纳入到我国当前全面深化改革所进行的社会结构调整中。因为只有在"创新、协调、绿色、开放、共享"的社会发展中，理顺现有复杂多样的社会利益关系，构建科学合理的社会利益协调机制，形成权利与义务相匹配的利益获取方式，才能减少衍生型道德冲突的发生。我们应该管理我们的生活，合理安排社会结构，以将道德冲突降至最低程度。社会利益结构合理，个人、集体、社会利益有明确的界限和相应的保障机制，使各自的利益在互不侵害的条件下互相满足，就会在很大程度上减少个人利益与社会利益、集体利益之间的矛盾。概言之，化解道德冲突的有效方法，是要在社会改革与完善中构建合理的社会利益格局，在减少社会利益矛盾过程中缓解或避免"人为道德冲突"。当代社会，道德冲突化解具有鲜明的"制度依赖"性。

2. 良法善治，避免法德冲突。市场经济是在利益驱动下的高效经济运行形式，它推崇物质主义价值观，即把物质占有、物质享受作为成功和幸福的价值标准。市场经济的这种推崇物质财富重要性的物质主义的价值观，会使人们在物欲的享受中迷失精神追求，消解人的精神价值追求及其精神生活的意义，精神匮乏成为市场经济社会物质与精神失衡的一种衍生物。市场经济调节的自发性、盲目性、滞后性的缺陷，经过1929—1933 年的世界经济危机已然为世人普遍认识，但市场经济的工具价值文化对人的尊严、德性、信仰等精神价值追求消解的缺陷，虽然已为一些思想家有所意识和批判，但还未形成一种普遍的社会共识，尤其是没有把对市场经济精神缺陷的控制和弥补放在市场经济谋求效率最大化同等重要的地位上。应该说，政府和社会成员控制经济危机的风险意识是强烈的、鲜明的，但控制精神危机的风险意识在实践层面上是缺乏力度的。事实上，发展市场经济，是为了人的自由、全面发展的最终目的，是要为人享受合乎人性的精神生活奠定经济基础。要避免牺牲道德的经济发展优先论的泛滥所导致的人为道德冲突，光靠道德自身的力量是不够的，需要法律担当起道德与经济协调发展及其守护道德的重任。

一方面，建立和完善市场经济法律体系，遏制经济利益对道德的蚕食，减少道德与经济利益的负向博弈。经济领域道德冲突的化解，在根本上需要通过法律约束资本牟利的疯狂性、掠夺性和残酷性，减少经济发展与劳工权益的矛盾、减少经济发展与环境保护的矛盾。资本的本性是盈利，追求利润最大化是其天性和生命线。马克思曾指出："资本由于无限度地盲目追逐剩余劳动，像狼一般地贪求剩余劳动，不仅突破了工作日的道德界限，而且突破了工作日的纯粹身体的极限。"① "资本害怕没有利润或利润太少，就像自然界害怕真空一样。一旦有适当的利润，资本就大胆起来。如果有 10% 的利润，它就保证到处被使用；有 20% 的利润，它就活跃起来；有 50% 的利润，它就铤而走险；为了 100% 的利润，它就敢践踏一切人间法律；有 300% 的利润，它就敢犯任何罪行，甚至冒绞首的危险。"② 对于资本的牟利天性，我们既不能消灭（如果人们有消灭资本牟利的想法，那是天真和不尊重经济规律），也不能放任，而是要通过法律进行合理规范。对于经济发展优先论，不能仅停留在道德义愤和谴责层面，而必须要借助法律的强制性对违背道德的经济冲动给予制裁，遏制人们见利忘义的唯利是图行为。员工权益的保障、环境污染的有效遏制，在很大程度上需要依靠严明的法治。法律对侵犯劳工权益的惩处、对污染企业的制裁，无不会减少道德与利益博弈的负向效应。所以，法律制度对资本牟利疯狂性的遏制，使投机风险大于收益，就会减少企业在投机牟利与遵规守德利益权衡中的矛盾选择。

另一方面，健全和完善守护道德的良法。现代市场经济是人类受

---

① [德] 马克思：《资本论》第 1 卷，人民出版社 2004 年版，第 306 页。
② [德] 马克思：《资本论》第 1 卷，人民出版社 2004 年版，第 817 页。

利益绑架较为普遍和严重的时期，以至于社会管理，已无法完全依赖个人的道德自律，而更多依赖基于社会理性的法律。事实上，协调复杂的利益关系和尖锐的利益矛盾，需要法律规范的确定性和执行的强制力，减少和化解道德冲突。需要强调的是，法律的这种效能的发挥，需要以良法为前提，因为违背道德的恶法对道德的破坏是毁灭性的，而且道德自身无力进行拯救。"良法是法治的基本特质，离开良法的'法治'，会导致'恶法暴政'。'恶法暴政'以合法手段施之的'法律统治'，同'人治暴政'一样具有危害性，甚或比'人治暴政'危害性更大。"① 尽管西方的自然法学派与实证法学派对良法和恶法有激烈的争辩和明显的分歧，在情感上多数人不愿意承认恶法亦法，但在实在法中，我们不得不承认，恶法亦法是一种客观事实。"合法"恶行不能光靠道义谴责，废止或修订恶法才是化解道德冲突的根本途径。众所周知，美国对于危难救助的道德行为出台了相关法律予以保障。一方面，有好人免责的《撒玛利亚好人法》。该法律规定在紧急状态下，施救者给被救助者造成某种损害的无偿救助行为，免除责任；另一方面，有惩处讹诈者的法律规定。《美国刑法典》第八章第三节规定，救人者若被诬告，可反诉原告诈骗罪。可见，对于我国当下增加风险的各种道德冲突行为，需要国家制定相关的法律，既免除无偿救助者的责任，也惩罚讹诈好人的不良行为，保障见义勇为者的权益，避免见义勇为者既流血又流泪的道德悲剧。

3. 道德教化，有的放矢。化解道德冲突，除了获得外力支持外，也需要道德自身的规制。第一，坚持针对性教育原则，对道德教育对象进行细分归类。有效的道德教育，需要运用市场营销学中市场细分的目标顾客管理理论，划分教育对象的道德层次和思想问题，不能良莠不分而施之相同的道德教育。要根据教育对象面临的道德冲突问题及其接

① 王淑芹：《良法善治：现代法治的本质与目的》，《光明日报》2015 年 7 月 15 日。

受能力水平等进行针对性的道德教育。第二，坚持价值分享与引导原则，尊重道德个性。英国哲学家罗素认为："人们对价值问题的不同看法，就像人们对食物有不同口味一样。"[①] 美国情感主义伦理学家史蒂文森接受了罗素的观点，认为一个人在某个道德问题上与另外一个人持不同信念或态度，是明摆着的事实。这表明，在弘扬人的理性和自由的时代，伴随社会成员道德选择能力的提高及其社会道德自由空间的扩展，人们的道德价值选择及其评价标准的分歧是不可避免的。教育者要清醒认识到这一点，否则，就会陷入道德教育的低效或无效而浑然不知的境地。它表明，在当代社会中，人们道德选择的理由比价值原则的分歧更引人关注。只要人们遵从自己认同的且合理的道德价值原则，这种道德差异性就应该被社会允许，甚至这是一种道德进步的表现，因为它体现了道德的主体性和自由性。第三，坚持道德自知量力原则，分清道德冲突的诱因而有针对性地施力。化解道德冲突，不能眉毛胡子一把抓，要分清哪些是因道德自身引发的，哪些是道德之外的社会因素诱发的，要分而治之。对于那些因人们道德认知引发的道德冲突，要着力于道德认知教育及其提高人们的道德判断力；但对于那些因社会因素引致的道德冲突，要在消除不良社会因素基础上进行相应的道德疏导，而不能仅仅依靠道德教育。不是人们道德认知问题导致的道德冲突，光靠道德教育来强化社会成员的道德意识进而促进人们道德行为的想法是不负责任的方式。对于社会上的不同类型的道德冲突，要依诱因而对症治理。

发表于《哲学研究》2016 年第 4 期

---

① ［美］史蒂文森：《伦理学与语言》，姚新中、秦志华译，中国社会科学出版社 1991 年版，第 7 页。

美德论与规范论的互济共治 *

  古代社会美德伦理的产生、近代社会规范伦理的盛行以及 20 世纪美德伦理的复兴，表明人类社会道德的发展总是呈现出一种美德伦理与规范伦理雄踞天下的格局与态势。规范伦理是一种统称，它包括契约论、义务论与功利论。虽然从行为规范的角度来讲，义务论与契约论、功利论同属规范伦理学范畴，但实质上，义务论的动机论、超功利性与契约论的对等性、自利性以及功利论的效果论和功利性都具有鲜明的区别，甚或说存在着天壤之别。在某种程度上可以说，义务论与美德论比义务论与契约论、功利论更具有亲缘关系。在伦理学视域中，除宗教伦理学、元伦理学外，美德论、契约论、义务论与功利论是伦理学的主要理论范式。美德论以"行为者"为中心，强调人的品性、道德品质、道德人格；契约论、义务论和功利论虽然都以人的行为为中心，但侧重点各有不同，契约论强调自主、平等、互利，义务论强调普遍的道德规则与行为动机的善良意志，功利论则强调最大多数人的最大幸福原则与行为后果。对于当代社会道德发展态势的判断，有人认为是规范伦理主宰的时代，也有人认为是美德伦理复兴的时代，但确切地说，应该是规范伦理与美德伦理互济共治的时代。

一、人性位格的高位与低位的统一性

人性是道德的基础。对人为何有德以及人为何能够有德的解答，都要基于对人性的思考，所以，任何一种伦理学说都不能离开人性而建构其理论。虽说关于"人性是什么"的问题，哲学家众说纷纭，但人的感性与理性是人性的两大构成要素，由之形成了人性位格的低位（肉体性、物质性）与高位（灵魂性、精神性）。在某种意义上可以说，正是对人性的不同理解，才产生了迥然相异的伦理学说。美德论、契约论、义务论、功利论之所以理论旨趣相异，在根本上就源于它们人性论的理论基础不同。

美德伦理学的理论基础或出发点是人不同于动物且超越动物的理性人性论。它的理论逻辑是：什么是人之为人的特性？人的特性要求人应该具有什么样的德性？具体而言，"理性"作为人超越其他物类的特性，具有引导人们追求"应当"生活和身体"优良状态"的功能，因而，道德就是为了使人们配享人的"理性"所追求的"好生活"而应该具有的优良品德。简言之，德性就是人的理性功能的发挥。亚里士多德说："德性是一种使人成为善良，并使其出色运用其功能的品质。"① 显然，人的良好道德行为是具有优良品德的人而作出的道德的事。虽然美德伦理学的道德生成逻辑是自洽的，但问题在于，它还需要进一步阐释"人的美德从哪里来以及如何产生"的问题：是人的理性产生的自知德性还是后天习得的品德？如果是人的自知德性，是人人都具有的一种道德能力还是只有少数先进分子才可能具有的？从经验事实来看，人人都

---

① ［古希腊］亚里士多德：《尼各马科伦理学》，苗力田译，中国社会科学出版社 1990 年版，第 32 页。

具有自知德性的命题显然是不成立的，而少数先进分子具有自知德性的判断则是一个有条件成立的命题。我们应该承认，道德思想与准则并不是一种天然性存在，而是人类自我立法的产物。需要说明的是，人类道德自我立法的命题是站在"类"的立场上提出的。虽说道德是人类自我立法的结果，但道德立法者并不是指所有的社会成员，那么，哪些人可以成为道德立法者？虽然人人具有理性，都具有道德立法的可能性，但社会成员的理性能力是存在差异性的，只有少数先进分子通过对天道与人道的感通、领悟才能够提出相关道德思想，凝练出道德箴言、戒律、规则等，如果他们率先践行其道德主张并示范大众，这个命题就是成立的；如果提出道德规则的人没有率先垂范践行，他们自身不具有其倡导的美德，那么，这个命题就是不成立的。由此可见，美德伦理学是一种精英道德学，它所主张的"人自知如何做正确事情"的美德生成逻辑，较为适合具有道德自律能力的优良个体。对于普通大众而言，则需要借助社会道德教化及自身的道德修养，强化道德认识、道德情感、道德意志而培育良好品行。普通社会成员道德品德的后天习得性，突显了道德原则与规范的不可或缺性。

显而易见，一旦追问"普通社会成员的德性从何而来"的问题，美德伦理学的解释力与说服力就不够充分了。的确，人具有超越动物的理性，但也不要忘记"人源于动物"这一客观事实，而且这个事实是人永远也不可能改变的。恩格斯对此有专门的论断："人来源于动物这一事实已经决定人永远不能完全摆脱兽性，所以问题永远只能在于摆脱得多些或少些，在于兽性或人性的程度上的差异。"[1] 毋庸置疑，无论人多么具有超越动物的优势，但终归不能完全脱离生命有机体的自然性。显然，对人性的理解，不能无视甚至否认人作为生命有机体所具有的感性和欲望的客观事实。如果说，人的理性与感性形成了人性高位与低位位

---

[1] 《马克思恩格斯选集》第3卷，人民出版社1995年版，第442页。

格之分的话，那么，美德伦理学就是从人性的高位位格出发而建构的精英道德体系，它虽然弘扬了人性的光辉，注重了人的灵魂与精神性，却难以解决普通大众的道德品德的生成问题。而契约论、义务论与功利论的规范伦理学，恰好对于普通大众道德的后天培育具有理论优势。一种伦理学说的特色与优势，往往会成就其具有不可替代性的理论地位；同样，一种伦理学说的理论缺陷，也会促使其他伦理学说应运而生。

虽然义务论也是从人的理性出发而建构的道德学说，但它不是从人的理性直接推出美德，而是从人的理性出发提出人们普遍应该遵守的道德规则和应尽的道德义务，偏重于良善道德行为，即人们当且仅当出于义务和道德法则的行为才具有道德性。概言之，义务论强调人的道德行为动机的超功利性、善良意志性和自律性。在某种意义上可以说，义务论推崇的道德行为，是对应然道德律的遵守，是一种纯粹的"道德义理"行为。它不掺杂任何功利的考虑，是"出于道德"而不是行为"合乎道德"。比较而言，义务论推崇的是不掺杂任何私利的纯粹道德，它与美德论一样排斥"道德工具论"而强调"道德本身的目的性"。一言以蔽之，义务论的宗旨是道德因自身而被人们欲求，并非有用或有利人们才去做。义务论对"道德工具价值"的排斥，使它与同属于规范论的功利主义伦理学分道扬镳。在道德目的与手段问题上，两者有本质区别。质言之，义务论对于那些仅出于功利考虑的"行为合规则性"的"道德行为"完全持否定态度。站在道德层次论的角度，义务论推崇的是较高层次的美德与圣德，强调的是道德的纯粹与崇高，凸显的是道德特性。然而，在现实社会生活中，人的感性及其利益需求性，使一些人对义务论倡导的美德与圣德虽心生敬仰但望而却步。可以说，面对市场经济的利益宰制性以及后现代社会的感觉主义盛行，义务论道德受到了一些人的质疑，认为超越个人功利的纯粹道德虽好但难以做到，而契约论与功利论伦理学恰好满足了一些人对社会常德的基本需求。

契约论与功利主义伦理学在本质上是基于人的感性人性论。人的感性欲求及其自利倾向，是契约论与功利主义伦理学的理论基础。从人的趋利避害出发，契约论提出了平等互利的原则，认为基于自主自愿平等缔结的契约是公平的，是合乎双方利益诉求的，所以，履行共同的约定与协议、践行承诺就是道德的。功利论提出了最大多数人的最大幸福原则。但它所倡导的功利原则，不是指单纯的个人利益，而是行为涉及的相关利益者，是大多数人的最大幸福。在功利论看来，契约论只是遵守了最低限度的不伤害原则以及保障了个人自利的合理自制性，但没有解决个人利益的适度让渡的道德情操问题。按照亚当·斯密的观点，人不仅是具有利己心的经济人，而且也是具有同情心的道德人，因此，人们不能止步于遵守不伤害原则的人性最低道德要求，还需要力争有利于他人和社会，追求行为的最大效益化。总之，契约论和功利论伦理学是一种"工具理性"的道德建构范式，即把道德视为人们谋取利益的有效手段，可以不问、不管动机的良善性质。

事实上，无论人如何超越动物，终究不能完全脱离生命体的苦乐感而存在，但人能够做到对身体的苦乐感给予理性引导与适度控制，这也是人不同于动物的地方。它表明，人是不完全或比动物高明任由苦乐感支配的生命体。完全屈从于生命体的自然本能的支配，是动物活动而不是人的行为。综括而论，在人不同于动物而应该具有道德性的问题上，美德论、契约论、义务论和功利论是一致的，所不同的是，契约论与功利论从人性位格的低位出发，即在人的感性人性论基础上，建构了一种兜底的所谓底线伦理；美德论与义务论从人性高位出发，即在人的理性人性论基础上，建构了一种引导人们向善追求的所谓高阶伦理。美国学者约翰·麦克里兰在其《西方政治思想史》中明确指出："思考道德的时候，我们必须将我们的人类同胞视为不是非常善良，也不是非常邪恶。人天生非常善良，则思考道德是多余的，因为你可以看准他们会好好做人。人天生非常坏，思考道德也是多余，因为你可以看准他们会做坏事。思考道德，是在非常好与非常坏之间思考，而且假设圣贤与恶魔都非常少。"① 不可辩驳的是，人是理性与感性、灵魂与肉体、精神与物质的统一。人性位格有高有低，既不能把人提到神的高位，也不能把人降到一般动物的低位，人是介于神与动物之间，而这正是人的道德主体性发挥的空间。显而易见，美德论、义务论与契约论、功利论的人性论理论，都存在着割裂人的感性与理性统一性而偏移一端的倾向，所以，现代社会的道德发展，需要克服它们各自的理论缺陷而实现互补共治。

二、社会秩序与人性向善的互构性

反观人性与社会，我们会看到一种"二律背反"现象：一方面，道德不是人与生俱来的天性需要，而是人的一种社会性需要；另一方面，无论是人本身还是人类社会，都不能离开道德而存在。显然，"道德为何产生"是伦理学的一个元问题，任何道德理论都要作出自己的解答。在伦理学史上，围绕"道德为何产生"的问题，形成了"社会秩序道德需要论"与"人性向善道德需要论"。美德论、义务论坚持"人性向善道德需要论"，契约论和功利论则坚持"社会秩序道德需要论"。

契约论、功利论基于人的好利恶害的自利行为倾向及其导致的社会秩序问题，阐明人类对道德的需求性。现代心理学研究表明，个人的需要和利益是驱动人活动的重要力量。人维持生命有机体新陈代谢的生存需要，使人的利益追求无不具有自利的倾向性；而人的欲求的冲动性、任意性所产生的逐利行为，又不可避免地会与他人利益产生矛盾与冲突。人的各种暴力、欺诈等行为所导致的"人对人的战争"，不仅对

---

① [英] 约翰·麦克里兰：《西方政治思想史》，彭淮栋译，海南出版社 2003 年版，第185 页。

个人安全和利益构成威胁，甚至会毁灭人类自身。为了保存个人生命及其财产安全，避免人们之间的相互争斗与伤害，维护个人的长远利益以及保障社会有序发展，客观上就要求对人的自利行为给予一定的限制与控制。基于此，契约论要求人们在相互协商基础上对双方利益给予约束与满足，功利论要求人们遵从"最大多数人最大幸福"原则实现行为效益最大化。显然，契约论与功利论是出于社会秩序维护的需要，提出对人的自利行为进行必要的约束与限制。

义务论基于人的自我立法与意志自由而立论人的道德需要。虽然义务论与功利论同属于规范伦理学，但两者对道德需要的元伦理问题的思考与回答完全不同。如果说，功利论出于幸福和利益建构道德旨在维护社会秩序，那么，义务论出于人理性的"绝对命令"建构道德规则则旨在使人真正"成为人"。义务论的核心是要为正确的、普遍的道德原则的确立寻找依据以及如何使人的行为合乎正确的道德原则。在义务论的语境下，道德原则源于人的理性向人发出的"绝对命令"，它具有普遍性。由于义务论要求人们是在对道德原则正当性认同基础上信奉与服膺道德，所以，它要求社会成员对道德的诚服，即人们心甘情愿地遵守道德原则。"行为的成立必须本于职责，本于对法则的敬重，而不本于对行为效果所有的喜爱和偏好。"① 具体地说，义务论要求人们对道德的忠诚是无条件的，道德是人们仅仅出于善良意志的行为。

美德论则是基于人性完善的卓越追求而立论道德的需要。在亚里士多德的美德论中，人具有善德良品才是真正的"人"。理性是人超越其他物类的特性，理性功能的发挥使人处于灵魂统治身体、理性节制情欲的人的优良状态，人的优良状态需要人具有与之相应的善德良品。所以，美德论的道德逻辑是：人应该是什么样的人决定人应该具有什么样的德性，人应该具有什么样的德性决定人应当具有什么样的行为。

---

① ［德］康德：《实践理性批判》，关文运译，商务印书馆1960年版，第83页。

一言以蔽之，美德是使人配做"优秀人"的"标配"。麦金泰尔指出："在亚里士多德的目的论体系中，偶然所是的人（man-as-he-happens-to-be）与实现其本质性而可能所是的人（man-as-he-could-be-if-realized-his-essential-nature）之间有一种根本的对比。"①在美德论的语境下，现实生活中"偶然所是的人"，需要在理性指导下不断地完善自身才能达成理性所是的人，亦即实现人的应然状态。亚里士多德把理性和德性看成人避免堕落成最恶劣动物的自备武器。②在这个意义上可以说，道德是人远离动物性、提升人性的自救方式。

人类道德究竟是基于人性完善还是维护社会秩序？上述分析可知，在这个问题上，契约论、功利论与义务论、美德论的区别是显而易见的。人的"动物的欲望"与"理性"的交织混杂，使人"就像一幅古老的图画：总是处在一半是猿、一半是天使的半路之中"③。人作为生命体的欲望与需要的满足所形成的自利行为倾向，与人作为社会存在者的交往秩序所需要的"行为适度性"要求，成为契约论、功利论立论的理论基础；而人性的先天不完美性以及人所具有的理性功能和精神追求，则成为美德论与义务论立论的理论基础。事实上，人类社会的发展，既需要基本秩序的保障，也需要人性向善的提升，因为道德是广泛性与先进性的统一。鉴此，契约论、功利论基于幸福与利益而建构的"工具理性"意义上的底线伦理是必要的；同样，义务论、美德论基于天道义理而建构的"价值理性"意义上的高阶道德也是必要的。这表明，社会秩序与人性向善需要互构，既不能否认社会秩序所追求的基本道德要求，也不能否认人性向善所追求的高阶道德要求。因此，在社会道德建设中，既需要发挥好规范伦理对人们行为的约束作用，也需要发挥好美德

---

① [美] 阿拉斯戴尔·麦金泰尔：《追寻美德——道德理论研究》，宋继杰译，译林出版社2011年版，第67页。

② [古希腊] 亚里士多德：《政治学》，吴寿彭译，商务印书馆1965年版，第9页。

③ Peter Singer, *Unsanctifying Human Life*, Blackwell, 2002, p.343.

伦理对人们心灵的向善引导作用。两者相辅相成、相得益彰。

三、道德群落与道德多元化的对应性

社会学的"社会分层（social stratification）"理论，揭示了社会成员、社会群体因社会财富、权力等资源占有不同而产生的层级化或阶层差异现象。其实，在社会层级关系格局中，除了以社会财富、权力、社会地位来划分的阶层外，还存在一种人们因道德资源占有不同而形成的道德层级化现象，亦称为道德社会结构。在社会生活中，人们的道德价值取向和道德境界存在鲜明的差异性，这是不容忽视或否认的。基于人们道德境界由低到高的排序，社会道德人群大致可以分为三大阶层：第一类人群是由自私自利极端利己主义者组成的道德下层；第二类人群是由具有社会公平精神的公私兼顾、人我两利者组成的道德中间层；第三类人群是由具有公义精神的公而忘私、大公无私境界的先进分子组成的道德高层。任何社会在道德意义上都存在这三类人群，只不过在不同历史时期、不同国家，这三类人群会因人口比重的变化而形成不同的道德社会结构。对于一个社会的发展与稳定而言，比较理想的道德社会结构状态是，自私自利者占人口比重较少，大部分社会成员都具有基本的或良好的道德素养。需要注意的是，如同社会阶层流动一样，道德社会结构的人群比例也处在不断变化之中。所不同的是，社会阶层流动追求的是在公平正义前提下，实现各阶层之间的自由变动，并始终保持中等收入人群的较大比重；而道德社会结构阶层的变化追求的是由低到高的单向流动，而不是双向流动，即社会成员道德境界不断由低到高的向上提升以及道德人群比例由利己主义者向利他主义者的正向流动，表现为自私自利人群中的一些人流向人我两利乃至公而忘私的利他主义者人群中，一些人我两利者流向公而忘私的利他主义者人群中。有效的社会治理就是引领社会成员不断向上一位阶道德流动而避免人们向下一位阶道德滑落，进而促进道德人群比例的正向变化。

道德人群比例变化所形成的道德社会结构，揭示了一个社会道德存在的图景：在一个国家和民族中，社会成员都不是单一的道德人群，人们分属于不同的"道德群落"。也就是说，社会成员会因道德价值取向及其境界的差异性而形成不同的道德群体。所以说，"群体"不单是利益阶层意义上的概念，也应是社会成员思想价值、道德境界趋同意义上的概念。也就是说，社会成员会因秉持不同的道德价值观且具有不同的品行和情操而形成不同的"道德群落"。

在现代社会，伴随着现代性的个体化、后现代性的感觉化，以及社会治理的法治化，社会成员的道德选择空间日趋扩大，人们的道德旨趣与价值取向呈个性化和多样化的态势，致使社会中的"道德群落"的分层更加鲜明。各种"道德群落"对不同道德理论的多样化诉求，预示多种道德理论共治时代的来临。一些社会成员会信奉契约论、功利论的道德理论，追求个人的合法合理利益；一些人会信奉义务论的道德义理，恪守道德规则，坚守道德义务，不为利益所动；还有的人追求美德论的道德卓越，做脱离"低级趣味"的道德精英、道德卓越者和引领者。不可否认，社会成员对道德的认同，会有不同的价值理由：一种是因道德的"用"而认同，一种是因道德的"理"而认同。前者属于契约论与功利论的范畴，后者属于义务论与美德论的范畴。道德的理想状态应该是道德之"理"与道德之"用"的统一，即道德既有天道义理的正当性，又有满足人们合理利益欲求的有用性。

余　论

有鉴于上述分析，可以得出如下结论：美德论、义务论、契约论、功利论都只是解决了道德的某一方面问题，任何道德理论都难以一统天下；不同道德群落道德旨趣的差异性需要美德论、义务论、契约论、功利论给予个性化的针对性满足；社会活动领域行为属性不同则需要美德论、义务论、契约论、功利论价值原则的分而导之。

义务论的理论贡献之一是解决了自由与道德的关系问题，认为道德是人的自我的普遍立法，是人自主自由的一种行为选择，但在道德与利益关系问题上，义务论只是提出了利益的"应当"义理原则，难以具体处理和解决纷繁复杂的社会利益关系；契约论在自主、对等、公平原则下，很好地解决了道德与个人长远利益的关系问题，但它难以囊括对社会的弱势群体、需要救助者的道德关怀以及人的道德境界不断提升的道德完善问题；功利论的最大多数人的最大幸福原则，难以处理正义与功利的冲突与矛盾；美德论直接从人的理性推导出品德，忽视了德性培育的过程及其规范的作用，即德性应该是社会成员基于对一定道德规范的认同与服膺而形成的稳定品质。显然，每一种道德理论在回应社会道德某一方面难题的同时，也在不同程度上存在着一定的理论缺陷。

道德群落的差异性以及社会活动领域道德规则的变化性所呈现的多元道德文化，已成为不争的社会现实。那么，在多元道德文化中，美德论、义务论、契约论、功利论是否在社会中存在主次之分呢？以笔者个人之见，在当今市场经济体制主导的社会中，从理论适用的普遍性来看，义务论与契约论更为通行，是在社会中发挥着主导作用的两大道德理论。以是否能够进行市场交换为标准，可以将人类活动划分为两大领域：经济活动领域与非经济活动领域（亦称社会活动领域）。在社会活动领域，排斥利益的交换性，弘扬人性向善的光辉，倡导道德义举，所以，此领域往往推崇义务论的道德"应该"、社会担当与道义责任，反对"利"字当头的道德工具论；在经济活动领域，因行为的利益属性，倡导的是君子爱财取之有道，追求等价交换的公平、公道、正义，所以，此领域更推崇契约论的利益实现的公平性、互利性，褒扬义利统一的行为。

显然，现代社会的道德发展，已进入美德论、义务论、契约论、功利论互济共治的时代，需要在社会道德治理中，树立道德融贯的思维方式，既发挥义务论、契约论、功利论道德原则的导向性、道德行为的评价性，也要培育、引导社会成员追求美德论倡导的优良品质。

其实，道德是人与自然人性斗争的产物。人的自利、自爱是本性，克己利人是德性。从善是人的人格完善和社会性需要，作恶是人的自然性情的放纵与社会利益诱惑的裹挟。有好人也有坏人是真实的社会，但真实的社会未必是应然的好的社会状态。社会上好人与坏人的比例决定社会秩序的情状，好人多坏人少，社会有序和谐；坏人当道、好人难过是糟糕的社会。道德是人对自然本性的超越，但道德对人性向善的激发，不能仅停留在行为正当性、合规性上，需要善化人的心灵，使人追寻美德。美德是人人可欲、可求、可为的，但未必是人人都能达到的。我们既要反对道德虚无主义，也要反对"美德泛化论"；既要坚守道德底线，也要鼓励向善的道德追求。一言以概之，道德人格的完善始终是在路上，"美好生活"与"好社会"都离不开道德。

发表于《哲学动态》2018 年第 7 期

"以德治国"与制度伦理

当前，在"以德治国"理论的讨论和研究中，其意指的含义较模糊，需要梳理以明辨。我们认为，"以德治国"作为治理国家的一种方略，应该具有广泛的含义，具有不同层面的目标指向。其一是指"德治"，即把道德教化作为治理国家的手段；其二是指德政，即执政者要为民谋利，政治措施要有益于人民的利益；其三是指德化，即执政者具有良好的道德素养而感化百姓；其四是指德风，即执政者所具有的德行、实施的德政及其道德教化对民众影响而形成的良好社会道德风气。由此，"以德治国"的方略，不光是道德教化问题，更是一种治国的指导思想和价值原则。而这种指导思想和价值原则的贯彻需要有一个整体方案和社会保障机制，以便使道德精神能够体现在国家治理的方方面面。法律和规章制度的伦理化恰是贯彻"以德治国"方略的有效途径。

本文将围绕"以德治国"与制度伦理结合的必要性而阐明"以德治国"实现的途径。

一、道德自身的不完满性

道德自身的不完满性，是"以德治国"与制度伦理结合的内在动因。

1. 道德规范的一般指导性。由于道德调节人们利益关系和人性完善的指向更多是带有普遍性的，因而，道德法则通常是笼统的抽象性原则，它对人们行为的规范和约束常常是一般性的导引，而不是具体的严格规定。如人道原则，它是一种普遍性规则，至于如何做到爱人、尊重人、重视人，则需要相关制度的具体法则的补给和保证。道德规则的这种普遍的指导性虽具有广泛的渗透力，但它往往不能把道德目标和内容化为行为的具体要求，容易导致空泛的说教和道德标准的不确定性，不利于具体道德行为的形成。

2. 道德要求的劝导性。由于道德是人们在长期的社会生活中约定俗成的规则，并且靠社会舆论、教育、榜样感化和人们的自我修养来促进个体道德的生成，因此，道德的规则要求是带有劝诫性、提倡性和建议性，而不是带有强制的命令性，以至于人们对道德法则的遵守凭借的是人们的思想觉悟和自觉自愿。道德的这种自律性虽能显现人的主体性和人格意志，但在社会秩序体系不稳固、人们觉悟水平不平衡甚或低下的社会环境下，道德的劝导性就会缺乏感召力而表现为软弱性。因为道德作为一种提倡性的要求，人们可以有选择的自由，对于那些缺乏坚强道德意志的人及其已经丧失良知的人，道德的向善呼唤往往难以奏效。因为对于缺乏良知的人，呼唤人心向善，已呼唤不出来。道德的这种靠个人自身的内在思想觉悟的免疫力和自觉性发挥作用的特点，常会导致道德教化的乏力性，这就不难理解许多国家纷纷出台"以法治德""逼"人见义勇为、拾金不昧等条款的初衷和无奈了。

3. 道德形成的内化性。道德教化对人们品行的形塑，常常是一种主体的内化过程。道德不止是一种行为原则和规范，更是人们对行为原则和规范的内心感悟而形成的品德和情操。由于各个历史时代的道德立法者只是少数具有道德智慧的先进分子，社会大多数人是道德的接受者；再加上立法者制定的道德律令不是主观的臆造或纯粹的理性抽象，而是基于社会历史的必然规定和现实的利益要求。因而，道德法则对于大多数个体来说，不是"自我"为自己制定的法则，而是"自我"为自己接受、认同的法则。所以，每个社会成员必须要把外在的社会道德要求内化为自己心中的法则，使道德律令存于心中。唯有如此，个体道德才真正形成。但个体道德内化的程度，又会因个人的成长经历、知识、价值取向、修养等个人偏好方面的差异而不同，并且社会环境的复杂性和阴暗面也会加剧人们内化的艰难性。因此，人们的道德内化过程是复杂而曲折的。一旦道德不能很好地被社会成员内化接受，其作用就很难显现。这表明，社会成员的道德自律不是天性，其形成是一个逐步内化且漫长的过程。

4. 道德效益显现的条件性。由于道德是通过一定的思想价值传播和导向使人们趋善避恶；凭借的是人们自身的向善能力和自我约束能力，因此，它相对其他法律制度而言，可以节省社会成本。但其效益的真正形成却要受多种因素牵制。只有社会上大多数成员都具有良好的道德素养，在立身处事时都能讲道德，人们才能真正得到自己道德付出的回报，并感受到公正平等的道德文明的光辉。相反，如果只有一部分人讲道德，他们的道德行为就可能成为卑鄙者的通行证，造成有德之人吃亏、无德之人得利的道德与幸福的"二律背反"。讲道德之人的利益受到侵害和践踏，不但会使道德的正气得不到弘扬，反而会助长不德之人的投机钻营。可以说，道德与幸福、利益的背离，不但会消融人们追求道德的勇气和信心，而且会因缺乏应有的合理利益的支撑而瓦解道德心理，从而影响道德的规劝力、内在约束力和向善力的高效社会资本的发挥。

二、制度的形塑性

制度对人们品行的强大形塑功能，是"以德治国"与制度伦理结合的内在要求。

制度是人类围绕一定的目标而形成的具有普遍意义的、比较稳定和正式的社会规范体系，是大家共同遵守的办事规程或行动准则，包括法律法规、各种政令纪律和规章条例等。制度作为一个系统结构，它有根本制度、具体制度、特殊规章制度不同的层次。根本制度是人类社会发展的特定历史阶段具有普遍性的社会关系和人们行为规范体系，它包括一个社会的根本的政治制度、经济制度、文化教育制度；具体制度是调节社会制度运行的具体机制，如政治体制、经济体制等；规章制度是各种社会组织和具体的工作部门规定的行为模式和办事程序规则，如劳动就业制度、劳动报酬制度、聘任制、辞退制等等。社会与制度的关系，就如同人的躯体与血脉骨骼的关系，在一定意义上可以说，社会就是由各种制度编制起来的有机体。人与社会的相依性，预制了人与制度的不可分离性。所以，制度是人们生存环境结构中的重要部分，它对人们品行的生成具有形塑性。

1.制度是稳定的行为规则。制度是一定社会历史条件下形成的各种规范体系。尽管思想家们对制度的界定千奇百态，但他们在制度是行为的规律性或稳定的行为模式方面是共识的。由于制度的通义是系统和正式的行为规则，它详尽地规定了具体环境的行为样态。所以，它具有给一定条件下的行为建模的功能。制度建立的规范、惯例和做事程序，在长期的作用下，就会使人们形成行为习惯乃至内化为个人的自我价值取向，从而，对人们的价值观念和行为方式具有根本性的指导意义。因此，制度对人们品行的塑造和匡正是直接的、深刻的。例如，不同的经济体制对人的心理、观念和行为的巨大影响。计划经济的行政隶属关系、资源配置的计划指令性，使得人们缺乏自主性，易养成安于现状的惰性；而市场经济的政企分开、资源配置方式的市场化和市场主体的独立人格，使人们摆脱了过去的"等、靠、要"的依赖心理，逐渐形成了"找、争、钻"的独立自主的品行。

2. 制度是明确的标准。无论是社会的根本制度还是各个领域的具体制度乃至各个单位的特殊规章制度，它们都有详细的规范要求和操作程序。它们不仅把人们的社会关系规范化，而且把人们之间的关联方式具体化为人们的地位和角色、权利和义务，指示人们所处的地位、所充当的角色及其可做的事情或不可做的事情，从而为人们提供了行为选择的空间和方向。它在对与错、是与非、善与恶之间分明的界限，以及在允许和禁止、鼓励与反对之间鲜明的态度，使制度的价值标准具有的明确性和客观化，既便于人们掌握和遵守，清楚自己可以做什么，不可以做什么，应该做什么，不应该做什么，又易于监督和评价，使人们对行为的正误有明确的判断力，从而在客观上可以避免那种做事无立场和无原则的"中立哲学"的泛滥。目前，在干部制度中实行的"引咎辞职制"和法律中的"渎职罪"的规定，就为追究领导干部的工作失误提供了衡量的标准和惩治的依据，使那些给国家和人民的生命财产造成巨大损失的不负责任和玩忽职守的领导干部，承担其相应的责任，而不是仅仅停留在一般的道德谴责上。

3. 制度是强制的硬规。制度不仅直接规定机构活动范围和界限，而且规定具体社会成员的行为方式和奖惩措施。因为制度在提示人们可以做什么和不可以做什么的同时，也会公开或隐含地告诉人们违反制度将受的惩治和符合制度要求所得到的奖赏。它对相关人员的制约，不以主观意志的偏好和是否接受为前提，而是以外在的强制性凸现其权威性。制度的强制惩戒性使得制度具有使人畏惧和服膺的社会效应，在客观上对违法背德行径的发生具有遏制作用。比如，为了保证国家公务员的清正廉洁，许多国家都制定和颁布了国家公务员的个人财产的申报制度。它要求公务员要如实申报个人财产、来源及各种投资行为，明文规定逾期不报者将受到处罚。一旦发现有虚假申报的行为或不能说明巨额财产的合法来源，即可治罪。制度的这种强制的惩处性，会对相关人员构成威慑力，使其因惧怕严厉的惩罚和顾及个人长远功利的得失而不敢为。目前，制度的严惩措施对于打击经济领域的不法分子和政治领域的贪污腐化之徒已开始显现出强力的惩戒性。

正是由于制度对形塑人们的品行具有强大的导向力，所以，不仅制度的不健全会影响良好道德的形成，而且制度的好坏更会直接影响人们品行的优劣。为此，邓小平在申明教育对领导干部清正廉洁基础作用的同时，尤为强调制度的保证作用。他说：我们过去发生的各种错误，固然与某些领导人的思想、作风有关，但是组织制度、工作制度方面的问题更重要。这些方面的制度好可以使坏人无法任意横行，制度不好可以使好人无法充分做好事，甚至会走向反面。不言而喻，人们行为的好坏与制度的合理与否直接相关。

三、制度伦理与良好品行

制度的价值倾向，是"以德治国"与制度伦理结合的逻辑规定。

任何制度都是由一定的理念和思想凝结而成的，它天然地蕴含着某种价值原则，因而，制度不是干瘪的规则要求，而是有价值灵魂的。理念作为规定制度价值指向的思想原则，是对客观事物的价值追求和价值评价，因此，制度的好坏首先与其依据的思想理念密切相关，只有规定和支持特定制度存在和发展的理念符合道德的正义精神，才能创建出合理的制度。所以，制度的伦理化是建构合理制度的必然要求。

合理的制度安排，一方面会使社会形成良好的利益格局，避免一些不必要的利益冲突或减弱人们利益摩擦的尖锐性，为个人与社会的和谐发展创造条件；另一方面，合理制度，尤其是那些影响社会发展全局的国家的大政方针，由于其受体是最广泛的社会成员，因而，它的合理性会使社会大多数成员得到更多的利益，并会直接体现为人民服务的道德精神。合理制度的目的性所蕴含的某种道德价值取向，就会使人们在大量的制度化的实践活动中，感受和内化这些社会价值观念，从而促进人们良好品行的养成。如目前许多地区实行的"领导干部的引咎辞职制度"，一方面可以强化干部的责任意识，使其珍视手中的权力，避免疏漏和失误；另一方面也促使官员们具有自知之明，有知耻之心和羞恶之心。不待言，合理的制度则是道德因素生长的直接基础。

由于制度安排和规定实际上就是对人们利益的分配和权利与义务的规定，所以，它是否符合社会公认的正义精神和社会上大多数人的利益要求，不仅直接关系着人们对制度的接受、认同、遵守，而且关涉人们形成什么样的价值意识和行为类型。如果在利益分配上，制度不合乎公正的原则，利益的受体只是社会上的少数而且不是勤劳之人，致使少数人能够合法地侵占多数人的劳动成果，这不仅会造成社会的两极分化加剧经济的不平等，而且会直接打击诚实劳动、勤劳致富的道德理念，践踏劳动的价值，助长歪风邪气的盛行。同样，权利和义务的不合理规定，就会导致权利和义务的分离，使一部分人享有特权，而大多数人没有应有的权利。目前，一些领导干部只对上负责，不对群众负责，只唯上不唯下的做法，就是干部任命制度中某些问题所暴露的弊端。由于很多干部是上面任命的，老百姓对他们的看法和评价不能影响他们的命运和官运，不能决定他们的提拔和下台。正是由于群众对领导干部的权力缺乏必要的约束和监督，没有形成民意压力，致使一些干部能够在含银的玻璃缸内为所欲为。不辨自明，不合理的制度对道德的打击是毁灭性的。

四、道德教化与制度伦理化的互促

由于制度撒播着道德的种子及其特有的功能，使制度在规范人们行为时能够维系道德的向度，同样，道德的自律性和向善性，又是制度得以很好贯彻的基础。所以，道德教化和制度伦理化是相互促进的双因子。

不仅个体良好道德的形成需要合理制度的支持，同样，制度效用的有效发挥也需要个体道德的支持。

第一，法律、制度的设计和安排再周详，也不能详尽所有的社会情景，这就需要相关的社会成员凭借良好的道德素养而明是非，辨善恶，发挥主体的能动性和创造性。法律、制度是人主动地为自己规定的法则，其调节的范围一般是社会生活中较为普遍的且具有重大社会意义的行为，而社会的变动性、事物的复杂性又加剧了制度覆盖的难度，因而，制度的不完备常常会造成一定的漏洞和缺口，思想道德觉悟不高的人就会趁机投机钻营。如市场交易中的说谎和欺骗的机会主义行为。在市场经济运行规范不完备的社会，很难做到市场信息灵活、畅通，这在客观上就会出现一些有利可图的缝隙。在这种情况下，会有两种行为类型：有些人会抓住这个机会投机取巧，但也有一些人不以机会主义方式行事，在交易中诚实守信。不难看出，说谎、欺骗等机会主义行径在客观上与市场经济体系的不完备有关，但可能性变为现实性的关键是人们自己的操行和道德品质。

第二，制度伦理性的发挥，依赖制度执行者良好的道德素养。制度是由人来设定，也是由人来执行的。再好的制度，如果没有好的人来贯彻执行，其制度伦理的光辉也不能放射出光芒。市场经济是效率经济。但市场经济的效率是在一定的市场秩序基础上实现的。而市场经济的秩序，除了要有健全的良好的制度保障外，还需要有良好道德素养的人去操作。这点已经被大量的事实所明证。因为任何管理和活动，都是由人来支配的。人的思想和道德素养及其文化水准直接会影响制度的贯彻执行。如我国在企业改组中，为了真正实现企业的自主经营、自负盈亏，推行了"破产法"。但一些地区的领导出于地方的局部利益，不是遵循经济规律让那些资不抵债且已无偿还能力的无望生存的企业倒闭，而是让那些可以向国家套税、骗税的企业破产。在国家整顿市场秩序的打假活动中，一些地方的领导在造假致富论思想的作祟下，消极对待打假工作，对打假采取"不表态、不到场、不支持"的错误做法；甚至一些公职人员利用特殊身份和条件，包庇、纵容、参与制假售假。对于法律而言，执法者执行法律，一旦缺乏正确的法律理念，没有执法严明、廉洁正直、秉公办事等良好的职业道德素养，法规再健全，也难于实现法律对社会公正的维护和对社会丑恶惩治的目的，因为他可能用人情法、权力法、金钱法来取代法律公正，有法不依、执法不严，导致执法偏差和专横。尤其是政府的公职人员，其良好的个人操守不仅是履行好岗位职责、阻抑腐化堕落蔓延、树立我党清廉政治的品质保证，而且也是全社会道德促进和养成的不可或缺的环节。因为道德不是靠强制推进的，而是靠劝导和感化，所以国家公职人员的道德素养，对民众具有示范和导向的作用。

第三，工作的效益有赖于制度和道德的合力。制度虽然为日益复杂的人际交往和工作程序提供了运行的范式，但是，它对人们的要求和约束是外在的，常常是一种被动的防范和消极的监督。它仅仅防范人们不做错事、坏事，但不能保证人们积极地、自觉地做好工作。在许多行业的工作守则中，都有微笑服务、态度亲切等方面的要求。制度可以规定人们行为的动作乃至面部表情，但它却不能保证人们的微笑是发自内心的。事实上，只有发自内心的感召力和使命感，才是做好工作的关键。如对国家公务员行政责任的法律规定，虽然法律能够规定官员在法定权限范围内的活动，避免他滥用职权、越权等行为，但不能保证其具有饱满的工作热情和高度的责任感而自觉地、主动地工作。只有在制度约束的同时，国家公务员具有为人民服务的思想，才能真正把国家利益、人民利益放在首位而做好工作。

综上所述，在贯彻"以德治国"的方略中，切不可忽视制度伦理化的作用，要通过制度的载体落实道德的价值指向；同样，在完善制度的同时，切不可忽视人们道德观念的疏导和确立，因为错误的观念，就像白蚁一样，会蛀蚀制度的筋脉，影响其效用的发挥。

发表于《教学与研究》2002 年第 8 期

转型期和谐社会构建的制度伦理分析 *

社会转型期矛盾的突显与和谐社会的有序、公正、和睦的价值目标指向，从静态维度看存在着悖论，但从动态维度的视域，社会和谐的建构，恰是在不断制衡矛盾、疏通矛盾、解决矛盾的过程中渐进实现的。据此，转型期和谐社会建构的核心，则是利益关系的合理规范以及利益矛盾的有效协调，而对社会利益关系协调与矛盾消解的有效方式之一则是公正的制度，其中博弈均衡理论对制度伦理的建构又具方法论的指导意义。

一、社会转型对制度有效供给的需求

制度不是天然的存在，而是人类为协调社会利益冲突和矛盾能够共处、共存主动设计的行为规范体系。用新制度经济学家诺思的话来说，制度就是人类创造的约束条件，其目的是要建立社会秩序，以及要降低交换中的不确定性。① 正式的制度不同于非正式的制度，它不是个

---

* 本篇由王淑芹、钱伟合作。

① 汪丁丁：《制度分析基础讲义 I》，上海人民出版社 2005 年版，第 38 页。

别人的理性反映，而是社会理性的凝结，即是一定社会、阶级、组织为满足一定的秩序需要而制定出的系统的行为规则。我们在此所意指的制度，主要是政府层面的政策、法律、条例等正式规章，亦即"宏观性"的公共产品，因为它们"决定不同社会群体的资源、地位和权力的分配"（韦伯语）。而社会转型期新旧体制与价值规范的转换，直接孕育了对制度的有效供给的强烈诉求。

首先，社会转型期突显了新制度的稀缺性。社会转型在一般意义上，意味着一个国家整个社会结构的变形，而在当代社会的话语语境中，社会转型则是指一个国家现代化引致的从传统农业社会向现代工业社会或信息社会所实现的一种转变，这种转变意味着社会结构、社会功能、社会运行机制、社会阶层、政府能力等方面的深刻变化。① 因此，它是一项涵括社会经济、政治、思想文化、社会心理、价值体系及行为方式的全面变换，这就预示，现代性的社会转型，必然要面临着在社会结构的调整中进行新制度的生产与供给的问题。一方面是对政府行为规定的制度诉求。由计划经济向市场经济的转型，是政府权能和管理方式的一场变革，它意味着要依市场经济的发展规律和政治民主的本质要求，对政府的地位、职能、权力边界和作用形式进行重新定位，使政府的权力、责任法制化。另一方面是对合乎市场经济社会要求的办事规则和程序的制度诉求。社会转型所形成的不同于传统社会的新质社会结构，使原有的社会价值体系逐渐失去了对社会成员思想和行为的引领或整合作用，急需制定合乎市场经济社会内在要求的新的制度规范体系，以便为人们的行为提供范式，尽快完成"过渡型"社会形态的价值整合以及社会秩序的整合。

其次，社会转型期利益矛盾的激增加剧了对制度需求的迫切性。

---

① ［法］弗郎索瓦·佩鲁：《新发展观》，张宁、丰子义译，华夏出版社1987年版，第1—2页。

现代性的社会转型，所引发的社会运行机制的转换以及工业化和城镇化的推进，必定要触及社会经济关系以及社会的原有利益格局，而伴随着利益主体的多元化和利益群体关系的复杂化，社会利益矛盾必呈增长的态势而进入社会矛盾的突显期。正如德国社会学家韦伯在对传统权威社会向法理权威社会过渡的论述中指出的那样，由于社会转型期为权力、财富和声望等社会稀缺资源的重新分配提供了较大的机会和可能性，刺激和鼓噪起了社会成员对权力、财富和声望等的强烈欲求，加之权力、财富和声望的高度相关性及其垄断性与变动性的矛盾，常会引致社会冲突。① 面对复杂多样的社会冲突和利益矛盾，光靠思想层面的价值诉求和道德自觉是不够的，必须要建立利益获取的规范机制、矛盾化解机制、利益补偿机制、公共权力的监督机制、不同利益群体的诉求机制等，以至于这一时期制度的显著特点是为应对和医治社会利益冲突和矛盾而设计的"回应性"方案。一旦对社会问题的诊断不及时或治疗性的制度安排不到位，不仅无法有效疏通已产生的社会利益矛盾、弥合社会出现的裂痕，而且也会因缺乏协调利益关系的章法而形成的放任惯性，加剧矛盾的激化和社会对抗。毋庸赘言，在社会转型期，政府通过有效的制度安排，使各种社会利益关系的调整、社会利益的再分配以及社会阶层的流动趋于合理，则是避免社会矛盾激化、促进社会和谐的关键。

再者，社会转型期行为择选的功利价值序列的优先性彰显了对制度规范的依赖性。在现代化的社会转型过程中，工业化、商业化所形成的人与世界的物化关系，颠倒了人的生命存在的价值逻辑（即人的生命价值是有用价值的基础），诚如舍勒所言："价值序列最为深刻的转化是生命价值隶属于有用价值。"② 亦即实利价值取向的效益化和功利化愈益主宰着人们的行为选择。美国经济学家纳什的非合作均衡理论也表明，

① ［美］乔纳森·H. 特纳：《社会学理论的结构》，吴曲辉等译，浙江人民出版社1987年版，第171—172页。

② ［德］M. 舍勒：《价值的颠覆》，罗悌伦等译，三联书店1997年版，第141页。

人们在利益追求中，个人的理性会使人按照利益最大化的原则进行策略选择，一旦某种行为方式具有利益最大化的趋势，人们就会对这种行为类型给予优先选择权。鉴于社会转型期利益关系的非稳定性以及功利价值的盛行，我们要妥善处理不同利益群体的关系，消除一定的社会利益群体的无序、失序乃至逆序发展的状态，使人们在利益最大化时达到合乎社会要求的利益最优化，就不能光指望对行为者道德自觉的诉求，而应进行相关的制度设计，通过制度安排把个人利益的最大化和社会要求的最优化统一起来，使违背社会要求的个人利益最大化行为付出较高的社会成本，"诱逼"行为者在利益权衡中舍弃见利背义的行为。对此，美国著名经济学家曼瑟尔·奥尔森（mancur olson）也持同样的观点。他在关于集体行动的逻辑理论中曾分析道：因在集体行动中存在着搭便车的机会主义行径，致使"个体理性不能够导致集体理性"，而要促成集体行动，就必须要启动"选择性刺激手段"的奖罚制度，来激励社会成员按照集体要求而为。

二、制度协调利益矛盾的优势

在当代社会，人类对社会的冲突和矛盾的解决，愈益试图一种"合作性"的方式。在经济学领域，纳什等经济学家提出了"博弈论"，追求"双赢或多赢"；而2005年经济学诺贝尔奖得主奥曼和谢林，则把博弈论的思想扩展到社会生活的其他领域，提出合作均衡理论，主张对于社会利益冲突和矛盾的解决，要依靠团体理性或社会理性，而制度则是社会理性的重要表现形式。与其他社会调控方式相比，制度对利益冲突的协调具有自身的优势。

第一，制度能够为利益冲突和社会矛盾的解决提供标准化的范式。制度的显著特征是规范要求的明确和具体，它不像道德那样是用笼统或抽象的原则来协调人们之间的利益关系，而是详尽地规定了人们的权利和义务，明示了可允许与禁止的行为类型，在对与错、是与非、善与恶之间有鲜明的界限。制度标准的这种明确性和客观化，使社会成员能够清楚可为的活动空间和不可逾越的行为边界。因此，政府根据社会转型期利益关系的变化、特点及时制定出各种政策、法规，就可为人们利益关系的联结形式和矛盾的解决方式提供确定的章法和行为模式，表现为社会成员可根据相关制度，寻求自己利益的保护或法律救济，第三方协调机构可以根据已出台的相关制度，对人们的利益纠纷和冲突进行调节和裁决，从而达到舒缓和协调社会利益矛盾的目的。

第二，制度对利益矛盾和冲突具有规避性。制度对社会利益关系的规范性是显而易见的，而制度对利益冲突的规避性也是不容忽视的。一方面，制度的稳定社会预期，对人们的违规牟利的冲动具有抑制性。制度的确定性所显现的人的一定行为与一定后果之间的恒常的因果关系，能够使人们预测自己行为的后果，而行为后果的利益得失，会反射而影响人们对行为类型的择选，即违规受罚或遵规受益所产生的稳定社会预期，能够成为影响人们行为选择的重要权衡因素。"个体预期他们行动的可能后果，之后采取最符合其利益的那些行动。"① 因此，制度对侵害他人利益或社会利益行为的严惩以及对人们的合理利益的有力保护，在一定程度上可以减少破坏利益关系行为的发生。另一方面，制度对矛盾的平和，不只表现在对已发生矛盾的协调上，也表现在对未来可能出现的矛盾的预先协调上。尽管人的理性的有限性，不能穷尽社会的所有利益矛盾和行为样态，但人的意识、想象、经验以及逻辑、推理等，又常使人们对社会利益矛盾的发生具有预见性，表现为人不是被动地应付现实的矛盾，而是在一定程度上按照一定的价值理念预先规划好

---

① ［美］詹姆斯·马奇等：《规则的动态演变》，竜根兴译，上海人民出版社2005年版，第6页。

人们之间的利益关系，从而可以把将要发生的矛盾通过制度安排预先化解，以减少或避免一些不必要矛盾的发生。古希腊思想家亚里士多德就非常强调制度对利益关系的这种主动调节性，所以，在社会管理方式上，他不赞同柏拉图的"贤人政治"，而是主张法治，提出按照"数量相等"原则和"比值相等"原则进行公正的制度安排，使人们"在荣誉、财物以及合法公民人人有份的东西的分配"中，"各取所值"和"各得其所应得"，实现社会的公正。① 而罗尔斯在其《正义论》中，也强调正义分配制度的重要性。"对我们来说，正义的主要问题是社会的基本结构，或更确切地说，是社会主要制度分配基本权利和义务，决定由社会合作生产的利益之划分的方式。"② 主张在"无知之幕"（Veil of Ignorance）的后面，遵循"极小极大"的平等原则和差别原则，进行制度设计。因此，制度对社会利益关系的预先设计与安排，则是规避矛盾、减弱矛盾的有效机制。

第三，制度对破坏利益关系的行为具有显形的制裁性。一个社会，使人们的行为合乎一定的规范要求，一般有三种制裁力：一是启动个人良心、信念使人们自律而为；二是宗教预设的"终极存在"使人们产生敬畏与信服而为；三是以国家机器为后盾的惩治使人们被迫而为。从我国目前的社会实情来看，道德与宗教的制裁力比较微弱，无法满足社会转型期利益矛盾的尖锐性和复杂性的协调需要，急需制度的强力支撑。与非正式制度相比，正式制度对社会成员行为的普遍约制，不仅是强制的，而且对违规者的惩处是直接的、显现的，即国家通过强制手段制裁违法者，剥夺其在社会中的行动自由、政治权利乃至生命，或使其经济受损等。因为"制度安排的主要目的是制止、惩罚人们违背特定价值与利益的行为。……所以，禁止、惩罚的否定性作用方式在制度安排中占

---

① ［古希腊］亚里士多德：《政治学》，吴寿彭译，商务印书馆 1965 年版，第 234 页。
② ［美］罗尔斯：《正义论》，何怀宏等译，中国社会科学出版社 1988 年版，第 5 页。

据主导地位。"① 制度凭借其强制性的惩罚手段，实现的是一种"矫正公正"（亚里士多德语），即对那些违反制度而侵夺他人或损害社会利益的行为，通过"惩罚和其他剥夺其利得的办法，尽量加以矫正，使其均等。"② 这种通过惩治所实现的事后公正，虽是制度协调利益关系的一种消极调控，但其彰显出的违法成本和风险，体现的是一种社会公平，是社会和谐的重要表现。相反，倘若一个社会，对于破坏合理利益关系的行为，没有相关的制度对其进行严厉的惩治或因缺乏制度平等而使一些人可以逃脱制裁，这种有悖社会正义公理的现象，则是社会严重不和谐的表征。因为社会成员依规而为的有序性，是和谐社会的内在要求。

三、制度公正与博弈均衡

过去，在利益关系的协调上，我们对制度的意义与价值重视不够，更多依赖的是人的思想觉悟和自觉性，而在当代社会，我们较重视制度的设计与安排，甚至有了一定程度的推崇，但也出现了另一个值得注意的倾向，以为建立、健全了制度，一切利益矛盾都能迎刃而解，忽视了制度发挥作用的相关条件。我们认为，制度要达到预期的协调力，不仅要看制度规范的行为主体状况、制度实施的组织机构的监控状况，而且要看制度的性质，即制度建构的价值原则。因之，对于一个国家而言，社会秩序的形成，不只是制度的健全问题，更是制度的正义性、合理性问题。所以，罗尔斯在其《正义论》中强调："正义是社会制度的首要价值，正像真理是思想体系的首要价值一样。一种理论，无论它多么精致和简洁，只要它不真实，就必须加以拒绝或修正；同样，某些法律和

---

① 檀传杰：《论道德建设与制度安排的互补关系》，《现代哲学》2001 年第 1 期。

② ［古希腊］亚里士多德：《政治学》，吴寿彭译，商务印书馆 1965 年版，第 95 页。

制度，不管它们如何有效率和有条理，只要它们不正义，就必须加以改造或废除。"①

可见，制度作为协调人们之间利益冲突和矛盾的一种平和方式，其规划的利益格局的合理性，取决于制度的正义性。制度不是一个干瘪的原则，而是由一定的理念和思想凝结而成的，因而，它天然地蕴含着某种价值理念，体现着一定的思想价值原则。只有规定和支持特定制度存在和发展的理念合乎正义精神，才能创建出合理的优良制度。合理的制度安排所形成的良好的利益格局，既能够避免一些不必要的利益冲突或减弱人们利益摩擦的尖锐性，也能使社会大多数成员成为利益的受体，客观上有利于各尽其能、各得其所而又和睦相处的和谐社会的建设。相反，一旦制度有背社会公正原则，利益的受体偏向社会上的少数人，导致权利和义务的非对应关系，就会积聚消解力，对社会的稳定构成极大的威胁和破坏，在此情形之下，制度就会成为制造社会恶行的孵化器。正像美国学者萨拜因所言："当人们处于从恶能得到好处的制度下，要劝人从善是徒劳的。"② 显而易见，在我国社会深化改革的矛盾突显期，统筹各种利益关系，实现社会转型的平稳过渡，在很大程度上与公正制度的设计、安排、实施密切相关。

如何实现制度的公正？为确保制度的公正性，我们可以运用经济学的博弈均衡理论框架进行分析。经济学家从轮盘赌和股子带来的数学概率论的"机会博弈"，发展为经济活动中市场主体的"策略博弈"，阐明了作为市场主体的"局中人"，在参与经济活动中，其行为的决策和选择，是一种"策略博弈"的过程。也就是说，局中人在追求自身利益最大化的过程中，要考虑其他局中人的行为可能和反应，根据对局中其他人的行为推测，而作出对应性的行为选择，表现为在利益相互影响

---

① ［美］罗尔斯：《正义论》，何怀宏等译，中国社会科学出版社 1988 年版，第 3—4 页。
② ［美］萨拜因：《政治学说史》（下），刘山等译，商务印书馆 1986 年版，第 492 页。

的局势中，各方在力量均衡中实现自己利益的最大化。博弈论的这种理论，对构建和谐社会的公正制度设计和安排具有方法论的指导意义，可以说，是制度分析的一种有效工具。

按照博弈论的思维框架，制度源于社会成员为理性地解决问题而重复博弈的结果，其中要想使制定的制度能够反映社会上大多数人的意志和利益，具有公正性，必须给不同的社会利益主体或集团以平等的博弈地位，以确保制度是不同利益主体反复博弈后产生的相对均衡的产物。何谓平等的博弈地位？多元的利益集团或主体都有表达自己利益意愿和要求的渠道和机会：如在国家政策决策过程中，各个利益主体有反映自身利益要求的通道，实现政策博弈；在法律的制定过程中，不同的利益集团的代言人能够参加立法活动，实现立法博弈。为什么要保证不同利益主体平等的博弈地位呢？

第一，不同的社会阶层所形成的利益集团，构成了社会利益欲求的差异性。我国所有制结构和产业结构的变动，加剧了社会阶层的分化，形成了不同的、多元的利益集团。[①] 而不同的阶层在社会经济中的不同地位以及不同的利益欲求，则需要政府在制定制度时，能够反映不同阶层的利益需要，而要做到兼顾各方的利益，首先就要给予不同群体表达和追求自己利益的社会权利，使各个阶层能够成为制度博弈中的局中人。质言之，只有给不同的利益群体和阶层表达自身利益的权利和维护自身利益的有效渠道，相对公平的制度才会在各个阶层力量的较量中产生。在这个意义上也可以说，制度是讨价还价的产物，也是民主社会的一种表现。一旦在制度的制定过程中，相关的利益群休处于缺位和"社会权利失衡"状态，就不可避免地会导致制度向强势利益集团利益

---

① 按照中国社科院陆学艺等人发表的《当代中国社会阶层研究报告》，我国初步形成了以职业分工、就业状态为参考指标的十大阶层：国家与社会管理者阶层、经理人员阶层、私营企业主阶层、专业技术人员阶层、办事人员阶层、个体工商户阶层、商业服务业员工阶层、产业工人阶层、农业劳动者阶层、城乡无业、失业、半失业者阶层。

的倾斜，制度的公正性就会受到质疑。如在我国目前以民营化为导向的产权改革过程中，出现的蚕食国有资产和职工利益的问题，就与职工的利益维护渠道不畅有关。因此，我们要避免一定弱势群体的"社会权利的贫困"（一定弱势群体参与影响他们权益的决策机会严重匮缺、利益诉求渠道不畅）现象。

第二，通过各阶层和群体的利益博弈，可以减少一定的利益集团对"政府的俘获"（State Capture）。由美国经济学家斯蒂格勒开创的"政府俘获"理论，阐述的是社会的一些特殊利益集团，为从制度上谋得更大的利益而对政府的制规人员进行贿赂，使俘获的政府人员失去中立的公正立场，从而使政府出台的政策、法规出现利益倾斜，或出现在制度执行过程中的变通现象。政府受俘的这种腐败现象，在社会转型期更有滋生的土壤。因为旧制度的废止和新制度的大量生产，为特殊利益集团或强势利益集团提供了更多的俘获机会，加之政府权力的法律规范和监督等制度的缺位，又使得被俘获官员的法律风险系数较低，以至于在社会转型期，极易导致特殊利益集团对社会合作利益的掠夺。要减少或尽量避免这种政府俘获现象，唯有建立公平的、监督的社会群体的利益表达机制，使不同的群体得以在制度的讨论和制定过程中具有平等的博弈地位，才可形成制衡特殊利益集团企图俘获政府的社会力量或使政府俘获事件能够及时暴露，使非正义性的制度得以纠正。

第三，不同的利益主体在制度设计中的博弈，是我国规避社会矛盾激化和避免社会动荡的有效途径。我国随着改革的深化已进入了矛盾的高发期，因此，如何通过政策的引导和法律的规范来理顺利益关系、平衡利益冲突，已成为我国避免社会动荡的有效途径。又由于政府政策的承诺和法律的规定，都是对利益关系的一种协调，都会影响社会成员的利益得失，而各个阶层也会从自身利益的损益以及实现的难易程度出发，来评价政策和法律的合理性和道德性，并由之产生拥护或反对的不同态度，影响对政府的认同感。因此，要避免阶层矛盾、局部矛盾的激化以及社会成员对政府的疏离，必须加强在公共决策中公民及各个利益集团的参与，即政府在制度生产过程中，不能高居于其他利益集团之上，而应使其他利益集团能够与政府对话且构成博弈的均衡力量，以避免政府在制度生产中的官僚性和利益倾斜性。由政府主导和各个利益集团参与而形成的民意制度，在一定程度上会消减社会成员对社会的逆反与对抗，有利于与政府的合作态度的形成。而社会组织、公众与政府形成的良好合作关系，既是社会和谐的重要方面，也是其他人际关系和谐的基础。

转型期和谐社会的建构在很大程度上取决于公正制度的设计与实施，而制度的公正性虽是我们所欲求的，然则不是怀有善良愿望即可达成的，而是需要在制度的生产过程中，坚持博弈均衡理论，真正赋予不同的社会群体尤其是"弱势群体"博弈的社会权利，使制度在多元的社会利益主体的反复博弈的利益均衡中达成，以减少制度非公正的利益倾斜性。

发表于《哲学动态》2006 年第 10 期

政治伦理何以实现

一

谈政治伦理或政治道德，不能不提文艺复兴时期意大利著名的政治思想家尼科洛·马基亚维里（Nicollo Machiavelli，1469—1527）的政治哲学。在马氏的政治理论中，政治与道德出现了悖论：政治应讲道德，但讲道德却难于实现政治目的，故政治不必考虑道德的正当与否，只需考虑政治行为的效用。政治与道德的这种悖论关系，可简称为马基亚维里道德难题。为此，一些教科书或著述常把马基亚维里视为政治学和伦理学分立的思想家，并将其政治思想归类为非道德政治观。然而，细读和体味马基亚维里政治思想的意蕴，又不得不为他对政治与道德悖论的洞见所折服。

首先，马基亚维里所持的非道德政治观，是其政治学的经验研究方法所致。马基亚维里一反古希腊以来的政治道德化的传统，是因为他抛弃了经院哲学的教条研究方式，而是以社会历史史实和个人对政治场的观察与体验为研究基础，故他把政治哲学变成了科学性的经验学问。①

---

① ［英］罗素：《西方哲学史》下卷，何兆武等译，商务印书馆 2004 年版，第 18 页。

这种基于政治客观实情的描述和推理的研究方法，使马基亚维里发现了政治与道德的背离面，即他看到了在实际的谋取政治权力中，道德手段的无用性和卑劣手段的效用性。所以，他提出的"政治可以不顾及道德"的判断，是一个描述性的经验判断，而不是一个应然的逻辑推理判断。其次，马基亚维里所持的非道德政治观，与16世纪意大利社会局势所造就的政治权力运行的特殊规则相关。马基亚维里生活在意大利的四分五裂、各种政治势力不断争战的混乱年代，① 而在乱世中谋得统治、取得政权，凭借的常常不是道德，而是权术、伪善与诡计，就像罗素在《西方哲学史》评论的那样："那时候到达成功的常规和时代变得较稳定后的成功常规则是不尽一样的，因为像那种凶残和不讲信义的行为假如在十八或十九世纪，会让人丧失成功资格，当时却没哪个为之感到感慨。"② 正是由于动荡社会，道德在政治生活中的软弱无力，使政治道德出现了严重的稀缺，以致他从实用的角度对政治与伦理进行了划界。可见，马基亚维里对政治道德性的否定，对政治家不道德主义的公开宣扬，是马氏所处特殊历史时代的政治反映和其对许多政治者伪善成功的洞悉，具有历史的社会阶段性。再者，马基亚维里所持的非道德政治观，揭示了道德与政治目的矛盾性的一面，触及到了政治道德的生长土壤亦即实现的条件问题。马基亚维里曾对"应然"与"实然"进行了区分。他认为，在现实生活中，应该怎样行动与实际怎样行动存在着差距，因而，他告诫人们，应力求实务，不要为"应然"的教导所蒙蔽。"人们实际上怎样生活和人们应当怎样生活，其距离是如此之大，以致一个人要是为了应当怎样办而把实际怎样办是怎么回事置诸脑后，那么他不但不能保存自己，反而会导致自我毁灭。因为一个人如果在一切事情上都想发誓以善良自恃，那么，他厕身于许多不善良的人当中定会

---

① 马啸东：《西方政治思想史纲》，高等教育出版社2003年版，第207页。
② ［英］罗素：《西方哲学史》下卷，何兆武等译，商务印书馆2004年版，第19页。

遭到毁灭。"① 马基亚维里对"应然"与"实然"的区分是有道理的，对"应然"实现条件的关注是深刻的。道德作为一种社会价值体系和品德集，虽是应然与实然的统一，但道德应然的实现却需要相应的社会条件的支撑，就此而论，马基亚维里所处的历史时代，恰是社会公理弱化、机巧横行的动乱年代，缺乏政治道德实现的基本条件。这就预示，政治道德的实现不是天然的，不完美的社会环境会阻抑政治道德的生长。

尽管"论者向来觉得，在政治与道德之间的朦胧地带，马基亚维里的立场难以捉摸"②。但我们认为，马基亚维里否认政治的道德性，主要是有感于他所处历史时期道德对政治权力获取的软弱性和无力性，从实际功用的角度出发排斥政治道德，而他在本意上，并不否认政治需要道德。他曾从谋略的视域，意味深长地劝导政治家或君主隆显德性，即政者虽实际活动不必守德，但表面上还必须混充是善者，是有德之人。他曾说："一位君主应当十分注意，千万不要从自己的口中溜出一言半语不是洋溢着上述五种美德（慈悲、忠实、仁爱、公正和笃信宗教）的说话，并且注意使那些看见君主和听到君主谈话的人都觉得君主是位非常慈悲为怀、笃守信义、讲究人道、虔诚信神的人。"③ 在他看来，政者应该有德，且民众希望政者有德，即便在政治活动中，按道德方式行事常无助于抓住政治权力，但道德形象或道德面孔仍有利于政治家的发展。马基亚维里的这种既提倡为政者应该有德又主张政者不必讲德的两面做法，恰是其"对于政治中的不诚实这种在思想上的诚实"（罗素语)④ 的表现和其对政治奥妙的领会。

马基亚维里的政治学对政治与道德的分割，虽不无偏颇，但同时

---

① ［意］马基亚维里：《君主论》，潘汉典译，商务印书馆1985年版，第73—74页。

② ［美］约翰·麦克里兰：《西方政治思想史》，彭淮栋译，海南出版社2003年版，第183页。

③ ［意］马基亚维里：《君主论》，潘汉典译，商务印书馆1985年版，第85页。

④ ［英］罗素：《西方哲学史》下卷，何兆武等译，商务印书馆2004年版，第18页。

也不乏睿智。他的思想对我们的启示是：政治与道德的关系状态与性质是变化的，是"二律背反"还是"统一"，取决于所处社会环境的情状，即政治伦理的实现是有条件的。为此，我们对政治道德性的把握，应该立足于两个层面：在应然的层面，政治的道德性毋庸置疑；但在实然的层面，政治的道德性具有或然性，所以，我们不能不加限定地、笼统地断言政治具有道德性抑或无道德性。应该说，马氏的偏颇不在于其对政治道德性的否定，而在于他把特定历史时期的政治非道德倾向普遍化，把条件命题扩展为普遍命题。因此，在当代社会政治伦理问题的研究中，政治伦理存在的合理性和必然性，已无须多论，继而隆现的则是"政治伦理何以实现"的问题。

二

研究"政治伦理何以实现"，可以有不同的视域，既可把人格化的政府组织作为政治伦理的实践主体，也可从政治制度的伦理化的维度，还可立足于政治伦理践行的具体主体——国家公务员（国家行政机关中除工勤人员以外的工作人员）的个体伦理。本文着力的是后者。

公务员怎样才能践行政治伦理呢？按照心理学的行为驱动理论，需要是引发和驱使人行动的动机，而人的动机从驱动源来看，又可分为内驱力性动机和外驱力性动机。内驱力性动机是由自我的内在追求和满足而产生的活动动力，如自己的价值追求、理想和信念等；外驱力性动机是由活动以外的某些外部刺激而对人们诱发出的推动力，如行为后果的风险性、惩罚性、奖励性、获益性等。实践表明，社会的奖励和惩罚是影响人们外驱力性动机形成的重要刺激因素，以至于能够强化或消退人们的某种行为。质言之，人作为行为活动的意识主体，不仅了解行为的目标，而且会基于自己目标实现概率的高低及行为后果的利与害，调适行为的方式，选择对自身具有最高效用的行为类型，即人们对行为的期望、对行为后果利害的预测，是影响行为决策和行动方向的重要考量，因而，一种行为模式或类型的形成，不光取决于行为主体对其价值合理性的认同，也与行为恒常后果对行为主体的利益损益密切相关。一旦某一行为模式经常损害其活动主体，无论它在社会推崇的价值系统中具有多高的位置，潜在的负价效就会消融人们践行的积极性。由此推之，公务员对政治伦理的践行，需要内外动力源的驱动，即正确的政治文化价值观、合理的利益刺激、严明的制度，简括为"文化场""利益场"和"制度场"。

1. 政治"文化场"

我们在此使用的"场"，不是指日常用语的"活动范围、适应某种需要的地方"等含义，主要是借用现代物理学的场论，形象地说明影响公务员政治道德形成的各种环绕因素及其相互作用。

对"政治文化"较具权威性的释义，当属美国学者阿尔蒙德在其《比较政治学》中的界定，即"政治文化是一个民族在特定时期流行的一套政治态度、信仰和感情。"① 而我们在此使用的政治文化，既不是涵盖政治物质成果在内的广义政治文化，也不是一般层面的政治思想、政治心理、政治规范、政治价值观念等的复合体，而是单指公务员群体业已具有的政治文化，即潜在于公务员的心理并影响其政治行为选择的观念系统，包括政治认知、政治态度、政治情感、政治信念、政治价值观等。这种主导公务员思想的价值系统，对公务员行为的择选具有重要作用。

政治文化作为政治价值观念系统，是社会历史发展的产物。因此，不同的社会治理结构，具有不同的政治文化类型。计划经济体制下的

---

① ［美］阿尔蒙德、鲍威尔：《比较政治学》，曹沛霖译，上海译文出版社 1987 年版，第 29 页。

"政治型"社会，公务员形成的是"权治"的政治文化；而市场经济体制下的"市民型"社会，要求公务员形成的是"法治"的政治文化。政治文化的价值理念不同，直接影响公务员对政府的地位、职能、权力边界和作用形式的理解。"权治"的政治文化，推崇的是政治权力的天然合理性和作用的无所不能，在公务员的观念中，没有对"权力"的权限给予约束的公理性认同，以至于他们的行为缺乏合理用权的内在约束。而民主、法治型的政治文化，在主权在民、法律平等、依法行事的现代法治精神的指导下，会使公务员关注国家政权合法的非天然性和民众权利的合理性，注意权力运行的界限，认识到权力的公共性、为民性和约束性，从而增强他们履行职责的法制观念而产生不滥用权力的自控力。一言以蔽之，公务员具有服务、公意、平等和正义等行政理念、伦理精神，是人们践行政治道德的内驱力。这种内驱力，库珀称之为"内部控制"，即保证公共组织合乎道德规范行为的公务员自己内心的价值观和伦理准则，①而高斯在《公共行政的责任》一文中把其称之为"内律"控制，即公职人员出于其对行政理念的认同而自觉服膺行政伦理规则和履行行政责任。显然，良好的政治文化是政治伦理得以实现的"情意丛"（constellations）。②我国当前政治伦理建设的首要任务之一，是要促使公务员由"权治"的官本文化到"法治"的民本文化的转变，因为没有公务员政治文化的现代转型。

此外，自处于"集体无意识"的散发和默认状态下庸俗政治文化以及消极政治文化的负强化问题。公务员所具有的政治文化，无论是主导型还是从属型，在公务员群体的交互活动中，其价值信息总处于流动

---

① ［美］特里·L.库珀：《行政伦理学：实现行政责任的途径》（第四版），张秀琴译，中国人民大学出版社 2003 年版，第 123 页。

② 库珀在其《行政伦理学：实现行政责任的途径》一书中，引用切斯特·巴纳德（Chester Barnard）的观点：价值观和原则被组织成各种各样的"情意丛"（constellations），这种情意丛是控制个人行为的私密的、不成文的"法"。

和传播中，会形成一种无形胜有形的环绕力、渗透力和辐射力，产生"同构共振的同化"作用。因此，政治文化的优劣会直接影响公务员的道德状况。就我国而论，政治文化的庸俗化则是滋生政治腐败的土壤。市场经济的利益性、人性的趋乐享受性、价值中立主义哲学的泛滥和后现代主义思潮对"意义、价值、统一性"的解构，致使部分党政干部的世界观、人生观、价值观发生偏差和误区，不仅显现为政治理想淡化、政治信念动摇，而且产生了庸俗化的政治文化，表现为无原则的好人主义、无真实的虚假主义、无美丑的时尚主义等，致使腐败行径"没有遇到文化上的抵抗"。[①]另外，在我国，尽管执政为民的政治文化居为主导，但消极的政治文化也在弥漫、侵蚀着一些公务员的心灵，消散着他们的廉洁奉公、勤政为民等公仆道德意志，不同程度上诱发了公权私用的泛滥，阻抑着政治道德的实现。

因此，公务员摈弃各种庸俗的政治文化和消极的政治文化，树立"法治"的民本政治文化，是其能够践行政治伦理的内源动力。

2. 政治"利益场"

对公务员而言，政治"利益场"有两个重要构成要素：报酬和晋升。国家公务员从事政府的管理工作，除了个人主观上的政治抱负外，从生活需要和谋生手段来讲，也是一种职业活动，所不同的是，这种职业活动与"公权力"的行使相关。因此，在当代的以法治治理为特征的市民社会中，社会公众对政府和公务员都有强烈的道德要求，即政府要依法行政、执政为民，公务员要恪尽职守、遵纪守法、廉洁奉公。公务员的廉洁奉公不仅是道德的劝导，也是法律的强制。不过，值得注意的是，我们对"廉洁奉公"应有全面的理解，要把对公务员的利益尊重与对其廉洁奉公的道德要求统一起来。我们不能按照革命时期、计划经济

---

① 郭松民：《10 年"蚕食"为什么也能炼成"腐败明星"》，《中国青年报》2004 年 11 月 24 日。

体制时期的思维方式，一味地强调"廉洁奉公"的无私奉献和崇高的牺牲。公务员的廉洁奉公，应该是在社会合理合法的报酬机制下获取应得的薪资。

给予公务员合理的工资报酬，既符合社会的公正的分配原则，也可以在一定程度上避免其因心理失衡而腐败。维护尊严的生活是人的天性，而尊严生活的起码条件是要具备一定的经济实力。我们不能仅靠提倡来让公职人员树立职业荣誉感和自豪感，而要通过合理的报酬，让他们拥有一定的经济基础和社会地位油然而生出职业荣誉感和自豪感；不仅让他们过一种体面的生活，而且让他们觉得值得维护这种尊严的生活，从而禁得住金钱、物欲的诱惑。新加坡公务员的高薪工资制与其他制度的有机配置，取得的养廉的良好效果就值得我们省悟。不可否认，建立一套合理的公务员的劳动报酬机制，是公务员安心工作、忠于职守的重要前提。

按照美国心理学家马斯洛的需要层次理论，人除了生理、安全、归属的需要外，还有尊重和自我实现的需要。所以，对公务员的利益激励，除了合理的经济报酬，还要有职务晋升的政治利益。一个公平的职务晋升环境，会激励人们凭着自己的学识、品德、努力和工作绩效竞争较高职位，勉励人们在工作中恪尽职守，并营造出浩然正气的工作氛围，从而有益于人们形成公正的心态、实干的精神和正直的品德。真才实学的人能够获得较高的职位，既可增强获得者的荣誉感，也可给其他人以榜样示范和目标指向，并遏制人们的投机钻营的心理和行为。一旦缺乏职位升迁的公平竞争机制，造成职务升迁不靠个人的实力而凭借"关系"，或在提拔人才时产生"帕金森现象"（即在选拔人才时，不提拔能力较强的人，以免日后他超过自己，而是选择能力一般的人），就会在不同程度上打压人们的政治抱负和实干精神，从而引致马基亚维里所言的政治非道德化现象。

综上所述，公务员报酬的合理、职务晋升的公平所创设的"利益场"，是政治伦理得以践行的直接驱动力。正像黑格尔所言，只有善既是美的又是有用的，才会令人仰慕，并具有持久的感召力。

3. 政治"制度场"

政治与国家权力或曰公共权力密切相连，以至于政治伦理的核心就是合理、合法地运行公共权力提高为民服务的能力。质言之，"权力"为社会服务的能力是政治伦理追求的目标。那么，如何保障"权力"的目标指向呢？库珀的建议是：维持公共组织中的责任行为，除了前面所言的"内部控制"外，还有"外部控制"，即外在于个体的制度体系。"实施外部控制的理论基础是：个人判断力和职业水平不足以保证人们合乎道德规范的行为。"① 进而言之，作为政治伦理主体的人，其人性是不完满的。

对于人性，我们过去惯常从人存在的社会性和人超越动物的理性的视域来把握，所以看到的更多是人的主体性，无视或撇开了人的生物性，即生命体的自保性、冲动性、趋利性等，这种认识的偏差，导致了我们过去对制度防范性和惩治性的忽视。

人作为生命有机体的客观事实，就决定了人是感性与理性的统一体。按照理性的本性，人具有自我规定的特性，即人的理性能力既能够为自我立法也能够约制自己，但事实上，对"人的理性"的自我立法的确认和高扬，在很大程度上是在"类"的存在方式和能力的层面，对于个体则不具有普遍的实在性，加之人的感性欲望的直观性、现时性、感受性和鲜活性对人的情感具有直接而强烈的刺激，而理性的抽象性、思辨性、长远性，常需要人们具有一定的意志力才禁得住诱惑。因此，个体的行为约束不能光倚仗人的理性的自我控制，还必须通过制度设计和安排，进行社会控制。

---

① ［美］特里·L.库珀：《行政伦理学：实现行政责任的途径》，张秀琴译，中国人民大学出版社 2001 年版，第 123 页。

更需警醒的是，公务员作为握有公共权力的人群，不仅具有一般人性的自利性、巧利性和投机性，更有凭借"权力"追逐个人利益最大化的便利和"机会"。对此，法国思想家孟德斯鸠在其《论法的精神》一书中就曾告诫人们："一切有权力的人都容易滥用权力，这是万古不易的一条经验。有权力的人们使用权力，一直到遇有界限的地方才休止。"① 现代法理学家 E.博登海默在其《法理学》中也得出了相近的结论："一个被授予权力的人，总是面临着滥用权力的诱惑，面临着逾越正义与道德界限的诱惑。"② 显然，公务员所兼具的"经济人"和"公利人"的性质以及掌权者存在的滥用公共权力的机会，就决定了对其制度约束和控制的必然性。毋庸赘言，对"公权"私用的制衡，光靠教育、个人的觉悟和自制力是不够的，还必须根据掌权者作恶的可能性，依人的趋利避害的本性，制定严格的制度体系，防范、惩治滥权者。也正因为此，合理规范权力的运行、严惩权力的滥用、奖励廉政者，就成为世界各国反腐倡廉制度设计和安排的核心内容。在亚洲，新加坡和中国香港行政区廉政建设取得的瞩目成绩，在很大程度上无不与其建立的严密、合理的制度体系构成的"制度场"相关。无论是新加坡还是中国香港行政区，他们从公务员的招聘录用、薪酬待遇、岗位职责、财产申报、礼品接受到权力运行程序、监督举报、违纪、违法处罚等，都制定了严格的纪律、规章和法律。通过明确而强制的制度、公开而实效的考核奖惩、独立而严格的执法机构，凸显出的"制度"权威和威慑，使公务员"不能贪、不敢贪、不愿贪"。

在我国，反腐立德已成为我国深化政治改革、提高政府执政能力、建设政治文明的重要环节，而且已具有了"制度反腐"的战略意识，表现为"由权力反腐为主转向制度反腐为主，由事后监督为主转向事前监

---

① ［法］孟德斯鸠：《论法的精神》上册，张雁深译，商务印书馆 1982 年版，第 154 页。
② ［美］博登海默：《法理学、法哲学及其方法》，邓正来译，华夏出版社 1999 年版，第 24 页。

督为主。"① 我国目前尽管已制定了《公务员法》，但与新加坡等的廉政制度相比，我国的相关制度还不够健全，且主要处于条例、办法、规定等行政管理的规章制度层面，致使反腐败在某种程度上，缺乏明晰的法律规定和法律体系的支撑。还有，我国司法独立的悬置、反贪机构的行政隶属关系，造成了"法律权力"与"行政权力"理论上的划界和独立，而实际运行中不断受到"行政权力"挤压的现实，致使法律的权威形象得不到应有树立，廉政制度的威力受到削弱，官员们的法律信仰得不到正强化，加之廉政制度的受约对象，不是一般的社会成员而是掌握实权的官员，这就决定了反腐执法不同于一般的民事或刑事，它常要遭遇一定的"关系权力""利害权力"的阻隔，使执法遭遇权力重压的现象。

比较和反思，不仅能够使我们更清楚地看到我国廉政制度的"缺口"，而且使我们更加坚定，政治伦理的实现需要"制度场"的强力支撑。因为"干部在行使权力的过程中光凭思想'定力'不牢靠，关键是要有一套严密的制度，来保证领导干部不被权力和诱惑'湿鞋'。"② 显然，唯有对权力的行使给予制度约束，对权力的运行进行有效的监控，加大滥权私用的违法成本和增加违法风险，形成政治伦理的效益机制，才能对掌权人逾越"权力"、无限制地使用"权力"的天然倾向给予遏制，使清正廉洁、奉公守法等政治道德行为模式成为社会的常态。

发表于《哲学动态》2005 年第 10 期

---

① 《制度反腐：中纪委打响第一枪》，《中国经营报》2004 年 12 月 20 日。
② 《一位挂职博士的从政感言》，《瞭望》2004 年第 2 期。

政府信用解析

政府作为国家的权力机关，运用公共权力对社会事务进行管理，所以，政府信用，实际上就是政府履行职能的情状及其为社会所提供的服务质量，它标示着政府在社会管理中所具有的效能及其取得民众信任的状态，其构成要素包括制度信用、程序信用、权力信用、效率信用。

一、制度信用

按照现代经济发展理论，20 世纪 90 年代以后，影响经济发展的至关因素，既不是 40—60 年代流行的物质资本，也不是引领 70—80 年代的人力资本，而是制度。因为在现代社会中，制度的性质以及由制度创设的环境，对市场各种要素的有效配置、运行秩序及经济的增长具有举足轻重的作用。因之，世界各国政府愈益重视制度的合理性及制度的完备性，以期为经济发展提供良好的环境。而市场经济的法治社会治理结构，也使得政府的管理方式由计划经济的行政命令转为制度安排。所以，政府的信用首先就表现为制度信用。制度信用有三大要素要求，即制度性质的正义性、制定的及时性和贯彻的实效性。

制度作为人类围绕一定的目标而形成的具有普遍意义的、比较稳定和正式的社会规范体系，是大家共同遵守的办事规程或行动准则，包括国家的方针、路线、政策、法律以及各种政令纪律和规章条例等。无论是何种形式的制度，它们都是对人们之间关联方式的一种确认，是协调人们之间利益冲突和矛盾的一种平和方式，所以，制度从功能上讲，构建的是人们利益关系的稳定结构，形塑的是人们的品行。而制度所规划的利益格局的合理性，则取决于制度的正义性。制度不是一个干瘪的原则，而是由一定的理念和思想凝结而成的，因而，它天然地蕴含着某种价值理念，体现着一定的思想原则。只有规定和支持特定制度存在和发展的理念合乎正义精神，才能创建出合理的制度。合理的制度安排，不仅会使社会形成良好的利益格局，避免一些不必要的利益冲突或减弱人们利益摩擦的尖锐性，而且会使社会大多数成员成为利益的受体，体现执政为民的政治文明，同时也易于人们对制度的接受、认同和遵守，形成社会所要求的价值意识和行为类型。

制度不合乎公正的原则，利益的受体偏向社会上的少数人，导致权利和义务的非对应关系，就会积聚消解力，对社会的稳定构成极大的威胁和破坏。

另外，在经济市场化和政治民主化的当代社会，政府依靠制度供给的间接引导的管理方式，使得政府对社会成员的权威影响力由过去的单纯强制性服从到现在的基于制度的正义性、正确性的认同和信服，这一变化趋势更强化了对政府制度的正义性的诉求。当前，我国的改革已进入攻坚阶段，面临的是社会利益的再分配和各种社会关系的调整和重新布局，因而利益分配的正义性、分配方案的合理性，直接关系着改革的成败。一旦涉及利益变动的有关制度有悖正义精神，产生制度的"利益蚕食"现象或利益受体特殊化现象，就会直接消解政府的信用。因此，政府的信用首先表现为制度的正义性，以取得人们的感情认同和理智接受。

　　制度不仅是某种价值理念的凝结，也是对某种利益调节需要的客观反映，所以，制度信用内涵了制度供给及时性和健全性的要求，即政府要能够根据社会利益关系的变化、特点，及时制定出相关的周密制度，为人们利益关系的联结形式和矛盾的解决方式提供行为模式。市场经济社会，政府管理的方式不是突显权力的"行政审批"，而是以"规则导向"为主的宏观调控，因而，适时地制定出相关的方针、政策、法规等制度，就成为政府"到位"的信用表现。为此，我国推行市场经济后，政府在方针、政策、法律等方面进行了一系列的调整，如为了建立公平竞争的市场环境，确立了国有企业在竞争性领域有进有退的方针；为了满足人们的利益欲求，繁荣经济，提出了"富民"政策；为了形成公平贸易的法制环境，制定了一套市场主体的法律制度体系等。而伴随着市场的深化，十六届三中全会又在方针和政策方面进行了调整，如为了扭转我国过去片面的非均衡的经济增长，提出了"五统筹"（统筹城乡发展、统筹区域发展、统筹经济与社会发展、统筹人与自然和谐发展、统筹国内发展与对外开放）的经济发展方针；确立了要"使股份制成为公有制的主要实现形式"的政策导向；提出了"同等待遇"的鼓励民间投资、开放非公有制经济经营领域、依法保护产权等政策倾向。目前，我国政府又签署了《联合国反腐败公约》，为追究外逃腐败官员的贪污、受贿的法律责任及追还贪官转移出境的赃款，提供了法律支持。可见，一个强势的、负责任的信用政府，就应该顺应国内外的发展情势，既能够对宏观政策体系中的滞障因素进行快速的纠偏和全面调整，扫清制度性障碍，又能够及时地供应新的制度，为处理和协调社会矛盾提供化解的方法。

　　相反，如果政府的制度供给滞后，不能满足不断变化的社会发展和多样的利益关系的制度需求，就是政府"缺信"的一种表现，如我国目前缺乏与多种经济形式发展政策相配套的资本供给的市场制度；缺乏统一的社会信用信息的搜集、评级、披露制度；缺乏政府的政务信息公开的相关法律——政府不能及时给予制度供给，会使扬善抑恶出现无奈和尴尬。据报道，成都的工、农、中、建等几家银行，为了截断信用卡恶意透支的"黑手"，建立了信用卡"黑名单"的信息共享机制。但它们对信用卡不良客户信息的披露，又将会遭遇缺乏法律依据的尴尬，并有泄露个人隐私之嫌及被追究法律责任之虑。

制度信用，不只是制度的正义性和有效制订，更在于制度贯彻的实效性。制度作为一种显性和刚性的调节原则，是一种相关人员必须遵守的硬性规范。因为国家权力机关对制度执行的保障，彰显了制度的遵守和惩戒的必行性，在这个意义上，制度信用的重要载体与其说是各种方针、政策、法规的条款规定，毋宁说是这些制度落实的实效性。近年来，我国的政策调整和补空是富有成效的，立法的速度也是惊人的，但制度的实施却存在着乏力之征，表现为一些地方政府、部门，对国家政策，采取地方利益保护主义、部门利益优先主义的选择偏好，游刃于"上有政策，下有对策"的"权变"，使得政令执行走样；在法律的执行过程中，践踏法律的尊严，"以言代法""以权凌法""徇私枉法"，以致出现法律"变异"、法律"无力"、法律"偏私"等，导致政府凭借制度管理社会的能力下降，威信降低。可以说，制度执行的成效性，是影响当前政府信用极具挑战的实践问题。

二、程序信用

政府对社会的维系，离不开有效的程序控制，并由此衍生出了政府办事程序的信用问题，它包括行政决策的科学化、政务信息的公开化、行政责任监督的民主化。

依靠各种制度实施社会管理是现代政府的时代特征，也是衡量一个国家法治进程的标志，因而，政府的政策、法规等制度的正确性则成为政府工作能力的重要体现，换言之，政府的决策能力与政府的执政能力具有正比例关系。而政府的决策能力与执政能力的这种共振关联，就使得政府行政决策的科学化尤显重要。无论是国家的方针、政策，还是法律、规章，作为一种制度安排，常常要关涉社会成员、利益集团、阶层的利益划分和分配问题，因此，政府对制度的酝酿、形成，要避免纯粹的"上脑思维"（单边的个别领导决定）的单向方式，而要建立科学的决策程序，包括由下而上与由上而下有机统一的对话制；专家咨询、论证制；领导集体协商讨论制；重大决策失误的责任追溯制；决策权限约束制；听证制度；汇报和质询制度；决策信息搜集与处理的时效制等。通过科学化的规程机制，避免决策的主观臆断、官僚专横、利益偏向和社会成员的逆反、对抗，为社会提供能平衡多种利益关系、有效解决复杂利益冲突的高质量的制度方案。目前，在我国社会转型和市场秩序的建立期，更要注意行政决策的科学化。因为政府出台的政策、法规，都是对原有社会利益关系的一种调整，并预制了一种新的社会利益格局，所以，政府要学会"问政于民"，新的政策和法规的出台和修改，一定要基于综合考察、科学论证、广泛征求意见之上，而不能背离市场经济规律和社会合理利益欲求的要求，随意更改政策方向或师出无名地改变法规，以免招致社会反弹。

政府本来就是管理众人之事，因此，政府的行政管理过程要透明，政务信息要公开。公开国家或地方政府的政策、法规，阐明制定政策以及调整社会利益关系的法律依据；公开政府的中长期和短期发展规划，包括社会治理的目标、公共设施的建设计划、城镇的危改区域等，公开借助民间力量进行公共设施建设的招投标项目；公开干部的选拔和任用的实况信息；公开政府机关的目标计划执行的结果，尤其是对公职人员的决策失误、违法违纪行径的处理结果要公示；公开公共财政的使用情况，使纳税人具有对税收使用去向的知情权；接受民众的质询等。

程序信用的另一个要件就是对行政责任能够实行民主的监督。政府不仅具有对社会的管理权，也担负着由此产生的行政责任。而对政府行政责任的制约，除了相关法律制度的授权权限和违规处罚外，还有社会成员的民主监督，即政府行政权力的运作不能封闭在含银的玻璃缸里，逃避民众的视线和评价，而应在政务信息公开的基础上，实行广泛的社会监督，以遏止政府的渎职、失职、推诿、拖延等行政不作为行为。为此，政府需要搭设监督信息的投诉渠道，建立信息反馈的规避机制、限时回应机制，设立投诉信息的奖励机制，制定投诉人的人身安全的保证机制和法律援助制度，建立投诉信息处理的追踪制度等，以架设政府与百姓之间信息互流的通道，树立民主政府的形象。

值得注意的是，目前在我国的程序信用中，不仅存在着程序机制的建立和完善问题，更存在程序制度形式化的现象，把程序规制作摆设，视其为应付上级检查和堵封民众嘴巴的挡箭牌，如一些地方或部门开听证会，不是为尊重民意，而是要"程序"的形式，走过场。

三、权力信用

权力信用源于政府对行政权力的运作，表现为政府权限的"正位"、权力约束的法制化、权力威力的内化。

我国由计划经济向市场经济的转型，是政府权能和管理方式的一场革命。这种革命的历程是政府的地位、职能、权力边界和作用形式的定位过程。由于政府在过去计划经济体制下，几乎包揽了社会中的一切事务，大到社会的产业结构的规划、分配和交换原则的制定，小到企业的生产项目、生产规模的具体指令，无不以政府的意志为转移，所以，进入市场经济社会，政府首先要与市场、社会、公民进行合理的分权和划界，从市场和社会中"退位"，即政府要依照 WTO 规则和市场经济发展的客观规律，退出不属于自己作为的领域，如经济领域中竞争性、交换性产品的生产。政府的权限要由"无所不为"到"有限作为"。"退位"的目的是为了"正位"。"正位"就是政府要做在市场经济体制下应当而且必须要做的事情，如提供政策、法规等公共产品的生产与供给；做好市场配置不到但却是社会发展所必需的国防、社会治安、公共设施等领域的建设；行使国家权力的公正裁决权等。在政府的"正位"过程中，要纠正政府的"越位"现象。"越位"是政府在管理社会事务过程中，不坚守自己的权限而扩展权力、滥用权力甚至侵犯他人权力的现象，如对企业和个人的信用评价，政府应该是提供信用信息的搜集、公开、披露、使用的规则，而不是直接进行评定，这类具体的工作应该交给信用管理公司和行业协会。所以，政府信用，首先来自政府的归位，即主动放权、让位市场、做好裁判。目前，政府从宏观层面的退位已取得了显著的成效，但微观领域的一些具体部门仍没有完全归位。

在市场经济社会，政府的权力不仅是有限的，而且是有约束的。这种约束不仅仅是党政机关的党纪、行政规范的自我要求，更是一种法律约制，即政府的权力法制化。详解之，政府权力的法制化包括如下要素：其一，法律平等。政府与公民或社会组织都是法律所规定和干涉的对象，政府的行为与公众的行为都同样负有法律的义务和责任，因此，政府行政权力的行使权限、职责及其可能承担的责任具有明文的法律规定，即法律明确规定了政府能做什么、不能做什么以及违规后要负怎样的责任，如新近颁布的《行政许可法》，就对政府的各种行政审批行为进行了明令规定。其二，依法行政。政府要在法定权限内履行职责，按照法律规程办事，不能越权行政，也不许行政干预司法。其三，依法负责。对政府机关及其公职人员未能依法有效地行使权力所引起的财产、人身等损失，要追究其渎职、失职等行政不作为、行为过错的责任。

政府的权力信用，不仅外显于政府权力的归位和正位、政府权责的法制化，而且内表于公众对政府权力的信任所形成的威力内化。

权力产生威力，是其自然的本性。但威力的生成路径有两种不同的形式：一是由国家机器为后盾而形成的强制力，它具有对人们的不法行为进行制裁和处罚的至上权力，即对相关人员的财产、自由、人身权利乃至生命具有控制权和剥夺权，由此会形成政府的威势和威慑；另一个是由政府权力的合法性、正义性、效力性而形成的社会确认与信任，这种社会成员对政府作为的一种肯定性评价和人心归服，表示公众对政府高度信任，并奠基了政府公信力的指数。作为一个有为的、强势的政府，不仅需要由权力自身而生成的威力，更需要由权力的威望而生成的威力，而权力的威望是政府在国际、国内的各项社会事务中，能够较好地履行职责自然渗透出的衍生物，这种衍生物是政府合理、合法用权深得公众拥护与信服的结晶，是威力的内化。这种内化的威力是一种无形的社会资本。它所合成的力量，既具有扩张力又有消解力。从节约经济成本来看，它能够节省执法成本和政务费用，如民众由对政府权力的信服而对政令的自觉服膺，在很大程度上就会节约政府的维法执令的督行成本，使政府不用配置大量的人力和财力进行督办；从减少内耗来看，它可以促进集体性行为和提高合作行为的效率，在一定程度上，避免机关、组织、个人之间在办事中的推诿、扯皮等不良互动现象。换言之，人们由对政府权力信任而内化的威力，具有超出权力自身力量的能量，它在社会活动中的扩散力和感染力，会整合社会资源，消解权力运行过程中的摩擦力和排斥力。对于一个政府而言，社会成员对权力信服的程度直接关涉其形象和权威。如果一个政府的权力仅仅停留在外在的威力上，普遍缺乏社会成员的内心信任，或社会成员对政府权力的合理运作心存疑虑，就会造成民众对政府产生社会疏离感、排斥乃至对抗，从而对政府的领导力构成威胁。

从历史和现实的考证来看，在一般的情况之下，政府权力信用的表现形态与一个国家市场经济发展的程度和法治化的进程无不具有一定的关联。对于发展中的市场经济国家，由于政府的角色和职能正处于调整和转变期，因而政府权力的信用更多是表现在政府权力的归位和正位上；而较发达的市场经济国家，由于其法制环境业已形成，就使得政府权责的法制化成为政府权力信用的主要表现形式；成熟的市场经济国家，其法治的社会治理结构，政府权力的规范化，民主和公民社会的形成，就使得政府权力愈益成为社会公众的政治代理，反映民意，顺应民心，服务民利，赢得民信，政府威力的内化就成为一种普遍的社会现实。

四、效率信用

政府的效率信用，有四个结构要素，即服务和法治的行政管理理念、机构设置的合理化、办事规程的简化、承诺服务的细化。

按照《2003 年中国市场经济发展报告》所确立的市场经济的认定标准，即政府行为规范化、经济主体自由化、生产要素市场化、贸易环境公平化和金融参数合理化，以及 WTO 的规则要求，政府的效率信用首先表现为树立服务和法治的行政管理理念。

由于政府在计划经济体制和市场经济体制中，具有不同的地位、职能、作用方式和行政理念，因此，建立市场经济社会的政府，就不只是政府结构层面的调整，更是观念层面的嬗变，而且对于我国而言，行政理念的变革，不仅有制度性的障碍，也有社会心理和文化的惰性力。中国两千多年的中央集权的社会管理模式，推崇的是国家政权的威力和权力的至上性，形成的是"官本位""权御民"的社会心理；计划经济体制的全能政府管理结构，育成的是社会成员对政府权力的服从和崇拜的社会意识，因此，对社会成员，尤其是公职人员的"洗脑"，使他们树立行政为民、依法行政的管理理念，就成为政府信用的内在要求。

服务和法治的行政理念，突显的是公权力和私权力的平等性、相互制约性。公权力作为人民授予的管理权，其天职是维护秩序，保护公民的合法权益。所以，公权力对公民权不具有凌驾于上的特权或专权。另则，公民不仅享有公权力的服务权利，也负有服从公权力合理管理的义务。所以，在公权力与公民权的关系上，要树立法律义务与权利平等的观念，扭转一些公务员的特权、滥权和权力源上的思想。法治的行政理念是要求政府机关及其公职人员，要具有依法行政的法律精神，不能逾越法律的权限自我扩展权力，要依法用权。为此，要改变我国在行政理念上长期形成的对法治的片面理解，以为法律制度就是管手中无权的百姓，而国家权力机关及其公职人员则是公权力的"主人"，可以不受约束；以为守法是百姓的事而不是权力机关的事。

建立高效的政府，光有行政理念的变革是不够的，政府机构设置的合理化和办事规程的简化也是不可或缺的支撑平台，因此，政府要在市场经济规律要求的框架下，进行政府机构的调整和规划。政府要立足于服务市场、社会的宗旨，对现有的机构进行职能界定，在取缔、重组、创建的机构改革中，精简机构和人员，避免人浮于事、相互扯皮、盖章蹭油等现象，减少对市场干预的不必要的环节，降低行政的运行成本和提高办事效率。政府机构设置的合理化，不仅表现在体制运行的消解机构臃肿和重叠上，也表现在地理位置设置的一条龙便利服务上，即把相关的服务项目和审批机构安排在一起办公，使人们在同一办公楼完成一系列的手续要求，真正做到便民为民。

在机构合理设置的基础上，还需简化办事规程。市场经济社会，政府管理方式由原有的权力干预型到规则导向型的变革，就预制了办事规程简化的必然性，它要求政府首先依照 WTO 的规则和市场效率的要求，从制度保证和程序安排上提高办事效率，表现为对现有的各种法律制度、审批制度、政令规定等进行清理、筛选、压缩和废止，尽快废除那些压制、不利于市场经济发展的规制；去掉带有管制性的、繁琐的办事程序；禁止政府部门擅自设立审批机构；简化办事的要件要求；所需填写的表格要简单明了，语言不能晦涩多意。目前，许多行业和领域的审批程序已步入宏观指导型。

政府的工作效率，除了得益于行政服务理念的树立、机构设置的合理化及办事程序的简化外，还有政府服务承诺的细化。政府的服务承诺，源于现代市场经济对服务型政府的客观要求，是法律制度以外的一种契约制度的供给，它是政府各机关根据自己的职责要求和工作目标，把工作的内容、程序、标准、责任等公开向社会作出公示和保障的承诺，并给予了公众的责任追究权。这种社会承诺制度，把政府各部门、机关应该承办的职责公开化、制度化，把服务的质量和效率明确化，不仅会避免政府原则性管理的抽象化和笼统性，使人们易于操作和检查，而且便于社会的监督，从制度安排上割断了官官相护、内部护短的掩盖行为。在某种程度上，社会的有效监督是政府保持清正、廉洁的防腐剂。因此，政府为服务好公众，要以民众的需要和满意为依归，把服务承诺细化，即从服务态度、工作用语、工作时限、服务范围、监督渠道等方面进行具体、详尽的规定，真正从制度上保证政府的工作效率，把为人民服务的原则落到实处。

发表于《中国特色社会主义研究》2006 年第 5 期

柏拉图与亚里士多德正义观之辨析 *

正义之德在社会中的凸显，并非始于现代，古希腊著名的思想家柏拉图和亚里士多德都创立了各具特色的正义理论。他们的正义思想不仅迥异纷呈，而且也具共同性及内在关联性。

一

探究柏拉图和亚里士多德的正义论，在为先哲们睿智的思想所叹服之余，不能不述及古希腊奴隶制的社会特征，毕竟任何有关正义的思考都无法超脱具体的社会历史语境和独特的政治生活实践。相对于中国奴隶制社会带有较多的原始社会的胎盘痕迹和牢固的血缘关系，古希腊城邦奴隶制则显得更具某种非等级、反特权的色彩。缘由之一是，它从原始氏族公社向奴隶制转化实现的方式不同于中国的兼并和联盟，而是主要通过战争来完成的，这在很大程度上打破了原始社会的血缘关系和宗法关系。"希腊自始就组成氏族及部族……他们脱去以血统及家族为中心的团体，进入以住处及财产为中心的团体。换言之，他们正开始组

* 本篇由王淑芹、曹孙义合作。

织国家。……自是以后，氏族分子变成了市国公民；他之所以成为一城市国的公民，是由于他住在该城市，拥有一定的财产，而不是由于他出于某一家族，具有某种血统。"①另一重要原因是，古希腊城邦奴隶社会的阶级构成，除了奴隶主与奴隶之外，还存在着工商奴隶主、自由的手工业者等，而以工商奴隶主为主导力量的平民阶级，对贵族奴隶主特权的强烈反对所产生的提秀斯改革、梭伦改革、克里斯提尼改革，都在不同程度上削弱了社会的等级、特权思想，以至于在古希腊城邦奴隶制社会，就产生了与中国奴隶制"臣民"概念相对的具有民主精神的"公民"概念。为此，英国哲学家罗素曾感叹道："亚里士多德所引据的经验在许多方面都更适用于较为近代的世界。"②正是社会有了大量的具有人身自由的公民以及对优良政体的不断追求，正义的理念才得以在古希腊等级制的奴隶社会破土而出。

二

约略而论，柏拉图和亚里士多德正义思想的宗旨是相同的，都主张"和谐正义论"，并区分了个人正义与城邦正义，即"个体的理性主导的灵魂和谐正义论"和"城邦的关系和谐正义论"。

对于正义的思考，柏拉图有两个基本的观点：一是他认为正义不是个体独有的一种德性，而是一种关系意义上的德性③；二是他的理论特征是推崇对存在的普遍本性的探究④，认为"定义是关于非感性事物的，

---

① 周谷城：《世界通史》第 1 册，商务印书馆 2005 年版，第 113 页。
② [英] 罗素：《西方哲学史》上卷，何兆武等译，商务印书馆 1982 年版，第 240 页。
③ [美] N. 帕帕斯：《柏拉图与〈理想国〉》，朱清华译，广西师范大学出版社 2007 年版，第 23 页。
④ 姚介厚：《古代希腊与罗马哲学》第 2 卷（下），载叶秀山、王树人主编《西方哲学史》，凤凰出版社、江苏人民出版社 2004 年版，578 页。

而不是那些感性事物。"① 所以，他从普遍性定义美德，不赞同以正义的具体表现来理解正义的做法，因为具体情境的不确定性会影响正义的性质。为此，无论是对于个人正义还是城邦正义，他都是站在关系和普遍性的角度来阐释的。

柏拉图的正义思想与其哲学信念密切相关。"他的哲学基本信念是有机体的功能分工与整体和谐。"② 故此，在个人正义问题上，柏拉图以人的灵魂存在的三种性能为基础，提出了"灵魂和谐正义论"。他认为，人作为生命有机体，具有欲望、激情、理智，三者各有自己的功能。欲望是"人们用以感觉爱、饿、渴等等物欲之骚动的，可以称之为心灵的无理性或欲望部分，亦即种种满足和快乐的伙伴"。③ 激情是"我们借以发怒的那个东西"。④ 理智是"人们用以思考推理的，可以称之为灵魂的理性部分"。⑤ 具而言之，人的欲望钟情的是感官快乐；激情追求的是名誉和权力，它既可以是欲望的同种也可以是理智的盟友，⑥ 理智使人思考，热爱智慧。在柏拉图看来，"正义作为一种包含一切的德性，在于每个部分执行自己恰当的职能。"⑦ 因而，当人灵魂的三种性能在自身内各司其职、各为其事达成身心的平衡与和谐的状态，"就会自动促生正义的行为"。⑧ 一言以蔽之，正义就是灵魂里的欲望、激情和理智各自发挥自己功能的相互协调性以及呈现的各个部分各守其职的内在和谐状态。"我们每一个人如果自身内的各种品质在自身内各起各的作用，

---

① 苗力田：《亚里士多德全集》第 7 卷，中国人民大学出版社 1997 年版，第 43 页。

② 包利民：《生命与逻各斯——希腊伦理思想史论》，东方出版社 1996 年版，第 191 页。

③ [古希腊] 柏拉图：《理想国》，郭斌和、张竹明译，商务印书馆 1986 年版，第 165 页。

④ [古希腊] 柏拉图：《理想国》，郭斌和、张竹明译，商务印书馆 1986 年版，第 165 页。

⑤ [古希腊] 柏拉图：《理想国》，郭斌和、张竹明译，商务印书馆 1986 年版，第 165 页。

⑥ [古希腊] 柏拉图：《理想国》，郭斌和、张竹明译，商务印书馆 1986 年版，第 165 页。

⑦ [美] N. 帕帕斯：《柏拉图与〈理想国〉》，朱清华译，广西师范大学出版社 2007 年版，第 95 页。

⑧ [美] N. 帕帕斯：《柏拉图与〈理想国〉》，朱清华译，广西师范大学出版社 2007 年版，第 54 页。

那他就也是正义的，即也是做他本份的事。"① 在此，柏拉图既看到了人的欲望、激情的冲动对人心的骚动可能产生的身心分裂的不和谐，也看到了人的理性对冲动控制的平和作用，抓住了心悦神安的身心和谐的本质。

亚里士多德承继了柏拉图个人正义的思想主旨，认为人不是一般的生物体，而是具有灵魂的最高生物体。人的优良状态是人的灵魂统治身体，人的理性节制情欲，唯有如此，才是"合乎自然而有益的；要是两者平行，或者倒转了相互的关系，就常常是有害的。"② 不仅如此，亚里士多德还进行了扩展性的论证。他认为，善有两种形式：一是事物自身的善，亦即目的善或终极善，它的重要特征是"因自身而被追求"，③ 具有自足性，"幸福是终极和自足的，它就是一切行为的目的。"④ 二是事物作为达到自身善的手段善，即功能善，"善或功效就存在于他们所具有的功能中。"⑤ "X 的功能就是 X 的有特色的活动，这类东西从事的活动使 X 是其所是。"⑥ 从这种功能善的理论出发，亚里士多德推导出发挥人的理性功能就是德性的思想。他的分析逻辑是：人的特有功能既不可能是吸收营养或生长，也不可能是感官知觉，因为前者是人和植物所共同的，后者是人和其他动物所共有的，唯有理性及其活动是人所独有的。"人的功能就是理性的现实活动，至少不能离开理性。"⑦ 而人的理

---

① ［古希腊］柏拉图:《理想国》，郭斌和、张竹明译，商务印书馆1986年版，第169页。

② ［古希腊］亚里士多德:《政治学》，吴寿彭译，商务印书馆1995年版，第14—15页。

③ ［古希腊］亚里士多德:《尼各马科伦理学》，苗力田译，中国社会科学出版社1990年版，第10页。

④ ［古希腊］亚里士多德,《尼各马科伦理学》，苗力田译，中国社会科学出版社1990年版，第11页。

⑤ ［古希腊］亚里士多德:《尼各马科伦理学》，苗力田译，中国社会科学出版社1990年版，第11页。

⑥ ［美］大卫·福莱:《从亚里士多德到奥古斯丁》，冯俊等译，中国人民大学出版，2004年版，第138页。

⑦ ［古希腊］亚里士多德:《尼各马科伦理学》，苗力田译，中国社会科学出版社1990年版，第12页。

性，"在这里，一部分是对理性或原理（logos）的服从，另一部分是具有理性或原理，即进行理智活动。"① 由是，人所具有的理智思考力及其按照理性原则行动所具有的理性生活，既是功能善的表现，也是目的善的表现，因为人的幸福生活离不开理性的指导。所以，一个有正义德行的人，就是主动地行使自己的理性能力而对激情和欲望给予合理节制所求得的灵魂善。

在城邦正义问题上，柏拉图和亚里士多德推崇的是"关系和谐正义论"。我国学者易小明把柏拉图和亚里士多德正义思想的特征归类为"差异协同结构"，即"差异人与相应差异职位的对应，以及各差异阶层在整个国家内的和谐并存的多样统一的等级秩序的和谐状态。"② 综观两位名家的正义思想，应该说，确有此特征。柏拉图沿袭了古希腊早期的自然哲学家用"秩序、和谐"解释正义的传统。毕达哥拉斯提出了"数的和谐关系"，认为一切事物都是按照数的和谐关系有秩序地建立起来的。③ 道德的核心是"和谐"与"秩序"，正义就是对立关系的一种和谐秩序状态。柏拉图发展了这种和谐秩序的正义思想，认为城邦的正义，就是"三域互不侵犯"④ 所实现的不同阶层功能的协调。一方面，柏拉图主张人们要从事自己天赋最擅长的职业活动，做应分做的事。他说，"全体公民无例外地，每个人天赋适合做什么，就应派他什么任务，以便大家各就各业"。⑤ 另一方面，柏拉图强调安分守职所形成的和谐秩序。他说："国家的正义在于三种人在国家里各做各的事。"⑥ 依柏拉

---

① ［古希腊］亚里士多德：《尼各马科伦理学》，苗力田译，中国社会科学出版社 1990 年版，第 12 页。

② 易小明：《从柏拉图到亚里士多德：西方早期正义思想的差异协同结构特征》，《江海学刊》2004 年第 6 期。

③ 罗国杰、宋希仁：《西方伦理思想史》，中国人民大学出版社 1985 年版，第 59 页。

④ 包利民：《生命与逻各斯——希腊伦理思想史论》，东方出版社 1996 年版，第 192 页。

⑤ ［古希腊］柏拉图：《理想国》，郭斌和、张竹明译，商务印书馆 1986 年版，第 138 页。

⑥ ［古希腊］柏拉图：《理想国》，郭斌和、张竹明译，商务印书馆 1986 年版，第 169 页。

图之见，城邦的正义就是全体公民，安于自己的本职、本分、互不越位所形成的和谐秩序关系。柏拉图的这种以城邦公民的天赋和特长为择业和从业基准、以各自专心本分职责所形成的有序共同体为依归的正义思想，虽从现实的可能性来看，不免带有较大的理想成分，但它的合乎人性发展所具有的应然逻辑的合理性是毋庸置疑的。

　　亚里士多德关于城邦社会关系的和谐思想，没有停留在一般的泛论上，而是针对不同的社会关系给予了具体的分析，提出了"关系和谐正义观"的两种具体表现形态："主从关系的和谐论"与"平等关系的和谐论"。亚里士多德与柏拉图一样，看到了人的天赋能力方面的殊异，但亚氏表面上没有沿着柏拉图的思维图景，强调人的天赋能力与社会职业的天然对应关系，而是直接站在了社会职业的等级性上，从人的天赋能力的差异性立论了主从的和谐社会关系及其合理性。在亚里士多德看来，人从事的职业及其所处的社会地位，源于他们的身体和心智的天然禀赋，即人的心理、理智、身体与能力的殊异。"［如果不谈心理现象，而专言身体］自然所赋予自由人和奴隶的体格也是有些差异的，奴隶的体格总是强壮有力，适于劳役，自由人的体格则较为俊美，对劳役便非其所长，而宜于政治生活。……大家应该承认体格比较卑劣的人要从属于较高的人而做他的奴隶了。"① 又说："根据灵魂方面的差异来确定人们主奴的区别就更加合法了。这样，非常明显，世上有些人天赋有自由的本性，另一些人则自然地成为奴隶，对于后者，奴役既属有益，而且也是正当的。"② 简而述之，由于人们身体和灵魂方面的差异，就天然地造就出了奴隶和主人，从而在社会中自然地形成统治的主人与受人支配的被统治者的关系。"很明显，人类确实原来存在着自然奴隶和自然自由人的区别，前者为奴，后者为主，各随其天赋的本分而成为统治和从

---

① ［古希腊］亚里士多德：《政治学》，吴寿彭译，商务印书馆1995年版，第15—16页。

② ［古希腊］亚里士多德：《政治学》，吴寿彭译，商务印书馆1995年版，第1页。

属，这就有益而合乎正义。"① 显然，亚里士多德是从人的天赋能力的差异推导出社会等级的天然合理性，并由此认为正义存在于主从社会关系的和谐之中。另一方面，亚氏从公民的人格、地位和政治权利的平等出发，提出了"平等的关系和谐论"。尽管亚氏在主奴关系上强调人们各安其位的主从关系，但在公民之间的关系上，则推崇民主的平等观，提倡城邦中的公民轮番参政和执政，"对实际上属于平等的人们之间施行平等的待遇，的确是合乎正义的——而且既然合于正义，也就有利于邦国。"② 在亚氏看来，公民是具有独立人格的主体，其人格和社会地位应该是平等的，因此，维护公民们之间的平等关系则是合乎正义的事情。这也是亚里士多德不同于柏拉图正义观的重要一点。按照英国学者罗素的观点，在柏拉图正义思想的含义中，没有平等的观念。③

三

在正义的价值基础和实现方式上，柏拉图和亚里士多德的思想迥然。柏拉图主张"秩序正义"与"贤政正义"，亚里士多德秉持"公益正义"和"法治正义"。

秩序正义与公益正义：柏拉图和亚里士多德分别以秩序和公益为正义之德的价值基础。在把握柏拉图的秩序正义时，应注意他的表象秩序与本质秩序的不同形态。他从人的天赋才能的殊异和奴隶社会的分工、等级出发，推崇的是一种以"社会结构、社会等级和谐"为特征的秩序正义，即"治理者、军人护卫者与辅助者、从事农工商的自由民三大社

---

① ［古希腊］亚里士多德：《政治学》，吴寿彭译，商务印书馆 1995 年版，第 18 页。
② ［古希腊］亚里士多德：《政治学》，吴寿彭译，商务印书馆 1995 年版，第 266 页。
③ ［英］罗素：《西方哲学史》上卷，何兆武译，商务印书馆 1982 年版，第 154 页。

会集团各自做好自己分内的事，不去干涉别人的事。"① 为此，柏拉图把城邦的秩序看成是衡量正义的基本标准，认为秩序是社会的整体德性。柏拉图的这种以不同集团和谐的"秩序"状态为正义要义的思想，是他的表象秩序正义观，而他的本质秩序正义则是指理性自然形成的秩序，亦即人的天然禀赋所适合的工作自然形成的不同行业和社会阶层。质言之，在他看来，秩序和谐正义的根据，从现实性讲，是奴隶制等级秩序的利益要求，而其根本依据则是人的理性及其自然形成的秩序，二者的逻辑关系是，等级的和谐是理性的自然秩序在现实生活中的具体表现。亚里士多德没有沿着柏拉图的理性自然秩序论的思路，而是直接立足于城邦的公共利益。他认为，城邦秩序本身不是终极目的，也不是正义的本质表现，它必须以公共利益为价值基础。亚里士多德曾明确指出，城邦的正义，以"公共利益为依归"，②"以城邦整个利益以及全体公民的共同善业为依据。"③ 简明地说，亚里士多德的正义论，是建立在维护和发展社会的公共利益上，主张的是符合公共利益秩序的正义。

贤政正义与法治正义：尽管柏拉图和亚里士多德在实现和维护正义的终极价值目标上是一致的，但在如何进行国家管理以实现城邦正义问题上，二者存在分歧：柏拉图推崇"贤人政治"的"哲学王"的统治，而亚里士多德力主法治。

柏拉图认为，"贤人政治"是最理想的或最好的政治。他在《理想国》中说，"除非哲学家成为我们这些国家的国王，或者我们目前称之为国王和统治者的那些人物，能严肃认真地追求智慧，使政治权力与聪明才智合二为一；……否则的话……对国家甚至我想对全人类都将祸害

---

① 姚介厚：《古代希腊与罗马哲学》第 2 卷（下），载叶秀山、王树人主编《西方哲学史》，凤凰出版社、江苏人民出版社 2004 年版，第 777 页。
② ［古希腊］亚里士多德：《政治学》，吴寿彭译，商务印书馆 1995 年版，第 148 页。
③ ［古希腊］柏拉图：《理想国》，郭斌和、张竹明译，商务印书馆 1986 年版，第 214—215 页。

无穷，永无宁日。"①"法律的制定属于王权的专门技艺，但是最好的状况不是法律当权，而是一个明智而赋有国王本性的人作为统治者。"② 柏拉图为什么如此推崇"哲学王"的贤人统治呢？一是他认为哲学家能够把握事物的本质，不被社会纷乱的现象所迷惑，能够把"哲学家的智慧"和"国王的权力"有机地结合起来，对国家实施智慧的统治。在柏拉图看来，社会的正义是理性的自然秩序，所以，正义的国家应该是智慧的统治，而"哲学王"所具有的智慧，不是一般人所拥有的具体事物方面（如农耕、炼铁、制造工具等）的知识和技能，而是通晓事物的普遍规律和原则，能够统筹全局的知识和谋略，表现为他们善于谋划，通观豁达，远离不正义而爱好和亲近真理、正义等。可以看出，柏拉图继承了苏格拉底的"美德即知识"的道德思维，站在知行合一论上，认为人们拥有了智慧和知识，把握了应然的德行要求，就能持守正义等善德，而忽视了知行背离的社会现实。二是他看到了法律效力的条件性。在柏拉图看来，法律不只是制定和颁布，更是社会成员的尊崇和践行，如若法律不被社会成员遵守，那它就只是写在纸上的条文。"把这些规矩订成法律，我认为是愚蠢的。因为，仅仅订成条款写在纸上，这种法律是得不到遵守的，也是不会持久的。"③ 所以，"真正的立法家不应当把力气花在法律和宪法方面做这一类的事情，不论是在政治秩序不好的国家还是在政治秩序良好的国家；因为在政治秩序不良的国家里法律和宪法是无济于事的，而在秩序良好的国家里法律和宪法有的不难设计出来，有的则可以从前人的法律条例中很方便地引申出来。"④ 客观地说，柏拉图抓住了法律效力的实质，但他的偏颇在于，只看到了不被遵

① [古希腊] 柏拉图：《理想国》，郭斌和、张竹明译，商务印书馆 1986 年版，第 214—215 页。
② [古希腊] 柏拉图：《政治家》，原江译，云南人民出版社 2004 年版，第 92 页。
③ [古希腊] 柏拉图：《理想国》，郭斌和、张竹明译，商务印书馆 1986 年版，第 140 页。
④ [古希腊] 柏拉图：《理想国》，郭斌和、张竹明译，商务印书馆 1986 年版，第 143 页。

守法律的无效性，而没有看到被遵守法律的有效性。三是他认为社会上的优秀公民，能够自知如何适度地做事而无须法律的外在强制。他说："对于优秀的人，把这么许多的法律条文强加给他们是不恰当的。需要什么规则，大多数他们自己会容易发现的。"① 显而易见，柏拉图是站在"类"的理性能力上，看到的是社会中优秀人的道德感悟力和行为的自觉性，却忽视了"个体"理性能力的有限性及其人自然属性的为我的放任性所产生的大量的非"优秀的人群"。由于其前提预设存在的一定虚妄性，其结论受到质疑则是情理之中的。

亚里士多德不赞同柏拉图的"贤人政治"思想，而是钟情于法律的统治。如若考证亚里士多德没有师承于柏拉图贤政思想的影响因素，至少可以从三个方面进行推本溯源。一是亚里士多德师从于柏拉图，正是柏拉图晚年的思想由理想向现实的转化期，"他进入柏拉图学园时已是柏拉图高龄之时，因而更多地受到柏拉图晚年文风与哲学思想的影响。"② "柏拉图的《国家篇》等著作对亚里士多德的伦理学和政治学有直接的影响。"③ 在这个意义上，有必要纠正学界的一种表象化的观点，以为亚里士多德与柏拉图二人的治国思想是完全分立的，或以为法政思想是亚里士多德独创的。事实上，我们应该把亚里士多德的法政思想理解为是柏拉图《国家篇》《法篇》思想的一种顺然延续。按照罗素的说法，"亚里士多德本人就是柏拉图的产儿。"④ 二是亚里士多德有优越的研究条件，能够更多地接触城邦治理的现实问题。亚里士多德的学生马其顿王亚历山大，每征服一个领地，都会把该地区社会治理方面的相关材料派人送往亚里士多德在雅典的吕克昂学园，供亚里士多德及其弟子

① ［古希腊］柏拉图：《理想国》，郭斌和、张竹明译，商务印书馆1986年版，第141页。
② 姚介厚：《古代希腊与罗马哲学》第2卷（下），载叶秀山、王树人主编《西方哲学史》，凤凰出版社、江苏人民出版社2004年版，第671页。
③ 姚介厚：《古代希腊与罗马哲学》第2卷（下），载叶秀山、王树人主编《西方哲学史》，凤凰出版社、江苏人民出版社2004年版，第614页。
④ ［英］罗素：《西方哲学史》上卷，何兆武等译，商务印书馆1982年版，第143页。

们进行政治研究之用，从而使亚里士多德占有了无比丰富的政治管理方面的实证材料。"亚历山大东征时命令他的部属将在各地收集到的标本与资料送到这里研究。"① 三是亚里士多德的现实主义研究态度，使他没有固守纯粹的理性逻辑推理，而是着重人性、社会、城邦的实情。亚里士多德的"伦理学继承、发展了苏格拉底、柏拉图的理性主义伦理思想传统，但融渗入较浓重的从城邦和个人的现实生活出发进行研究的经验与理性结合的特色，更具科学性与现实性。"② "亚里士多德十分重视资料的收集和研究工作，如他派遣许多学生到许多希腊城邦去收集该地政治制度与历史的变迁情况以及其他古代文物与文献。"③ 综上所述，至少有两点值得我们注意：亚里士多德思想的大成与超越，与其具有的得天独厚的特定条件是分不开的；亚里士多德对法治的推崇，是柏拉图后期思想自然推演的结果。

亚里士多德对法治价值理由的论证，在学理上是比较充分的。首先，亚里士多德看到了人性中感性和情感对公义道德的干扰力。在他看来，人不是神，而是具有欲望、感情的生命体，故此，在人性中具有兽性的成分，即使是聪慧的贤良之人，也不能完全消除个人感情的倾向性和情绪的变动性，因而，人在执政处理政务时难免要受感情左右产生偏私、不平等、不公道等，由此政治就会偏离正义的轨道产生腐化。而"法律恰恰正是免除一切情欲影响的神祇和理智的体现。"④ 其次，亚里士多德看到了法律的社会理性的普遍制约性。法律是"没有感情的智慧"，它不是个人意志的产物，而是集中了众人智慧而制定的普遍法则，

① 姚介厚：《古代希腊与罗马哲学》第 2 卷（下），载叶秀山、王树人主编《西方哲学史》，凤凰出版社、江苏人民出版社 2004 年版，第 676 页。

② 姚介厚：《古代希腊与罗马哲学》第 2 卷（下），载叶秀山、王树人主编《西方哲学史》，凤凰出版社、江苏人民出版社 2004 年版，第 765 页。

③ 姚介厚：《古代希腊与罗马哲学》第 2 卷（下），载叶秀山、王树人主编《西方哲学史》，凤凰出版社、江苏人民出版社 2004 年版，第 676 页。

④ [古希腊] 亚里士多德：《政治学》，吴寿彭译，商务印书馆 1995 年版，第 169 页。

因此，它是没有偏私的理智的权衡。还有，亚里士多德看到了法律的平等性和价值性，认为法律不光制约一般公民，统治者也不能居于法之上而逾越法律的约束，尤其重要的是，法律具有价值的目的规定性，必须合乎正义。"法治应包含两重含义：已成立的法律获得普遍的服从，而大家所服从的法律又应该本身是制订得良好的法律。"① 在这里，亚里士多德有两个重要功绩：其一是他对古希腊正义思想的推进作用。苏格拉底是从个人道德行为的角度来谈正义，"只以个人美德论来倡导'道德振邦'"，柏拉图突破这个局限，提出"城邦体制伦理"，"按照正义理念的范型建立理想国家。"② 而亚里士多德则直接深入制度本身的性质，把正义视为法律、城邦制度的德性。其二，亚里士多德对法律制度正义性质的强调，对后世的法学界产生了深远影响，纠正了单纯的"合法即正义"的思想，追问了法本身的价值规定。

亚里士多德的法治正义思想，有两个基本内容："总体的正义"和"具体的正义"，③ "总体的正义"是守法，即合乎法律的行为就是正义的，这是沿革古希腊传统的结果，但亚里士多德与前人不同，不仅认为合法即正义，而且尤为强调法律本身的合道德性，要求遵守的是良法而不是悖逆德性的坏法。"多数合法行为几乎都出于德性整体，法律要求人们合乎德性而生活，并禁止各种丑恶之事。为教育人们去过共同的生活所制订的法规，就构成了德性的整体。"④ "具体的正义"亦即"平等的正义"，就是"每一个人分享或获得的利益应当等于他的应得。"⑤ 在

---

① ［古希腊］亚里士多德：《政治学》，吴寿彭译，商务印书馆 1995 年版，第 199 页。

② 姚介厚：《古代希腊与罗马哲学》第 2 卷（下），载自叶秀山、王树人主编《西方哲学史》，凤凰出版社、江苏人民出版社 2004 年版，777 页。

③ 姚介厚：《古代希腊与罗马哲学》第 2 卷（下），载自叶秀山、王树人主编《西方哲学史》，凤凰出版社、江苏人民出版社 2004 年版，778 页。

④ ［古希腊］亚里士多德：《尼各马科伦理学》，苗力田译，中国社会科学出版社 1990 年版，第 92 页。

⑤ 姚介厚：《古代希腊与罗马哲学》第 2 卷（下），载叶秀山、王树人主编《西方哲学史》，凤凰出版社、江苏人民出版社 2004 年版，779 页。

亚里士多德看来，"所谓公正，它的真实意义，主要在于'平等'。"① 这种平等意义上的公正，有三种具体的形式：一是分配的正义，即法律规定的社会利益分配，遵循"权利平等"和"效率平等"兼顾的道德原则。他说，"在荣誉、财物以及合法公民人人有份的东西的分配中"②，实行"数量相等"和"比值相等"的原则。"'数量相等'的意义是你所得的相同事物在数量和容量上与他人所得者相等；'比值相等'的意义是根据各人的真价值，按比例分配与之相衡称的事物。"③ 质言之，前者是一种人人有份的普遍平等，后者是一种按照一定的标准和比例实现付出与得到的各得其所应得的效率平等。二是矫正性或补偿性公正。法律除了对社会利益关系给予主动的合理规定外，还必须发挥出法律的必行性，对违法的行为给予应得的处罚，以维护守法者的利益和被损害成员的利益，所以，通过"惩罚和其他剥夺其利得的办法，尽量加以矫正，使其均等。均等是利得和损失，即多和少的中道，即公正。"④ 通过惩治而实现的事后公正，体现的是法律的必行性和威慑性，目的是要恢复已被破坏的合理秩序。三是交互性的正义。人们在社会交往活动中，要平等互惠。在道德活动领域，平等的正义是道德的行为要获得应有的道德回报，即一个人受人恩惠后，"有履行回报的责任"，⑤ 要以德报德而不能以怨报德。进而言之，道德的行为应该得到社会、他人的基本道德肯定和尊重，否则，就背离了道德正义。在经济活动中，利益的获取要合乎等价交换原则，实现等值的互惠互利。

---

① ［古希腊］亚里士多德：《政治学》，吴寿彭译，商务印书馆 1995 年版，第 153 页。
② ［古希腊］亚里士多德：《尼各马科伦理学》，苗力田译，中国社会科学出版社 1990 年版，第 92 页。
③ ［古希腊］亚里士多德：《政治学》，吴寿彭译，商务印书馆 1995 年版，第 234 页。
④ ［古希腊］亚里士多德：《尼各马科伦理学》，苗力田译，中国社会科学出版社 1990 年版，第 95 页。
⑤ 姚介厚：《古代希腊与罗马哲学》第 2 卷（下），载叶秀山、王树人主编《西方哲学史》，凤凰出版社、江苏人民出版社 2004 年版，第 779 页。

总而言之，在亚里士多德看来，城邦唯有按照法律的规则进行管理，才可避免因个人的情感倾向而导致的偏私和不公，社会成员受同一法规约束并遵守共同的法则，才能实现广泛的社会公正。因为"法律的实际意义却应该是促成全邦人民都能进入正义和善德的［永久］制度。"①

综观柏拉图和亚里士多德的贤政正义与法治正义的两种不同正义观，其实二者在各自理论范式的逻辑推理中，都各具合理性和特色，但在实践的可行性上，应该说亚里士多德的思想确实比柏拉图的理想设定更具实效性。柏拉图的贤人政治思想，是以人性的上限为立论的根据，致使其理想成分较多，即便如是，它至今仍是人类孜孜以求的一种良善的社会管理方式，在某种意义上可以说，现代政治学的"精英民主论"和当代市民社会的"公民自治论"可谓都是其变体形式。因此，柏拉图的贤人政治思想，不是他的理论本身存在逻辑悖论，而是他的理论实现的条件即具有智慧和良德的管理者以及具有道德理性能力和道德自觉的优秀社会成员，在现实生活中难于满足，从而影响它的实效性。此种弊端，柏拉图到晚年有深刻的反省，以至于他不再弥坚贤人政治的现实优先性，在其《法篇》中，他"已经不再考虑哲学王的统治了，这或许是因为他不再认为这种统治具有可能，或许是因为这本来表达的就是一个无法实现的现象，于是他更关心法律的统治。"②对于柏拉图的这种转向，我们应给予正确的理解，虽然由于他对现实国家的不理想性的正视，使他不得不作出无奈的妥协，但在其内心的信仰中，他并没有完全放弃他的"理想国"的"贤人政治"主张，因为他始终坚信，理想的国家无须法律的统治。相比之下，亚里士多德的法治正义思想，是以人性的底线为立论的根据，他所展现的法治的社会治理思想，既贴近了人性的实然样态，也满足了现实社会治理的应对要求。有必要指出的是，柏

---

① ［古希腊］亚里士多德：《政治学》，吴寿彭译，商务印书馆 1995 年版，第 138 页。
② ［古希腊］柏拉图：《政治家》，原江译，云南人民出版社 2004 年版，第 3 页。

拉图主倡的贤政和亚里士多德力主的法治，只是在社会治理中孰为更好的比较中具有相对的意义，而不能用二维的思维方式，以为柏拉图绝对否定法治或亚里士多德完全排斥贤政。柏拉图只是认为，智慧的贤德统治优于法律的统治，但若与无智慧的统治来说，法治又是"次好的办法"；同样，亚里士多德也强调，人必须要成为善良的人，法必须是"良法"，只不过在克服人性弱点和管理国家的效力上，法治要优于德治。

发表于《哲学动态》2008 年第 10 期

全面推进社会主义核心价值观
与法治的一体化建设

　　一个国家的实力与世界地位，不仅取决于该国经济、军事、科技等物质性的硬实力，而且也取决于该国以价值观为核心的文化软实力。习近平总书记指出："提高国家文化软实力，关系我国在世界文化格局中的定位，关系我国国际地位和国际影响力，关系"两个一百年"奋斗目标和中华民族伟大复兴的中国梦的实现。"① 促进社会主义核心价值观为社会成员认同与践行，是构筑"中国精神、中国价值和中国力量"的必然要求。全面推进社会主义核心价值观与法治的一体化建设，是社会主义核心价值观转化为人们的情感认同与行为习惯的重要方式。为此，新近中共中央印发了《社会主义核心价值观融入法治建设立法修法规划》，要求在立法修法中，坚持价值引领原则，使社会主义法律法规反映和体现社会主流价值。

---

① 《建设社会主义文化强国　着力提高国家文化软实力》，《人民日报》2014年1月1日。

一、全面推进社会主义核心价值观与法治的一体化建设，是提高国家治理体系和治理能力现代化的需要

　　面对我国社会主要矛盾的新变化、社会利益关系的复杂化以及叠加矛盾的不断涌现，提高国家治理体系和治理能力现代化成为彰显中国特色社会主义"道路自信、理论自信、制度自信、文化自信"的客观要求。党的十九大报告指出，明确全面深化改革总目标是完善和发展中国特色社会主义制度、推进国家治理体系和治理能力现代化。我国国家治理体系是在党领导下管理国家的制度体系，治理能力是运用国家制度管理社会各方面事务的能力。唯有国家治理体系保持社会主义的属性和方向，国家治理能力才能更好地体现社会主义制度的优越性。社会主义核心价值观"与中国特色社会主义发展要求相契合，与中华优秀传统文化和人类文明优秀成果相承接"，所以，我国国家制度体系的建构，既不能离开体现当代中国精神、凝结着全体人民共同价值追求的社会主义核心价值观的导引，更不能与"三个倡导"原则相背离，而是要把国家层面的价值目标、社会层面的价值取向和公民个人层面的价值准则有机地融入国家制度体系中，使社会主义核心价值观成为国家机构设置与改革、制度设计与安排的基本遵循。具言之，国家机构的设置、职能的配置、制度的建构，要本着"富强、民主、文明、和谐"的社会主义现代化国家建设目标的实现，要源于"自由、平等、公正、法治"的社会价值取向，要有利于"爱国、敬业、诚信、友善"的个人价值准则的践行。唯有如此，国家制度体系的各个构成要素才能协同发力进而提升国家治理能力，并从根本上解决现有机构设置、制度安排与新时代新任务新要求不相适应的问题。

二、全面推进社会主义核心价值观与法治的 一体化建设，是法治中国建设坚持依法 治国和以德治国相结合原则的需要

我国在总结历史与现实的中外治国理政经验教训的基础上，充分认识到法律与道德作为国家治理、社会有序运行的重要手段，二者的不可或缺性、不可偏废性以及二者功能的互补性。法律是成文的道德，道德是内心的法律，法律和道德都具有规范社会行为、维护社会秩序的作用。治理国家、治理社会必须一手抓法治、一手抓德治，实现法律和道德相辅相成、法治和德治相得益彰。要发挥好法律的规范作用，以法治体现道德理念、强化法律对道德建设的促进作用。要发挥好道德的教化作用，以道德滋养法治精神、强化道德对法治文化的支撑作用。坚持依法治国和以德治国相结合、强调法治和德治两手抓、两手都要硬，是中国特色社会主义法治道路的一个鲜明特点。有效发挥道德与法律的自律与他律、内规与外治互济的作用，需要把社会主义核心价值观融入法治建设中。一方面，社会主义核心价值观是中国特色社会主义法治的灵魂。法律作为治国之重器，是国家制度体系中的重要组成部分，是国家治理体系和治理能力的重要依托。在一定意义上，法治建设关系着国家治理体系和治理能力现代化的程度。法律是对社会组织、公民权利和义务的分配与规定，是协调各种社会利益关系的普遍行为规范。唯有法律理念、法律原则、法律规范以社会主义核心价值观为指导，即把社会主义核心价值原则贯穿于宪法法律、行政法规等制度安排中，使制定和颁布的法律具有正确的价值取向，才能使法律制度在社会中具有正确的价值规导性，并从根本上避免法律规范与价值倡导相互矛盾、相互消解。另一方面，社会主义核心价值观融入法治建设中，能够分解核心价值原

则的抽象性。把核心价值原则要求具体化为法律行为规范，发挥法律惩戒的强制性，对人们良好品行的形成具有固化作用。社会主义核心价值观不能仅停留在价值倡导层面，要落地生根，要具有现实关切性，要成为影响人们实际生活的实践原则，必须要把社会主义核心价值观的要求融入社会法律制度体系中，使之成为影响人们行为选择的价值标准，让人们在实践中感知它、领悟它。一言以蔽之，社会主义核心价值观绝不仅仅是宣传教育的价值引导问题，在很大程度上，需要构建体现社会主义核心价值观的法律制度的社会支持系统。

三、全面推进社会主义核心价值观与法治的一体化建设，是我国良法善治的需要

法治是现代文明的重要标识，它在本质上是对公权力的约束与对公民权的保护，从而为人类美好生活创设良好的制度环境。它秉持公平正义理念，对社会的是非曲直进行理性权衡，寻求自由与秩序的合理界限，为社会利益关系的协调提供标准化的范式，从而合理地规范社会利益关系、调节利益冲突与矛盾。维护社会正义是法律的本质和目的，法律本身具有善恶性质，故而，法律有良法与恶法之分。法治的本质是良法之治，良法是法治的前提。良法在形式上和实质上都有明确的要求。在形式上，良法要求法律具有普遍性、明确性、统一性、稳定性、先在性、可行性、公开性的特征；在实质上，法律体系本身必须具有正义性。可见，良法除了要满足法律形式上的一般要求外，还必须合乎社会正义精神。法律的实质正义来自法律体现国家和社会的主流价值观以及法律规范合乎国家和社会主倡的价值原则。恶法是对社会正义的"合法"践踏，是对社会道德的极大破坏。一旦个别法律或条款与社会主流价值取向相悖，就会打击美德义行，破坏公序良俗，道德教育的感召力就会受

到严峻挑战。失去正当性的实在法，必须要启动相关的法律程序予以及时废止或修订。有鉴于此，中央要求"把社会主义核心价值观融入法律法规的立改废释全过程，确保各项立法导向更加鲜明、要求更加明确、措施更加有力"。面对我国全面转型引发的社会结构转换、机制转轨、社会风险以及利益调整和各种利益诉求等，法律制度的设计要以社会主义核心价值观为基本依循，对复杂的社会利益关系及其矛盾进行合理规范，提高立法质量，保障法律以人民根本权益为出发点和落脚点，实现立法为民的目的，确保法律的良善性。与此同时，发挥好法律对道德的维护和保障作用。道德领域突出问题的治理，既需要发挥社会舆论的扬善抑恶作用，也需要借力法律惩戒的强制性，对背德行径予以严厉的制裁。事实上，道德领域的突出问题如果得不到有效遏制，就会衍变为法律问题。为此，需要把握好道德法律化的限度，积极推进道德领域突出问题的专项立法，以良法促道德，形成有利于培育和弘扬社会主义核心价值观的生活情景和社会氛围，使社会成员内心诚服，自觉笃行。

发表于《光明日报》2018 年 7 月 6 日

市场经济与道德的关系

——与何中华同志商榷

随着我国社会主义市场经济新体制的实施，市场经济与伦理道德之间的关系问题，日趋成为人们关注、争论的一个热点。何中华同志的《试谈市场经济与道德的关系问题》一文（载《哲学研究》1994年第4期。以下简称"何文"），以对话论述的方式，试图为市场经济与道德划界，确立"当归上帝的归上帝，当归恺撒的归恺撒"的合理态度和行为，以避免商品经济中的等价交换原则扩散到其他人类活动领域，而产生金钱尺度独断化的拜金主义，或免于重蹈过去经济领域伦理化，而构成道德尺度独断化的泛道德主义。但何文在矫正偏差的同时，又否定了市场经济行为与道德行为之间的联系，认为道德的本质特征是自律性和超功利性，而市场经济的重要特点是他律性和功利性，因而，市场经济行为是非道德行为，不能作道德评价，无须道德调节。我不赞成这种观点，故写此文与之商榷。

一

评述何文的理论观点，首先要厘清道德行为与非道德行为这两个伦理概念的内涵。

任何一门科学，都有自己特殊的概念。概念的科学性、确定性是建构科学理论的前提。而何文在阐述其理论观点时，混淆了道德行为与道德的行为之间质的分野，对非道德行为的界定也欠妥当。

在伦理学理论中，道德行为，通常是指人们在一定道德意识支配下，表现的有利或有害于他人或社会的、可以进行善恶评价的行为。这种行为依据其动机的善良与否和效果的有益与有害，又分为道德的行为和不道德的行为。这是两种不同性质的道德行为类型。道德的行为是出于善良动机和良好目的，使用正当手段而有益于他人或社会的具有肯定价值的善行，如助人为乐、见义勇为等；不道德的行为是出于邪恶动机和卑劣目的，使用不正当手段而有害于他人或社会的具有否定价值的恶行，如坑蒙拐骗、抢劫偷盗等。

何文在使用"道德行为"这一伦理概念时，只把它理解为道德上崇高的善行，认为："只有那种不计荣辱、不计得失，只为行善而行善的行为，才具有自律的意义，从而属于道德行为。"何文在这里犯了两个错误：一是把本该含蓄在道德行为之列的不道德的行为，排除在道德视野之外；二是否认了道德行为在价值量上的差异。由于人们的各种不同的道德行为的选择，反映着道德主体的不同的道德水平和境界，就使得行为主体的动机和效果、目的和手段在外化为社会性的活动时，对人们利益的影响有高低、强弱程度上的差别和作用久暂、范围广狭的不同。这就决定了道德行为不仅有善恶、好坏质的区别，而且也有善恶大小量的差异。在道德的行为中，有正当、良好、高尚等不同善值的存在；在不道德的行为中，也有不正当、邪恶、极恶等差异的存在。何文由于只把那种善值最高行为层次视为道德行为，致使他把那些良好或属正当范围之列的较低层次的善行，排除在道德行为领域之外。

何文没有严格区别"道德行为"与"道德的行为"，而把这两个包含概念视为同一概念，又忽视了道德行为有量的差异的存在，就必然会造成理解上的混乱。按照何文对道德行为的释义，不仅那些为了牟取暴利而制造假、冒、伪、劣商品的行为，由于它们"并不是为了善本身"，因而不是道德行为，当属非道德领域，而且那些合法的行为、符合最起码道德要求的正当行为，也属非道德范围。这势必会产生两种后果：那些直接损害人们的利益和生命健康的不道德的行为，就会因其"非道德性"而逃避道德谴责；那些当属道德善行之列的正当行为，如通过诚实劳动发财致富的行为，就会因其"非道德性"而失去道德的肯定，丧失行为的正当性。显然，这是有悖于道德要求的多层性和人们道德境界差异性的道德理论和实践的。

何文在"道德行为"上的语义混淆，直接导致了他对"非道德行为"界定的失误。

"非道德行为"与"道德行为"是两种性质截然不同的行为，它们的分野在于行为是否出于自愿、自主和关涉人们的利益。质言之，道德行为具有三个重要特征：第一，道德行为是行为者基于自觉意识而作出的行为，这种自觉意识表现为行为者对行为动机、手段、目的及行为意义的自知。如拾金不昧是明知愿为，骗钱偷窃是明知故犯。自觉意识构成了道德行为的首要前提和标准。第二，道德行为是自愿抉择的行为，是行为主体在多种可能性中根据自己的价值倾向、意愿而进行的主动取舍。意志自主构成了道德行为的第二个前提和标准。第三，道德行为不是纯粹的自然生理活动和心理活动，而是有益或有害于他人和社会利益的社会性行为。与他人和社会构成利害关系是道德行为的第三个前提和标准。不符合上述三种特征的行为，便是非道德行为，即非自知自控的行为，或人们在饮食起居方面的某些个人习惯、爱好。

而何文在界定道德行为与非道德行为时，撇开了道德行为自身的本质特征，并在概念内涵不确定的情形下，把超功利与功利、自律与他律视为分野的标准。何文认为，自律是道德现象的内在本质。"这一本质特征意味着道德动机必须是超越狭隘功利的。也可以说，正是由于超功利性，道德方能达到自律。……因此，以功利为目的的行为，只能是一种他律性的非道德行为。……被功利所驱使的行为，说到底不过是一种交易罢了。由于处在道德范围之外，它既无所谓道德，也无所谓不道德。"不难看出，何文的逻辑推理是：道德是自律的，自律意味着行为动机是超功利的，所以，凡是以功利为目的的行为都是他律的非道德行为。

何文把"自律性"视为道德的本质特征，其主要论据是马克思的一句名言："道德的基础是人类精神的自律。"这是马克思在 1842 年写的《评普鲁士最近的书报检查令》一文中，在论述道德与宗教的区别时提出的。马克思指出："道德的基础是人类精神的自律，而宗教的基础则是人类精神的他律。"[①] 其意思是说，道德不是来自人之外的某种客观意志，而是表现人类利益意志的"人为法则"，道德的这种根源于人类自身利益的需要，人类主动为自己立法并能够自觉守法的特性，便是道德的自律性。与道德的这种自律性相比，宗教则是受超人类和社会之外的神的力量和意志的支配，而人类本身则丧失了对自己支配、控制的精神和能力，宗教的这种受人之外的某种外力支配的特性，则是他律的表征。可见，马克思是在阐述社会道德和宗教神学道德对人类精神作用方式的不同时，借用康德的"自律"和"他律"概念的。而何文却曲解了马克思的应有之义，认为道德的自律就在于超功利性，把"自律"理解为超脱一切利益欲望的康德式的纯粹的"自由意志"。

---

① 《马克思恩格斯全集》第 1 卷，人民出版社 1956 年版，第 15 页。

依照康德的观点，人的本质是理性，它具有绝对目的的意义，而人的理性之外的东西，如快乐、幸福、功利等都是一种外力，凡是受这些外力支配的行为都是他律。对康德这种把人的功利完全排除在外的为义务而尽义务的自律伦理学说，马克思和恩格斯在肯定其在德国启蒙思想史上的伟大作用的同时，又指出它是一个思辨的体系，并批评它把德国资产阶级革命的物质动机和实践要求抽掉了。"康德只谈'善良意志'，哪怕这个善良意志毫无效果他也心安理得，他把这个善良意志的实现以及它与个人的需要和欲望之间的协调都推到彼岸世界。"① 不难看出，马克思并未把功利与自律对立起来，而且在另外的场合曾明确指出："正确理解的利益是整个道德的基础。"②

由此观之，马克思所说的道德自律性，并不像何文释义的那样，指排除一切利益杂质的超功利性。因为，一方面，人的行为动机蕴涵着功利价值。现代心理学已向人们昭示，引发和驱使人去行动的内源动力是生理内驱力和心理内驱力。生理内驱力在个体心理和意识中的反映便是人的生理性需要，表现为衣、食、住、行等物质需要；心理内驱力在个体心理和意识上的反映就是人的心理性需要，表现为情感、艺术、道德、科学知识等精神需要。由于内驱力在人们的意识中总是以一种缺乏感反映着人们的物质需要和精神需要，因此，作为由内驱力直接促发而产生满足某种渴求或欲望所进行活动的动机，是离不开人的需要和利益的。所不同的是，有的行为动机是受物质功利的驱动，有的行为是受精神功利的驱动；有的行为动机是受一己私利的驱动，有的行为是受集体、社会功利的驱动。完全脱离利益驱动的动机，是不存在的。即使像何文所说的那种不计荣辱、不计得失的善行，那种完全出于良知、出于自愿而去救人、去纳税的高尚行为，也不是完全超功利的。因为道德本

---

① 《马克思恩格斯全集》第 3 卷，人民出版社 1960 年版，第 211—212 页。
② 《马克思恩格斯全集》第 2 卷，人民出版社 1957 年版，第 167 页。

身就是人们的一种精神需要，那些自觉履行道德义务的为行善而行善的行为本身就构成了道德主体的精神功利。那种以为只有直接谋取物质财富的活动才具有功利价值，而不以谋求物质财富为直接目的的行为就是超功利的观点，是不正确的。

另一方面，道德的根源和社会本质是蕴藏在社会生活之中的，是由社会经济关系表现出来的利益所决定的一种特殊的社会意识形态。所以，一切伦理原则和道德行为都必须通过利益发生作用。利益对道德的这种基础性作用，就决定了道德在本质上不可能超越一切功利。只能说，高尚的道德行为，总是表现为道德主体在个人与他人或集体的利益冲突中，能够自觉节制或牺牲其某种个人利益。但是，这并不意味着道德完全排斥个人利益。在合理和正当范围内，即使获取个人利益，在道德上也是容许的。所以，那些在得到社会认可和保障的前提下，在不损公损人的基础上谋取个人利益的行为，虽然系道德觉悟不高，但它既不是不道德的，也不是非道德的。

上述分析表明，道德并不排斥功利，合理的"利"就是"义"，而且也不是只有超功利，道德才能达到自律。道德自律性的重要特征是道德主体的行为动因由外在约束转换为主体自身的意志约束，表现为主体为自己立法，自觉践行社会道德要求。所以，何文认为道德的自律性就是超功利的观点是不正确的。

二

由于何文曲解了道德的自律性和超功利性，并将其视为道德的本质特征，所以他把追求利益的市场经济行为直接排除在道德领域之外，并为之提供了两个论据：一是市场主体是"以对方的需要这一外在尺度来选择自己的活动方式和发展自己的能力"；二是市场经济行为以谋求功利为目的，而"一切可能的功利事物均属于人的身外之物"。在市场经济中，经济人的活动由于受价值规律的影响，往往按着市场供求关系引起的价格涨落而选择生产经营活动。但"对方的需要这一外在尺度"并不是市场主体从事活动的内源动力，真正驱动经济人去行动的内在动力是其自身的利欲需求。质言之，市场主体只是为了满足自己的利益欲望才去"以对方的需要"选择行为，"这种外在尺度"只不过是行为者在实现其内在利益过程中的一种手段或外在表现形式而已。这说明，市场经济活动不光受行为者自身以外因素的支配，而主要是受内在因素的决定。因此，何文的第一个理论根据是靠不住的。何文第二个根据的问题在于，并非"一切可能的功利事物均属于人的身外之物"，有些功利是直接完善人性的重要表现和内容，如智慧、知识、美德、情感等，它们就蕴涵在人的身内。所以，何文的第二个论据也不是真实可靠的。

至此，可以断言，何文关于市场经济行为是非道德行为的逻辑推论，是不能成立的。因为他的逻辑论证的前提是不真实的，论据是不充分的。而且，何文本身也自相矛盾。他一方面以全称判断的形式肯定所有市场经济行为都是非道德行为，如他说："即使是社会主义的市场经济，也不可能摆脱市场经济本身所固有的非道德性质这一普遍特征"；另一方面，他又以假言判断的形式承认，有些市场经济行为可以是道德行为，如在交易活动中，"假如人们的诚实守信是出于自愿，而不是为了任何别的目的，这无疑是道德行为"。这就等于说，在市场经济活动中，也有完全出于道德责任和义务的道德行为。

何文不仅否定市场经济行为具有道德意义，而且也反对在市场经济领域进行道德价值判断，以及对经济领域内的利益关系进行道德调节。

何文反对经济领域进行道德价值判断，除了上述认为市场经济行为是非道德行为之外，又提供了两个佐证材料。第一个论据是经典作家的评论，即"恩格斯说：'道义上的愤怒，无论多么入情入理，经济科学总不能把它看作证据'。这表明，经济学的实证视野是拒斥价值判断的"。我认为，何文对恩格斯这段话的理解是片面的。恩格斯的意思是说，对不平等的分配仅诉诸道德和法是不够的，还必须证明它是现存生产方式的必然结果。所以，恩格斯的论断只是说，对资本主义显露出来的社会弊病的批判，不能仅仅局限于伦理谴责，还要有科学揭示，而不是不要伦理谴责，只应有科学揭示。正因为如此，他紧接着上述论断又说："愤怒在描写这些弊病或者在抨击那些替统治阶级否认或美化这些弊病的和谐派的时候，是完全恰当的。"① 而且，事实上，马克思和恩格斯在对资本主义固有的经济规律进行科学揭示的基础上，就曾多次用道德的武器对资本主义进行道义谴责。

第二个论据是，道德原则介入经济学，会导致阻滞经济增长的消极后果。何文把过去泛道德主义影响下经济生活伦理化所造成的消极后果作为理由，是没有说服力的。其一，经济学伦理化本身就是一种不正确的态度和行为。它没有正视经济行为与道德行为的本质区别。其实，经济行为只是具有伦理性质的社会性行为，它与道德行为不是完全同一的。因此，我们不能把经济行为与道德行为等同，也不能把道德的人为操作失当所导致的消极后果与道德渗入经济领域必然产生的后果等同。所以，过去那种把道德和经济完全混同的做法恰恰是我们现在应当批判和避免的。其二，何文以平均主义原则阻滞经济增长为由，推论出道德原则与效率必然冲突，有以偏概全之误。因为，一方面，不能把过去经济工作中平均主义分配原则等同于道德原则。平均主义只是原始社会的一条道德法则，是众多道德原则的一种具体形式；而那种拉平企业之间的收益水平及企业内部职工个人的劳动收入同贡献大小相脱节的平均主义原则，是极左思想的产物，不是真正的道德公平。理所当然，也不能把平均主义产生的消极后果等同于道德原则在经济生活中的作用。另一

---

① 《马克思恩格斯全集》第3卷，人民出版社1960年版，第189页。

方面，正确发挥道德在经济领域的规范与导向作用，不但不会阻碍经济发展，反而会促使经济行为合理化，有助于经济繁荣。如公正原则、信用原则等。公正道德原则本身蕴涵的无偏私、无特权的平等价值观，不仅能增强市场主体的"法人独立人格"；而且也直接培育了市场主体公平竞争、合理交易的伦理品格。再如信用道德原则，它要求的交易双方信守合同、践行契约规定本身，就是市场经济有序发展的本质要求和保证。其三，何文肯定"效率优先，兼顾公平"的经济发展模式，无疑承认了伦理道德原则在经济活动中的作用，因为公平原则就是一种道德原则。在这里，何文对公平道德原则的肯定与其上面从对平均主义的否定推导出道德原则不应干涉经济的结论，有点前后矛盾。

何文不仅否认市场经济行为应进行道德评价，而且认为市场经济领域内的利益关系也无须道德调节。何文认为，对市场主体的经济活动能够产生有效规范作用以调节人们利益关系的，只有两种约束力量：一是源于市场主体自身的"利益之间的矛盾关系所形成的张力"，对个人私欲膨胀的限制；二是源于市场主体之外的"社会的调控手段（如经济的、行政的、法律的等等）"，对商业行为的某种约束。我认为，对市场主体经济活动的规范与匡正，仅依靠这两种约束力量是不够的，还必须借助道德的调控力量。

首先，"利益之间的矛盾关系所形成的张力"，对人们利益欲望的限制是有限的。利益矛盾关系所形成的"张力"对行为者的约束，无非是说市场主体如果一味地追逐一己私利，对他人和社会利益一旦构成了伤害，会反过来损害行为者自身的利益。如企业产品质量不合格，不但损坏了消费者利益，而且也败坏了企业的信誉，造成销路不佳、产品积压，甚至工厂倒闭。但是，这种"张力"只对那些"远虑的商人""明智的经济人"的个人私欲起到某种约束作用，而对于那些急功近利的短视商人或极端利己的经济人，就失去了制约效用。

其次，仅运用经济的、行政的和法律的手段来维护市场活动中买卖双方的正常关系，是有局限性的。一方面，经济的、行政的和法律的手段，是作为社会管理者的国家，对于那些具有重要意义的行为，以规章制度、法律条文的形式确立的硬性行为规范。它们对于市场主体只是强制性的外在约束，而不能从社会心理的深层结构上为完善市场经济秩序提供主体意志的自觉约束。那些充满财富欲而又没有一点社会责任感的市场主体，在市场经济活动中不择手段，大发不义之财。他们经常就是钻政策、法律的空子，想方设法躲过法律的制裁，甚至知法犯法，破坏市场交易法则。另一方面，经济管理的各项制度、行政措施和法律规范本身，往往体现着道德的属性。在实际生活中，道德规范的许多评价标准或思想，就体现在有关构建各种市场运作的规范中。对企业产品质量及税收的各项规定，就蕴涵了企业的经济效益与社会效益相统一的伦理原则。而法律，更是常常以一定的道德信念为基础，表现为一定道德原则指导法律的制定和修改，它只是把那些在道德上已经表现出有最大社会重要性的东西形成条文和典章。如法律禁止盗窃、谋杀和歧视，正是建立在关于勿偷窃、勿残杀、平等待人的道德信仰基础之上的。而且一旦发现法律具有某种道德缺陷或违背道德上的公平尺度，人们就会冠之以"不公正"而修正法律。

再次，市场经济活动领域内的利益关系是道德调控的对象。道德作为一种客观存在的社会现象，其存在的必然根据是来自人类维持生产、分配、交换等活动的共同秩序，是协调人们之间利益关系的社会需要。因此，凡是出于自愿选择并构成利益关系的行为，都是道德调节的对象。由于商品生产和交换的经济活动直接关系着买卖双方利益的维护与伤害，因此，市场经济活动是人们利益关系的集中反映。既然市场经济行为总是要与他人或社会发生某种联系，对他人利益或社会利益产生某种影响，这就必然会涉及伦理道德问题，并成为道德调节的对象。

三

综上所述可见，何文割裂市场经济行为的经济价值与道德价值，认为经济行为是非道德行为的观点，是错误的。由于道德是社会经济关系的产物，并且市场经济秩序必须具有道义上的合理性和正当性才能维持自身，因此，市场主体的经济活动，不仅是一种追逐利益的经济行为，同时也是一种谋利是否正当的道德行为。为了进一步明确市场经济行为的道德属性，有必要从以下几个方面作进一步的分析认识。

第一，人的社会行为具有多种价值的兼容性。由于人的社会实践活动是在一定的社会关系中发生的，因而它往往体现着多方面、多层次的社会关系，以至于同一个社会行为，可以从不同方面进行考察和评价，具有不同的社会价值。同一个社会行为，可以既是经济行为、政治行为，又是道德行为，因而既有经济价值、政治价值，又有道德价值。可见，道德行为不是孤立的纯粹道德意义上的行为，而总是与其他社会行为相伴随而发生的社会性行为。

第二，市场经济行为具有道德行为的特征。道德行为，作为一种特殊的人类主体性活动，是精神与实践的统一。在精神方面，道德行为是主体自主、自知、自愿的活动；在实践方面，道德行为又必然是关涉个人与他人或集体利益关系的行为。而市场经济本身的自主性和利益性，决定了市场经济行为的道德特征。市场经济是自主经济。由于市场经济是一种以市场调节为主的经济运行形态和运行方式，因此，市场经济运行机理所要求的独立平等的主体法则和排他性的物权法则，就使得市场主体在其经济活动中，能够独立自主地按照市场的需要选择自己的生产和经营活动。这表明，市场主体具有按照自己的意志作出决定和采取行动的自由，这无疑使市场经济行为具有了自觉意识、意志自主的自律基础和性质，符合道德行为精神方面的要求。市场经济又是利益经济。市场经济活动主要是商品的生产、交换、分配、消费的活动。而商品本身所具有的使用价值和价值的二重性，就使得各种经济活动都是卖方与买方、生产者和经营者与消费者之间的利益结合活动。实现商品的使用价值和价值的分离过程，也就是生产者、经营者与消费者各自实现自己利益的过程。因此，生产者、经营者的经济活动直接关系着消费者利益的保护与损害。经济行为本身所包含的有益或有害于他人或社会利益的价值属性，就决定了市场经济行为具有道德的实践性质。

第三，市场经济蕴含着伦理的禀性。一方面，市场经济价值规律的内在要求，体现了伦理道德的价值取向。市场经济活动是受价值规律的影响和支配的。价值规律在生产活动中表现为商品生产规律，要求在生产过程中合理有效地利用各种资源（如设备、人力、材料等），提高生产效率，降低产品成本，生产具有优质使用价值的商品。这种经济价值本身包含了增强社会责任感、保证产品质量及维护消费者权益等道德意识，是勤俭节约、诚实劳动的以利兴业道德价值观的体现。这表明，一个经济行为，可以在取得经济效益、具有经济价值的同时，又包含有益于他人或社会的道德价值。另一方面，实现市场经济高效发展的内在秩序，本质上不是社会从外部强加的某种压力，而是从内部建立起来的某种均衡。这种均衡就要求有一种合理而系统的态度和方式来追求利润。因此，市场活动中的营利、赚钱行为，有正当与不正当、合"义"与否的道德问题。与此相应，衡量市场主体活动的有效尺度，不应当完全是经济效益，还要有社会责任和信誉。所以，单从经济效益评价经济活动，而不考虑它带来的社会影响，是片面的。

第四，西方和东方各发达国家为实现现代化而发展市场经济的历史经验证明，市场经济的完善与发展的动力，除了客观经济条件方面的因素外，还有包括伦理精神在内的非经济因素的作用。英国著名经济学家罗宾逊夫人在其《经济哲学》一书中指出："任何一种经济制度都需要一套规则，需要一种意识形态来为它们辩护（justify），并且需要一种个人的良知促使他努力去实践它们。"①质言之，社会经济的发展，需要意识形态的各种价值观念的鼎力协助，使人们形成一些普遍的价值观念、行为准则和共同追求的目标。因此，表现意识形态的道德标准和其他价值观念便构成市场主体活动的人文前提。西方资本主义市场经济的"新教伦理"精神和东亚资本主义市场经济的"儒家伦理"精神，也在一定意义上证明了伦理道德对市场经济的促进作用。当然，对宗教的（如新教）和世俗的（儒家）这些传统伦理在市场经济中的促进作用，应进行科学的分析，而不能不加分析地笼统地加以"弘扬"，以至于把其中的一些糟粕也认为是精华"继承"下来，或者是过分膨胀道德的作用（宗教的"圣爱"或进俗的"完人"），那样反而会贻误我们的现代化事业。因此，如何从社会学角度和哲学理论上说明伦理道德和经济尤其是市场经济行为的联系和区别，便成为一个亟待深入研究的重大课题。

发表于《哲学研究》1995 年第 2 期

---

① Joan Robison, *Economic Philosophy*, pelican, 1964, p.13.

市场经济与道德的"二律背反"质疑

我国推行市场经济体制后,面对社会上出现的道德堕落现象,有些人便直接得出市场经济必然以道德失落为代价的结论,认为市场经济与道德进步是"二律背反"的关系。对此,本文略陈管见。

一、何谓"二律背反"

"二律背反"是德国哲学家康德的用语。"指两个互相排斥但同时皆可论证的命题之间的矛盾。"① 这种矛盾是理性在一定条件下不可避免的必然状态,即当理性在试图作出超现实的、超经验的应用时,就会发生正题和反题都能够通过同样明显、清楚和不可抗拒的论证而得到证明的矛盾现象。康德的"二律背反"思想是其特殊形态的二元论哲学体系所致。康德把统一的客观世界区分为"现象"世界和"物自体"世界。他仅承认思维与存在统一于现象,而不承认思维与物自体的统一,他把科学与认识限定在"现象"世界,把宗教、信仰归之于"物自体"的彼岸世界。认为这两个世界完全独立、绝对对立。正是他的这种把"现象"

---

① 《哲学大辞典·逻辑学卷》,上海辞书出版社1988年版,第70页。

和"物自体"形而上学地割裂和对立的二元论世界观，使得他把本来是对立统一的东西片面化，完全撇开事物的统一性，一味强调对立，从而造成他在方法论上陷入非此即彼的形而上学，以至于当他发现了一些问题的矛盾后，便无法理解这种命题与反命题都正确的情况。

不难看出，康德的"二律背反"讲的是两个定律之间的对立和矛盾，它违背的是矛盾律和同一律的思维规律。因为矛盾律要求在同一思维过程中，思想必须首尾一贯，不允许同时承认一个思想及其否定都是真的；同一律要求在同一思维过程中，每一个概念或判断必须保持自身的同一。概言之，它们要求在同一思维过程中，要保持逻辑上的一贯性和不矛盾性。值得注意的是，矛盾律和同一律是事物在相对静止的稳定情况下人们的思维形式和思维规律，它们仅仅是在思维领域起作用的规律，而不是客观事物本身的内在规律。因为事物本身始终是处于运动和变化之中，事物对象自身就包含着对立面的统一关系，唯有辩证的思维方法才能概括和解释现实的不可避免的矛盾。所以，它们不是客观事物本身的规律，更不能作为世界观和方法论的基本原则。矛盾律所要求排除的只是思维中的逻辑矛盾，而不是、也不可能排除客观事物自身存在的矛盾。上述可见，康德所说的"二律背反"实际上就是两个命题（正题与反题）之间在逻辑上的矛盾，而不是客观世界本身的对立统一的矛盾。

因此，用"二律背反"来概括市场经济与道德之间的关系，有欠妥当。其一，两个互相对立但都正确的命题之间的矛盾，只是形式逻辑上的矛盾，一旦用辩证思维的正确观点去看待它们，"那矛盾就消失了"①。因为辩证思维直接反映对象的内在矛盾的运动变化，反映事物对象所包含的对立面的统一关系，所以，它能够使人们在事物发展的联系环节的辩证否定中理解矛盾。其二，康德实践理性的"二律背反"，指

①　[俄]普列汉诺夫：《普列汉诺夫哲学著作选集》第一卷，三联书店 1959 年版，第576 页。

的是德性与幸福的矛盾，即二者在现实世界不能够同时兼得，幸福不能促成人们的道德，而道德也不能成为幸福的源泉。这是他的二元论哲学把人的感性欲望、利益、幸福与理性、道德、信仰割裂的结果。但实际上，利益是道德的基础。在大多数情况下，遵守道德有助于人们的幸福。其三，康德的"二律背反"讲的是两个命题在逻辑上的对立，不是事物对立环节的统一。他把矛盾仅归于思维，而使现实界脱离了矛盾，他剥离了思维形式同客观事物自身活动的统一，因而，他所说的"二律背反"指的是思维中的单纯的矛盾。事实上，市场经济与道德之间不光是矛盾关系，还有统一的关系。所以，用"二律背反"的概念不能全面地说明市场经济与道德的关系。

二、市场经济与道德之间的关系

案例分析：市场交易中的说谎和欺骗的机会主义行为。在市场交换中，交易双方都有追求自身利益最大化的强烈动机。正常的交易是双方自愿、互利、等价的交换。但由于市场主体在交易过程中，不可能对复杂的和不确定的市场信息一览无余，全面掌握，因而往往会出现信息不对称的状况。在此情况下，有的交易者就会不遵守交易规则，利用某种有利的信息条件，向对方说谎或进行欺骗，以牟取暴利。导致这种现象往往有三种情况：一是市场经济运作规范不完备，没有做到市场信息灵活、畅通，法律规范缺乏细密严谨，在客观上就出现了一些可供投机钻营的漏洞，使说谎、欺骗和毁约的巧取私利行径能够得逞。二是即使在客观上市场法确实不甚健全，存在有利可图的缝隙，市场主体一样明确而直接地追求自己的最大利益，仍会有两种行为类型：有些人会利用这种机会投机取巧，但也有另一些人不以机会主义方式行事，他们在交易中不说谎、不欺骗，并信守自己的承诺。三是在较完备的市场经济体制下，有的人仍会铤而走险，不按规章制度去做，为一己私利而破坏规范。这表明诚实信用的人格品质是避免欺诈等不道德行为的根本保障。

这个案例分析说明，用不正当手段谋取个人私利的机会主义行为，在客观上与市场经济体制的实际操作相关，在主观上与人们的人格品质相关。进而言之，我们经常谴责的那些具有欺骗性的制造和贩卖假冒伪劣商品的不道德行为，不是市场经济体制本身的必然产物，而是在市场经济运作过程的实际活动中出现的问题。为此，要辨明市场经济与道德之间的关系，必须进行两个层面的研究：一是市场经济体制与道德的关系，二是市场经济活动与道德的关系。

市场经济作为一种经济体制，是价值规律通过市场供求关系和价格变动，自发地调节社会生产和流通，以实现生产要素按比例分配于各生产部门的一种商品经济形式。它作为一种经济运行机制，具有如下特征和要求。

第一，市场主体独立自主。市场经济作为资源配置的一种方式，其高效运转的前提是资源要素（人和物）的自由流通，即市场参与者在经济活动中拥有开展独立决策和行动的独立人格，他们拥有生产、经营的自主权。这表明任何一个市场主体都具有决定自己行为的自决权和选择权，具有支配自己经济的自由，从而摆脱了计划经济体制下的行政命令和长官意志的束缚，使人的存在从旧体制下的"人身依附"变为了个人的某种独立。因而，市场经济蕴含了独立自主的道德性质。

第二，市场交易自由平等。市场交易的实现，是买卖双方自愿、合意缔结的结果，它是交易双方各自意志的表达。所以，市场交易不仅要求市场主体有选择与谁交易的自由，要求交易双方拥有互不辖属的平等地位，以保证谁也不能靠权力和暴力强制谁。这充分表明，自由和平等是市场经济发展的本质要求和内在规定。舍此，便无市场经济。

第三，市场竞争公平。市场经济作为一种发达的商品经济形式，充满着激烈的竞争。无论是商品生产者还是经营者，其活动的动机和目的都是为了盈利赚钱，追求自身利益的最大化。而他们的生产和经营是在价值规律作用下实现资源的合理配置。他们要博得消费者对其产品的满意和信赖，就必须注重产品质量，讲究商业信誉。不难看出，市场经济是通过竞争来实现利益的激励和平衡，它要求市场主体公平竞争，谋取合理的利润，排斥那种欺诈哄骗、以假当真、以次充好等不正当竞争的获利，可以说，公平竞争是市场经济有序发展的基石。

第四，市场经济的开放性。市场经济作为一种社会化的大生产和广泛的商品交换，完全突破了狭小封闭的地域范围，一切生产活动和交换活动都纳入了全国乃至世界的大市场之中。这种社会生产的多样性和交换的广阔性，使人们的社会关系愈加丰富，人的才能也会得到较全面的发展。

由上述观之，自由、平等、公平、独立、创造、进取等伦理精神和品格都是市场经济体制所蕴含和要求的。按理说，实行市场经济应该有利于道德的生长，促进道德的进步。而事实上，大量的不道德的经验事实又屡见不鲜。利己主义、拜金主义猖獗；政治领域出现了权力与金钱搭界的权钱交易；经济领域生产和推销假冒伪劣商品及欺诈、牟取暴利的败行屡禁不止；社会生活领域，一些旁观者人心冷漠，缺乏良知，见义不为、见死不救、救人要钱的丑恶事件时有发生。那么，这种社会道德的式微难道是市场经济体制本身造成的吗？

首先，我们对利己主义、拜金主义进行剖析。利己主义、拜金主义不是市场经济的独有产物。在非市场经济的小农经济社会，虽然商品经济不是主导的社会经济形式，但"人不为己，天诛地灭""人为财死，鸟为食亡"的俗语，已充分表明利己主义、拜金主义的思想和行为自古有之。同样无须隐讳的是，市场经济利益主体的多元化及独立平等的主体法则和排他性的物权法则，在使个体意识觉醒的同时，也强化了人们的私有意识。各个商品生产者、经营者乃至消费者都在自利动机的驱动下谋取一己私利。但我们可以看到，人们在私有意识驱动下对个人利益的追求、实现的手段和方式是多种多样的，人们在实现利益的途径上拥有选择的自由。既可以通过正当手段谋利，通过提供和满足他人和社会需要而实现自己的特殊利益，也可以通过不正当手段牟利，通过侵夺他人和社会利益而获取个人利益。而市场经济运行机理所要求的合理经济行为是为己利人的行为，反对为己害人的行为。所以，从事经济活动的市场主体在私有观念支配下的谋利行为，既不等于让人们可以为所欲为地谋取自己的个人利益——因为市场经济体制具有规范化的利益获取机制，也不等于私有意识就是利己主义，因为在自利动机支配下的行为并不全是恶。如若能够对人们的私有意识给予正确的引导，不仅可以激励人们的创造性，也可以使谋取个人利益的行为利国利民。一般地说，私有意识转化为利己主义，或是社会引导不够所致，或是个人思想道德素养欠缺所致。同理，"金钱意识"，也绝不是拜金主义。在商品交换非常普及的市场经济社会，由于人们对普遍交换的依赖会直接导致人们对货币的依赖，从而促使人们产生金钱意识。金钱，作为一般等价物，是计算劳动价值的筹码和流通领域交换的媒介，它作为一种客观存在，本身无所谓道德善恶，只不过是人们在获取金钱及使用金钱的方式上，有合义与否的问题。通过诚实劳动而得的金钱，就是道德的，相反，靠违法背德而得的金钱，才是社会禁止的。所以说，金钱意识并不意味着"一切向钱看"的拜金主义。应该看到，金钱意识既可以成为激励人们勤奋好学、勇于创新、发挥才智、创造社会财富的驱动力，也可能成为人们为钱而出卖良心、荣誉、损人害人的罪恶根源。以此观之，无论是私有观念还是金钱意识，它们作为市场经济的衍生物，并不必然产生恶，而导致利己主义、拜金主义。

其次，政治领域的以权谋私的腐败现象正是市场经济本性所排斥的。以权谋私的腐败是利用公共权力谋取个人私利，突出表现是权钱交易、占用公共财物。而在市场经济条件下，市场主体具有生产经营的全部权力以及独立的利益和实现最大利益的自觉性。他们主要是按照市场需求、市场价格、利润导向和杠杆自主地进行生产和经营。即使国家对他们进行宏观调控，也只是通过税收、信贷等经济参数间接地指导他们的经济活动，而不是行政指令的直接干预。因此，从市场经济的本性来讲，它是排斥公共权力对经济行为的侵犯、并要求明确限定公共权力的作用范围及监督公共权力的实行的。恰当地说，市场经济体制本身不是滋生权钱交易腐败的病原体，而是在实行市场经济过程中的各种管理措施不完备、法制惩恶力度不够及国家公务员本身的道德素养参差不齐所致。

第三，经济领域的各种损害消费者权益的欺诈行为与市场经济体制背道而驰。目前，在商品流通中，假冒伪劣产品对消费者权益的损害，确实比较严重。其症结何在？我们知道，市场经济是一种发达的商品经济，其生产目的不是为了自身消费而是为了交换，交换的目的就是要获取商品的价值。由于价值规律的作用，商品交换贯彻的是等价交换的原则。因此，在竞争机制、供求机制、价格机制的作用下，各个商品生产者，不仅要提高商品的质量，保证信誉，而且要提高劳动生产率，降低劳动成本。这说明，质量和效率是市场经济运行机理的本质要求，也是企业生命的保障。可以说，导致目前社会上出现大量质次价高伪劣商品的原因有两方面：一方面，是我国市场经济体制本身不完备。制定和实施市场运行规则是市场经济体制的重要构成因素。这类规则不仅有保护市场主体财产权利及其收益不受侵害的规则，也包括市场主体在经济活动中的各种行为规范及处理市场主体相互间关系的准则。由于我国市场经济刚刚起步，市场中的各项规则、管理举措、法律规范还不健全，治理不得当，使不法之徒有可乘之机。另一方面，是我国的市场"经济人"思想素质不高，法制观念淡薄，缺乏社会责任感。在世界观和人生观上，他们没有摆正个人与社会的辩证关系，没有自觉意识到市场经济所要求的为己营利与为人谋利的统一关系。因此，搞假冒伪劣商品是利欲熏心的自私自利之徒不遵守市场经济规律的结果，而不是市场经济体制使然。

第四，社会生活领域中出现的缺乏社会公德、良知丧失的道德堕落，不能归因于市场经济体制。因为，其一，诸如出卖良心、人格、荣誉，见死不救、见义不为的丑陋行为，任何社会、各个时代都不同程度地存在。当然，不同的社会历史时期，这类道德败坏的行为在表现形式上，有质和量的区别。其二，这类现象从根本上说，与人们的错误价值观相关。人们的行为是受其思想支配的，其思想正确与否直接关系着其行为正当与否，外在的环境只是一个客观诱因，以至于在同样的社会环境下，不同思想境界的人会产生不同的乃至完全相悖的行为。市场经济社会中的许多道德堕落，虽有一定的客观环境，但关键在于人们的世界观和价值观。其三，社会道德在某种程度上的衰微也与我们的道德教育有关。人们的道德品质和社会道德风尚都不是自然而然地形成的，是社会道德教育与个人自身道德修养的结果。在客观上，由于新、旧体制转换，伦理道德观念处于嬗变之中，出现了传统道德观念和现代道德观念的交汇与碰撞，导致了双重道德观念和双重价值观并存的格局。社会道德规范体系的调整和变化，导致了道德教育内容的分散和不确定性。在主观上，在一定时期和一定程度上，出现了忽视道德教育的偏差。我国推行市场经济后，由于对市场经济本质缺乏深刻认识，对市场经济与道德之间的关系，许多人产生了"代价论""自发论"和"无用论"的观点。"代价论"认为，发展市场经济必然要以牺牲道德为代价，既然是一种必然，人们的主观能动性无能为力，那就只好随其自然了。自发论"主张人们的道德观念和道德品质会随市场经济的发展自然而然地形成，当然也无须人们的主观努力。"无用论"认为，对市场经济中利益关系和矛盾调节的有效手段是法律，道德无用。这些错误的观点，都在不同程度上挫伤了我们进行有效道德教育的积极性。

三、结 论

综上所述，我们可以清楚地看到，目前社会上出现的各种道德堕落现象，其根由不在于市场经济体制本身，而在于市场经济实际运行中人的经济活动。即是说，道德败行问题不是出在市场经济体制本身，而是出在市场经济运行过程的实际活动中。市场进出规则、市场竞争规则、市场交易规则的不完善，在客观上没有理顺市场秩序，就会使不法商人投机钻营，造成市场混乱；而市场主体素质不高，缺乏自律能力，就不能很好地遵守市场规则，因为制度及其规范的效益是通过人们的遵守来实现的。再好的制度，若人们不去遵守，也无济于事。这充分说明，市场经济体制优越性的发挥，有赖于社会成员对体现市场经济发展秩序内在要求的规范的遵守。所以，每当我们说市场经济促进道德进步，可以形成有益于人的素质和社会发展要求的道德品质时，我们往往是从完善的市场经济体制本身应该的角度来说的；而当我们说市场经济会导致道德堕落时，我们常常是从市场经济运行中人的经济活动实际存在的问题来说的。既然道德堕落不是市场经济体制的必然产物，那怎能说市场经济与道德是"二律背反"的呢？因此，我们要区分市场经济的两层含义：市场经济体制与市场经济运行中的各种社会活动。为此，要探讨市场经济与道德的关系，首先必须统一市场经济的含义。

发表于《西北师范大学学报》（社会科学版）1998年第1期

论市场经济与道德对立统一的条件性

    市场经济讲究效益和利益，它要求市场主体在商场上要锱铢必争，斤斤计较，而道德则要求人们在利益冲突时要替别人着想，节制自己，先人后己。诸如此类的矛盾现象，就使一些人觉得市场经济与道德是相互排斥的，二者应该"划界"。其实，无论主张市场经济与道德是矛盾的，还是主张市场经济与道德是统一的，我们在理论和实际生活中都能找到佐证和根据。因此，问题不是二者是矛盾的还是统一的，而是要具体弄清二者在什么情况下是矛盾的，在什么情况下又是统一的。

一

    在市场经济与道德的关系中，需要回答的首要问题是，市场经济究竟有没有道德？

    从经济基础与上层建筑的关系来看，任何经济基础都有与之相适应的社会意识形态，市场经济作为人类发展的一种重要的经济形式，必然会产生包括道德在内的社会意识；从道德的本源来看，道德是人类维持生产、分配、交换等活动的秩序以协调人们之间利益关系客观需要的产物，这就从根本上决定了任何社会的经济活动都要有道德的调节，道德是所有社会经济活动秩序不可或缺的条件之一；从道德调节利益关系的重要功能来看，在市场经济中，人们的利益关系非但没有消除，反而更加复杂和明显，人们之间的利益矛盾和冲突更加频繁和突出，因此，为调节人们之间利益关系的道德，仍是市场经济社会必不可少的调节力量。由此可见，市场经济活动领域不可能是道德调节的空场。

市场经济活动中的道德即市场道德，不仅是经济基础决定社会意识的一般规定，而且也是市场经济发展秩序的内在要求。市场主体的独立人格是市场经济的本质属性，它预制市场主体具有生产和经营的自主权、自愿交易的自由和互不辖属的平等地位；市场经济规律要求市场主体交易时要遵守等价交换原则，而等价交换原则的核心就是货真价实，公平买卖；商品生产的交换性所导致的"为他性"，就决定了市场主体的经济活动不是孤立的单个活动，而是一种广泛合作的社会性活动。经济活动的合作性质就要求市场主体讲究信用，认真履行诺言和契约。这一切无不表明，以自由、平等、诚实、信用、公平为主要内容的市场道德，是市场经济关系秩序客观要求的"凝结物"，而不是人类的某种"善意志"的规定。

企业在经营活动中，唯有遵循起码的道德，才能获利生存。因为企业的利益与消费者的利益不是你有我无的绝对排斥，在一定的基础上可以共存。商品经济生产的交换性，决定了企业只有面向市场，服务其用户，才能实现收益回报。因此，离开了顾客的需要和利益满足，企业在市场中也就失去了发展的机会；相反，只有着眼于顾客的需要，为顾客提供满意的产品和服务才会得到消费者的青睐，企业的产品受消费者的欢迎，产品有了销路，企业才能发展。不难看出，企业是在较好地满足消费者需要的过程中实现自身利益的。这表明，企业的经济活动不是一个单向的利益索取过程，而是一个双向的利益实现过程。尤其是当今买方市场的激烈竞争环境，更加剧了企业对消费者的依赖。企业要想占领市场，不仅要凭借优质的产品和热情的服务，激发消费者的购买欲，满足其基本利益，而且还必须重视企业的良好形象，有好的口碑，才能赢得消费者的信赖。用真诚赢得信誉，有信誉就会赢得效益。正如一位学者指出的："当社会上普遍地流行欺诈行为时，信誉成为稀缺的东西。根据经济学的一般规律，越是稀缺的东西越值钱，所以讲究商业信誉的商号此时反而能赚更多的钱。"[①] 日本企业家拉链大王吉田忠雄也说，"不为别人得益着想，就不会有自己的繁荣。"说到底，企业为消费者着想，也就是在为自己着想，企业为消费者服务就是在为自己服务，企业不顾消费者只想着自己，最终只能是空想。这无不说明，市场经济虽是利益经济，市场主体经济活动的本质在于追求金钱、效益、功利，但它不是让人们见"利"就"抢"，它的运行规则要求企业在满足消费者利益的基础上得利，企业的经济活动应该是一种利人利己的双利行为。

市场经济运行一旦缺乏市场道德的文化环境，往往会导致市场秩序的混乱，并阻碍社会经济的发展。我国企业间"三角债"的恶性怪圈，就是一个最好的明证。在市场经济发展的初始时期，由于一些企业不讲究信用，故意或被迫拖欠其合作厂家或商家的货款，不按时、按质交货，不遵守合同要求，他们的违约行为直接导致了一个庞大、复杂的"三角债"网络，相互背信弃"约"和欺骗的结果，是互相牵制发展，最后形成了害人害己的恶性循环。这无不说明，商人遵守市场道德，是他们生意兴旺和社会经济效益提高的重要保证。

由此可见，市场道德与市场经济非但不矛盾，反而是适应、促进的。因为市场道德是市场经济关系的反映，是市场经济发展规律的客观规定，所以我们说，在市场道德的意义上，市场经济与道德是不矛盾的，更不可能"划界"。

---

① 茅于轼：《中国人的道德前景》，暨南大学出版社 1997 年版，第 131—132 页。

二

在市场经济与道德的关系中，需要辨清的另一个问题是，市场道德是一种什么样的道德？它与一般的社会道德有哪些区别？

市场道德虽说是社会道德的组成部分，但二者是有差异的，有时是相互矛盾的。市场道德是一种功利道德，它是基于公平的原则而产生的。凡是符合"公平"的利益所得，都是道德的。如，在谈判桌上，商人们的讨价还价，寸利不让，不是道德堕落的表现，而恰是使利益所得更加合理、更加公平所必需的环节。因为经济领域的任何商品或劳务都凝结着一定的劳动，这种劳动不同于纯粹的公益活动，它是一种需要报偿的经济活动。更为重要的是，人们付出体力和智力得到相应的报酬，这是社会正义原则的要求，否则，社会就可能被"不劳而获"的寄生虫吞噬。所以，人们付出的劳动得到回报是正当的、合理的。究竟报偿是多少，就需要买卖双方根据社会必要劳动时间及其供求关系的变化进行协商，在商议中人们不可避免地会讨价还价。讨价还价不是背离经济规律的漫天要价或无限砍价，而恰是为了更好地保证双方的基本利益所进行的利益均衡。从自由的角度看，讨价还价正是人们自愿、互惠、互利交易的表现。如果人们在商业活动中不适当地争利，反而都发扬无私利他的精神，拱手让利，这看似高尚无比，殊不知，这恰是对社会正义的破坏，不符合利益的公平分配原则，而且生意也很难成交；如果一方拱手让利，另一方寸利必争，虽会成交，但这种交易是以损害对方利益为代价的，这无疑也是对社会正义的践踏。所以，市场道德讲究的是公平合理的利益所得，而不是以一方的节制或牺牲为前提。总之，市场道德与较高的社会道德在价值原则、价值追求和价值层次上有着明显的区别。

首先，市场道德与一般的社会道德在价值原则上有所不同。较高的社会道德在调节人们利益矛盾时的突出特点是要求个人作出必要的节制和牺牲，即遵循的是自我节制的价值原则，要求人们无偿奉献、助人为乐、舍己为人等，尤其强调道德主体作出的行善义举不能以个人利益为行为的动机和出发点，往往表现为人们对道德的践行，仅是出于对道德的认同和尊重，不是以获取个人的一些外在私利如物质报偿或名利地位为驱动力，一旦掺杂了个人的利欲就会使行为蒙羞，滋生伪善丑恶，如救人要钱、关心他人为得实惠等，就是一种虚情假意的恶行。而市场道德是遵循正当的利益原则，允许道德主体的动机有合理的个人利益欲求。它调节人们之间的利益关系，不是靠人们的觉悟，以一方的必要节制和牺牲为前提，而是遵循公正、合理的利益分配原则，使双方互不吃亏。

其次，市场道德与一般的社会道德在价值追求上有所不同。较高的社会道德是一种行善不图名利回报的无偿利他行为，它追求的是一种展示人性光辉的精神价值。这种纯洁的无私利他行为虽是人们在社会生活中应该追求的高尚行为，但它不适合以利益为驱动机制的经济活动。因为，一旦用无偿利他的社会道德原则来指导经济行为，市场经济就会离开利益的驱动和追求而丧失其本质属性，这是与道德维护社会经济关系的基本原理相背离的。所以，我们不能拿社会道德的无偿利他标准来衡量经济行为的道德性质，而应该注意市场道德自身的特殊性。如：某一加工厂因资金短缺影响生产，不能按期交货，与其合作的贸易公司，由于长期业务往来的信任，尤其是为了使厂家能够如期交货，保证自己能够履行对商家的合同，贸易公司会提供资金，帮助加工厂渡过难关，并以加工厂的厂房和机器设备作为抵押。这是经济合作中经常发生的事情。很清楚，这种"帮助"不是纯粹的助人为乐，而是一种互利的产物，追求的是个人合理的利益欲求，但它在经济活动领域则是一种值得肯定和称道的利人利己的合乎道德的行为。

再者，市场道德与一般的社会道德在价值层次上有所不同。市场道德遵循的是利己不损人的价值原则，在行为动机和目标上允许有合理的个人利益欲求，而且往往不需要个人割舍自己的利益，是社会道德的最低标准；而一般的社会道德不但要求人们不能损人、害人，而且还要无偿利人、助人，尤其强调行为动机的超功利性和纯洁性，个人利益牺牲的必要性和崇高性，突出的是一种善良的心灵和伟大的精神。因此，我们要改变过去对道德的传统看法，以为无偿利他是道德的唯一存在形式，否认合乎公平的正当利益行为的道德性。

三

综上所述，虽然市场经济的盈利性与社会道德的无偿利他性确实是矛盾的，而且经济活动中的一些制胜法则也不遵循道德的谦让原则，但这绝不意味着市场经济的本性与所有的道德准则都是完全排斥对立的。因为在市场经济活动中，企业从消费者利益着想来发展自己，对用户承担责任和履行诺言，谋利而不害人，就是人类最基本道德的表现。"不得不公正地损人利己"的最低道德标准作为企业谋取利益的临界线，无疑表明市场经济可以和最基本的社会道德同在。所以，我们不能因为某些道德原则拿到市场经济中行不通，就笼统地断言，市场经济与道德是水火不相容的；更不能贸然推论，市场经济必然与道德"划界"。不要忘记，合乎公平的正当利益行为也属道德之列。要说在市场经济与道德之间"划界"，确切地说，是应该在市场经济与社会的较高道德原则之间划界，而不是同所有的道德划界。

值得注意的是，不但无偿利他的社会道德原则不能用于经济活动，而且市场经济中的一些法则如等价交换、互惠互利等也不能引入社会生活领域。讨价还价、锱铢必争，虽然在经济活动中有其存在的必要性及合理性，但绝不能把它们搬到经济活动以外的社会生活中。在这种情况下，市场经济与道德确实应该"划界"，而且必须"划界"，唯有如此，才能避免社会的混乱和人性的堕落。

可见，对市场经济与道德的关系不能光看其对立的一面或统一的一面，而应该看到无论是其对立还是统一，都是一个有条件的命题。二者的对立是指一旦用道德的最高原则如先人后己、舍己为人、无私利他来指导经济活动，就会使企业失去其本来性质，并会阻抑社会经济的发展；相反，市场经济中的交换原则一旦用于非经济活动领域，必会导致人性的堕落和社会风气的颓败。二者的统一是讲企业的经济活动离不开最基本的道德信念，利己不损人、人我两利的道德准则就是企业利益实现的根本原则。我们既不能因二者的矛盾性而完全否认道德在经济活动中的积极作用，也不能因二者的统一性而抹杀经济活动自身的特点和规律。

发表于《道德与文明》2000 年第 3 期

市场经济的道德性解读

关于市场经济的道德性问题，伴随着我国市场经济的发展及其理论界的探讨，似乎已成为一种主流的共识和无须再研的话题。但我以为这是一种表象。一方面，社会上大多数人对市场经济道德性的认同，经验反观多于理论分析，故需要科学理论的支撑以保持人们认同的持久力；另一方面，目前人们对市场经济道德性的立论存在着笼统泛化之态，缺乏统观的全面性和明确性，故需要对市场经济的道德性进行分层概述，以解决市场经济应该是道德经济而事实上又不是的悖论，从而有助于我们对道德缺失的准确把握和定位，并增强道德建设的理论说服力。

本文认为，对于市场经济的道德性，应该依市场经济的结构特征分三个层面来把握，即市场经济本质的道德性、市场经济经营观念的道德性和市场经济活动的道德性。

一、市场经济本质的道德性

对于一种经济形式的道德考量，首先应看其本质要求的道德性。市场经济的自由、平等、公平的本质属性，直接表现了人类的道德精神。

1. 市场经济的自由禀性

任何一个国家的经济发展，首先要确定的是发展经济的运行形式问题。市场经济为世界各国所采用的重要原因是其配置资源的效率性，而效率的实现得益于废除政府的计划指令而推行资源配置的市场化，市场经济也就因之显现出有别于计划经济的资源配置自由性的本质特征。现代市场经济实行的是国家宏观调控与市场微观自主的统一，它虽不像自由放任的市场经济那样完全由市场机制自行配置资源，但这丝毫不会影响资源配置的自由性。因为国家的宏观调控，旨在弥补市场的缺陷，通过建立经济参数而对市场实行间接引导。由之，市场主体在价值规律和国家宏观调控的共同作用下，可以根据自己的经济实力、技术优势或资源占有等个性条件和市场的需要，决定自己的生产、经营和交易，具有意志的自决权。具体表现为冲破行政手段束缚的自主生产和经营、摆脱外力强制的自愿交易、遵循等价交换原则的平等竞争。市场主体的这种生产、管理的自主性和交易的自由性，是市场经济得以存在和发展的前提。离开了市场主体的经济自由，就会改变市场经济的本性。

市场经济的自由本质在赋予市场主体经济自由权的同时，也改变了人们的小农经济的生活方式和存在样态，使人具有了独立人格。正如英国经济学家兼伦理学家亚当·斯密分析的那样："以商业、大工业为基础的市场经济打破了传统的纵向的人身依附、隶属和支配关系，确立了国民的独立人格和个人自由，市场具有趋向自由的内在力量，商业的发达即意味着自由。"[①] 不待言，自由是市场经济的本质属性。

2. 市场经济的平等性质

市场经济不仅预制了市场主体具有展开独立决策和行动的自由，

---

① 李非：《富与德：亚当·斯密的无形之手——市场社会的框架》，天津人民出版社 2001 年版，第 43 页。

而且也规制了市场主体的人格平等，互不辖属；地位平等，互不胁迫；机会均等，彼此尊重。具言之，市场主体在社会资源的配置活动中，不仅能够独立行使自己的经营权，而且具有同等机会参与市场的竞争，凭借自身的经济实力抢占市场；更为深远的是，它启发和带动了人们对政治、法律等权利和义务平等的追求，排除了等级、身份、特权对人们的禁锢。在一定意义上，平等是市场经济区别于计划经济的重要标志。

3. 市场经济的公平属性

价值规律是市场机制的重要特征，它内生的规则要求是等价交换，公平交易。因此，市场主体的交换活动，不仅具有自愿、自由、合意的属性，更具有公平交易的规定；而市场经济的竞争性，则是在降低社会必要劳动时间基础上的效率竞争；同样，社会劳动力的合理流动和自由配置，也是基于公开、公平、公正的原则。由之，缺乏公平交易和竞争的市场经济只能是一种畸型的市场经济。自由、平等、公平是市场经济的本质属性，也是人类的重要道德原则和道德精神，故而，我们把市场经济本身所固有的这种道德禀性称之为"市场经济本质的道德性"。市场经济本质的道德性，是市场经济运行形式所固有的特性，它从逻辑上预示了"市场经济应该是道德经济"的判断，但这常常需要我们从学理的层面来把握。

二、市场经济经营观念的道德性

市场经济作为一种经济运行形式，其固有的规律和特征不能自己表现自己，必须通过其载体——企业的经济活动才能显现；人是企业活动的主体，而人的活动是一种有目的的意志性活动，因此，企业的经济活动不是物体的机械运动，而是在一定的经营观念支配下的有意识的活动。经营观念是企业生产、经营、管理活动的指导思想和价值原则，它是一个企业经营态度和思维方式的概括，反映着企业生产者和经营者的商业观，直接关系着企业在什么思想指导下谋求利润及通过什么方式获利。正是由于市场经济活动是企业在经营观念支配下的自觉行为，所以，企业经营价值观如何直接关系着经济活动的道德性质。市场经济经营观念的道德性有两个层面的表现：一般的道德理念和具体的道德观念。

经营观念的一般的道德理念是市场经济运行规律所蕴含的普遍道德观。市场经济是利益经济，企业谋求利润是其天职和生存的基础，但市场经济的谋利不是任意的，利益的获取有度量分界的要求。因为商品本身具有的使用价值和价值的二重性，就决定了在赢利原则的经济性中蕴涵着一种伦理的谋利秩序和规定，即人我两利的不损人的底线伦理。众所周知，商品交换是市场经济的利益得以实现的途径，而商品交换的基础是其使用价值。商品的使用价值所具有的满足人们某种需要的功能或属性，构成了商品交换之必需，并预示使用价值是商品实现自身价值的必要条件，从而表明，商品经济活动运行的正常秩序要求商品生产者和经营者必须以使用价值为基础来谋求商品的价值，必须通过满足他人、社会需要而实现自己的私利。正像马克思所指出的那样："谁要生产商品，他就不仅要生产使用价值，而且要为别人生产使用价值，即社会的使用价值。"① 不言而喻，商品本身的二重性决定了市场经济的为人与为己的统一，这是市场经济内在合理逻辑的规定。市场经济的这种主观的利己性和客观的互利性就要求商品生产者和经营者必须树立诚实经商、正当谋利的经营观。

市场经济经营观念的一般道德理念，在不同历史时期的具体表现形式，就形成了具体的经营道德观。迄今为止，在市场经济的发展过程中，企业在不同的历史阶段，曾奉行过生产观念、产品观念、推销观念和市场营销观念。人们惯常把 20 世纪五六十年代以前的卖方市场环境

---

① 《马克思恩格斯全集》第 23 卷，人民出版社 1972 年版，第 54 页。

下形成的生产观念、产品观念、推销观念称为传统经营观，以突显市场营销经营观的变革性。但无论何种经营观念，它们都在分享经营观念的一般道德理念。"生产观念"是企业的一切生产经营活动全部以生产为中心，企业基本不用顾及和考虑消费者需求的差异，只管生产；"产品观念"是以产品的质量和价格为核心，追求的是产品质地的良好和价格的低廉；"推销观念"注重企业对消费者的引导和企业的促销技巧，以缓解生产与消费、积压与销售的矛盾。虽说生产观念、产品观念、推销观念在侧重点上有明显的区别，但它们都必须以提供给用户有用的产品为基本的前提。20世纪60年代以后，伴随买方市场的到来，市场的矛盾已不是能不能生产的问题，而是能不能卖出的问题，因此，矛盾的主要方面开始由生产转向了消费，交易的主导地位开始由企业转换为消费者，再加上科技发展、生产能力的提高及消费者的角色意识和权利意识的加强，企业不得不改变过去的被动满足消费者需求的经营观念，而实行主动满足的"市场营销"的经营观。

市场营销观念是以消费者需求为导向、以顾客满意为依归、以社会责任为使命的注重企业战略利益和长远利益满足的一种现代经营思想。它的核心是从消费者需要和利益出发来考虑和组织企业的销售交易，实质上就是一种以信用为中介而进行的超越时空的交易。离开了双方的信任，赊销的交易方式就会被搁浅。所以说，信用是市场经济交换秩序的本质要求。全部生产、经营活动，通过为消费者提供令人满意的产品和服务实现企业的合理利润，它是对传统经营观的一种超越。传统经营观价值的核心是"物"而不是"顾客"，虽说在传统经营观念支配下的企业活动，也是为了市场的需要和满足消费者，但由于它们是"以我定市场"，它们的市场需要具有较大的模糊性，没能把产品的最终归宿——满足消费者的需要作为企业活动的重心，缺乏为顾客主动服务的自觉责任意识。而市场营销的经营观则把市场的需要、顾客的满足渗透到企业的所有活动中，即企业根据顾客的需求、购买习惯等方面的差异，进行市场细分，确立目标顾客；在找到合适的目标顾客后，再依他们的消费能力、品味、心理、意向等，进行产品的研发、设计、生产、定价、销售、创立品牌，以更好地满足、服务消费者。

由于顾客满意是市场营销经营观的核心价值原则，因而，企业的市场营销，不止是对顾客消费需求的尊重，还有对顾客权益的尊重，表现为顾客对所购商品的质量标准和使用具有知情权和顾客对其选购商品具有选择权。综括而论，企业的现代市场营销经营观，不仅是找准市场，而且还要摆正企业利益与顾客满意的相倚关系，树立企业是依靠顾客而生存的经营理念，从而把为顾客提供优质服务、令顾客满意作为工作的本分之责。正是有了以顾客满意为依归的市场营销经营观，才会有主动上门服务、无障碍退货、限时工作日等主动服务的举措。

可见，市场营销的经营观念，不仅具有为己利人的一般道德价值原则，而且在超越传统经营观的被动服务意识的同时，更凸显了"利人"的自觉性和先决性。

三、市场经济活动的道德性

市场经济活动的道德性，是通过生产、交换、分配和消费的具体经济活动的道德要求体现的。

1. 生产道德

市场经济生产活动的道德性，在工业社会的发展进程中，有鲜明的变化。在 20 世纪 60 年代以前，传统的经济学理论以资源的无限配置性和经济人假说为支点，重视的是社会的生产性和市场主体利益追求的个体性，因而在企业的经营实践中，以生产有用的产品为道德标准，即只要能生产出产品就是好的。而伴随着近代文明的发展，以大量生产、大量消费、大量废弃的生产活动和生活方式，给人们的生活环境造成了严重的危害，有限资源的消耗不能再生和自然环境的日益恶化，使得人们重新审视了企业的经济活动，在经济学上提出了可持续发展战略的理论，并催生了新的生产道德标准的树立。可持续发展战略理论，要求企业的生产活动生态化、社会效益化和持续化，即企业实现经济的增长，不能以能源和原料的过度消耗为代价，提倡"可再循环"和"生物分解"的生产方式；减少有害废弃物的排放，企业的产品和活动不危害环境和人的生命安全；资源的使用不能损害下一代人的资源享用。不难看出，可持续发展战略的生产观，有两个基本的道德价值原则：一是由资源的有限性、不可再生性而要求合理利用资源的代际伦理；二是由企业生产活动的污染性、人与自然的和谐共生性而要求企业的生产及其产品的无危害性的环境伦理。因之，在当代，企业的生产活动已不仅仅是企业自身的经济效益问题，更是一个社会责任问题；过去那种能生产出有用产品就是好的经济活动的判断，已成为过去式。

2. 交换道德

市场经济的交换是通过一定的交易形式实现的。迄今为止，商品经济的交易形式主要经历了物物交换、物与货币的直接交换、赊销交易三种形式。但无论何种交易形式，它们都在不同程度上蕴含着信用的道德要求。在人类经济活动最原始的直接的物物交换中，体现的是货真价实的商品信用；在以货币为媒介的"一手钱，一手货"的商品流通中，体现的是物有所值的货币信用；而超时空的赊销交换方式即物流和货币流不在同一时间和地点发生的交易，体现的是商品信用、货币信用和承诺信用，即债务人按约定的日期和条款偿还货款、货物、服务，归还本金和利息。赊销的交易方式虽克服了"一手交钱，一手交货"的不便利性，提高了交易的效率，但它的便利和效率的实现需要以交易的安全性为前提和保障。而交易的安全性又要求交易双方履行合同、互守诺言，具有信用。详述之，由于赊销方式打破了交易双方权利和义务同步实现的格局，以致对交易双方提出了更高的品质保证。即在赊销的交易方式中，买卖双方不仅发生了债权和债务的经济关系，而且也由此衍生出了双方的伦理信用关系。因为商品在以赊销方式出卖的情况下，虽然商品的所有权已发生了转移，但由于商品买和卖在时间和空间的分离性，商品的价值最终还没有完全实现。商品价值的实现有赖于债务人信守诺言，兑现货款。一旦债务人不能如期偿付货款，信用关系的扭曲就会直接破坏商品的交易秩序。一言以蔽之，赊销交易实质上就是一种以信用为中介而进行的超越时空的交易。离开了双方的信任，赊销的交易方式就会被搁浅。所以说，信用是市场经济交换秩序的本质要求。

3. 分配道德

人的生命存在形式预示着生命力的保存和扩展需要生命力的积聚。质言之，人作为生命有机体，需要向外摄取营养物以满足体内的新陈代谢，这就预制了人不能逃离维持生命生存和发展的物质性需要。人的需要是如何满足的呢？大自然没有把福泽直接赐给人使其坐享其成，而是赋予了人类自我满足的劳动能力，使得人赖以生存的物质财富，不是像空气那样任由人们自由地摄取。社会财富的创造性和有限性就需要对人们财富的占有形式、获取方式、满足形式进行规定以维持一定的秩序，避免或减少伤害性行为的发生。因之，财富的分配孕育着合理秩序要求的道德原则。

市场经济的分配原则，既不同于原始社会的平均分配，也不同于中古时期的等级权力分配，而是一种按照劳动要素（资本、知识等）和工作绩效进行的股权利益分配和工效挂钩的论功定酬的分配。这种分配形式的价值原则，寻求的是付出与得到的对应关系，实现的是人们所应分配之物必须与其支付的某种东西构成合理的比例关系，即公正。无须讳言的是，在社会为人们提供平等机会和待遇的条件下，这种公正会因个人拥有的"资本""能力""努力"等方面的差异而造成事实上收入分配的悬殊，直至影响人们对社会生活资料的支配和享用程度，但是，市场经济就是靠这种奖勤罚懒的利益获取机制，体现"公正"的分配原则而促进经济运行效率的。

4.消费道德

近代科技发展对人类支配和改造自然能力的提升以及市场经济资源配置的效率性，极大地提高了社会的生产能力，大量的产品充斥市场，满足和刺激了人们的享受欲望；金融体系信贷服务的发展，不仅为公司的扩大再生产提供了快速积聚资金的资本支持，而且也为人们提供了各种消费信贷，如购房按揭、汽车贷款等，使超前消费成为可能；国家为了扩大内需，拉动生产，刺激消费，实行降息政策，鼓励投资和消费；再加上感觉主义、享乐主义、实惠主义等生活价值倾向的流行，使得市场经济社会的消费道德观发生了巨大变化。在冲击一味节俭、远虑的传统储蓄观的同时，也出现了片面追求物质占有和享受的物欲化、奢靡化的倾向。市场经济社会的应有消费道德，是传统储蓄观和无节制享乐观的"中道"，是超越"禁欲"和"纵欲"的"节制"，表现为个人财力上的"量入为出"、个人身体上的"适度摄取"、社会资源上的"节约环保"。由之，市场经济社会的消费道德，有三个层面的要求："量入为出"的消费观，即依个人财力状况进行适度消费，既不是一味储蓄、抑欲，排斥现代文明的享受，也不是超出自己财力支持的大肆举债消费，更不是恶意逃费、欺诈骗财的违法消费；"适度摄取"的消费观，即物欲的享受方式和程度以合乎社会基本要求和增益身体健康为界，反对诸如酗酒等过度的消费行为；"节约环保"的消费观，即在个人维持生存和发展的所需产品和资源的消耗过程中，注意节约，珍惜资源，不极度奢靡或为图排场、虚荣的铺张浪费，减少或避免生活垃圾对环境的污染。

总而言之，市场经济发展的规律本身蕴涵的某种合理秩序和条理及其道德对存在于经济活动之中的合理秩序和条理的凝结，直接体现着"应该"之"则"本源于经济的"事实"之"理"。

发表于《中国矿业大学学报》2004年第2期

论市场经济中的法律与道德

一

　　法律与道德的关系问题是法理学的重要内容。"法理学是关于法律的性质、目的、为实现那些目的所必要的（组织上和概念上的）手段。法律实效的限度，法律对正义和道德的关系，以及法律在历史上改变和成长的方式。"① 可以说，法律与道德的关系问题是法律基本理论研究的首要问题。故此，西方两大主要法理学派实证主义法学和自然法学之间长期争论的一个重大问题就是"道德与法"，其中法律和道德有无必然联系则是这种争论的核心。他们的辩论起因于对"应当"（Ought）和"现实"（is 或 being）之间关系的不同理解。以哈特为首的新实证主义学派认为，"应当"和"现实"之间没有必然的联系，二者是截然分立的，因而有两种法律：一种是"实际上是这样的法律"（The law as it is）即"实在法"；另一种是"应当是这样的法律"（The law as it ought to be）即"理想法和正义法"。由于"应当"不能来自"现实"，所以，法理学仅研究"实际上的法"，只从逻辑上分析各种成熟的实在法律制

---

① 《不列颠百科全书》第 13 卷，中国大百科全书出版社 1973 年版，第 150 页。

度的共同原则、概念和特征，不问这一法律是否合乎道德，即道德不是检验规则是否是法律或继续是法律的标准，只要法律是由国家机关通过法定程序制定或颁布的，就具有法律效力，符合道德的良法和背离道德的恶法都是法。由此断言，法与道德无必然的联系。尽管如此，但哈特等实证主义法学家并不否认道德会对法律发生影响。如哈特在解释法律实证主义这一概念时曾说："这里我们说的法律实证主义的意思，是指这样一个简明的观点：法律反映或符合一定的道德要求，尽管事实上往往如此，然而不是一个必然的真理。"① 在哈特看来，任何法律都会受到一定的社会道德的规范、人们的道德水平和道德观点的影响，如果一个法律制度不反映这些道德要求，就不可能是有效的良好的法律，但法律和道德的这种事实联系并不意味着法律概念和道德概念存在着必然的关系。而以富勒为首的新自然法学派则认为，法律作为人的创造物，是用规则治理人类的有目的的事业，因而，只能根据人的理想、价值来理解。法律中的"应当"与"现实"是不可分的，离开法律目的即法律应当是什么就不可能理解法律的形式，所以，法律具有道德性。法律的道德性分为内在道德（inner morality）和外在道德（external morality）两方面。法律的内在道德是指有关法律的制定、解释和适用等程序上的原则，是法之能成为法的内在品质。法律的外在道德是指法律的实体目的，如人类交往和合作中应当遵循的根本原则、抽象的正义等。除此之外，法律与道德的不可分离性还直接表现为相当多的法律体现着道德或者原来就是道德规范，如勿偷窃、勿欺诈、勿杀人等道德戒律也是法律禁令。道德既可以帮助法律决定某一行为是否应在法律上加以禁止，也决定着法律应当是什么，因而"实际法"和"应当法"、法律与道德是统一而不可分割的。

仔细观察我们就可以发现，尽管实证主义法学派和自然法学派在

---

① ［英］哈特：《法律的概念》，张文显译，中国大百科全书出版社1996年版，第182页。

法律制度的法律效力的根据问题上存在着严重的分歧，但他们的共同点是明确的。他们都承认：任何法律都会受到社会道德价值原则、道德观点和社会道德风尚的深刻影响，即任何法律制度都会反映或符合一定的社会道德要求。由此可知：道德和法是密不可分的，社会的法律必然要反映或符合该社会的道德价值原则。由这个一般的命题我们可以进一步推导出：市场经济社会的法律必定要反映或符合一定的道德要求。在市场经济中，法律受道德的影响主要表现为：

第一，法律理念直接体现着道德精神。法律理念是"法律制定及运用之最高原理"，是"法律的目的及其手段的指导原则"。① 故此，"立法不依法之理念，则为恶法，窒碍难行。解释法律不依此指导原理，则为死法，无以适应社会之进展。"② 因此，法律理念是法律制定依据的根本原则，对立法精神具有基础性的决定作用，并规定着法律的价值追求。而法律理念最重要的要义则是"正义"。"'正义'为法之真理念。"③ "法律来自正义就像来自它的母亲。"④ 不难看出，各种法律的制度离不开正义的指导。所以，市场经济中的法律法规的订立和修改不仅要尊重市场经济固有的规律，而且要符合正义法律理念。

第二，诸种法律原则就是道德法则。在法律理念指导下依市场经济发展秩序的客观需要制定出的各种具体的法律，如民法、经济法、商法、反不正当竞争法等，它们的法律原则如自由、平等、公正、诚实信用等本身就是道德法则。我国《民法通则》第四条明确把"诚实信用"确立为最基本的法律原则。我国《反不正当竞争法》第二条第一款规定："经营者应当遵守自愿、平等、公平、诚实信用原则，遵守公认的商业道德。"尽管各国法律对不正当竞争行为的界定不完全相同，有

---

① ［台］刁荣华主编：《中西法律思想论集》，汉林出版社 1984 年版，第 259—260 页。

② ［台］刁荣华主编：《中西法律思想论集》，汉林出版社 1984 年版，第 272 页。

③ ［台］刁荣华主编：《中西法律思想论集》，汉林出版社 1984 年版，第 262 页。

④ 沈宗录：《现代西方法理学》，北京大学出版社 1992 年版，第 43 页。

不同的侧重和表述方式，但实质是基本一致的，即都把不正当行为界定为与诚实信用和其他公认的商业道德相悖的行为。瑞士 1986 年修订的《不正当竞争法》规定："不正当竞争是指任何欺骗性商业行为，或以其他手段，违反诚实信用原则的任何商业行为。"1986 年西班牙《商标法》第 81 条规定："任何违反工业或商业诚实交易惯例的竞争均构成不正当行业。"由此可见，不正当竞争行为违法性的实质就在于它直接违反了道德的诚实信用原则。

第三，法律对恶规定的限度以最低的道德标准为准绳。市场经济中的各种法律，对市场经济谋利活动的规定是以"不得不公正地损人利己"的最低道德标准为界的。法律不仅依公正原则肯定和保护市场主体的正当权益，而且也为市场主体的特殊利益确定一个合理的界限，也就是说，法律对市场经济自发的价值取向营利、赚钱的规定与约束，是以"合理而正当的方式追求利润"的道义信念为依托。如日本明文规定："所谓生产者的自由，是指只要不从事违反人类基本道德规范的人身买卖和毒品交易等，不危及人身安全，不招致社会秩序的混乱，即可根据个人意志生产和销售任何物品的'营业自由'。"① 可以说，许多道德信条如不害人、不伤人、勿欺骗等道德准则是制定法律的基础，或者说是法律推论的基本前提，以保证市场经济的法律所维护和保障的谋利行为都是正当的道德行为类型。

第四，法律的贯彻执行以道德信念为依托。法律的实施包括执法和守法两方面。执法人员必须具有公平正义的道德观念和廉洁正直的职业道德，才能执法严明，秉公办事，并确保法律的保护与惩治的公正。应该说，执法人员的道德信念是其执法公正的精神条件和品质保证。而社会成员的守法也离不开其道德意识和道德觉悟。公民作为法律实施的

---

① 中日经济专家合作编辑：《现代日本经济事典》，中国社会科学院出版社、日本总研出版股份公司 1982 年版，第 150 页。

主体，其文化素质、心理素质和道德水平直接关系着法律实施的效果。公民道德觉悟的提高，道德自律能力的加强，是人们自觉奉公守法的基础。

二

西方近代的主流经济学理论是以亚当·斯密为首的古典经济学。这一学说从完全自由竞争的市场经济特征出发，认为对从事经济活动的"经济人"行为的规范只能依靠强烈的法制，道德无能为力，因为市场经济与道德是分离的。原因在于，利润、赚钱是市场经济主体活动的唯一动机，它与道德主体行为动机的行善是直接对立的。由此认为经济活动与道德活动是两个不同的领域，道德不能介入经济活动中。

1929 年至 1933 年在资本主义国家爆发了广泛的世界性经济危机，这意味着古典经济学家的"市场万能论"的破产。为医治资本主义经济危机和失业问题，凯恩斯经济学应运而生。凯恩斯于 1936 年发表了采用总量分析方法撰写的著作《就业、利息和货币总论》，提出必须抛弃过去的自由放任政策，扩大国家的经济职能，对经济活动积极干预。一方面，国家通过经济手段如财政政策、货币政策及举债支出干预经济生活；另一方面，国家通过法律和道德影响经济生活。他认为，经济的稳定和增长，不仅取决于法律对市场经济活动的规范作用，而且也与一定的道德观密不可分。因为社会的生产、就业受制于人们的消费，而人们的消费倾向往往又受着道德价值观的影响。传统的经济理论所提倡的以储蓄、节俭、谨慎、远虑为美德的道德观，则不利于刺激市场经济生产发展，因为一味地节俭、储蓄就会遏制资本投资和扩大再生产。为此，他主张"量入为出"的消费道德观和"济贫"的征税制，即向富人征税救济穷人。对富人的征税减其储蓄，救济给穷人使之用于消费，就会提高整个社会的边际消费倾向，刺激生产，实现充分就业。不难看出，凯恩斯的经济理论在强调法律作用的同时，并没有排除道德对市场经济的作用。

凯恩斯以后，他的理论和政策主张不断被修改、充实和完善，形成了凯恩斯主义。凯恩斯主义的主流经济学是以美国经济学家萨缪尔森为首的新古典综合派。该派明确指出，现代资本主义经济既非纯粹的市场经济，也非纯粹的"公共经济"，而是政府调节和干预的市场经济。政府的经济职能不仅是确立法律体制，决定宏观经济稳定政策、影响资源配置以提高经济效益，而且还要建立影响收入分配的方案。① 因此，政府指导经济并同经济相互作用，是谋求"经济的增长""经济的人道化""自由"或"平等"与"经济的自由""效率"两大目标。这两大目标兼顾的价值取向是"平等效率观"。尽管后来的一些经济学派如供给学派对此持异议，主张"以效率求平等"，但没有任何一个经济学派认为追求效率可以不要平等或为了效率而效率。这表明现代经济学家在注重市场经济法制化、追求经济效率最大化的同时，并没有忽视或否认道德在市场经济中的地位和作用。

伴随着理论界凯恩斯主义的"混合经济"理论及"平等效率观"对以亚当·斯密为首的古典经济学的市场经济与道德划界的否定，在现代企业管理中也开始反对那种企业活动与伦理道德无关的"非道德论"，抛弃了"见物不见人"的泰罗式管理方式，推行了行为科学学派倡导的"以人为中心"的管理方式，即在注重生产效率化的同时注重生产的"人道化"，满足人们的非经济需要。还有，社会经济活动中出现了大量的道德败坏的实际问题，如部分企业在其生产经营活动中肆意污染环境、忽视安全生产、销售伪劣产品等，引致了环境保护运动和消费者权益保护运动，使得社会管理者、公众和企业家深切地感到了伦理因素

---

① ［美］萨缪尔森：《经济学》，高鸿业等译，中国发展出版社 1992 年版，第 1169—1170 页。

在企业活动中的必要作用，由此在美国引发了"利润先于伦理"（profits before ethics）与"伦理先于利润"（ethics before profits）的讨论。在此契机下，美国的部分企业和经理人员兴起了"道德生成运动"（Moral Genesis Movement），试图把伦理因素引入企业的决策和经营管理过程之中，改善企业在公众的形象，推行伦理因素和利润因素融为一体的企业活动模式。

通观市场经济的理论学说和市场经济运行的实践，我们可以看到，市场经济的发展不仅需要国家强制的法律规范，而且也需要内在自觉的道德规范。

首先，现代市场经济是政府和市场共同起作用的混合经济。应该说，各国政府在现代市场经济中都采取了不同形式和程度的政府干预经济的措施。政府对经济生活的干预有两种方式："政府可以禁止所有人做某些事情，或规定没有它的允许就不能做某些事情；也可以规定所有人必须做某些事情，或规定必须以某种方式做那些可做可不做的事情。这就是所谓命令式的政府干预。还有另外一种干预，可以称非命令式的，也就是说政府不发布命令或法令，而是给予劝告和传播信息（这是一种政府本来可以加以广泛利用但实际上却很少采用的方法）。"① 所以，政府对经济生活的干预，既包括政策、法令等强制性手段，也包括道德、社会价值导向等非强制性的手段。

其次，我国的市场经济需要社会主义的道德导向。市场经济作为一种资源的配置的方式可以和不同的社会制度相结合而成为发展社会生产力的经济手段，因此，市场经济不是游离于社会制度之外的一种孤立的经济形式，它要受到社会的价值规范与导向。我国的市场经济就是社会主义导向的市场经济。它"意味着以政府和社会组织的集体行动来将

---

① ［英］约翰·穆勒：《政治经济学原理及其在社会哲学上的若干应用》下卷，朱泱、赵荣潜、桑炳彦译，商务印书馆1991年版，第530页。

市场经济的活动导向服务于社会主义的目的，意味着以政府和社会组织的行动来保证社会上每一个成员都能平等地享有社会上的财富。……社会主义市场经济的这种社会主义导向势必要求政府和社会组织在所有制、道德规范、经济组织等方面广泛地干预和介入市场经济的运行"①。所以，我国的市场经济是在社会主义政策、法律、道德导向下的市场经济。

第三，市场经济离不开道德。其一，市场经济活动蕴含着道德价值判断。市场经济的运作不单是"物"的流转或生产的技术化及价格和利润的数量变动，而且是"财富事实上怎样并且应当怎样尽可能合理地（自然地、公平地）来进行生产、交换、分配和加以利用"②。因此，市场经济活动不只是如何生产和交易的经济技术问题，也同时蕴含着如何更合理地进行生产、交换、分配和消费的伦理价值问题。其二，自由、平等、公正是市场经济运行的本质要求。市场经济得以高效运转的前提是资源要素（人和物）的自由流通，即市场参与者在经济活动中拥有开展独立决策和行动的独立人格，他们拥有生产和经营的自主权和自愿交易的自由。唯有市场主体具有独立性、选择的自由和互不辖属的平等地位，才会有市场经济的存在和发展。而市场经济秩序的维护，得力于市场主体的公平竞争和公平交易，违背公正原则的不正当竞争和欺骗性的交换都会扰乱经济秩序而阻碍市场经济的正常运行。其三，企业中的社会互动需要共同的道德价值观念。任何企业都是一个相互联系、相互依存、相互补充的角色集。各个角色在工作中都发生着依赖性的双向性社会互动。企业的成功，不仅依赖于科学技术和严格的管理制度，而且有赖于企业员工们的协调性互动。企业中的各个角色在工作中的合作行动

---

① 孙尚清：《现代市场经济的不同类型与我国的社会主义市场经济》，《经济研究》1996年第6期。

② ［法］莱昂·瓦尔拉斯：《纯粹经济学要义》，蔡受百译，商务印书馆1989年版，第37页。

的顺利进行，必须以共同的价值观念体系为前提。只有企业员工具有比较一致的价值目标、价值评价、价值取向和较为持久的共同信念，才能使各个角色相互理解和信任，建立良好的工作作风和发挥协作精神。所以，美国 IBM 杰出公司的主管华特生说："一个公司的成功，与它基本哲学的关联比科技、经济资源、组织结构创新、抓住时机来得密切得多。"① 无疑，企业建立正确的价值观并积极实行则是企业成功的重要因素之一。其四，企业经济效率的提高需要道德的激励。提高生产效率不但要注重生产技术、经营策略、合理配置资源，而且还要发挥人的积极性。经济的效益是由人创造的，人的积极性的调动不能仅用定额奖惩的办法，还必须满足人的社会和心理的需求。因为人不只是自然的存在者，需要更多更好的物质用品，而且是社会存在者，需要人与人之间的友情、安全感、归属感，得到他人和社会的承认和尊敬，实现自我价值，因此，光用物质刺激不能更好地调动人的积极性，必须满足人们的集团归属、工作的成就感、参与决策及自我肯定等非经济社会需要才能极大地调动人们的积极性。正因为此，捷克经济学家奥塔·锡克明确指出："在市场经济中，人们越来越看到，支配现代企业管理的原则除了效率原则外，还有人道原则。人道原则也是经济活动和经济组织特有的原则。人道原则概括起来讲就是在经营管理中，要考虑并满足人们高度发展的非经济需要，如工作满足、自我实现和自我发展、安全感和有意义的生活前景。"②

---

① ［美］毕德士、［美］华特曼：《美国杰出企业的成功秘诀》，天下译，广西民族出版社1984年版，第12页。
② ［捷］奥塔·锡克：《争取人道的经济民主》，高铦、叶林、李雨时译，华夏出版社1989年版，第126页。

三

不可否认，法律对市场经济活动中利益关系的调节与规范具有强大的效力，但法律不是万能的，它自身带有不可自愈的缺陷。

首先，法律具有迟滞性。法律是为协调和平衡人们的经济活动中的利益冲突和矛盾的需要而订立的，因而，往往是利益矛盾和冲突的社会性行为已造成影响或产生一定后果后，明文规定的法令才根据法律程序制定颁布。如我国的《反不正当竞争法》《消费者权益保护法》等都是在出现了大量的侵权行为后才制定颁布的。还有许多交易或交往规则是由习惯上升为法律的，正如马克思所说："先有交易，后来才由交易发展为法律。"①所以说，法律对社会经济秩序的调节与平衡同多变的利益关系和矛盾相比，总是制定迟缓。而且，由于法律一旦制定就具有稳定性，常常不能随着新情形的出现而迅速变更，造成修改滞后。

其次，法律条文具有封闭性。法律条文详细地规定了人在什么情况下的行为是允许的或禁止的。法律条文的这种明确具体虽然易于操作，但由此也导致了法律调节的局限性。例如，我国的《反不正当竞争法》列举了11种不正当行为，对于那些未被列举或新出现的其他不正当竞争行为，法律往往鞭长莫及。另一方面，法律只规定和调整社会经济中普遍的、具有重大社会意义的行为，微观经济活动中的许多摩擦和不正当行为却难以包罗，有许多领域或关系法律延伸不到，如企业中上下级或员工之间的感情纠纷，个人的情趣、爱好等。这些都导致了法律的封闭性。

第三，法律和司法的不完美直接影响着法律的效力。法律对于社

---

① 《马克思恩格斯全集》第19卷，人民出版社1962年版，第423页。

会公正的维护，保护与惩治的严明，在很大程度上依赖于法律和司法的完美。一旦某项实在法有漏洞，使人有机可乘，就会使不法之徒逃避应负的义务，使恶人逍遥法外。如果司法机关的廉洁和能力有问题，办案拖拉，程序繁琐，费用高昂，就会使诉讼人不堪忍受而有冤不上诉，致使法律无法伸明大义，惩治邪恶。

第四，法律只能干预人的行为而不能干预人们的动机和思想。法律主要涉及的是由客观标准衡量的客观行为，因此，法律制裁的是人们的犯罪行为事实。尽管法律在处罚违法犯罪行为时也考虑人们的主观过错是故意还是过失，并作为量刑的依据之一，但它并不能直接对这种主观动机和思想本身采取法律措施，即法律不能惩罚人们的思想，如企业员工的一些不敬业思想以及一些偏私的思想等。

由此可见，法律自身的缺陷使得自己不可能覆盖市场经济中的所有利益关系和矛盾，市场经济的发展还必须借助道德的力量。

良好的道德品质是影响市场经济发展的因素之一。市场经济的繁荣发展，社会财富的增长，除了受战争、自然灾害、制度变迁、商业政策、银行和货币法规等外部因素影响外，还有人的"创新"的内在因素的作用。所谓创新，就是企业员工通过对生产方法和商业方法的改进，把一种从来没有过的关于生产要素和生产条件的"新组合"引入生产体系，开发新产品，改进生产技术，开拓新市场，实现企业的新组织。这种推陈出新、锐意创造的行为则是经济发展的内在因素。所以，杰出的企业都让员工发挥自主性与创新精神。而创新行为的形成，除了要有学识、经验外，还必须具有开拓进取的首创精神和良好的道德品质。

道德是企业经营管理中的重要原则。企业管理的历史及现实已确证，以纯经济的眼光和方法来组织经济，很难达到提高经济效益的目的，即使达到了，也是暂时的。而要保持企业有持续、稳定的经济效益，就必须要用伦理、道德的手段调动职工的积极性。道德是协调企业内部人际关系的"润滑剂"。

企业经营的好坏，不仅需要稳定的政策、健全的法律、充足的资源等外部环境，而且也需要一个公道、求实、祥和、互助的人际关系的内部环境。良好的内部环境的创造，有赖于管理者的以身作则、秉公办事、平等待人的道德要求和员工的正直、诚实、互爱、勤奋等道德品行。因此，市场经济的发展需要法律的防范强制和道德的疏导自觉的通力合作。

发表于《人文杂志》1997 年第 6 期

经济伦理刍议

经济伦理是目前大家所熟知的概念，但这个概念的基本含义却是仁者见仁，智者见智。自我国实行商品经济尤其是推行市场经济体制后，经济伦理愈益引起人们的关注和研究。在历经十几年的艰苦探索中，尽管有关的研究成果与日俱增，研究视角不断拓展，但经济伦理这个概念至今还存在着一定的模糊性。由之，经济伦理概念的清晰化则成为当今经济伦理发展的客观使然。

一、伦理与道德

在目前的经济伦理的一些著述中，有些研究者常常把经济伦理与经济道德视为同一的概念，我们认为此种观点有待进一步的考究。这里首先涉及的是对"伦理""道德"两个概念的理解问题。

从语源学上看，伦理与道德有源和流的关联。我国第一部系统地分析字形、解释字意的字典《说文解字》对伦理和道德有专门的训释。

"伦，辈也。"何为"辈"呢？"同类之次曰辈。"① 即伦是指人们之

①　[汉] 许慎撰，[宋] 徐铉校定：《说文解字》，中华书局 1963 年版，第 372 页。

间的辈分关系。由于孤零零的一个人谈不上"伦"，只有在人群中相互比较才会有人们的关系。所以，"伦"又有"类"和"比"的意思，并由此而泛指人与人之间的关系。"理，治玉也。"① 直译为对玉的纹理进行雕琢，后来由玉石的纹路引申为条理、顺序、道理等意思。由此可见，"伦"是指人与人之间的客观关系，"理"即是蕴涵在事物本身的一种条理。"伦理"作为一个词，其含义就是存在于人与人之间关系中的应有条理和顺序。孟子曾把奴隶社会的父子、君臣、夫妇、长幼、朋友五种人伦关系秩序的条理概括为"亲、义、别、序、信"，即"父子有亲、君臣有义、夫妇有别、长幼有序、朋友有信"。

"道，所行道也。……道者人所行。……道之引申为道理。"② 一般来讲，道，最初的含义就是指人们所走的道路，后来由道路引申为道理、规律、原则等多方面的意思。如孔子曰："朝闻道，夕死可矣。"③ 韩非子曰："道者，万物之所然也……万物之所以成也。"④ 由此可见，"道"，多指具有某种客观性、合理性的规则。所以，中国古人认为，天有天道，地有地道，人有人道。"德，登也。……登读言得……得即德也。"⑤ 后来，宋明理学家朱熹在《四书集注·论语注》中，对"德"的专门训示是："德者，得也，行道而有得于心也。"概之，道是从人伦秩序中引申出来的原则和规范，德是人们对行为原则和规范践履而形成的品德和情操。道德合用，意指反映人性完善和社会发展秩序要求的当行之则及其当行之则内化为个人的德性和品德。

通过对"伦理"和"道德"两个概念的字源考察，我们可以确证：伦理和道德不是完全同一的概念。它们的内在逻辑关系是：伦——客观

① ［汉］许慎撰，［宋］徐铉校定：《说文解字》，中华书局1963年版，第15页。

② ［汉］许慎撰，［宋］徐铉校定：《说文解字》，中华书局1963年版，第75页。

③ 《论语·里仁》。

④ 《韩非子·解老》。

⑤ ［汉］许慎撰，［宋］徐铉校定：《说文解字》，中华书局1963年版，第76页。

关系——客观关系中孕育着"理"——由"理"引发出具体的行为规范即"道"——践履"道"就会形成一定的品质即"德"。如封建社会的父子关系、君臣关系、长幼关系，它们涵育的"理"分别是"亲、义、序"，如何才能合乎父子、君臣、长幼之"理"呢？父慈子孝、君礼臣忠、兄友弟恭便是为父、为子、为君、为臣、为兄、为弟之道。

从社会现象来看，伦理是一定社会关系存在的合理秩序，它具有社会历史的客观规定性。正是伦理的这种社会历史的客观规定性形成的相应的客观义务才衍生出具体的道德要求和规范。为什么不同的社会具有不同的道德规范和价值标准呢？是由于不同的社会所要求的合理关系不同所致。如父子关系、夫妇关系在封建社会的自然经济、等级制和家长制下，其合理的秩序是一种主从关系，与此相应的道德要求是为子、为妻的单方面的绝对服从。而在当代的市场经济的社会里，打破了等级的主从规定，父子之间、夫妇之间的合理秩序是一种相互尊重的平等关系，而由此衍生出的道德要求则是以公正为核心的双方权利和义务的统一。

由是，伦理概述的主要是一定社会中人伦关系之间具有某种必然性的应有秩序和条理；而由客观的条理凝结出的原则和规范就是我们平时所说的道德。无须赘言，道德不是人伦关系的客观实然，而是在实然和应然基础上形成的一种人为法则，是反映客观秩序要求的人类理性意志的结晶。

为此，我们可以从两个方面把握伦理和道德的关系：从道德的发生学来看，伦理作为一定社会的合理关系，它是一定的道德原则和规范产生的基础和根据；从道德功效来看，道德则是维系一定社会合理关系的重要调节方式之一。

二、经济伦理与经济道德

基于上述的分析，我们可以断言，那种把经济伦理直译为在经济活动中处理人与人之间关系的行为规范的理解，是欠妥当的。因为它只注意到了经济伦理的规范性质，忽视了经济伦理所具有的不以人的主观意志为转移的客观性、合理性。概言之，它撇开了经济伦理规范经济活动的客观根据。

社会经济的运行有其自身的规律性。从社会发展的一般规律来讲，是生产力和生产关系的矛盾运动。生产力决定生产关系，生产关系一定要适应生产力的性质和发展水平。因此，人们在一定的经济关系基础上所从事的生产、交换、分配、消费以及与之有密切关联的活动方式，不是人们的主观所为，而是生产力的性质和发展水平所致。从社会经济的实际运行来看，任何经济形式都有自身的运行机制、规律和特征。显而易见，社会经济不是按照人们的伦理意愿、设想而运行的，它具有自身的规律性和客观性，人的主观意志不能强加于它。但这并不表明它与伦理、道德无关，因为经济发展规律本身都蕴含着某种合理的秩序和条理，这种合理的秩序和条理就是存在于经济活动中的伦理。因此，确切地说，经济伦理应该是一种合乎规律性的合理秩序，经济道德则是蕴含在经济伦理中的调节各种经济关系和活动的价值规范和评价标准。对此，我们可以从市场经济的客观规律及其合理秩序和要求的内在逻辑关联中进一步体认。

商品本身的二重性是商品经济活动的内在规定。市场经济较之自然经济的重要的质的区别之一，是产品生产发生了由为己到为人的变化，但是，商品生产者和经营者的动机和目的是为了获利，而不是为了无偿奉献。如何才能通过为人达到为己的目的呢？商品本身具有的使用价值和价值的二重性决定了市场经济的为人与为己的统一。使用价值作为商品满足人们某种需要的功能或属性，体现着商品本身对人的使用关系。正是因为商品能够满足人们的一定需要，才有交换的基础和必要。所以，在商品经济的正常活动中，使用价值是商品实现自身价值的重要条件。为此，马克思明确指出："谁要生产商品，他就不仅要生产使用价值，而且要为别人生产使用价值，即社会的使用价值。"①进言之，商品生产者和经营者，必须为他人、社会提供有用的商品。可见，商品经济活动运行的正常秩序是商品生产者和经营者必须通过满足他人、社会需要而实现自己的私利。市场经济的这种主观的利己性和客观的互利性就要求商品生产者和经营者所提供的商品必须货真价实，那种坑蒙拐骗、粗制滥造、以次充好、冒牌造假的欺骗经济和伪劣经济则是违背市场经济正常运行秩序的。所以，市场道德调节利益关系的原则，不是损人利己、大公无私、拱手让利，而是以互利为基础的诚实经商原则。这里的道德准则不是我们用道德眼光规定出来的，而是经济正常运行秩序的客观要求。

等价交换原则是商品经济的价值规律的体现。价值规律在商品交换和流通中，表现为等价交换的原则，市场交易中的这种等价的经济原则，不仅要求相互交换相同的劳动，产权互换，价格合理，买卖要公平，而且要求双方承认和尊重对方的自由权利，自愿合意地互通有无。所以，公平、自由、平等是实现市场交换的必然要求。一切欺骗性的交换、强制性的交换都会扰乱经济秩序而阻碍市场经济的正常运行。

供求规律、价格规律、竞争规律是市场经济的三大重要机制，对微观经济起着重要的资源配置的作用。市场上商品的供给与有支付能力的需求之间的状态和变化，会引起价格围绕价值的上下波动，产生价格与价值的背离或趋于一致，即价格的形成受供求关系的影响。所以，价

---

① 《马克思恩格斯全集》第 23 卷，人民出版社 1972 年版，第 54 页。

格机制和供求机制最基本的功能，是及时为生产者、经营者和消费者的行为提供信号，指示方向。供求规律和价格规律的基本原理，要求商品经营者必须要遵循价格的涨落起伏规则，不能不顾商品的价值而大量倾销或囤积抢购，否则，就会扰乱市场的价格体系，扭曲价格信号。竞争机制在供求变化、价格涨跌的作用下而形成的优胜劣汰，就会对商品生产者和经营者产生压力和动力，使他们精心经营、节约生产、注重创新、关心顾客、讲究效率等。

"生产是为了消费"是经济学的基本原理。社会上的任何生产都是为了消费，所不同的是，在自然经济条件下，生产者是为了自身及其家庭消费而生产；在商品经济条件下，生产者是为了他人消费而生产，并通过交换实现生产到消费的过渡。正像马克思所说的："消费不仅是使产品成为产品的最后行为，而且也是使生产者成为生产者的最后行为。"[①] 因此，"生产是为了消费"则是经济活动的基本规律。在市场经济条件下，"生产是为了消费"的基本规律，就要求企业的整个活动自始至终必须以满足消费者和用户需求为中心，主动地使生产的东西与顾客的需要相适应，从而实现生产与消费的统一。所以，"顾客至上"的服务精神则是经济活动规律的要求，以至于真诚、周到、热情的服务成为基本的道德要求。

上述分析表明，经济伦理不是从道德上去规定经济、评价经济，也不是以道德的眼光来看待经济，而是从经济发展的规律中寻求伦理的秩序和内涵的道德要求。质言之，人类的道德意志不能干预社会运行的规律，只有服从规律的要求，社会经济运行形式所固有的运行机制和规律所要求的条理及其维护的经济秩序，则是经济伦理产生的基础。

简要而论，经济伦理是经济关系和活动的应有条理和秩序；经济道德是凝结经济关系和活动的条理和秩序的价值观念和行为规范。一方

---

① 《马克思恩格斯选集》第 2 卷，人民出版社 1972 年版，第 96 页。

面，经济伦理相对于经济道德而言，具有客观性。经济规律所要求的伦理秩序、条理是客观的，即使人们未意识到它，未从中提炼出道德规范，它也是客观存在的；而经济道德作为一种价值观念和行为规范，除了要反映经济关系和活动的条理和秩序的客观要求外，它的具体内容还会在不同程度上受着一定的国家的政治理念和民族传统的价值观念的影响，而且也会带有更多的理解性和见解性的东西。所以，日本学者山本二三丸指出：客观的法则存在是一回事，用什么来维护这些客观法则以及在怎样的条件下，以何种形式来表明和遵守法则却是另外一回事。①另一方面，经济道德对经济伦理具有维护性。虽然市场经济规律的发展秩序孕育了伦理精神，但这并不意味着市场经济本身就能完全自发地产生或强化它内在要求的道德基础，也就是说，经济发展的伦理秩序的形成不是自然而然的。因为参与经济活动的人是具有各种欲望、冲动和追求的，为了维护应有的市场秩序和制约个体的任性行为，就必须根据经济发展的伦理秩序的要求提升出规范，使参与经济活动的人有遵从的行为准则。正因为如此，欧美发达的市场经济国家，为了强化市场的伦理秩序，常常把基本的道德原则上升为法律而强制执行。所以，我们不能妄加断言，市场经济天然是道德经济，而只能说市场经济应该是道德经济，并且只有在较完备的市场经济社会中这种道德性才会得到显著的体现。

综上所述，我们认为，经济伦理与经济道德应做适当的区分：经济伦理主要体现的是经济规律要求的合理秩序；经济道德主要是反映并维护经济关系合理秩序的具体道德规范。这种区别有以下优点：第一，它强调了经济伦理的本性决不是外在于经济的道德建构，从而避免了用纯粹的道德思维评价经济活动、用"道德立法"的理念诠释"经济伦理"、

---

① ［日］山本二三丸：《人本经济学》，高鸿业、王处辉译，东方出版社1995年版，第102页。

拿一般道德规范体系套用经济的泛道德主义倾向；第二，它强调经济伦理的客观性及其对道德法则的基础性作用，可以避免否定市场经济伦理秩序和道德属性的非道德主义；第三，它强调经济道德与经济伦理和经济规律的内在逻辑关系，有利于人们认清市场道德的公平性和功利性，避免用社会道德的无私利他性来评价经济行为。由此，我们说，经济伦理与经济道德处于两个相互联系的不同层面，经济伦理是连接经济发展的规律性与经济道德规范性的中介，是经济道德的客观根据。而我国目前的学术界常把经济道德与经济伦理混同，势必会削弱经济道德的客观基础，并易导致道德思维的主观任意性，更无法科学地分析经济发展的规律性与伦理的合理性和道德的规范性三者的内在逻辑性及其契合一致性。

三、经济伦理与企业伦理

经济伦理不仅不等于经济道德，而且也不等于企业伦理。

尽管在国外的一些经济伦理的研究中，常有把企业伦理指代经济伦理的现象，如德国的马克斯·韦伯在分析伦理精神和道德原则在市场经济发展中不可或缺的地位和作用时，主要是从企业经营者的角度阐述了勤奋、节制、敬业、节俭等新教伦理对近代资本主义经济发展的促进作用；美国经济伦理兴起的直接动因是 20 世纪 60 年代美国公众对经济丑闻的强烈反应，商家坑害消费者的行为及其大量的工业垃圾造成的环境污染、生态恶化，使得企业的行为愈益受到全社会的关注，并引起哲学界、伦理学界对经济生活中各种现实问题的道德研究。正是由于企业法人行为的道德状况对社会的直接影响，使得经济伦理在美国主要是以企业伦理的形式存在。但我们认为，这并不能成为经济伦理等同于企业伦理的佐证。因为许多经济学家或伦理学家在研究经济关系中的伦理问题时，并没有把研究的视野局限在企业的经济活动中，而是扩展到了经济关系的方方面面。英国著名的经济学家凯恩斯，在解决资本主义经济危机和失业问题时，不仅提出必须抛弃古典经济学的自由放任政策，扩大国家的经济职能，通过财政政策、货币政策及举债支出等经济手段干预经济生活，而且主张通过"量入为出"的消费道德和"济贫"的征税制来提高整个社会的边际消费倾向，刺激生产。可见，他研究的视角不是单纯的企业行为的道德性，主要是社会民众的消费道德观和国家制度的伦理性。以美国经济学家萨谬尔森为首的新古典综合派，继承了凯恩斯的宏观经济学理论，认为现代资本主义经济既非纯粹的市场经济，也非纯粹的"公共经济"，而是政府调节和干预的市场经济。政府的经济职能不仅是确立法律体系，决定宏观经济稳定政策，而且还有建立影响收入分配的方案。① 不难看出，他们突出的是整个社会经济的效率与公平的问题。

我们认为，企业伦理只是经济伦理的一个分支。从市场主体来看，市场经济作为社会生产、交换、分配和消费借以进行的一种经济运行形式，不仅关涉企业的行为，而且也关系着国家和个人的行为。即是说，不仅企业是市场主体，而且作为调控宏观经济制度和制定政策的国家、调节微观经济关系的行会和协会以及作为消费者的居民都是市场经济的参与者，都是市场主体。只不过企业作为市场经济运行的具体承担者、活动者和显现者是市场主体结构中的重要因素，但它不能取代其他市场主体的功能和作用。

任何社会，无论是自然经济社会还是市场经济社会，国家对社会经济生活都要进行一定的干预，只不过在不同的经济形式下，国家干预的方式和程度有别而已。在市场经济条件下，国家通过宏观导向间接地干预经济生活，这种带有指导性的干预，常常是通过相关的国家政策和

---

① ［美］萨谬尔森：《经济学》，高鸿业译，中国发展出版社 1992 年版，第 1169—1170 页。

法律等制度形式进行的，因此，国家作为对经济生活具有重大影响的道德人格主体，其权力适用的范围及政策、法规的合理与否就成为经济伦理的重要方面。对经济生活的影响，除了国家的组织层面外，还有各类行会和协会等组织形式的道德人格主体，这些人格主体使用权力的公正与否及其制定的章程制度的合理与否也是经济伦理不可或缺的方面。从市场发生学的角度来看，作为社会成员的消费者是市场的原生主体，他们对经济活动的推动是显而易见的，毫无疑问，他们的观念和行为的正确与否及其必要的道德教化是经济伦理的最基础的部分。为此，德国著名的学者格贝尔曾把经济伦理划分为宏观、中观、微观三个层次。[1] 可见，企业伦理不能囊括所有的经济伦理关系。

所以，经济伦理既包括企业经济关系和活动中的伦理关系和道德要求，也囊括国家在行使经济职能中的伦理关系和道德要求，各种行会和协会协调利益关系的各种道德原则，消费者所应具有的基本经济道德观念。确切地说，经济伦理涵盖企业伦理，企业伦理是经济伦理的重要部分，企业伦理的核心是具体企业经营、管理活动的合宜性、正当性、公平性。

发表于《道德与文明》2001 年第 3 期

---

[1] ［德］格贝尔：《经济伦理学》，程巍、陈雁飞译，《现代外国哲学社会科学文摘》1993 年第 6 期。

论企业市场营销伦理

目前，对市场经济与道德关系的研究，多停留在市场经济体制与道德关系的理论层面的一般探讨上，殊不知，市场经济作为一种资源配置的方式，它的作用和效果是通过企业的经济活动体现的，企业才是市场经济运行的具体承担者、活动者和显现者。因此，要研究市场经济与道德的关系，不能仅从市场经济的一般机制、规律和特征出发进行抽象的演绎推理，必须深入到企业的经营活动中进行实际的考证。基于此，本文试图从现代企业的经营观念及其活动——市场营销，来透析市场经济与道德的真实关系。

一

企业是商品经济发展的产物，是一种专门从事商品生产与经营并为社会提供产品和劳物的经济组织。而任何企业的经济活动都是在一定的经营观念支配下进行的，以至于"正确的经营观念是企业生存和发展的根柢"①。所谓经营观念就是企业生产、经营活动的指导思想和价值原

---

① ［日］松下幸之助著，任柏良、陆虹主编：《经营人生的智慧》，延边大学出版社 1996 年版，第 8 页。

则，它的核心是以什么为中心来开展企业的生产经营活动。一般地说，经营观念是一个企业经营态度和思维方式的概括，反映着企业生产者和经营者的商业观，直接关系着企业在什么思想指导下谋求利润以及通过什么方式获取利润。可以说，经营观念是企业经济活动的灵魂。所以，我们要考察企业的经济活动，就必须拨开表面上的云雾，抓住企业经营观念这个实质。

企业在社会经济发展的不同历史时期受着不同经营观念的支配。在 20 世纪 50、60 年代之前的卖方市场，企业曾奉行过以"生产"为中心的生产观念，以"产品的质量和价格"为中心的产品观念，以"推销方法和广告术"为核心的推销观念。50 年代以后，西方发达的资本主义国家纷纷进入了买方市场，企业的经营观念也随之发生了革命，一个全然不同于过去经营观念的市场营销观念产生了。

市场营销观念是现代市场经济形势发展的产物。它产生的历史契机是：

第一，20 世纪 50 年代以后，以计算机为首的先进科学技术在生产、管理中的运用，不仅大幅度提高了生产效率，而且可以使产品的种类、式样、规格日新月异，致使大量的产品充斥社会，导致了供求日趋平衡乃至饱和。供过于求的饱和矛盾加剧了市场的竞争，企业的黄金时代卖方市场已成过眼烟云，在这种经济形势下，企业生存的关键不再是能不能生产出产品，而是能不能把生产出的东西销售掉，于是，销售成为企业的主要矛盾。而产品能否卖掉，将取决于产品是否适销对路，符合消费者的需求，故而，许多理论研究人员和明智的企业人士开始意识到，生产和销售的矛盾实际上就是生产的东西与市场需求不相符合造成的。要想使企业的经济发展有新的转机，必须改弦易辙，不能再走从产品出发的"以产定销"的老路，而应该适应市场的需要，从消费者的需求出发"以需定产定销"。

第二，20 世纪初的世界性经济危机，彻底打破了"市场万能论"

的幻想，在英国经济学家凯恩斯的宏观调控理论的指导下，许多国家开始运用国家之手和看不见之手协同发展经济，因此，50 年代以后，发达的资本主义国家结束了自由竞争阶段进入了现代市场经济。在现代市场经济中，国家不再是"守夜人"，而是主动地配合市场经济规律的运行，凭借法律、经济、行政等手段维护市场秩序。市场体系的逐渐完善，就使投机牟利的行径难以得逞，为企业的正当经营提供了市场环境。尤其是一些国家对坑害消费者利益或不正当竞争行为的严厉惩处，也迫使企业在利害权衡中自觉或不自觉地注重消费者利益的满足。

第三，消费者久经市场的磨砺后，消费心理日渐成熟，而且消费需求和品位开始个性化，以至于企业推销的各种技巧和凌厉攻势对消费者的购买行为已难以奏效，这种情形就使过去那种只管生产不问市场的企业，在消费者的冷遇中因丧失市场而破产。为了生计，企业就不得不重视市场，了解消费者的需要。

第四，在 50—60 年代，由于消费者角色意识和权利意识的加强，再加上经济活动中的一些坑害消费者利益的欺诈行为时有发生，西方许多发达国家掀起了消费者权益保护运动，它使得注重消费者利益的满足成为整个社会的呼声，更使得那些坑害消费者的行径受到了社会舆论的一致谴责。社会普遍呼吁企业家要有社会责任感，企业要在满足消费者需要基础上获利。在上述几种因素的共同作用下，企业纷纷从过去的以生产、推销为中心转而以消费者需求为中心进行生产和经营。

二

由于企业能否在激烈的市场竞争中求得生存和发展，最终要取决于消费者和用户是否购买其产品，因此，市场营销的核心思想是：企业必须面向市场，面向消费者，顾客需求就是企业生产、经营的内容。由此产生的市场营销的基本原则是：企业要围绕着消费者的需求组织产品的开发、设计、生产，定出消费者可接受的价格，通过适当的销售渠道，快速把产品提供给消费者或用户，通过为消费者提供令人满意的产品和服务实现企业的利润目标。

市场营销观念把"顾客至上"作为企业经济活动的实践原则，这是生产者自觉地认识和遵循市场经济发展规律的结果。一方面，它符合"生产是为了消费"的经济学基本原理。社会上的任何生产都是为了消费，所不同的是，在自然经济条件下，生产者是为了自身及其家庭消费而生产；在商品经济条件下，生产者是为了他人消费而生产，并通过交换实现生产到消费的过渡。而市场营销观念则要求企业的整体活动自始至终必须以满足消费者和用户需求为中心，就是主动使生产的东西与顾客的需要和欲望相适应，从而实现生产与消费的统一。

另一方面，它是经济成分内在规律的反映。"任何经济成分的内在要求都是最大的收益回报，这是各种经济成分的内在规律。"[1]在市场条件下，企业的经济活动不是一种无偿赠给的纯粹利他行为，而是一种有偿的谋利行为。一般地说，企业的收益是否能够收回并赢利，在很大程度上取决于交换成功与否，而交换是受等价交换原则支配的，它要求商品生产者和经营者要给消费者提供货真价实的产品，商家对商品价值的获取要以消费者得到其使用价值为基础。因此，企业作为交换中起主导作用的市场主体，要积极地促成交换，就必须使自己的产品能够符合消费者需要并使其得到应有的利益。这表明，"顾客至上"的原则是企业谋求自身利益行为的内在规律的要求。

---

① 魏杰：《公有制的多种实现形式：理论根据与观念创新》，《管理世界》1998 年第 1 期。

三

市场营销作为一种具有现代意义的市场经营观，在引起企业人士经营观念思想变革的同时，也带动了企业经济活动的变革。

1.市场细分与目标顾客

市场营销的"顾客至上"的经营原则，在企业经济活动中贯彻的首要表现则是市场细分和确定目标顾客。市场营销要求企业在了解消费者需求的基础上，生产和销售适销对路的产品，不能漫无目的地把自己的产品撒向市场，以免资源浪费。但由于消费者受自然因素（如性别、年龄、生理需要）和社会因素（如民族、职业、教育、收入、阅历、生活方式、价值观念、风俗习惯等）的影响，必然会产生不同的消费需求、消费方式和消费习惯。而任何一个企业，无论其生产能力有多大，生产品种多么齐全，都不可能面对千差万别的所有消费者，不可能包揽整个市场所有顾客的需要。任何企业只能根据自己的经济实力和技术特长，满足一部分消费者的需要。企业为寻找自己的服务对象，就要进行市场细分，即企业在市场调研的基础上，依据消费者的需要与欲望、购买行为和购买习惯等方面的明显差异性，把某一产品的市场整体划分为若干个消费群的市场分类过程。每一个消费者群就是一个由具有类似需求倾向的众多消费者组成的小市场。企业进行市场细分后，就会根据自身的优势确定将要满足的消费者群，即确立目标顾客。企业唯有找到了合适的目标顾客，才能根据他们的需求、愿望及购买力，设计、生产、定价、销售他们所需要的东西。

在当今激烈的市场竞争中，进行市场细分并明确目标顾客是企业经营成败的关键。拿美国的耐克制鞋公司和日本的八佰伴为例。在60—70年代，耐克公司在美国制鞋业还是一个名不见经传的中型公司，但 80 年代以后，耐克公司一跃而居于行业的领先地位。其成功的奥秘之一，就在于它密切关注目标顾客需求的动向，及时了解他们的爱好和欲望，迅速开发生产，不失时机地满足顾客的需要，从而抢在同行的前面而争得了更多的市场份额。日本的八佰伴曾是日本零售业巨头，但 1997 年 9 月宣布破产。虽说破产是多种因素促成的，但在经营上没有考虑到消费者的需求、没有一个把什么货物卖给什么人的明确的经营战略，则是其中最重要的因素。

2. 品牌战略

消费者购买商品，看重的不仅仅是产品的式样、颜色、价格，更在乎产品的质量。所以，以消费者需求为中心的市场营销观念，贯彻在企业的生产、经营活动中，就不只是进行市场细分、确立目标顾客、弄清顾客需要什么和自己应该生产什么，还包括企业为保证产品质量，讲究商业信誉而进行的品牌战略。许多企业为了使消费者能够在琳琅满目的商品中易于识别自己的产品、扩大销售、占领更多的市场份额，并承担起对消费者的应用责任，往往要强化自己产品的特色和个性，并用一定的名称、术语、记号、象征或其组合来为其产品规定品牌，以示同其他同类产品的区别。

品牌不单是语言、文字、符号上的一种形式，更是一个企业产品质量和信誉的象征。因为产品的质量是品牌生命的基础，信誉是品牌名誉的保证，因此，企业实施品牌战略，往往从质量抓起，并注重企业信誉。企业有了质量和信誉，就有了市场和消费者，也就有了效益。

3. 产品整体概念

市场营销的核心就是要保证消费者利益的满足，而消费者购买商品所追求的利益，不但包括商品的实际效用及其商品诸多的外在形式，而且也包括产品的延伸利益。所以，企业要充分地满足消费者的需要，并在竞争中立于不败之地，就不能把产品局限在特定的物质形态和具体用途上，还必须要树立产品的整体概念。

产品的整体概念是指能提供给市场、用于满足人们某种欲望和需要的所有事物，包括实物、服务、场所、组织、思想、主意等。具言之，产品的整体概念有三个层面的内容，即核心产品、形式产品和扩大产品。

核心产品是消费者购买某种产品时得到的最基本的利益，因为消费者购买某种产品，并不是为了占有产品本身，而是为了使用这种产品，使这种产品发挥满足特定需要的效用，因而，核心产品是产品整体概念中最基本、最主要的部分。

形式产品是核心产品借以实现的形式，表现为有形产品的外观特色、类型、颜色、包装、质量水平、品牌等。随着人们生活的多样化和个性化，人们购买商品不但重视产品的效用，也看重产品的式样，因而，形式产品也是产品整体概念中不可或缺的内容。

扩大产品即附加产品，是顾客购买有形产品时所获得的全部附加服务和利益，包括提供信贷、免费送货、质量满意保证、无障碍退货、售后服务、上门安装和维修等。随着生产的自动化和消费者权益意识的强化，企业要博得顾客的青睐，占领市场，就不能仅仅在产品的质量、式样和价格上下功夫，还必须要增加消费者的附加利益。质量和价格上的竞争是有限的，而服务上的竞争则是无限的。因此，在市场营销观念支配下的企业，不仅重视商品或劳务对顾客物质利益的满足，而且也重视对他们心理上价值观念的满足。

四

综上所述，市场营销蕴含着丰富的伦理思想，它表明了道德可以和经济相互促进，共同发展。

第一，市场营销以消费者为中心，贯彻"顾客至上"的经营原则，反映了尊重人的道德精神。市场营销与传统经营观念的一个重要区别在于：它不是以"物"（产品）为企业经济活动的出发点，而是以"人"为活动的出发点。它不单是看到经济活动中"物"的流转，更看到了产品的最终归宿——消费者需要的满足，因此，市场营销使得企业的一切经济活动全部围绕着更好地满足消费者的需要而展开，以至于消费者和用户既是企业经济活动的终点，也是其起点。不但企业的产品开发、设计、生产要依顾客的品位及消费心理和习惯而定，就是产品的生产、质量或推销方法也都是要自觉地统一到满足消费者需要的目的上。市场营销这种用户至上的思想，就是尊重人的道德原则在经济活动中的贯彻。

第二，市场营销把企业的经济效益和利益完全依托在满足消费者的需要上，不但遵循了不损害人的最基本的道德原则，而且也体现了与人为善、成人之美的道德精神。市场营销要求企业时刻注意顾客需求和嗜好的变化，全力以赴地提供能满足顾客需求的特定产品或服务，来努力获取企业的最大利润。企业这种在满足消费者需要基础上谋取自身经济利益的行为，就是一种人我两利的道德行为。

一方面，它符合"己所不欲，勿施于人"的道德准则。市场营销要求企业利润的获得必须以消费者需要的满足为前提，就是把"不得不公正地损人利己"的最低道德标准作为企业谋取利益的临界线。

另一方面，它符合与人为善、成人之美的道德原则。值得注意的是，经济活动中的与人为善、成人之美，不是一种自我节制的无私利他的行为，而是一种在公平原则指导下的利人利己的行为。企业树立市场营销观念，通过为顾客提供令人满意的产品和服务获取利润，就是一种为他人着想、与人为善、成全别人的道德行为。以上表明，企业的经济活动不但能够做到利己不损人，而且也能够做到利人又利己。

第三，市场营销以消费者需求为中心，内涵了勤俭、节约原则的道德精神。市场经济是效益经济，它要求资源的合理配置，而市场营销观念要求企业以消费者需求为指向安排生产经营活动，使生产出来的产品能够符合市场的需要，就是在实现企业优势与市场需求的最佳结合。企业能够有效地利用自身的技术、资源和实力生产和经营来满足特定消费者的需要，避免企业的盲目投资和生产，无疑是社会有限资源的合理利用，这实际上是最好的勤俭节约；相反，不按照市场的需求进行生产，造成产品滞销堆积，不但企业本身会破产倒闭，而且会造成社会有限资源的巨大浪费。市场营销要求企业为获取长远利益而注重满足消费者需要，强调生产的效率和产品的质量，尽量减少生产过程中的不合理环节和不科学的工艺，使生产经济化，就是一种合乎勤俭、节约原则的经济行为。

第四，市场营销推行的品牌战略和产品整体概念，是诚实信用的道德原则在经济活动中的实际贯彻。市场营销要求企业在抓住顾客消费心理的基础上，提高产品的质量，打出产品的品牌，做好售前、售后服务，以商品的质量赢得消费者的信任，以周到、热情的服务博得顾客的满意，认真履行对消费者的各种承诺，维护企业的形象，实际上就是为人之道的诚信原则在经济活动中的践行。如今许多商家对产品实行"三包"，推行质量满意保证，实行无障碍退货等，都是企业勇于承担责任、对顾客真诚无欺、信守诺言的具体表现。企业一旦用自己的真心和热心换得消费者的信心，就留住了"客"，占有了市场。因为只有真诚才会赢得信誉，有了信誉才能获得效益。如果企业不树立产品的整体概念，不注重品牌的质量，用欺骗手段损害消费者的利益，经营假冒伪劣商品，不讲究商业信誉，这对于企业而言，无异于快速"安乐死"。因为再巧妙的虚假，终究会被顾客在消费实践中识破。一旦企业失去了信用，就会受到消费者的鄙夷，那时企业就该寿终正寝了。

通过对企业市场营销的剖析和实际考证，我们不难看出，企业谋利的经济活动可以做到谋利而不害义。义利兼得是现代市场经济发展的必然要求。

发表于《社会科学辑刊》1998 年第 5 期

企业道德责任论

在企业道德责任的问题上，有三个重要问题值得我们深入探究：一是目前企业道德责任概念的歧义需要明确厘定；二是企业承担道德责任何以可能；三是企业道德责任实现所需的支撑条件。

一、企业社会责任与道德责任界说

谈企业的道德责任，不能不说企业的社会责任，因为在学界和日常用语中，这两个术语经常被同时引用或同义互释。按照亨利·明茨伯格的考察，"社会责任过去叫做'noblesse oblige'，即高贵责任"[①]，所以一些人把企业的社会责任描述为是"企业行为的一种高尚的方式"[②]。不难看出，这种对社会责任的理解，实际上是站在道德意义上。正因为此，人们常把社会责任与道德责任作为同义语置换使用。但我们认为，为确保概念语义指向的明确，避免概念使用的含混，需要对二者的关系

[①] ［加］亨利·明茨伯格：《企业的社会责任》（上），詹正茂译，《IT 经理世界》2005 年第 9 期。

[②] ［加］亨利·明茨伯格：《企业的社会责任》（上），詹正茂译，《IT 经理世界》2005 年第 9 期。

进行梳理与条陈。

由于社会责任所关涉的利益关系，也是道德的观测点和实施领域，因此，在一定意义上可以说，社会责任也是道德责任。但由于道德责任不仅是客观的伦理利益关系衍生出的任务和使命，也是人们对企业的一种较高的道德期待，更是责任主体的一种主动承担，因此，我们认为，有必要对企业的社会责任进行分层释义。尽管学界对企业的社会责任有"独立责任"和"综合责任"①之说，但按照早期企业社会责任论思想家提出的本意及其目前较为共识的观点，企业的社会责任就是企业在利润目标之外所应承担的责任，它是以企业活动为圆心、以利益相关者为半径而形成的法律和道德的责任圈。鉴于法律与道德的差异，我们亦可把企业的社会责任具体分为企业的法律责任与道德责任。有人可能会质疑，有必要做这种具体的区分吗？含混使用有什么弊端吗？

首先，企业的法律责任与道德责任的要求层次不同。任何国家的《公司法》对企业的法律责任都有明确的规定，如我国的新《公司法》第一章总则第三条规定：公司以其全部财产对公司的债务承担责任（债务责任）；第五条规定：公司从事经营活动，必须遵守法律、行政法规，遵守社会公德、商业道德，诚实守信，接受政府和社会公众的监督，承担社会责任（法律和道德责任）；第十七条规定：公司必须保护职工的合法权益，依法与职工签订劳动合同，参加社会保险，加强劳动保护，实现安全生产（用工责任）。企业的法律责任是国家明文规定的，要求具体且为最低限度，如企业生产排放的有害气体不能超过《环境保护法》的基本标准，不准违背《劳动法》所规定的关于劳动报酬、工作时间、福利、保险和劳动安全卫生等事项的规定，但企业的道德责任更多是社会成员及其一定的社会组织基于人道经济的价值理念和对美好社会的向往而对企业的一种道德期待，这种道德期待除了要满足不施害的最低的

---

① 周祖成：《企业社会责任：视角、形式与内涵》，《理论学刊》2005年第2期。

法律要求外，还包括自愿行善的较高道德要求。其次，法律责任与道德责任赋予企业履行的意志自由空间不同。法律对行为主体责任的规定，是以"必须"的禁令体现的，它具有外在的强制性和不可践踏性，而不是以主体的个人意愿为转移，这也是法律的强势所在。由此推之，企业的法律责任，彰显的是法律的必行性，是企业不可推卸的义务，是不可逾越的行为边界，即企业没有不遵规的自由选择权；而企业的道德责任，是一种道义性的使命和义务，加之道德是以提倡、劝诫、建议为特征的价值导向，它赋予了行为主体的自主选择权，即道德主体具有意志自由，可依自己的意愿选择遵德或背德，因此，企业的道德责任是企业的一种自愿、自觉的道德追求而不具有必行性。再者，法律责任与道德责任的约束方式不同。企业法律责任的实施，靠国家的强制，一旦企业的法律责任出现缺位，就会招致社会力量的有形打击，如来自司法的制裁、政府行政主管部门的行政处罚；而企业道德责任的实施，主要靠社会舆论的褒贬和教育的劝导，一旦企业的道德责任出现缺位，主要是来自社会舆论的谴责，或一定的民间社会组织的抗议等，它是一种软约束。

显然，对社会责任进行厘清的价值和意义是毋庸置疑的，它不仅是概念清晰化的学理需要，也是对企业社会责任恰当评判的实践需要。据此，一方面，我们可以得出，任何企业都有不可推卸的社会责任，并根据他们履行的情状分为守法型企业与违法型企业、道德型企业与不道德型企业。另一方面，这种区分，使我们对于企业的社会责任的评判，不会因其没有履行期待的道德责任而抹杀其履行法律责任的实情，并使我们清醒地认识到，做守法型企业是社会的规定，做道德型企业是企业的自由和追求。有鉴于上述的分析，我们认为，企业的道德责任有广义和狭义之分，广义的企业道德责任在外延上与企业的社会责任重合，二者可以通用；狭义的道德责任的外延要小于企业的社会责任，专指企业法定责任之外的较高道德期待且企业能够主动承担的责任。在本文中，我们将会根据不同的语境环境，来使用"企业道德责任"的广义与狭义。

二、企业道德责任何以可能

由于道德责任承担的前提是一定的利益关系、自由选择和行为能力，因此，要立论企业道德责任的可能，我们需要廓清三个问题：企业是否是关涉利益的行为主体、社会是否为企业提供了行为选择的空间和可能、企业是否具有行为选择的能力。对此，我们从三方面进行理证。第一，企业功能的利益化所形成的各种利害关系构成了道德调控的必然性。道德作为协调社会利益关系的一种价值原则和规范要求，蕴涵了两个基本的定理：一是道德干预与约束的对象不是无限的；二是凡是构成利害关系的行为主体，都是道德干预的对象。由于企业的自然本性是为投资者赚取利润，客观功能是为社会提供产品和服务、为员工提供就业机会及薪酬等。因此，企业在生产、经营与管理过程中，与其员工、投资者、供货商、经销商、顾客、政府、社会环境保护、所在社区等不可避免地会发生各种利益关系，使得员工、投资者、供货商、经销商、顾客、政府、债权人、社区居民等成为企业的"利益相关者"，无疑，企业对这些"利益相关者"必负道德责任。第二，现代市场经济的资源配置方式以及现代企业制度，使企业获得了独立人格，企业具有按照自己的意志作出决定和行动的自由。现代市场经济的资源配置方式的市场化和国家宏观调控的间接化，使企业可以根据市场的需要和自身的技术、资金、资源等优势进行生产和经营，而现代企业制度对企业责、权、利的规定，也使得企业在法定的范围内，具有生产、经营和管理的自主权。可见，社会为企业的自由选择提供了外在可能性。第三，企业的人格化存在形式，使得企业具有道德意志和行为的能力。与自然人相比，企业的意志和行为具有集体性。具言之，企业的经营理念、经营战略、竞争策略、企业活动等无不是企业集团意志的体现，因此，企业的有意识的谋利行为就成为企业道德责任的伦理主体。

三、企业道德责任实现的要件条件

上文我们对社会责任进行了解构，区分了法律责任与道德责任，但从另一个视域，我们也可把法律责任统摄到道德范畴中。因为在法律和道德关系中，不仅法律理念体现着道德精神，而且许多具体的法律原则本身也都是道德原则，如自由、平等、公平、诚实信用等，故此才有法律规定是最低限度的道德要求的说法。不难推论，如果我们在这个意义上来理解法律责任，应该说法律责任本身也是一种基本的道德责任，正因为此，在学界有一种"基本道德责任与积极道德责任"之说，即把法律责任称之为"企业基本的道德责任"，把超出法律责任以外的对企业的道德期待以及企业的自觉性道德追求称之为"企业积极的道德责任"。出于对企业道德责任实现要件条件分析的针对性的需要以及避免笼统的泛论之嫌，我们对企业道德责任实现条件的分析，也将采用这种划分方法以分别而论。

企业的趋利本性有两个行为向度：一是不会自然而然地遵德谋利，二是能够为利守规。有鉴于此，我们既不能奢望企业天生遵规守德，也不能任由企业趋利本性的恣意横行，扰乱市场经济秩序，必须借力诱导，使其谋利方式能够遵循市场经济交换的互惠互利原则，而对企业行为选择构成压力的力量，我们认为，至少有三方面：法律制裁力、市场筛选力、中间力量的博弈力。而这三种力量应该说是企业基本道德责任实现的不可或缺的要件。

法律制裁力。市场经济是法治经济的基本命题，至少包含两层意思：一是市场经济的利益关系的协调主要靠明确的法律制度；二是法律制度具有权威性和威慑力。要想使法律制度发挥出有效的协调功能，形成强大的法律制裁力，法律制度必须具有三个基本属性：法律制度的伦理性、法律制度的健全性、法律制度的信用性。法律制度的伦理性表明，法律制度对人们利益的分配和权利与义务的规定，必须合乎社会正义精神。因为只有正义的法律制度才能构建出合理的社会利益格局，由之在客观上减少社会利益摩擦乃至矛盾的冲突，并为法律制度的贯彻执行博得道义的情感支持。法律制度的健全性表明，法律作为调控市场经济的利益矛盾和冲突的主要方式，必须能够覆盖一般的社会利益关系和行为样态，且规定要详尽具体，使企业的危害利益相关者的行为有相应的法律规定和处罚，从而避免因法律空白而纵容企业的唯利是图行径。法律制度的信用性表明，法律制度的贯彻执行要具有实效性，即法律所明示的规则在社会中得到较好的贯彻而赢得社会成员对法律的尊重和信任。一方面，法律要具有平等性和权威性，任何个人或组织违法必究、违法必罚，在客观上威慑和抑制企业作为经济人的唯利投机的倾向；另一方面，社会成员包括企业组织对法律的尊崇，即不敢恣意践踏法律而牟利，遇到利益冲突寻找法律救济而解决矛盾，相信法律对恶行疏而不漏的制裁力。法律制裁力所形成的违法成本和风险，就可以通过企业行为选择的利害权衡原则发挥控制力，使企业在利益算计的得失中不得不遵法谋利，质言之，法律风险或法律成本的必然性，会使企业的唯利是图的冲动在法律严惩的威慑下得到收敛和抑制，从而有利于企业形成基本的道德责任感。

市场筛选力。按照经济学的学理分析，市场经济既是利益经济也是法治经济和道德经济，它意味着企业谋利的前置词是合法合理。因为商品本身的使用价值和价值的二重性及其等价交换原则，决定了企业在赢利原则的经济性中又蕴涵着一种合理的赢利秩序和规定，而法律和道德就是这种合理的赢利秩序的一种凝结。所以，依市场经济发展的内在逻辑，市场体系对违法败德的谋利行径应该具有筛选和惩戒的能力，产生市场的"良币驱逐劣币"的自然淘汰效应，如消费者对那些具有坑蒙拐骗行径企业的产品进行抵制，银行不再对那些具有违约或毁约失信劣迹的企业提供贷款等。事实上，市场筛选力越强，企业在利益的驱动下越不敢违规牟利。就像恩格斯指出的那样："现代政治经济学的规律之一就是，资本主义生产越发展，它就越不能采用作为它早期阶段的那些小的哄骗和欺诈手段……这些狡猾手腕在大市场上已经不合算了，那里时间就是金钱，那里商业道德必然发展到一定水平，其所以如此，并不是出于伦理的狂热，而纯粹是为了不白费时间和辛苦。"①

中间力量的博弈力。经济学家创立的博弈理论，表明企业在参与经济活动中，其行为的决策和选择，是一种"策略博弈"的过程，即企业作为"局中人"，在追求自身利益最大化的过程中，要考虑其他局中人的行为可能和反应，根据对局中其他人的行为推测，而作出对应性的行为选择，表现为在利益相互影响的局势中，各方在力量均衡中实现自己利益的最大化。我们认为，经济的这种"策略博弈"的原理，同样适用于企业基本道德责任的形成，表现为企业的利益相关者尤其是消费者、社会民间团体等社会中间力量与企业构成的具有影响力的博弈力量。

考察企业道德责任缘起的历史，应该说，企业道德责任的兴起不是企业自发内生的，而是社会各种力量推动的结果。20世纪50年代以来，伴随着人权、平等、民主精神的深入人心，公民的权益意识得到了唤醒和增强，人们越益认识到了企业的经济活动对人类生活质量所发生的深刻影响，如企业的产品质量关系着民众的身体健康，企业生产耗用的原料关系着人类资源的可用性，企业的生产排放的各种废气关系着环境的污染程度等，加之企业的牟利本性而催化的偷工减料、大量生产的资源耗费以及放任环境污染的行为等，更是直接触发了公众或民间团体

---

① 《马克思恩格斯全集》第22卷，人民出版社1972年版，第368页。

组织对企业道德责任的强烈诉求。析言之，消费者维权意识的提高、消费者协会等维权机构的建立、社会环保组织的兴起等，对企业构成了除政府力量以外的制衡力量，从而迫使企业在追求自身利益最大化的同时必须关注和重视企业股东之外的其他社会成员的利益。可以说，消费者的侵权索赔和声讨以及民间社会组织开展的各种维权活动，都会通过"货币投票"而对企业的生存和发展产生深刻影响，以至于企业会慑于公众和舆论的压力，注重自己的道德责任和企业形象。

企业的基本道德责任，不论其规模大小、盈利与否，作为最低限度的要求，应该说是企业责无旁贷的；但积极的道德责任，由于是一种对企业的较高道德期待与要求，如主动高标准地控制环境污染、在用工方面自觉按人性化的人道原则进行管理、积极参加社会慈善事业等，因而，履行积极的道德责任，不是所有企业都能做到的。因之，积极道德责任实现的条件，除了上述基本要件外，还需附加如下条件：企业具有盈利能力、企业经营团队尤其是主要领导者具有较强的社会责任感、社会组织和民众对企业的积极行善形成了褒奖机制。

企业的积极道德责任需要经济基础的支撑。企业能够履行其积极的道德责任，是以其本身能够存在为前提的，而企业的生存则取决于盈利。一般而言，企业在生存的直接压力下，往往会全力投入到提高盈利能力上，鲜有心思和余力主动履行积极的道德责任。在自顾不暇的情形下，企业能守法经营不投机牟利已难能可贵。企业只有具有了良好的经济基础，不受生存危机的胁迫，才有能力改善生产条件、降低污染或捐赠公益等。如果没有一定的盈利能力，即便企业想行善，也无能为力。当然，这也不意味着凡有盈利能力的企业，都会履行积极的道德责任。

企业积极道德责任的履行与企业决策者的社会价值观密切相关。企业在具有一定盈利能力的情况之下，能否履行积极的道德责任，在很大程度上，取决于企业的经营团队的主要领导者的社会责任感及其态度。如果企业经营团队的主要领导者固守传统的企业价值观，不认同企业除经济目标、法律责任以外还有其他社会责任，他们对积极道德责任所抱的消极态度，就会滞碍积极道德责任的履行。唯有企业经营团队的主要领导者具有强烈的社会责任感，具有企业利润取之于民、用之于民的回报社会的道德感或民族精神，企业才会有履行积极道德责任的行动。

企业的积极道德责任的履行需要社会组织和民众对企业的积极行善给予褒奖和鼓励。积极的道德责任是社会的一种提倡和美好的道德期待，因此，它需要社会的激励。要产生良好的正激励效应，我们应注意两方面的问题：一方面遵循量力适度的评价原则。由于积极的道德责任不是企业的规定动作，是可做的选项动作。我们既不能苛求所有企业都要做到，也不能过分地要求企业全部做到，而应让企业遵循量力而为的原则，提倡能者为之。另一方面，社会要形成褒善的奖励机制。对企业积极道德责任的倡导，不能光依赖企业自身的向善力，还必须借助社会力量给予推进，这就需要社会成员具有基本的善恶判断力和正义感，对那些主动履行积极道德责任的企业，不仅要形成舆论的赞誉声势，而且在购买中要给予"货币投票"的优先性，从而使企业的积极道德责任能够强化企业的形象、信誉乃至市场竞争力，为企业积极道德责任的履行提供动力支持。

发表于《伦理学研究》2006 年第 6 期

论企业社会责任的伦理文化基础 *

对于企业社会责任何以兴起的解读，目前学界多从现代公司的股权分离、企业权力与责任对等以及社会契约论的视域进行溯源，对社会伦理文化的价值先导作用存在着忽视之嫌。事实上，企业社会责任思想的萌生和发展，既是企业组织形式变化、社会作用彰显的必然，也是社会文化滋养的结果。因为人作为思想的动物，其行为受思想观念的支配。人类对社会认识的逐渐深化，形成了不同历史阶段的价值观念，而社会的价值观念对人们的心灵和行为具有统摄作用，在一定意义上，企业社会责任也是社会价值观念变化的产物。因此，我们不能单从经济学的视域探究企业社会责任的兴起，更应站在经济哲学的视域，探讨企业社会责任兴起的伦理文化致因。

一、企业性质的社会伦理学思考

何谓企业？企业为何存在？这类看似是经济学最基本的问题，在20世纪30年代以前是被忽视的，因为以亚当·斯密为代表的古典经济学把企业仅看成是一种生产性的组织，而以马歇尔为代表的新古典经济学，主要关注的是市场机制和价格理论等。对此，奥利弗·D.哈特曾说：那个时代"企业被当成是给定的；没有人关注企业是如何产生的"①。因为在古典经济学的理论分析框架中，企业作为由股东们共同出资而依法组建的经济组织，为股东谋求利润最大化是其天经地义的唯一的功能。罗纳德·科斯（Coase，Ronald）于1937年发表的"企业的性质"一文，标志着对传统的经济学理论所忽视的"企业是什么"问题的关注，"因为它改变了人们思考经济组织的方式。"②许多经济学家都对科斯的企业理论给予了高度评价，哈罗德·德姆塞茨就是其中之一。他在其"企业理论再考察"的论文中说："从1776年现代经济学诞生到1970年，将近200年的跨度，改变经济学家观点的有关企业理论的著作似乎只有两部：奈特的《风险、不确定性和利润》（1921）和科斯的'企业的性质'（1937）。这种忽视基本上可以归因于经济学家们把注意力都放在了价格体系上。……破坏了经济学家对企业的认真思考，未能把企业视为一种解决问题的制度。"③

科斯运用交易成本理论阐述了企业何以存在。在科斯看来，"企业之所以存在，是因为在企业内部的某些交易比在市场上完成类似的交易的成本要小"④。或者说，"企业的显著标志是对价格机制的替代"，即企业组织与市场机制一样，是一种资源配置的手段。科斯的理论贡献，不仅在于他阐述了企业存在的理由，而且也揭示了市场不能无成本运行的事实，更昭示了企业在资源配置中的重要作用。

科斯的企业性质的理论，打破了古典经济学盛行的传统观点，即

---

① ［美］奥利弗·E.威廉姆森、西德尼·G.温特：《企业的性质——起源、演变和发展》，姚海鑫等译，商务印书馆2007年版，第181页。

② ［美］奥利弗·E.威廉姆森、西德尼·G.温特：《企业的性质——起源、演变和发展》，姚海鑫等译，商务印书馆2007年版，第1页。

③ ［美］奥利弗·E.威廉姆森、西德尼·G.温特：《企业的性质——起源、演变和发展》，姚海鑫等译，商务印书馆2007年版，第209页。

④ ［美］奥利弗·E.威廉姆森、西德尼·G.温特：《企业的性质——起源、演变和发展》，姚海鑫等译，商务印书馆2007年版，第96页。

非人格化的市场，通过供求关系引起的价格波动配置社会资源的自动性和全能性。在科斯看来，市场对社会资源的配置作用是有限的，它并不是社会资源的唯一配置者。"如果市场的交易成本相对管理成本来说很大，那么利润（或效率）最大化就要求用企业来代替市场。"① 企业作为资源的配置者，表明企业不单单是服从市场需要而生产产品，而且从根本上确立了企业在市场经济活动的主体地位，他看到了企业的契约性质、企业所担当的社会性角色以及企业与外部的联系。就此而论，科斯的这种对企业的社会性思考的企业理论，不仅扭转了古典企业理论仅把企业视为生产性组织的传统观点，而且也打破了古典企业理论仅把企业视为牟利工具的单一经济角色的观念，从而为企业作为一种社会性组织、承担一定的社会责任奠定了理论基础。因为如果没有对企业在经济活动中主体地位的确认以及所处社会关系的认识，企业的社会责任就无从谈起。

二、经济与道德价值无涉论的逆转

20世纪30年代之前，欧美的经济学界以及企业界，流行的是经济价值中立论，认为经济领域不受伦理制约，只受经济规律的支配，所以衡量企业的标准是产值、利润而非伦理。② 这种经济观有两大表现形态：一是英国思想家孟德维尔的"私恶即公利"和亚当·斯密的"主观为己、客观为人"的经济法则；二是科学主义的实证经济学。

在孟德维尔、亚当·斯密看来，由于社会分工与合作，商品生产

---

① [美] 奥利弗·E.威廉姆森、西德尼·G.温特：《企业的性质——起源、演变和发展》，姚海鑫等译，商务印书馆2007年版，第213页。

② [美] R.爱德华·弗里曼：《战略管理——利益相关者方法》，王彦华、梁豪译，上海译文出版社2006年版，主编前言第2页。

和交换活动中的对私人利益的追求，具有有益于他人和社会的客观倾向，因此，经济活动的利益运行逻辑是：商品生产者和经营者追逐个人私利的经济活动可以自然产生社会公利。在斯密的经济学中，"看不见的手"被认为是对资源的最有效配置方式，且相信它能够把个人利益与他人、社会利益兼顾而实现互利性协调。其实，他们只看到了问题的一面，而没有看到由私利到公利转化的条件性，没有意识到这种从私利出发的行为"是处在转向作恶的待发点上"（黑格尔语）。这种私利自然生成公利的思想，排斥了对经济活动的伦理导向，放任了企业对利润最大化的追求，导致了企业在经济活动中唯利是图行为的泛滥，表现为不注重产品质量和服务的侵害消费者权益的行为、无视工人生命安全和基本福利保障的侵害职工权益的行为、不注重资源合理开发和使用的肆意浪费行为、放任有毒废物排放的环境污染等行径。企业的这种片面唯利的经济活动与各种社会利益关系构成的冲突和矛盾的凸显，唤起了社会各界对自由市场经济的"私利自然公利说"理论的重新反思，认识到了市场经济的自由性不是没有约制的放任、企业的盈利不能没有道德界限，至此，经济中蕴涵着伦理的价值诉求的思想才成为一种时代的文化意识。

在科学理性为时代精神的年代，经济学对科学性的追求，排斥了经济学的规范性与价值性。经济学与伦理学在古典经济学中出现的裂痕①，在实证经济学中完全显现。伴随着经济学的科学化、数学化、逻辑化所出现的"实证经济学"与"规范经济学"的严格区分，经济学越益规避了规范的、价值的和伦理的分析，经济学中伦理目标的重要性越来越被淡化或排斥。② 经济学对伦理价值的这种规避，在一定程度

---

① 许多学者认为，在古典经济学中，出现了经济学与伦理学分离的倾向，表现为斯密对人类经济活动与道德活动的人性假设不同。在《国富论》中，他用利己心阐释人的经济活动，在《道德情操论》中，用仁爱、同感阐释人的道德活动。

② 余章宝、杨玉成：《经济学的理解与解释》，社会科学文献出版社2005年版，第310页。

上，深受哲学的实证主义影响。盛行于 19 世纪 30 年代至 20 世纪 50 年代的实证主义，对世界产生了方法论的指导作用。奥古斯丁·孔德（1789—1857）等人提出的实证主义原则，是把经验证实的命题称之为科学命题，注重对客观事物的描述与分析，主张价值中立。科学主义思维方式对世界的统领，使得许多经济学家抱着实证主义原则的教条而忽视了经济学的价值性，以至于为使经济学能够跻身于科学之列，许多经济学家便完全按照自然科学的方法进行研究，刻意回避或排斥了伦理的价值。"人们要坚持事实与真理的判断和评价标准。按照所谓休谟铡刀来进行的著名划分，这样的一门科学原则上必须与任何声称是规范性的或约定俗成的观点区分开来。"① 威廉·纳索·西尼尔（1790—1864）在其《政治经济学大纲》中，就明确阐述了经济学的实证性，"认为经济学作为一门科学，要避免伦理前提和价值判断，只严格遵照逻辑进行推演，是一个客观的公理体系。因此，经济学研究财富，只关心推理的正确性和'是什么'，并不研究与'应该'有关的'福利'"②。凯恩斯的表述更为直截了当，他说："政治经济学之所以是一门科学，是因为它在方法上是抽象的和演绎的；在范围上是实证的，而不是伦理的或应用的。"③ 要而言之，在科学主义统领的时代，经济学推崇的是经济与价值的无涉论。具体地说，经济学家强调休谟的事实判断与价值判断相区分的"铡刀理论"，主张经济学的实证分析与规范分析相区别，提出经济学的"价值中立"思想，力图把一切含有意识形态和伦理规范的价值判断全部清除在经济学论域之外。

20 世纪 60 年代以后，伴随着哲学的实证主义的衰微，实证经济学

---

① ［法］多迪默等编：《经济学正在成为硬科学吗?》，张增一译，经济科学出版社 2002 年版，第 49 页。

② 余章宝、杨玉成：《经济学的理解与解释》，社会科学文献出版社 2005 年版，第 314—315 页。

③ ［英］约翰·内维尔·凯恩斯：《政治经济学的范围与方法》，党国英等译，华夏出版社 2001 年版，第 7 页。

的价值中立理论也开始受到经济学营垒内部思想家的批判。一部分经济学家提出，经济学的实证化是一个伪命题，因为经济现象的复杂性和社会变动性，使得经济学无法像自然科学那样"客观"。E. 马兰沃指出："经济现象是在不容忽视的社会、政治背景中自我呈现，而且关于它们的解释是具有主观性的，这些基本的原因将永远不会消失。也正是因为这一点，经济学将会永远与硬科学保持一定的距离。"① 阿马蒂亚·森更加明确地指出，"经济学的贫困化主要是由于经济学与伦理学的分离而造成的。"② 质言之，经济活动和现象不是纯粹的一种自然过程，而是与社会政治、伦理等密切关联的社会活动，人们只能在抽象研究中把政治、伦理等价值进行暂时的剥离，但在社会现实生活中，任何经济活动和现象都是在一定的政治制度下和道德文化中呈现的，它们是杂糅在一起的。事实上，实证经济学所追求的"是什么"与规范经济学所强调的"应该是什么"，是经济学不可分割的两面。"是什么"是人类对经济规律和现象的客观反映，"应该是什么"是人类对经济活动的目的要求与价值诉求。只强调"是什么"而撇开"应该是什么"，看似是为了经济学的科学性，殊不知却离开了经济学研究的终极目的性。因为经济学对经济规律的探究和对经济活动的科学分析，归根结底是为了使经济更好地服务于人类。显然，任何经济学都不能脱离"应该是什么"的价值诉求。经济学的这种对经济价值中立论的反思和批判，在某种意义上，成为企业社会责任兴起的理论先导。

---

① ［法］多迪默等编：《经济学正在成为硬科学吗?》，张增一译，经济科学出版社 2002 年版，第 16 页。
② ［印］阿马蒂亚·森：《伦理学与经济学》，王宇译，商务印书馆 2000 年版，第 32 页。

三、环境危机的伦理价值诉求

环境伦理虽然在东西方早期文化中都有萌芽思想，但作为体系化，且对社会发展价值观产生深刻影响的现代环境伦理思想，却是伴随着工业化带来的生态环境恶化以及人们的反思批判精神对人与自然关系重新审视的结果。

人类与自然环境的关系，在客观上依赖于人类的生产力与自然力之间的博弈，在主观上依赖于人类对自然价值的认识以及二者关系的看法。人类在自然界中的位置和地位，在农耕时代，呈现的是人类对自然的主从关系，因为人类认识能力和生产工具的相对低下，自然力的威力使人类畏惧和膜拜；而近代文明社会，伴随着科学技术的发展及其带来的人类认识和改造自然能力的提高，人类俨然成为自然的主人，从而逆转了原有的主从关系，呈现了自然对人类的从属态势。传统的工业社会所实行的"资源→产品→废物"的单向流动的线性经济，依靠的是大量的开采和消耗资源的粗放型生产，企业在创造社会财富的同时，也导致了对自然的严重破坏，产生了环境污染、水土流失、野生动植物灭绝、温室效应等"负外部性"。① 换言之，近代社会科技的进步所引发的工业化以及市场经济的推进所加速的城市化，既消耗了大量的自然资源，也增加了大量的工业和生活废弃物，被排放到土壤、河流和大气中的各种废弃物，对环境造成了严重的污染。人类优于动物是因为人具有理性和思维，人所具有的理性能力在使人能够对外在环境进行反映的同时，也具有反思和批判精神，并具有纠错的实践能力。

---

① 企业的负外部性，有两种表现形式，一种是企业生产因耗费资源、生产工业垃圾等在客观上自然衍生的负外部性（虽不可避免但程度上是可控的）；另一种是企业在经营过程中，由于单纯追求产值和利润，浪费资源、污染环境、侵害员工和消费者权益等所产生的负效应。

面对与日俱增的环境污染问题，20 世纪初一些敏锐的思想家，对人与自然关系进行了深刻反思，包括"对 200 年来在西方占主导地位的、人统治和主宰自然的思想提出质疑"。① 法国人施韦兹（Albert Schweitzer，1875—1965）明确提出了"敬畏生命"的伦理观点，认为人类在科技和机器的助力下滥用资源的浪费行为、肆意残杀野生动物的行为等，是因为人类的文明发生了文化的危机。在施韦兹看来，传统伦理学是不完整的，因为它对善的理解过于狭隘，只把道德局限于人际关系中，排除了对人之外的他物的道德关怀，所以，我们应当把道德给予扩展，即善不仅存在于人与人之间的关系中，也存在人与环境之间的关系中。他在《敬畏生命：50 年来的基本论述》中指出："从任何角度看，只有敬畏生命的伦理才是完备的，只涉及人对同类行为的伦理会很深刻和富有活力。但它仍然是不完整的。不可避免的是，人们总有一天会对未被禁止的对其他生物的残忍行为表示反感，并要求一种也同情它们的伦理。"② 为此，他提出了判断人们行为的善恶，要以维护生命、完善生命和发展生命为标准的思想。"只有当一个人把植物和动物的生命看得与他的同胞的生命同样重要的时候，他才是一个真正有道德的人。"③ 施韦兹的"敬畏生命"的伦理思想，不只是道德思维方式的变革，更是一种世界观的变革，他对人类破坏自然环境的批判，对人类正确认识自身与自然的关系具有了思想启蒙的作用。

继施韦兹以后，美国人利奥波德（A.Leopold，1887—1948）创立了"大地伦理学"。"大地伦理学只是扩大了共同体的边界，把土地、水、植物和动物包括在其中，或把这些看作是一个完整的集合：大地。"④ 在他看来，在生态系统中，各个生命有机体都是相互关联的，且各个生物体

---

① 余谋昌：《生态伦理学——从理论走向实践》，首都师范大学出版社 1999 年版，第 24 页。
② 余谋昌：《生态伦理学——从理论走向实践》，首都师范大学出版社 1999 年版，第 33 页。
③ 余谋昌、王耀先：《环境伦理学》，高等教育出版社 2004 年版，第 19 页。
④ [美] 奥尔多·莱昂波特：《沙乡年鉴》，侯文惠译，吉林人民出版社 1997 年版，第 193 页。

以及生物联合体都具有内在的价值，因而，在生态链条中，人类与大自然中的其他构成者具有平等性。利奥波德站在生态学的角度，反对完全以经济私利的大小来衡量大地利用效果的价值标准，因为许多缺乏经济价值的生物种群，在大地系统中却是不可或缺的循环环节。利奥波德的大地伦理学思想，把人类从对自然的纯粹征服者的角色转换成了大地联合体的普通成员，确立了非人类存在物拥有独立于人类的"内在价值"及人类必须予以尊重"生存权利"的道德要求，强化了人们"把社会意识的尺度从人类扩展到大地"的认识。①

在生态世界观基础上形成的环境伦理价值观改变了传统的经济发展观。20 世纪中期之前的经济发展观，是把经济增长与经济发展混同，认为经济增长为社会带来的物质财富会自然裨益社会成员的幸福生活，会必然提升人类的整体福利，所以，一切有利于经济增长的行为，都是道德允许的，以至于对人类充分开发、利用自然没有任何价值导向和约束。而环境伦理强调在利用自然、发展经济的过程中，要在维持物种多样性、均衡性、自然资源的再生性以及可持续发展的前提下，合理开发自然和节约资源。可见，环境伦理对自然物种及其环境保护的思想，为企业的环保社会责任奠定了理论基础和营造了良好的思想氛围。

四、社会福利制度的责任分担的伦理理念

社会福利制度，作为工业化大生产的时代产物和改善劳资关系的重要举措，是为协调自由市场经济的社会福利的非均衡性和有限性所导致的劳资利益关系的客观冲突而产生的，从根本上说是社会矛盾的减压器和社会的一种保护机制。在一定程度上，也可以说，社会福利制度就是人类

---

① 余谋昌：《生态伦理学——从理论走向实践》，首都师范大学出版社 1999 年版，第 41 页。

设计和安排的一种国家、社会组织（企业）、个人之间的责任分担机制。

马克思所揭示的资本主义生产资料私人占有与社会化大生产的内在矛盾，在 19 世纪主要突显为资本家与工人之间的尖锐利益冲突，而1929 年至 1933 年爆发的世界性经济危机，不仅暴露出了市场机制配置社会资源的严重缺陷，而且经济危机所导致的工人的广泛失业又加剧了劳资之间的矛盾冲突。面对经济危机给社会带来的严重破坏，政治家、经济学家等从不同的视域进行研究并寻找对策，以遏制经济危机和缓和社会利益矛盾。英国经济学家凯恩斯在把脉资本主义经济病理的基础上，开出了治理的药方，创立了宏观经济学理论。凯恩斯在反思古典经济学自由放任经营思想的基础上，提出了加强国家经济职能、建立经济参数干预经济、实施向富人征税救济穷人的"济贫制"等国家干预主义的理论，目的是要达到刺激有效需求、扩大再生产和就业以及缓和社会中不同阶级之间的利益矛盾和冲突。宏观经济学对微观经济学市场万能论的批判及其修正，首先在政府对社会管理的理念上，打破了传统的政府"无为"就是最好作为的思想，政府需要积极、主动作为的思想开始为人们接受和认同；其次是政府的社会管理角色发生了重大变化，扭转了政府单纯的"守夜人"的被动角色，逐渐形成了对资源配置和社会秩序维护的主导角色，即国家的职能除了要做好宏观经济调控以纠正市场失灵之外，还要致力于实现社会的"正义"和"平等"。

正是在这样的社会背景下，基于缓解劳资矛盾的需要，西方资本主义国家相继制定了以社会保障为主的社会福利的经济制度。它的主要内容包括：第一，赋税调节收入的再分配制度①，即通过不同阶层的赋税差别而调节因市场的效率化分配所产生的收入的悬殊化和贫富分化现象；第二，福利社会化制度，即建立社会保险和失业救济等制度，减轻

---

① 英国经济学家庇古早在 20 世纪 20 年代，在其福利经济学中就提出了"收入均等化"的思想，认为实际收入的边际效用是递减的，故主张把富人的一部分货币转移给穷人使之用于消费，进而增加社会的经济福利。

或免除社会成员因疾病、工伤、失业等造成的生活困难；第三，建立充分就业的相关政策和措施，即重视社会就业率，把失业与社会稳定相连，控制失业水平。

西方福利制度的类型，可分为"全民福利型"和"社会共济型"，前者侧重于国家为社会成员提供普遍的福利项目，资金来源于国家税收，个人无须或很少缴纳保险费；后者采取的是企业、个人、国家共同承担的方式。这两种类型，尽管在福利保障的方式、程度上略有千秋，但宗旨和目的都是为缓和劳资矛盾、维护社会的稳定和发展，更为重要的是，都是源于人类利益矛盾化解的责任分担伦理理念。正是社会福利的这种责任分担机制，政府通过法律、政策等对企业提出了具体的责任要求，以保障劳工的权益和减弱劳资矛盾的尖锐性，即通过立法对矛盾的责任主体——企业的行为进行规范和约束，对劳资关系中涉及工人的生命安全、身体健康、医疗、工伤、工资待遇等方面颁布法律，强制企业履行对劳工的责任。[①] 在社会福利制度的责任分担框架中，企业的那些单纯牟利而引发的环境危机、损害员工和消费者利益所引致的矛盾和冲突对社会稳定的破坏性，也是对政府责任的瓦解。因此，政府对企业的经营活动有所要求和制约就成为政府责无旁贷的职责，以至于工人的公平工资、工作环境、工人的健身、环境保护等，不可避免地成为企业的法定社会责任。

发表于《伦理学研究》2010 年第 5 期

---

① 以美国为例。20 世纪 20 年代始，美国兴起了社会进步运动，要求社会要给公民一个生存、生活的基本保障的环境，"企业被要求停止无正当理由的价格上涨和任何会危机家庭'维持生活工资'的其他手段。"20 世纪 30 年代，美国推行了新政，"企业被要求与政府更紧密地合作，以提高家庭收入"，并于 1935 年制定了《社会保障法》，建立了养老和失业保险等制度。40 年代，企业不仅推行员工持股制度，而且企业内部开始建立养老金计划、生活保障计划、失业基金、限制工作时间等，改善工人的生活。20 世纪 50 年代，新政被杜鲁门总统纳入社会公平计划中，"该计划把这类问题定义为公民权利和环境责任，是企业要加以重视的伦理问题。"

企业社会责任的伦理学分析 *

目前，对企业社会责任价值理由的论证，学界多从经济学和法学的视域，少有伦理学的分析，似乎企业社会责任与伦理学无涉。这种缺乏伦理学独立性价值论证的现象，归类起来主要有两方面的原因：一是经济学在追求科学化的过程中，排斥经济的价值意蕴，坚持"价值中立"主义，认为经济活动与价值无关，强行割断经济与伦理学的关联。二是我国曾一度出现过用纯粹的道德思维评价经济活动、用"道德立法"的理念诠释"经济伦理"、拿一般道德规范体系套用经济的泛道德主义倾向，在纠偏过程中，一些人主观躲避经济的道德价值问题以避嫌，甚至出现了否定市场经济伦理秩序和道德属性的非道德主义。其实，企业社会责任除了经济学和法学的理论支撑外，更为根本的是哲学的人学理论和伦理价值观。

一、人性的精神特质

如果说经济学和法学对企业社会责任的论证遵循的是以"利"导"责"的逻辑，那么伦理学遵循的是以"道"导"责"的价值规定。企业社会责任的主体，尽管是集合化的组织，但它的原子单位仍是具体的个人，所以，归根结底，人是企业社会责任的具体承担者和践行者。为此，对企业社会责任活动和现象的考察，不能离开人和人性。

对人之为人的内在规定的追问，是人的自我意识的显现，故而，"人性"问题成为中西哲学思想的重要内容。对中西方人性论的梳理，如果剪枝留干的话，可归类为两大思想脉络：性善论与性恶论。

中西人性论所呈现的性善论和性恶论思想，都是在价值意义上进行的界说。性恶论是立足于人的生命有机体的肉体性，在经验层面阐释人的为我自私性，而性善论则是立足于人的生命有机体的精神性，在理性层面阐释人的仁爱性。我们权且不去追究作为社会性、历史性的价值范畴与"人性"的本然样态的普遍性、稳定性的内涵规定是否存在悖论，但有一点是不容否认的，那就是人的生命体具有两面性，既是肉体存在体，也是精神存在体。由此可推定，人作为具有生理、心理、思维、社会活动等综合特征的有感觉和理性的生命有机体，是自然属性与社会属性的统一、感性与理性的统一、物质需要与精神需要的统一。鉴于此，"人性"范畴应该是一个多维规定的复合概念。它应有三个层面的规定性：生命的生理性规定、存在方式的社会性规定、存在意义的精神性规定。

生命的生理性规定是人和动物所共有的属性。人的肉体存在是人存在的前提。人从动物进化的客观事实及生命机体的生物机制，就先在地决定了人最初存在样态的生物性或自然性，并注定人在生命历程的成长过程中，不能完全摆脱生物内部规律的制约。就此，恩格斯曾有过精辟的论断："人来源于动物这一事实已经决定人永远不能完全摆脱兽性，所以问题永远只能在于摆脱得多些或少些，在于兽性或人性的程度上的差异。"① 这表明，人的生命存在的生物性即自然属性是人无法彻底割舍掉的，否则，人就会被神化。毋庸置疑，人作为生命有机体，具有维系

---

① 《马克思恩格斯选集》第 3 卷，人民出版社 1995 年版，第 442 页。

生命存在和发展的衣食住行等物质需要及改善物质生活的要求。

存在方式的社会性是人异于动物的内在特征。虽然维持生命生存的物质需要是人和动物所共有的，但他们满足需要的方式不同，人类是在意识支配下、以一定方式相结合的群体的共同活动。"由于他们的需要即他们的本性，以及他们求得满足的方式，把他们联系起来（两性关系、交往、分工），所以，他们必然要发生相互关系。"①质言之，人的生命机体及其需要的本性和满足需要的方式使人们必然地以一定形式结合起来共同活动和相互交换其活动，因而，社会及其生产方式是人存在和发展的前提和基础，人受着以生产关系为基础的一切社会关系总和的制约，是社会历史中的现实存在者。人的社会存在方式和人性的人类社会学意义，预示了人的社会规定性及其社会角色责任担当的必然性。由于"社会上没有抽象的个人，只有承担着各种社会角色的个人"②，因此，包括企业经营者在内的每个社会角色，不仅具有特定的职责，而且也会具有相应的社会道德期待和道德要求。

存在意义的精神性是人之为人的本质特性。人的存在，不是一种单纯的"生存性"存在，而是一种能动的"创造性"的存在，可以"按照任何一个种的尺度进行生产，并且懂得怎样处处把内在的尺度运用到对象上去"③。故而，人是一种自知的生命现象，具有主体的觉悟和意识，不仅知其所在、所为，而且知其当为。人的活动蕴涵着主体的目的追求，并在超出动物纯粹生命维持的本能适应性活动中创造出人之所以为人的价值和快乐。具而言之，人的理性、意识和思想所形成的内心世界，不仅使人具有了超越动物性存在的能力和高级情感，使人不若一般动物，只盲从于感觉和欲望的驱使，而且具有了价值建构和解构的能力，得以创设文化价值世界，使人除了追求物质性需要外，还追求自身

---

① 《马克思恩格斯全集》第 3 卷，人民出版社 1960 年版，第 514 页。
② 奚从清：《现代社会学导论》，浙江大学出版社 2009 年版，第 92 页。
③ 《马克思恩格斯全集》第 42 卷，人民出版社 1979 年版，第 97 页。

存在的意义和价值。所以，一旦社会对企业的责任期待成为明确的社会意识，有觉悟的企业家就会顺应社会意识的责任要求而主动践行，有社会抱负的企业家就会把人生价值定位于企业对社会的贡献。

综上所述，人的社会性和精神性内蕴了对人的道德要求，从而使得道德成为人之为人的一种内在的规定。不讲道德的人，只是徒有人形而无人性。在这个意义上可以说，只要是正常的社会人，无论其从事何种社会活动，都要讲道德。推理及至，人支配资本的经济活动不能不讲道德，即赚钱要合乎人类和社会的"义理"。它表明，"伦理价值、伦理关系、伦理责任是现实生活中从事经济活动的人和组织无法回避的"①。

二、经济活动的人本目的性

目的是人的活动的意向性特征，是人的意识和自我意识在活动中的主观投射，是人的主体性表现。"人离开动物越远，他们对自然界的影响就越带有经过事先思考的、有计划的、以事先知道的一定目标为取向的行为的特征。"② 推理及至企业的经济活动，物质功利不是经济活动的唯一目的。"创造最多的物质财富，这是经济活动的目标。然而物质享受并非是我们人生的最终目的。……要摆脱因为追求物质而造成的痛苦，必须看到物质以外的人生追求的目标……财富之外还有更多值得我们追求的东西。"③ 一言以蔽之，经济活动的目的是多元的，创造财富、满足人的物质需要虽是其重要目的，但绝不是唯一目的。可从三方面进

---

① ［美］丹尼尔·豪斯曼、迈克尔·麦克弗森：《经济分析、道德哲学与公共政策》，高红艳译，上海译文出版社 2008 年版，主编前言，第 2 页。

② 《马克思恩格斯选集》第 4 卷，人民出版社 1995 年版，第 382 页。

③ 中国企业家调查系统编著：《企业家看社会责任》，机械工业出版社 2007 年版，第234 页。

行理证：

首先，经济活动的目的在根本上要服务于"人"的自身发展的目的。一切社会活动的终极价值根据是为了"人"，更直白地说，是为了"人"的全面发展的幸福生活。由于人是肉体和精神的双重存在体以及文化的价值追求是人与动物区别的特有境域，所以"人"的全面发展的幸福生活就必然内涵了精神生活的充实。显然，经济活动除了生产产品和提供服务外，还要创造合乎人性的经济文化。尽管经济活动创造的产品和提供的服务是"整个人类生活的第一个基本条件"，是人类的最基础的活动，但它本身并不是人类活动的最终目的，因为经济发展是人类改善和优化生存和发展环境的重要手段。人的本质规定的精神性，使得一切社会活动包括企业的资本增殖的经济活动，都必须通过为人服务的目的性来确认。

其次，经济活动烙印着企业经营者的个体人生价值取向和人生理想。从事经济活动的经营者，因人生追求和社会价值观不同，会抱有不同的经济活动目的。企业经营者个人的人生目标和思想境界以及企业规模和发展周期不同，其经济活动往往具有不同的目的，表现为个人和家庭生活的盈利赚钱型、体现人生价值的事业型、回报社会的责任型等。一般而言，在企业度过生存性危机而具有一定盈利能力的情形下，企业能否主动控制环境污染、自觉保障劳工的权益、积极参加社会慈善事业等，则与企业决策者的社会价值观密切相关。企业经营团队的主要领导者具有人生的社会价值追求和强烈的社会责任感，具有企业利润取之于民、用之于民的回报社会的道德感或民族精神，企业的经济活动就会更好地体现人本的目的性。

再者，"理性经济人"的人性假说的缺陷。众所周知，在经济领域，理性经济人假说被视为解释经济现象、分析经济活动动力的工具和理论出发点。"理性经济人"假说理论认为：在经济活动中，每个市场主体都是在自利动机驱动下，通过理性的算计和权衡，追求自己利益的最大化。"经济人"虽可在理论上假设并抽象其行为特征，但在现实生活中，纯粹的"经济人"是假命题，因为现实生活中的人，都是由一定社会关系决定的社会人，因此，经济学上假设的"经济人"，准确地说，是"社会经济人"。"社会经济人"的行为特征，不仅具有"经济人"的趋利性，而且也会具有"社会人"的精神追求性。马斯洛所揭示的人的需要层次的递进说，无不表明，满足生理的物质需要不是人的唯一追求，而社会荣誉、理想、抱负、自我价值的实现等也是人不可或缺的需要，而且人的社会化程度越高，越会追求较高的精神需要。企业经营者作为经济活动中的"社会经济人"，尽管获取经济利益是其重要的活动动因和追求目标，但不能完全排除其他动因存在的可能。对此，可从两方面理解：一是"社会经济人"的行为向度与其所处社会的制度安排密切相关。正像制度经济学所揭示的那样，经济人的行为受制度规范的影响。这表明，"社会经济人"的谋利必然要受到社会的各种制度的规范与约制，毫无疑问，渗透在制度中的社会价值要求必然会对"社会经济人"的行为发生影响，其中包括对企业社会责任的要求与期待。另一方面，在现代市场经济社会，企业经济活动的动因开始多样化。正像美国学者乔治·恩德勒所说：在当代社会"企业是具有多元目的的组织"[1]。"即使在经济世界中，个人的利益也远非是唯一的动机。这些动机在经济领域中和在其他领域一样是非常多种多样的：虚荣、渴望荣誉、工作本身带来的快乐、责任感、同情、仁慈、天伦之爱或纯粹的习惯。"[2] 概而言之，在企业履行其社会责任的动因系统中，除了利润最大化以外，也会存在非功利性动因，如企业家的理想、抱负、社会尊重或对社会责任的价值认同等。

---

[1] [美] 乔治·恩德勒：《公司社会责任究竟意味着什么》，陆晓禾编译，《文汇报》2006年2月20日。

[2] Charles Gide Charles Rist, *A History of Economic Doctrines*, Ballnantyne Press, 1928, p.394.

三、经济活动方式的人道归属性

经济活动目的的物质财富的非唯一性、活动方式的人道化，是人类对现代工业文明经济活动反思批判的成果。在工业化时代，一方面，科技发展对生产能力的极大提高，使得科学理性的效用得到彰显，以至于人们对理性的过度推崇而滑向理性至上论，并把理性的工具价值推向了极端；另一方面，市场经济社会资源配置方式的市场化、分散的产权以及利益关系的契约化，引起了人们对经济活动效率化的诉求，这种在行为决策中考虑成本与利润、在行为评价中注重行为结果的经济学的思维方式，导致了实利、功利的工具价值文化的盛行，并使社会经济活动出现了追求经济增长而牺牲劳权、主扬科学精神而贬抑人文精神的现象。人类具有自我拯救的能力。经济发展过程中所出现的对人权的忽视以及人文精神的严重失落，引发了人们的反思与批判，人们在警醒的同时开始把经济发展、经济活动纳入人的发展视域思考经济活动的目的和方式，使经济活动的工具理性与价值理性统一。

经济活动是人的本质力量的对象化。不管是何种社会制度和劳动组织形式，人都是一定生产方式下的经济活动的主体力量。因为人是生产中最活跃的因素并具有决定性的作用。人在经济活动中本质力量的对象化，不仅仅是创造劳动成果，而且是发挥人的心智能力和才华，使人的主体性和个性得到发展。显然，经济活动既是人们的一种生存性的谋生手段的劳动需要，也是人们的心智全面发展自我实现的需要。为此，人们在经济活动中，不只是付出辛劳，而且也能够体验发挥才智与创造力而获得的精神上的愉悦和满足。从人类社会的发展趋势和社会进步程度的观测点上看，对经济活动而言，重要的已不是劳动的数量化的物质成果，而是经济的可持续发展，尤其是经济活动过程中，人的权益的尊重以及主体性发挥而产生的精神愉悦。应该说，经济活动服务于人的根本主旨、经济活动"人性"化的时代要求，已使经济活动方式人道化成为一种历史的必然，那种牺牲劳权换取资本或牺牲劳权追求利润最大化的劳动异化现象，不仅已成为社会批判的对象，而且也成为改善社会的重要方面。总之，为人而生产的经济活动，其实现方式也应该人性化，合乎人道要求，以至于"把商业作为'一项充满人性的活动'来看待"① 已成为当代社会伦理文化的重要表征。在一定程度上，也可以说，经济活动方式的人道化程度，既是衡量一个国家经济发展程度的重要指标，也是衡量企业综合实力的标准。

四、意志自由与责任的对应性

责任是人的特殊属性，以至于康德认为，人区别于一般物件的显著标志就是人能对自己的行为承担责任。② 而责任的首要前提是意志自由，即人具有按照自己的意志、不受外力控制的自我支配行动的能力。尽管在人是否拥有意志自由的问题上，存在着自由意志论与机械决定论的争议，在自由论中又存在着绝对自由论与有限自由论的区别，但不争的事实是，人们做了错事要受惩罚或谴责，这其中就隐含了人的意志自由的存在。虽然意志自由的有无问题可以成为哲学讨论的永恒话题，但它在经验世界却是显见的无须争辩的客观实在。

自由是与人统一的同位概念，是人与动物相区别的特性。为此，马克思说："一个种的全部特性、种的类特性就在于生命活动的性质，而人

---

① ［美］罗伯特·C. 所罗门：《伦理与卓越——商业中的合作与诚信》，罗汉等译，上海译文出版社 2006 年版，第 8 页。

② ［德］康德：《道德形而上学原理》，苗力田译，上海人民出版社 2002 年版，第 6 页。

的类特性恰恰就是自由的自觉的活动。"① 人的活动的自由自觉性表明人能够按照自我导向的方式而进行自主活动。简约而论，自由就是人能够按照自己的意志决定而行动或不行动的一种自主能力。所以，蒂莫西·奥康纳认为，自由意志是人"按照欲望和价值来进行的审慎选择"②。

人何以具有意志自由？人所具有的思维和理性及其思想和判断力，使人的活动具有主体性，表现为人在活动中具有能动性、主动性、创造性，能够按照主体的意志进行选择和采取行动。人的意志自由不是主观的任性，而是对必然性的认识和主动把握。恩格斯在《反杜林论》中对自由与必然的关系曾作了经典性的说明："自由就在于根据对自然界的必然性的认识来支配我们自己和外部自然，因此它必然是历史发展的产物。"故此，"自由不在于幻想中摆脱自然规律而独立，而在于认识这些规律，从而能够有计划地使自然规律为一定的目的服务。这无论对外部自然的规律，或对支配人本身的肉体存在和精神存在的规律来说，都是一样"。③ 可见，人的意志自由是人在认识和把握必然性基础上的主体性的表现，是主体意志与客观必然性统一而形成的相对自由。由于人的行为具有自我决定性、规划性、可控性、预期性，因而，行为主体在出于本意自由地选择对象的同时，也就自由地选择了行为的责任，责任与自由相伴相随。对此，艾耶尔曾有过清晰的表述："当我据说是出于我自己的自由意志而做了某事的时候，它意味着我本来能够按照其他方式行动；而只有当人们相信我本来能够按照其他方式行动的时候，我才会被要求为我所做的事情负道德责任。因为一个人不被认为应当对他无力避免的行动负道德责任。"④ 质言之，意志自由与责任是不可分割的连带

---

① 《马克思恩格斯全集》第 42 卷，人民出版社 1979 年版，第 96 页。

② ［美］蒂莫西·奥康纳：《自由意志》，载刘向东编《自由意志与道德责任》，江苏人民出版社 2006 年版，第 41 页。

③ 《马克思恩格斯选集》第 3 卷，人民出版社 1995 年版，第 455 页。

④ ［英］A.J. 艾耶尔：《自由与必然》，载刘向东编《自由意志与道德责任》，江苏人民出版社 2006 年版，第 62 页。

体。一方面，意志自由是责任得以正当化的充要条件，是确证责任的前提，即自由意味着责任，人没有行为选择的意志自由，就无所谓责任的担当；另一方面，责任又是内在于意志自由之中，是自由选择的结果，即人有意志自由就必然要担负相应的责任，且责任的大小取决于行为选择的自由度。责任对意志自由的这种依附性，恰好体现了意志自由存在的价值，而人要对自己自由选择的行为负有责任，又恰好彰显了人的理性的自觉性和约束性。意志自由与责任的内在统一性，树立了人类的赏罚的正义原则，即对履责人的酬赏和对失责人的惩罚。

人类个体具有意志自由并承担一定的责任，已成共识，无须多论。那么，企业可否成为责任主体呢？由于企业的法律主体性已有法律明文规定，为此，我们主要探讨企业的道德责任主体问题。

企业承担道德责任的重要前提是企业是否拥有意志自由。由于企业的道德责任承担的前提是一定的利益关系、自由选择和行为能力，因此，要立论企业成为道德责任主体何以可能，我们需要阐明三个问题：企业是否是关涉利益的行为主体、社会是否为企业提供了行为选择的空间和可能、企业是否具有行为选择的能力。对此，我们从三方面进行理证。

第一，企业功能的利益化所形成的各种利害关系构成了道德调控的必然。道德作为协调社会利益关系的一种价值原则和规范要求，蕴涵了两个基本的定理：一是道德干预与约束的对象不是无限的；二是凡是构成利害关系的行为主体，都是道德可能干预的对象。由于企业的自然本性是为投资者赚取利润，客观功能是为社会提供产品和服务及为员工提供就业机会、薪酬等，因此，企业在生产、经营与管理过程中，与其员工、投资者、供货商、经销商、顾客、政府、自然环境、所在社区等不可避免地会发生各种利益关系，使得员工、投资者、供货商、经销商、顾客、政府、债权人、社区居民等成为企业的"利益相关者"，无疑，企业对这些"利益相关者"必负道德责任。所以，乔治·恩德勒认为："责任"是当代道德的一个丰富而核心的概念，我们有充分的理由把"责任"应用于作为道德行为者的组织身上。①

第二，现代市场经济的资源配置方式以及现代企业制度，使企业获得了独立人格，企业具有按照自己的意志作出决定和行动的自由。现代市场经济的资源配置方式的市场化和国家宏观调控的间接化，使企业可以根据市场的需要和自身的技术、资金、资源等优势进行生产和经营，而现代企业制度对企业责、权、利的规定，也使得企业在法定的范围内，具有生产、经营和管理的自主权。可见，社会为企业的自由选择提供了外在可能性。企业经济活动的自由决定性，成为企业承担道德责任的关键因素，使得企业责任的履行除了法律的强制外，还具有自愿承诺的性质，以至于西方一些学者把企业社会责任看成是"企业通过自由决定的商业实践以及企业资源的捐献来改善社区福利的一种承诺"②。

第三，企业的人格化存在形式，使得企业具有道德意志和行为的能力。由于企业不是纯然的自然体，而是由肩负不同职责的人组成的集体，它是一种由不同职责的人构成的具有集合意义的组织人。因此，无论是在观念层面还是行动层面，人格化的企业都可以还原为不同的个体。只不过与自然人相比，企业的意志和行动具有集体性。质言之，企业的经营理念、经营战略、竞争策略、生产活动、营销活动等无不是企业集团意志的体现。这表明，企业谋利的经济活动不是一个自然的过程，而是企业成员共同作为的结果，无疑，企业的有意识的经济行为就使其成为道德责任的伦理主体。有鉴于此，卡罗尔说："正如期望居民个人负起其责任一样，社会也期望公司也履行好职责。"③

---

① ［美］乔治·恩德勒：《公司社会责任究竟意味着什么》，《文汇报》2006年2月20日。

② ［美］菲利普·科特勒、南希·李：《企业的社会责任：通过公益事业拓展更多的商业机会》，姜文波等译，机械工业出版社2006年版，第2页。

③ Archie B. Carroll, *The Four Faces of Corporate Citizenship*, Business and Society Review, 100/101, 1998, pp.1-7.

　　企业道德责任主体的确证，除了学理的逻辑分析外，还有经验的实证分析。在现实生活中，社会公众对于企业道德责任的追究，不是以企业中的具体个体呈现的，而是以企业整体为对象的，也就是说，员工个体在企业中被人格化的组织普遍化，以至于任何员工的可称颂的行为或谴责的行为，都是直指企业，只有在企业内部的责任评价中，善责和恶责才能具体化，才会追究直接的责任主体。

发表于《道德与文明》2011 年第 1 期

资本与道德关系疏证

——兼论马克思的资本野蛮性与文明化理论

目前在理论与实践中，关于资本与道德关系的问题，学界有不同的观点：既存在资本致恶论①、资本无善恶论②，也有资本善恶两性论③。资本与道德关系存在的这种混乱态势，则凸显了对资本道德性质辨识的必要。马克思对资本的研究始终坚持唯物辩证法和历史唯物史观。马克思在《资本论》及其经济学手稿中，对"资本"进行了否定和肯定即资本的野蛮性与文明性的双重评价。"资本的野蛮与文明，不是我们强加于它的，它是资本本身所固有的、早已为马克思所揭示的东西。"④

一、资本的野蛮性

马克思的资本理论是建立在对重商主义、重农主义、古典政治经济学、庸俗经济学批判以及对资本主义社会经济关系深入剖析的基础

---

① 徐大建：《资本的运营与伦理限制》，《哲学研究》2007年第6期。
② 鲁品越：《资本手段与人的道德责任》，《晋阳学刊》2008年第4期。
③ 徐大建：《资本的运营与伦理限制》，《哲学研究》2007年第6期。
④ 朱智婕：《论资本文明化的内涵、表现及其动力》，《山东行政学院学报》2010年第5期。

上。针对以前的经济学者只谈资本的经济发展的功能，不谈资本的社会本质及其阶级属性，马克思深刻地揭示和批判了资本的野蛮性。

资本积累的残酷性。资本的原始积累，即"生产者和生产资料分离的历史过程"①，被马克思看成是资本主义生产方式的起点，②因为它"造成了资本主义生产的基本条件。"③而"事实上，原始积累的方法绝不是田园诗式的东西。"④在马克思看来，以土地和其他生产资料的分散为前提的生产方式，虽因其与社会生产力的发展以及社会化大生产不相适应而被消灭具有历史的必然性，但这种资本原始积累的方式却是残酷的。"个人的分散的生产资料转化为社会的积聚的生产资料，从而多数人的小财产转化为少数人的大财产，广大人民群众被剥夺土地、生活资料、劳动工具，人民群众遭受的这种可怕的残酷的剥夺，形成资本的前史。这种剥夺包含一系列的暴力方法……对直接生产者的剥夺，是用最残酷无情的野蛮手段，在最下流、最龌龊、最卑鄙和最可恶的贪欲的驱使下完成的。"⑤所以马克思说，资本的"历史是用血和火的文字载入人类编年史的"。⑥虽然资本的原始积累为资本主义大生产的发展奠定了基础，但资本积累的方式却是极其残酷的。

资本增殖逐利的贪婪性和压榨性。马克思指出："资本只有一种生活本能，这就是增殖自身，创造剩余价值，用自己的不变部分即生产资料吮吸尽可能多的剩余劳动。"⑦那资本是如何吮吸剩余劳动而获取剩余价值的呢？为此，马克思具体分析了剩余价值的两种形式，即绝对剩余价值和相对剩余价值。"我把通过延长工作日而生产的剩余价值叫作绝

---

① ［德］马克思：《资本论》第1卷，人民出版社2004年版，第822页。

② ［德］马克思：《资本论》第1卷，人民出版社2004年版，第820页。

③ ［德］马克思：《资本论》第1卷，人民出版社2004年版，第821页。

④ ［德］马克思：《资本论》第1卷，人民出版社2004年版，第821页。

⑤ ［德］马克思：《资本论》第1卷，人民出版社2004年版，第873页。

⑥ 《马克思恩格斯选集》第2卷，人民出版社1995年版，第261页。

⑦ ［德］马克思：《资本论》第1卷，人民出版社2004年版，第269页。

对剩余价值；相反，我把通过缩短必要劳动时间、相应地改变工作日的两个组成部分的量的比例而生产的剩余价值，叫作相对剩余价值。"① 绝对剩余价值的生产，主要是通过延长工人的劳动时间和增加工人的劳动强度而实现的。为获取更多的剩余价值，资本家不顾工人的健康和生命的生理极限而尽可能地延长工人的劳动时间。"资本家要坚持他作为买者的权利，他尽量延长工作日，如果可能，就把一个工作日变成两个工作日。"② 资本家除了靠延长工人劳动时间榨取剩余价值外，还增强工人的劳动强度。"资本是不管劳动力的寿命长短的。它唯一关心的是在一个工作日内最大限度地使用劳动力。"③ 为此，马克思总结道："资本由于无限度地盲目追逐剩余劳动，像狼一般地贪求剩余劳动，不仅突破了工作日的道德界限，而且突破了工作日的纯粹身体的极限。它侵占人体的成长、发育和维持健康所需要的时间。……"④ 乃至疯狂到"他'只要还有一块肉、一根筋、一滴血可榨取'，吸血鬼就绝不罢休"⑤。显然，追求利润最大化、获取剩余价值，不仅是资本的逻辑，而且资本对利润的追求具有疯狂性、非人道性、掠夺性和残酷性等特征。

资本导致社会不平等。在社会生产关系中，资本"是一种对生产过程的支配权和对剩余产品的索取权。如在生产过程中，它是对生产过程和劳动的支配权，整个社会的资源配置，都必须服从于资本获取利润的目的，或者说以获取利润的目的支配着资本主义的资源配置；从分配看，它代表了对剩余产品的索取权"⑥。资本无论是生产过程中的支配权还是对剩余产品的索取权，都在不同程度上加剧了社会的不平等。资本

① ［德］马克思：《资本论》第 1 卷，人民出版社 2004 年版，第 366 页。
② ［德］马克思：《资本论》第 1 卷，人民出版社 2004 年版，第 271 页。
③ ［德］马克思：《资本论》第 1 卷，人民出版社 2004 年版，第 306—307 页。
④ ［德］马克思：《资本论》第 1 卷，人民出版社 2004 年版，第 306 页。
⑤ ［德］马克思：《资本论》第 1 卷，人民出版社 2004 年版，第 349 页。
⑥ 杨文进：《政治经济学批判导论——体系与内容的重建》，中国财政经济出版社 2006 年版，第 126 页。

家作为人格化的资本，在生产过程中对工人支配和奴役，往往既不尊重工人的人格和尊严，也不管工人生存和发展的基本利益需要。这种在生产中资本所有者和出卖劳动力的工人之间地位和人格的不平等，激化了社会关系的对立和冲突。由于资本家的"灵魂就是资本的灵魂"①，而资本的灵魂就是吮吸活劳动，所以，在剩余价值的分配中，资本家会经常克扣工人的工资、降低其基本福利待遇等。马克思对这种不公正的分配方式进行了分析："价值源泉与价值分配之间存在什么样的内在联系呢？我们认为可以这样表述：既然劳动是价值的唯一源泉，当然也是剩余价值的唯一源泉，劳动者作为价值创造的主体，理应参与剩余价值的分配，而在资本主义私人占有制的条件下，劳动者完全被剥夺了参与剩余价值分配的权利，他们得到的仅仅是劳动力价值的补偿，而不劳动的资本家和土地所有者却占有了全部剩余价值，因此，资本主义的分配制度是不合理的，也不是真正的按生产要素进行分配。"② 这种不公正的分配，造成了社会的贫富悬殊和两极分化，进而加剧了社会关系的对抗和社会矛盾。所以，马克思说："资本与劳动力的关系是一种极度不平等的关系，伴随资本主义发展而来的资本积聚和集中只能加深这种不平等。"③

二、马克思的资本文明化思想

马克思不仅揭露和批判了资本的野蛮性，而且也论及了资本的文明化。马克思在《1857—1858年经济学手稿》中明确指出："在资本的

---

① 〔德〕马克思：《资本论》第 1 卷，人民出版社 2004 年版，第 269 页。
② 钟盛熙：《〈资本论〉与当代》，学习出版社 2005 年版，第 48 页。
③ 〔英〕约翰·伊特韦尔等编，陈岱孙主编：《新帕尔格雷夫经济学大辞典》第 1 卷，经济科学出版社 1996 年版，第 365 页。

简单概念中必然自在地包含着资本的文明化趋势等等。"①

马克思站在人类社会历史发展的角度，对资本促进社会生产力发展的积极作用给予了高度评价。马克思指出："发展社会劳动生产力，是资本的历史任务和存在理由。"②"资产阶级在它的不到一百年的阶级统治中所创造的生产力，比过去一切世代创造的全部生产力还要多，还要大。"③一方面，资本的聚集形成的社会分工协作的生产方式，有利于社会生产效率的提高。"工场手工业分工通过手工业活动的分解，劳动工具的专门化，局部工人的形成以及局部工人在一个总机构中的分组和结合，造成了社会生产过程的质的划分和量的比例，从而创立了社会劳动的一定的组织，这样就同时发展了新的、社会的劳动生产力。"④另一方面，资本形成的大工业生产促进社会生产力的发展。"大工业把巨大的自然力和自然科学并入生产过程，必然大大提高劳动生产率……很明显，机器和发达的机器体系这种大工业特有的劳动资料，在价值上比手工业生产和工场手工业生产的劳动资料增大得无可比拟。"⑤"科学、巨大的自然力、社会的群众性劳动都体现在机器体系中，并同机器体系一道构成主人的'主人'的权力。"⑥在大工业生产中，科学技术在生产中的广泛运用，不仅提高了生产效率，而且扩大了消费范围，在一定程度上也减轻了工人的劳动强度，甚至转变了资本追求剩余价值的方式，即由过去靠单纯延长工人劳动时间和增加劳动强度的粗陋的绝对剩余价值的生产，渐进过渡到运用科学技术提高生产效率的相对剩余价值的生产。虽然相对剩余价值的生产没有从根本上改变资本增殖的本性，但其实现方式更加文明一些。为此，马克思指出："资本的文明面之一是，

---

① 《马克思恩格斯文集》第 8 卷，人民出版社 2009 年版，第 95 页。

② 《马克思恩格斯选集》第 2 卷，人民出版社 1995 年版，第 466 页。

③ 《马克思恩格斯选集》第 1 卷，人民出版社 1995 年版，第 277 页。

④ ［德］马克思：《资本论》第 1 卷，人民出版社 2004 年版，第 421—422 页。

⑤ ［德］马克思：《资本论》第 1 卷，人民出版社 2004 年版，第 444 页。

⑥ ［德］马克思：《资本论》第 1 卷，人民出版社 2004 年版，第 487 页。

它榨取剩余劳动的方式和条件，同以前的奴隶制、农奴制等形式相比，都更有利于生产力的发展，有利于社会关系的发展，有利于更高级的新形态的各种要素的创造。"① 具而言之，资本"提高劳动生产力和最大限度否定必要劳动"②，就是对工人必要劳动时间的缩短。"节约劳动时间等于增加自由时间，即增加使个人得到充分发展的时间，而个人的充分发展又作为最大的生产力反作用于劳动生产力。"③ 资本增加工人自由支配的时间，在很大程度上，有利于扩展人的自由发展的空间。正是由于资本具有文明化的表现，故此，马克思说："时代变得人道些了，理性得势了，道德开始要求自己的永远的权利了。"④

马克思不仅肯定资本促进生产力发展的积极作用，而且还看到了资本对社会生产关系局部调整的历史进步性。马克思在《1857—1858年经济学手稿》的"资本的历史使命"一文中指出："资本作为孜孜不倦地追求财富的一般形式的欲望，驱使劳动超过自己自然需要的界限，来为发展丰富的个性创造出物质要素，这种个性无论在生产上和消费上都是全面的，因而个性的劳动也不再表现为劳动，而表现为活动本身的充分发展，而在这种发展状况下，直接形式的自然必然性消失了，这是因为一种历史地形成的需要代替了自然的需要。由此可见，资本是生产的，也就是说，是发展社会生产力的重要关系。"⑤ 对此，恩格斯在1868年为马克思《资本论》所写的书评中说："正像马克思尖锐地着重指出资本主义生产的各个坏的方面一样，同时他也明白地证明这一社会形式是使社会生产力发展到这样高度的水平所必需的：在这个水平上，社会全体成员的平等的、合乎人的尊严的发展，才有可能。"⑥ 由此可

---

① 《马克思恩格斯全集》第 25 卷，人民出版社 1974 年版，第 925—926 页。
② 《马克思恩格斯全集》第 46 卷下册，人民出版社 1980 年版，第 209 页。
③ 《马克思恩格斯全集》第 46 卷下册，人民出版社 1980 年版，第 225 页。
④ 《马克思恩格斯全集》第 1 卷，人民出版社 1956 年版，第 601 页。
⑤ 《马克思恩格斯文集》第 8 卷，人民出版社 2009 年版，第 69—70 页。
⑥ 《马克思恩格斯选集》第 2 卷，人民出版社 1995 年版，第 596 页。

见，资本不仅创造了人的新的需要，使生产多样化，而且还突破民族或国家的界限而拓展商品交换的范围，从而促进社会成员"对自然界和社会联系本身的普遍占有。由此产生了资本的伟大的文明作用。……资本按照自己的这种趋势，既要克服把自然神化的现象……又要克服民族界限和民族偏见"①。显然，市场交换的扩大使社会成员之间的联系更加广泛和普遍，唯有人们社会关系占有的全面，才会有人发展的完整性的提高。

唯物辩证法是马克思主义看待和解决问题的方法论原则。一方面，马恩揭露了资本主义社会资本的贪婪性以及逐利过程的残酷性，在这个问题上，他们更多是对私有制经济制度的批判而不是对人格化资本家的指责；另一方面，他们又站在社会历史发展的视域，看到资本主义生产方式的历史进步性，尤其是他们还揭示了资本自身的道德限度和由道德限制所表现出的文明化。事实上，资本逐利的本性是不可改变的，否则它就不是资本了，换言之，我们不能期盼资本离开其所有者的利益，就像我们不能要求鱼离开水一样。要使鱼活，大家都清楚要尊重其生存本性，同样，资本的存在和发展乃至其活力，也无法离开其获利性。正因为如此，"资本害怕没有利润或利润太少，就像自然界害怕真空一样"②。因此，自利性是资本的自然本能，就像人作为生命有机体具有饮食男女等自然本能不能被消灭一样，但无论是人的自然本能还是资本的自然本能，却是可以约束和规制的。即是说，在资本的运行过程中，法律和道德等社会因素的约束可以抑制资本的过度贪婪性，使其具有文明化。概言之，这种目的利己而手段性质相异的资本增殖方式，恰是社会对资木进行道德规制的前提基础。

---

① 《马克思恩格斯全集》第30卷，人民出版社1995年版，第390页。
② 《马克思恩格斯选集》第2卷，人民出版社1995年版，第266页。

三、正确理解马克思的资本与道德关系的思想

上述分析表明，马克思是用历史的和辩证的观点和方法分析资本，所以，他既看到了资本的野蛮性，即资本的不道德性表现；同时，他也看到了资本的文明面，即资本的道德性表现。马克思曾经明确指出："每一种经济关系都有其好的一面和坏的一面。"[①] 恩格斯同样用辩证思维看待资本。恩格斯认为，资本增殖过程中商业具有贪财、自私与友爱、亲善的两面性。[②] 另外，恩格斯在《国民经济学批判大纲》中，他一方面指出了亚当·斯密的经济学体系存在的伪善和不道德；另一方面，他又认为亚当·斯密的经济学体系具有进步性。"新的经济学，即亚当·斯密的《国富论》为基础的自由贸易体系，也同样是伪善、前后不一贯和不道德的。……可是，难道说亚当·斯密的体系不是一个进步吗？当然是进步，而且是一个必要的进步。"[③] "斯密颂扬商业是人道的，这是对的。世界上本来就没有绝对不道德的东西；商业也有对道德和人性表示尊敬的一面。"[④] 由此可见，马恩看待和评价资本，不是完全出于道德的愤慨，而是抱着科学、求实和发展的态度，他们不从一般的道义原则出发抽象地评判资本。恩格斯在评价奴隶制度时曾经说过："讲一些泛泛的空话来痛骂奴隶制和其他类似的现象，对这些可耻的现象发泄高尚的义愤，这是最容易不过的事情。"[⑤]

资本与道德的关系问题，在我国是一个比较敏感的话题，以至于

---

① 《马克思恩格斯文集》第 1 卷，人民出版社 2009 年版，第 616 页。
② 《马克思恩格斯文集》第 1 卷，人民出版社 2009 年版，第 57 页。
③ 《马克思恩格斯文集》第 1 卷，人民出版社 2009 年版，第 58 页。
④ 《马克思恩格斯文集》第 1 卷，人民出版社 2009 年版，第 62 页。
⑤ 《马克思恩格斯选集》第 3 卷，人民出版社 1995 年版，第 524 页。

人们常绕开或避开它，唯恐因此触及对马克思思想的评价。因为马克思曾对资本的不道德性进行过描述与谴责。他立足于 19 世纪资本主义社会的实情，曾指控了资本主义发展初期"资本"的掠夺性。"资本来到世间，从头到脚，每个毛孔都滴着血和肮脏的东西。"① 后来，一些人据此判定，马克思在资本与道德关系问题上，持有的是资本恶的道德论断。事实上，在资本主义发展初期，资本的掠夺性、剥削性不仅充分暴露，而且激化了社会矛盾，理所当然，资本的恶作为一种突出的社会问题就会成为马克思的社会批判对象。因为"《资本论》是关于'现实的历史'的存在论"②。有鉴于此，在资本的道德性质问题上，我们不能撇开历史情境而对马克思的思想进行教条式的、片面化的理解，而应坚持历史的观点，全面理解马克思的原典思想以切实把握马克思思想的精神实质。

事实上，在资本主义发展历程中，资本的不道德性与道德性都有所表现。马克思所处时代是增长型资本主义阶段，描述的是资本主义发展早期资本表现出的不道德性。这一阶段由于资本与劳动处于直接的对抗性矛盾中，资本在增殖过程中常常表现出对工人阶级利益的残酷掠夺，如延长工人劳动时间、不顾工人安危的恶劣生产环境、侵夺工人的血汗钱等，到处充斥着不择手段的牟利性，所以，马克思对那个时代资本不道德性的描述是真实的、客观的，其批判也是尖锐的。但资本主义社会本身是发展变化的，尤其是由增长型到发展型自身的完善，不仅"社会生产力出现了新的质的飞跃"③，而且"生产关系发生了深刻的变革"④，突出表现为现代公司的股权分离使资本所有权分散化，政府实施的社会福利制度对社会成员基本权利和利益的保障化、国家为维护社

① ［德］马克思：《资本论》第 1 卷，人民出版社 2004 年版，第 871 页。
② 孙正聿：《"现实的历史"：〈资本论〉的存在论》，《中国社会科学》2010 年第 2 期。
③ 钟盛熙：《〈资本论〉与当代》，学习出版社 2005 年版，第 52 页。
④ 钟盛熙：《〈资本论〉与当代》，学习出版社 2005 年版，第 53 页。

会的稳定而对经济领域进行的宏观调控以及国家对企业关涉利益相关者的经济行为的明确法律规定等，在很大程度上无不遏制了资本牟利的不道德性。资本道德性质的这种变化，在本质上是社会生产关系变革的结果。因为"资本不是物，而是一定的、社会的、属于一定历史社会形态的生产关系，它体现在一个物上，并赋予这个物以特有的社会性质"①。这表明，我们要把资本放在社会生产关系中去理解它的生产要素性质，即是说，无论是增长型资本主义还是发展型资本主义，资本增殖、谋求利益最大化的本性没有变。② 但由于在发展型资本主义社会，社会关系尤其是生产关系的部分调整和局部变化，使得各种社会力量对资本的增殖有了更多、更强的法律约束和道德要求，以至于资本守德增殖成为社会所推崇的普遍谋利方式，从而使资本的道德性能够得以显现。也正因为此，许多中外"主流经济学家"才会认为"随着市场制度、社会福利制度的不断完善，这种文明化程度会越来越高"③。

资本的属性如同其他事物的属性一样，具有普遍性与特殊性之别。资本的普遍性是资本在"社会化商品经济"④ 社会所具有的共同属性，而资本的特殊性是资本在不同的社会历史条件下以及同一社会形态的不同社会历史时期所具有的不同属性或时代个性。作为生产要素的"资本"，增殖谋利是普存于任何市场经济社会的普遍性，而作为社会关系的"资本"，增殖谋利方式及其目的的社会要求和程度则是其社会历史规定的特殊性。"资本与不同社会经济制度结合在一起，表现为不同的社会属性，这体现了资本的特殊性质。"⑤ 资本的增殖性和牟利性的本性是普遍的且不可改变，但资本增殖的内容和谋利方式是特殊的且可以随

---

① ［德］马克思：《资本论》第 3 卷，人民出版社 2004 年版，第 922 页

② ［德］马克思：《资本论》第 3 卷，人民出版社 2004 年版，第 714 页。

③ 李振：《货币文明及其批判——马克思货币文明思想研究》，人民出版社 2009 年版，第 15 页。

④ 钟盛熙：《〈资本论〉与当代》，学习出版社 2005 年版，第 8 页。

⑤ 程恩富等：《现代政治经济学新编》，上海财经大学出版社 2008 年版，第 40 页。

社会环境而改变。更确切地说，资本增殖的道德性与以社会生产关系为基础的社会环境密切相关，这点已为历史所证实。在资本主义发展初期，由于政府的自由放任的经济政策、市民社会力量的弱小、人格化资本的"经济人"特性缺乏强有力的约制等，导致了资本不道德性的泛滥，特别是与资本对立的工人阶级还不够成熟，力量还不够强大，以至于没有对资本构成强有力的博弈力量。为此，马克思曾指出，资产阶级对待工人阶级是"采取较残酷的还是较人道的形式，那要看工人阶级自身的发展程度而定"①。例如，工人争取缩短劳动工作日的斗争，就是改变工作日道德界限的关键或决定性力量。正因为在发展型资本主义的市民社会中，维护工人权益的工会组织的兴起和强大、社会的法律制度、社会的民间力量、社会的舆论导向、社会民众的道德期待等，已不能容忍和允许资本增殖的贪婪性、残酷性和疯狂性，才会有 20 世纪中期的企业社会责任运动，企业才会制定"生产守则"、国际组织才会制定和倡导"SA8000 责任标准认证"、联合国才会推行"全球契约"等。无疑，社会对资本增殖的利益最大化的多方面限制，必会促进资本的文明化发展。

然而，需要明确的是，资本牟利由野蛮到文明的这种变化，不是人格化资本的道德自觉，而是市场经济规律的发展逻辑、市场经济体制渐进完善与社会外力联合驱动的结果，甚或说是社会发展进步的必然。

上述分析表明，我们必须坚持唯物辩证法和历史唯物史观看待马克思对资本主义发展初期的"资本"所表现出的不道德性的描述与批判。切忌简单否定资本的不道德性或资本的道德性，因为这种笼统的否定性或肯定性判断会因缺乏历史语境的具体分析而失去客观性和科学性。

---

① ［德］马克思：《资本论》第 1 卷，人民出版社 2004 年版，第 9 页。

四、资本的两面性：道德与不道德

资本究竟具有何种道德性质呢？从经验事实来看，在社会经济生活中，既存在资本恶的不道德现象，如资本所有者、经营者对劳动者权益的损害、污染环境、生产和销售劣质商品等，尤其是我国当下的经济领域，制假贩假、毒奶粉、地沟油、瘦肉精、染色馒头等食品安全问题，已严重地损害了人的生命健康甚至瓦解了社会信任关系。即便如此，同样不能否认的是，经济领域也存在市场主体自愿互利的正当谋利的经济活动以及企业慈善性的捐赠的社会公益活动。从道德评价来看，企业的那些违背诚实信用等社会公德的经济活动，往往会受到社会舆论的普遍谴责，这无不昭示了资本运行的谋利活动所具有的伦理关系、内蕴的道德要求及其社会道德期待。在法律上，企业遵守社会公德是《公司法》的基本要求。① 从当代企业经营价值观来看，社会责任已成为多数企业经营和管理的指导原则，从而呈现了当代社会企业责任的社会化和资本的文明化的发展态势。社会存在的真实现象，充分说明资本具有道德性质的双向性，它表明无论是资本的道德性还是不道德性，都是一个有条件成立的命题。事实上，资本所具有的这种道德的和不道德的两面性，不仅仅是基于现代市场经济社会的一种事实性判断，而且也是具有理论支撑的一种逻辑判断。

第一，人性的道德诉求内蕴了对人格化资本的道德要求。无论资本是作为生产要素还是作为生产关系，都需要有人去占有它。"人们在对各种经济、特别是对比较发达的经济进行考察中发现，为满足人类需

① 《中华人民共和国公司法》第五条：公司从事经营活动，必须遵守法律、行政法规，遵守社会公德、商业道德，诚实守信，接受政府和社会公众的监督，承担社会责任。

要的商品和劳务的生产，既依靠劳动，也依靠资本。如果资本的存在是为了用于生产，那就必须有人去占有它，而在所有权的职能由个人或其他私有实体掌握的经济中，资本市场的首要作用是确立资本占有的条件。"① 可见，不管资本是何种存在样态，它都是人格化的，离开了资本所有者就无所谓"资本"。既然资本的存在本质上是人格化的，那么，资本就必然具有人性的道德诉求。因为人的社会性和精神性内蕴了对人的道德要求，从而使得道德成为人之为人的一种内在的规定，不讲道德的人，只是徒有人形而无人性。在这个意义上可以说，只要是正常的社会人，无论其从事何种社会活动，都要讲道德。推理及至，人支配资本的经济活动不能不讲道德，即赚钱要合乎人类和社会的"义理"。这是资本增殖本性使然，同样，资本守德增殖也合乎天理人道。所以说，"伦理价值、伦理关系、伦理责任是现实生活中从事经济活动的人和组织无法回避的"②。

第二，市场经济规律运行逻辑的合理谋利方式要求资本守德增殖。商品的二重性——使用价值和价值，是商品交换的基础，它预制了商品生产者和经营者获取价值的条件性，即以让渡商品的使用价值而获取商品的价值。为此，马克思说："在这里，所以要生产使用价值，是因为而且只是因为使用价值是交换价值的物质基质，是交换价值的承担者。"③ 市场经济规律的等价交换原则，也内蕴了货真价实、公平买卖的交易法则。因此，按照市场经济的发展逻辑，商品生产和交换的为己性可以客观上产生"为他性"，即互利是市场经济制度资源配置过程中市场主体利益的合理实现方式，这也就预示，企业的经济活动不是一个单

---

① ［英］约翰·伊特韦尔等编，陈岱孙主编：《新帕尔格雷夫经济学大辞典》第 1 卷，经济科学出版社 1996 年版，第 349 页。

② ［美］丹尼尔·豪斯曼、迈克尔·麦克弗森：《经济分析、道德哲学与公共政策》，纪如曼、高红艳译，上海译文出版社 2008 年版，第 2 页。

③ ［德］马克思：《资本论》第 1 卷，人民出版社 2008 年版，第 217 页。

向的利益索取过程，而是一个双向的利益实现过程。显然，单从资本合理获利的互利性来看，企业虽有利润最大化的追求，但也内蕴了兼顾其他利益相关者的要求。上述分析表明，资本运行的逻辑是商品价值的获取必须要以使用价值为基础和前提，从而预示企业经济活动的谋利不是任意的而是有约束的，即企业的经济活动具有伦理的界限。"尽管在资本运营和市场经济中确实存在着欺骗和掠夺，但欺骗和掠夺由于会破坏资本运营和市场经济而不能成为它们的本质。"① 正因为资本自身具有谋利增殖的道德性，有识之士才会疾呼：中国不能接受"资本无道德、财富非伦理、为富不仁的经济理论和商业实践"②。进言之，资本增殖的可持续发展在一定意义上需要道德的界限和限制，抑或说，资本滋生的丑恶，恰是资本超越道德界限的恶果。资本一旦超越基本道德的约束就会疯狂，而资本一旦疯狂就会出现毁灭自身的危机（美国的安然、安达信、世界电信等财务作假案；中国三鹿集团的轰然倒塌等），以至于资本总是在破坏道德与回归道德的矛盾中运动。所以说，道德也是资本增殖得以持续发展的一种保护机制，即资本需要伦理关怀。

第三，社会对"经济人"自利倾向的规制使资本的道德性成为可能。对市场经济中"活动主体"的行为动机趋向、行为选择原则和行为目标的追求，经济学领域提出了"理性经济人"和"有限理性经济人"的两种假设理论。无论是"理性经济人"理论还是"有限理性经济人"的两种假设理论；无论是"理性经济人"理论还是"有限理性经济人"理论，都蕴涵了经济活动主体的行动逻辑是追求自身利益最大化的判断。而"经济人"对利润最大化的追求方式，既可以使用价值为基础而获取价值，也可不顾使用价值而单纯追求价值，"经济人"选择何种谋利方式，除了与经营者的社会责任感和道德自律相关外，在很大程度

① 徐大建：《资本的运营与伦理限制》，《哲学研究》2007 年第 6 期。

② 成思危：《中国不能接受"资本无道德论"》，《中国经济周刊》2007 年第 5 期。

上，也与社会的法律体系和道德氛围对资本谋利方式的限制和褒贬相关。如若社会法律严明，且形成了良好的商业道德文化氛围，就会促使"经济人"守法遵德而谋利，资本增殖的道德性就会普遍，否则，单纯追求价值的投机牟利就会泛滥。这表明，"经济人"的谋利行为一旦缺乏社会必要的限制或者违法背德可以获利且不受处罚，资本逐利的铤而走险的贪婪性就会充分显现。可见，"经济人"片面唯利的经济活动，既与资本贪婪的天性相关，也与资本运行的社会环境相关。即是说，资本虽携带贪婪的因子，但并不意味着它必然会发作，关键在于社会有没有制约"经济人"自利倾向的制度环境和道德氛围。一旦投机钻营无法获利，"经济人"就会被利导而正当谋利，从而使资本增殖具有道德性。

第四，资本的善恶道德性质取决于人道与商道的相容性和背离性。资本追求增殖能否遵循人道原则，做到利润与人道兼顾呢？剩余劳动及其形成的价值是普遍存在的，不同社会经济形态的区别在于其价值创造过程中劳动者的主体地位、人格尊严和合理权益是否能得到应有的尊重，价值量的分配是否适度合理且兼顾了社会正义的原则？如果资本在运行过程中，人格化的资本及其企业的经营观念和制度安排，忽视了对劳动者的主体地位、人格和权益的尊重，出现了对劳动力的掠夺性使用，或者在价值量的利益分配中，完全倾斜于资本所有者，既不注重给予劳动者合法合理的报酬，也不考虑社会正义原则而逃避履行对社会的责任，无疑，这种资本的非人道性是显而易见的。相反，如若资本在增殖过程中，企业具有人道的经营理念和以人为本的制度安排，尊重劳动者的主体地位、人格尊严、合理权益，以及在价值量的利益分配中，能够兼顾利益相关者的合理利益诉求并给予满足，乃至具有社会责任，主动为社会的二次、三次社会分配作出贡献，这些都是资本人道性的表现。应该说，在现代社会，经济活动服务于人的根本主旨、经济活动"人性"化的时代要求，已使经济活动方式人道化成为一种历史的必然，而那种以牺牲人权、环境而换取利润的做法，已成为社会批判的对象。

可见，资本既可背离人道原则和精神而滋生不道德的恶行，也可合乎人道原则和精神产生道德的善行。

综上所述，资本既非必然为恶也非必然为善，善或恶都不是资本的唯一道德存在形式。因此，对于资本，我们既不能只研究资本的价值和创造而不关注其牟利的道德性，也不能只谈资本的功能而不谈资本的社会效用及其社会判断和道德性质。

发表于《马克思主义与现实》2012年第1期

诚信缘何存在

目前，因诚信道德资源的匮乏而产生的社会消解力和破坏力，已使诚信成为全社会关注以及多种学科共同研究的对象。对诚信道德的思考，不仅需要全面归类非诚信行为的类型、分析社会诚信严重缺失的根源并寻找其治理的对策，而且也要寻根究底，追问诚信道德产生的本源，即诚信之德缘何存在？对诚信之德何以存在的探究，学界有两种研究理路：一种是因素分析的立论方式；另一种是历史文献梳理与条陈的综论方式。前者力图寻找诚信产生的主要促发因素，后者着力于重要学派或主要代表人物的诚信道德思想。本文的研究采取的是因素分析法。

诚信道德的缘起，不是偶发的社会现象，它与人类的社会交往性、人类行为的思想支配性以及人的利己自然倾向性密切相关。

一、诚信与人类的社会交往性

人的社会性存在方式，使得人们之间的交往成为一种必然，从而为诚信道德的产生提供了社会基础。人首先是一种生命的自然性存在。

马克思说："全部人类历史的第一个前提无疑是有生命的个人的存在。"①
人作为生命有机体，生物机制决定了人的物质需要性。由于大自然没有
赐给人类坐享其成的恩泽，所以，人类是通过劳动来满足其需要的。为
此，马克思指出："现实中的个人"是"从事活动的，进行物质生产"②
的人。具而言之，人的生存需要引致的生产劳动是人类社会存在的最基
本的活动，所以马克思恩格斯在《德意志意识形态》中明确指出："我
们首先应当确定一切人类生存的第一个前提也就是一切历史的第一个前
提，这个前提就是：人们为了能够'创造历史'，必须能够生活。但是
为了生活，首先就需要衣、食、住以及其他东西。因此第一个历史活动
就是生产满足这些需要的资料，即生产物质生活本身。"③人类从事物质
生产活动不是个体的孤立活动而是群体的共同活动。人的需要的多样性
与单个个体生产技能的单一性，构成了人的物质需要满足的非自洽性，
加之个体抗衡自然能力的弱小，使得人们之间的联合与劳动分工成为
一种必然。故此，马克思说："由于他们的需要即他们的本性，以及他
们求得满足的方式，把他们联系起来（两性关系、交往、分工），所以，
他们必然要发生相互关系。"④这表明，人在需要驱动下的生产活动只能
是在协作基础上的共同劳动，无疑，人们在劳动中必然要结成一定的生
产关系。"人们在生产中不仅仅影响自然界，而且也互相影响。他们只
有以一定的方式共同活动和互相交换其活动，才能进行生产。为了进行
生产，人们相互之间便发生一定的联系和关系；只有在这些社会联系和
社会关系的范围内，才会有他们对自然界的影响，才会有生产。"⑤生产
的协作性以及在生产过程中形成的生产关系以及其他社会关系，无不表

---

① 《马克思恩格斯选集》第 1 卷，人民出版社 1995 年版，第 67 页。
② 《马克思恩格斯选集》第 1 卷，人民出版社 1995 年版，第 72 页。
③ 《马克思恩格斯全集》第 3 卷，人民出版社 1960 年版，第 31 页。
④ 《马克思恩格斯全集》第 3 卷，人民出版社 1960 年版，第 514 页。
⑤ 《马克思恩格斯选集》第 1 卷，人民出版社 1995 年版，第 344 页。

明"人本质上是一种关系性中的存在"①。也就是说，社会中的"任何个体都处在一定的家庭、氏族、集团、阶级、民族、国家等具体人群关系中"②。社会成员的这种社会性存在方式，就使得人们之间的交往成为一种生活的必然。用社会学的观点表述就是："人与人的交往是人类社会不可不发生的社会行为。"③同样它也表明，社会不管其形式如何，都"是人们交互活动的产物"④。

"各种社会主体之间通过信息传递而发生的社会交往活动"，⑤ 在本质上就是传递信息、表达意图和作出反应的互动过程。虽然人们互动的媒介既可以是语言，也可以是手势和表情等，但基本要求是相同的，即人们在交往中都要出于本心而准确表达其思想并"行其言"而守约。为什么在人们交往中需要表达真实思想、说话算数、践行约定呢？因为人们无论是在生产劳动中的协作还是在日常的人际交往中，忠于事物的本来面目、出于本心而表达真实的思想以及坚守承诺，是人们之间相互理解、有效沟通、形成共识以及能够产生协调性集体行动的前提。质言之，人们交往行为的基础是社会成员之间在表述其想法和行动时，要由衷而发且言行一致。唯有如此，人们之间才会彼此领会对方的意图，使思想相互传递，并在相互了解彼此想法和主张中推测对方的行为方式，由之形成一些比较稳定的预测和行为预期。相反，如若人们在交往中言不由衷，口是心非，言与行缺乏恒常的关联，就会导致交往双方因无法揣摩对方的真实意图和推测未来的彼此行动而难于合作。众所周知，社会的存在是建立在人类合作基础上的，而人类的合作又是以社会成员持续性关系的形成为前提。社会成员能够保持持续性关系，是各个交往

---

① 杨国荣：《伦理与存在》，华东师范大学出版社 2009 年版，第 26 页。

② 李泽厚：《伦理学纲要》，人民日报出版社 2010 年版，第 6 页。

③ 李斌：《社会学》，武汉大学出版社 2009 年版，第 60 页。

④ 《马克思恩格斯选集》第 4 卷，人民出版社 1995 年版，第 532 页。

⑤ 李斌：《社会学》，武汉大学出版社 2009 年版，第 59 页。

主体的"意图"能够合谋、对行为的预期能够给予信任的结果。毋庸置疑，人们在交往中能够相互理解并产生协调行动，是各交往主体的"思想""意图"表达的真实无妄和按约行事。诚如台湾学者林火旺教授所言："基于人的一些自然本性，人们必须和其他人分工合作，才能过较好的生活，而人们要能真正的分工合作，必须彼此互相信任，否则一旦互信不存在，彼此尔虞我诈，合作的基础就会丧失，因此'诚实'是人类社会合作互信所必须的。"① 哈特说得更彻底，如果集体成员间最低限度的合作与容忍是任何人类群体得以生存的必要条件，那么，诚实信用的概念从这一必然性得以产生便似乎不可避免了。②

上述分析表明，诚信是以人的社会关系和交往的存在为先决条件的。因为人们之间的交往性和合作性，在客观上就衍生出了以诚相待、说话算数、言行一致的诚实信用的道德行为要求。需要申明的是，"诚信"作为一种"关系"的合理秩序的客观道德要求，不仅具有认识论的规则性以及实践论的德性特征，而且也具有本体论的客观性，即诚信是人们交往中的"天道"法则。德国社会学家卢曼也有相同的思想："我们都把信任作为人性和世界的自明事态的'本性'"，这"是一个事实，一个不容质疑的真命题"③。

二、诚信与人类行为的思想支配性

人的思想对行为的支配性，内蕴了主体的诚信德性诉求。人超越动物所具有的思维和意识，使得人类活动具有了能动性、自觉性、自由

---

① ［台］林火旺：《伦理学》，五南图书出版公司 2007 年版，第 10 页。
② 郑强：《合同法诚实信用原则研究》，法律出版社 2000 年版，第 38—39 页。
③ ［德］尼克拉斯·卢曼：《信任：一个社会复杂性的简化机制》，瞿铁鹏、李强译，上海人民出版社 2005 年版，第 3 页。

性、目的性的主体性特征。就此，马克思曾说："有意识的生命活动把人同动物的生命活动直接区别开来。正是由于这一点，人才是类存在物。或者说，正因为人是类存在物，他才是有意识的存在物，就是说，他自己的生活对他来说是对象。仅仅由于这一点，他的活动才是自由的活动。"①人活动的意识性和自觉性，确证了人的思想观念对其活动的指导性和支配性。"蜜蜂建造蜂房的本领使人间的许多建筑师感到惭愧。但最蹩脚的建筑师从一开始就比最灵巧的蜜蜂高明的地方，是他在用蜂蜡建筑蜂房以前，已经在自己的头脑中把它建成了。劳动过程结束时得到的结果，在这个过程开始时就已经在劳动者的表象中存在着，即已经观念地存在着。"②显然，人的活动本身蕴含了主观与客观、言与行、知与行的关系。

人的思想对行动的指导性，一方面蕴含了人的思想与行动之间存在着对应性的联动关系，即正确的思想、真实的想法，往往会形成心、口、行一致的知行合一行为；另一方面也蕴含了人的思想与行动之间存在着不确定的变数关系，即不出于本心和实情的思想，往往会产生心、口、行不一的知行分离现象。毋庸置疑，人的思想的表达和传递，存在着两面性：既可以是出于本心的真实思想和想法，也可以是不出于本心的虚假思想和想法。人的思想在真实与虚假之间的变动性以及履行承诺意愿强弱的变化性，无不增加了表里不一、言行不一的风险性。无论是社会还是个人，对虚假失信的风险承担都是有限度的。对于个人而言，行为预期是人们生活安全性的保证。行为的稳定预期，除了来自制度的保障外，还有人们在交往中的真诚无欺和遵守约定，一旦人们笼罩在虚假、欺骗、失信之中，人们就会猜疑、惶恐、不知所措而失去生活的安全感。"如果混乱和平息恐惧是信任的唯一选择，那么就其本质而言，

---

① 《马克思恩格斯全集》第 42 卷，人民出版社 1979 年版，第 96 页。
② 《马克思恩格斯全集》第 23 卷，人民出版社 1972 年版，第 202 页。

人不得不付出信任。"① 同样，对于社会而言，交往成本是影响经济效率提高和社会有序发展的重要变量因素。社会机体犹如自然界的生态系统具有自我调节能力的生态域限一样，一旦虚假、欺骗、失信泛滥成灾，高额的社会交往成本、激化的社会矛盾就会挑战社会运行的域限。正是在这个意义上，德国社会学家卢曼认为："信任构成了复杂性简化的比较有效的形式。"② 据而言之，人们表达真实思想、信守约定，从结果论来看，是人类个体和群体安全性存在的需要和基础，从道义论来看，它是人类思想意识的道德属性。

三、诚信与人的自利倾向性

人所具有的自利性倾向是诚信道德得以产生的自然基础。"人作为有感觉的生命有机体所具有的欲求和需要，不仅促发了人的社会活动和社会关系的产生，而且也潜设了人活动的倾向性。"③ 人作为生命有机体，生而有满足自身需要的欲求，从而不可避免地具有个人利欲追求的自利性；而人作为感性存在者，欲望的冲动性，又易于导致个人利益欲求行动的任意性。概而言之，人作为感性存在而具有的欲望的冲动性、生命的自保性以及利益追求的自我性等，预制了人具有按着个人欲求和利益去行动的倾向性。④ 这个基本的论断用现代心理学的思想来表述就是：个人的需要和利益是驱动人活动的重要动力。马克思作为唯物主义者，看到并肯定了个人需要的行为驱动性。"任何人如果不同时

---

① ［德］尼克拉斯·卢曼：《信任：一个社会复杂性的简化机制》，瞿铁鹏、李强译，上海人民出版社 2005 年版，第 4 页。

② ［德］尼克拉斯·卢曼：《信任：一个社会复杂性的简化机制》，瞿铁鹏、李强译，上海人民出版社 2005 年版，第 7 页。

③ 王淑芹：《道德缘起条件的哲学分析》，《理论与现代化》2006 年第 1 期。

④ 王淑芹：《道德法律化正当性的法哲学分析》，《哲学动态》2007 年第 9 期。

为了自己的某种需要和为了这种需要的器官而做事，他就什么也不能做。"①"各个人的出发点总是他们自己。"②"人的本质是人的真正的社会联系……真正的社会联系并不是由反思产生的，它是由于有了个人的需要和利己主义才出现的，也就是个人在积极实现其存在时的直接产物。"③ 毋庸置疑，人的自利倾向是一种客观实在。在此需要说明的是，人的自利性只是人活动的一种倾向性而不是对人性的一种定然性判断，况且人的自利性在人的理性和社会法则的引导和限制下，并不必然导致损人利己的行为。所以，对于人的这种自利的倾向性，我们无须否认和回避，因为它描述的只是人的活动倾向的一种客观实情，而不是对人性的一种价值判断。

正是由于人的自利倾向是一种变化的行为趋势，存在多种行为选择的可能性，才有思考道德、进行道德教育和提倡道德约束的必要。为此，美国学者约翰·麦克里兰在其《西方政治思想史》中明确指出："思考道德的时候，我们必须将我们的人类同胞视为不是非常善良，也不是非常邪恶。人天生非常善良，则思考道德是多余的，因为你可以看准他们会好好做人。人天生非常坏，思考道德也是多余，因为你可以看准他们会做坏事。思考道德，是在非常好与非常坏之间思考，而且假设圣贤与恶魔都非常少。"④ 在道德缘起的普遍意义上，正是由于人具有了欲望和自利倾向，才构成了道德对欲望给予合理节制和规制行为的必要。荀子的经典论述尤具说服力。荀子曰："礼起于何也？曰：人生而有欲，欲而不得，则不能无求，求而无度量分界，则不能不争；争则乱，乱则穷。先王恶其乱也，故制礼义以分之，以养人之欲，给人

① 《马克思恩格斯全集》第3卷，人民出版社1960年版，第286页。

② 《马克思恩格斯选集》第1卷，人民出版社1995年版，第119页。

③ 《马克思恩格斯全集》第42卷，人民出版社1979年版，第24页。

④ ［美］约翰·麦克里兰：《西方政治思想史》，彭淮栋译，海南出版社2003年版，第185页。

以求。使欲必不穷乎物，物必不屈于欲，两者相持而长，是礼之所起也。"① 倘若人类的理性意志完全能够约制人性感性冲动的任意性和为我性，能够自觉顾全其他人和社会的利益或主动让渡自己的利益，那么，无论是以外在强制为特征的法律、规章制度等维序手段还是以内在约束为特征的道德，显然都没有存在的必要。亚里士多德曾说："人人都爱自己，而自爱出于天赋，并不是偶发的冲动［人们对于自己的所有物感觉爱好和快意，实际上是自爱的延伸］。自私固然需要受到谴责，但所谴责的不是自爱的本性而是那超过限度的私意。"② 据此可以推论，人的为我利己倾向性，在某种程度上，直接构成了对行为主体诚信道德约束的必然性。换言之，人性的自身局限性是诚信道德得以产生的重要诱因。

在理论的逻辑推论层面，人的自利倾向性，常会使人在利益欲望的追求和满足中，具有牟利的投机倾向，并会诱致人为了谋求自我利益的最大化而说谎、欺骗、爽约失信等。人虽然并不必然具有欺骗失信的天性，但人的自利倾向会在利害关系的作用下发酵膨胀，以致想尽办法弄虚作假、千方百计逃避契约义务。试想，如若人们没有自利的倾向性，且不受利害关系的牵制，人们还有必要为了利益最大化而欺骗失信吗？显然，我们不能忽视人的感性冲动和自保自利倾向对诚信道德的冲击与诉求。

在经验的实证层面，社会各领域存在的诚信缺失现象，虽然表现形态各异，但本质上都是虚假而不真实、失约而不守信的唯利是图行为。经济生活领域的掺假作伪、商业欺诈、毁弃合约、财务作假、金融诈骗、虚假投标、劣质工程、"毒奶粉""地沟油""瘦肉精""染色馒头"等，政治生活领域虚报业绩、掺水数字、面子工程、欺上瞒下等，学术

---

① ［清］王先谦：《荀子集解》，沈啸寰、王星贤点校，中华书局1988年版，第346页。
② ［古希腊］亚里士多德：《政治学》，吴寿彭译，商务印书馆1995年版，第55页。

研究领域的抄袭、剽窃、伪造的学术不端等行为，无不是人们利欲熏心而牟取"虚假"后面的最大利益所致。离开虚假背后的利益追求，将无法合理解释人们欺骗失信的行为动因。所以，一旦欺骗失信行为能够带来较大的利益或被人们预想为是谋求利益最大化的一种有效方式，必会诱致背离诚信的机会主义行径。

显然，人的自利倾向性既构成了社会成员欺骗失信的诱因，又构成了对人诚实守信道德要求的人性基础。

发表于《道德与文明》2012 年第 3 期

诚信道德正当性的理论辩护

——从德性论、义务论、功利论的诚信伦理思想谈起

一、德性论的诚信伦理思想

在西方伦理学的思想理论中，亚里士多德的德性论、康德的义务论、边沁和穆勒的古典功利论，是影响力较大的三种伦理学理论。尽管这三种理论思想各具鲜明的特色甚至某些思想观点相互对立，但它们在各自的理论体系中，都为诚信道德的正当性、普遍性提供了理论的辩护。

1. 诚信道德的本源

"人何以有德"是道德哲学家无法回避的问题。亚里士多德追问道德本源的逻辑是："什么是人之为人的特性？""人的特性要求人们应该具有怎样的德性？"亚里士多德通过分析得出，人超越其他物种的特性是"理性"，而德性就是人的理性功能的发挥。人虽然是生物体，但人是有灵魂的最高生物体，人的"应当"状态或优良状态是人的灵魂统治身体，人的理性节制情欲，唯有如此，才是"合乎自然而有益的；要是两者平行，或者倒转了相互的关系，就常常是有害的"。① 因为"德性

---

① ［古希腊］亚里士多德：《政治学》，吴寿彭译，商务印书馆 1995 年版，第 14—15 页。

是一种使人成为善良，并使其出色运用其功能的品质"①，是人避免堕落成最恶劣动物的自备武器。② 一方面，人之为人的类特性是德性的本源。人不能停留在"是什么"的层面，必须上升为"人应当是什么"的高度才能超越一般动物。人超越动物是因为理性使人具有德性、使人讲道德。人是什么以及现实的人应该做一个什么样的人，决定了人应该具有什么样的德性。一言以蔽之，人的理性规定人要具有德性，德性源于对"完善的人""真正的人"的一种规定；另一方面，德性成就人。德性是人区别于动物的类本质的特征，是实现人的本性灵魂的优良品性。现实存在的人只有合乎人的本质属性，才能成为真正的人。所以，现代德性论的代表麦金泰尔认为："在亚里士多德的目的论体系中，偶然所是的人（man-as-he-happens-to-be）与实现其本质性而可能所是的人（man-as-he-could-be-if-he-realized-his-essential-nature）之间有一种根本的对比。"③现实的人只有具有了德性，才能从前一状态转化为后一状态。唯有人具有了优良人性所具有的德性，才合乎人性的存在状态并使人真具有人性。总之，德性是对人的一种确证。

亚里士多德基于人的特性而立论德性的根源，把德性看成人之为人的灵魂或心灵的优良品性，认为德性源于对人的特殊属性的规定性和善好生活的要求，这就从根本上确立了诚信作为一种良善道德的必然性。它表明，人诚实守信的根据，既不是基于秩序或利益而制定的普遍道德规则，也不是出于诚实守信是有利可图的功利驱动，而是人性本身。世间万物都有一套属于自身种类的特性，德性就是人区别于其他物种且要过属于人的幸福生活的规定。由此推之，诚信作为一种良善的德

①　[古希腊] 亚里士多德：《尼各马科伦理学》，苗力田译，中国社会科学出版社1990年版，第32页。

②　[古希腊] 亚里士多德：《政治学》，吴寿彭译，商务印书馆1995年版，第9页。

③　[英] 麦金泰尔：《追寻美德——道德理论研究》，宋继杰译，译林出版社2011年版，第67页。

性，不是外在于人的一种规定或命令，而是蕴含于人的本性之中。既然诚信德性是人之本性的东西，那就表明，作为人，诚实守信是合乎人性的，是人的本性使然，而欺骗失信是违背人性的。总而言之，诚信是内置于人之中的一种德性，是人之为人属性的表现，是成就人的优良品性的美德。通俗的表达方式是，凡是人，都要讲诚信，具有诚实守信的德性；不讲诚信者，徒有人形而无人性，人无信不立。在这点上，它既有别于康德的义务论，也不同于功利论，三者的出发点不同。亚里士多德的德性论是从诚信内在于人的本性出发，康德的义务论是从"绝对命令"的普遍诚信的道德原则出发，功利论是从诚信的效用出发。

2. 诚信行为源于诚信德性

亚里士多德德性论的逻辑推论是：由人应该是什么样的人推出人应该具有什么样的德性，由人应该具有什么样的德性推导出人应当具有什么样的道德行为。德性论关心的主要问题是人应该具备什么样的德性才配做人而不是人应该具有什么样的道德行为。在人的道德行为与品德之间，德性论更看重德性本身而不是行为。换言之，它专注于"我应当作一个什么样的人和具有什么样的德性"，而不是"我应当选择什么样的道德原则和具有什么样的道德行为"。德性论是在"做一个怎样人"的视域下看"人的道德行为"，而不是直接关注人的道德原则和行为，它强调的是作为一个德性之人而怎样行动。只要人具有了人性应该具有的德性，他自然会作出良好的道德行为。所以，亚里士多德说："合乎德性的行为则为行为者所有，还须行为者有某种心灵状态。只是做公正的事，并不足成公正的人，还要像公正人那样做公正事。"① 具体的道德行为并不意味着他就是具有这种德性的人，然而具有这种德性的人却能表明他会有这种道德行为。以此推之，诚信德性是诚信行为的基础。对诚

① [古希腊] 亚里士多德：《尼各马科伦理学》，苗力田译，中国社会科学出版社1990年版，第30页。

信道德建设而言，至关重要的是如何使社会成员成为诚信之人，而不是如何使人仅仅具有诚信道德行为。只有社会上具有诚信的人，才会使遵守和践行诚信道德成为一种普遍的行为方式，亦保证了诚信规范的现实有效性。具有诚信德性的人，既是人性应该具有的存在样态，也使诚信行为具有了稳定性。因此，德性论视域下的道德评价，不是对具体诚信行为的判断，而是对一个人诚信人格的整体评判。看一个人是不是一个诚实守信之人，不是观察他某一次或几次的具体行为，而是观察他长期一贯的品行，也可以说，德性论强调的是一种人格诚信。

3. 诚信德性本身就是目的

在道德目的与手段的关系问题上，德性论主张道德本身就是目的。它的主旨思想是：德性是人性优化和完善的表现，它本身就是目的。诚信德性不是社会的外在要求，而是每个人要成其为人的自身内在要求，即不是社会要你讲诚信，而是你自己"作为人""成为人"要讲诚信。德性是一种人格化的内在道德。用亚里士多德的话来说，德性是"因自身而被追求"[1]。麦金泰尔也坚持同样的观点："美德的践行不仅就其本身的目的而言是值得的——事实证明，不关心诸美德本身的目的，你就不可能真正勇敢或正义等等——而且还有更深远的意义和目标，而正是在把握这种意义与目标的过程中，我们才从头开始逐渐地对诸美德作出评价。"[2] 一方面，实施德性的行为是因为德性本身的缘故而不是德性之外的其他理由，即德性行为的动机和驱动力是德性自身；另一方面，作为行为者，不仅要实施德性的行为，而且还要追问和明确德性本身的价值和意义，唯有人们认识到德性本身的价值和意义，具有道德信念，才能激发克服困难的道德意志而坚持不懈地实践道德行为。只有出于德性

---

① ［古希腊］亚里士多德：《尼各马科伦理学》，苗力田译，中国社会科学出版社1990年版，第10页。

② ［英］麦金泰尔：《追寻美德——道德理论研究》，宋继杰译，译林出版社2011年版，第348页。

本身而为的行为，形成道德习惯，才能称为德性之人。由此推之，诚信德性本身是行动的目的，它自身具有价值，而不是因为它带来利益而有价值。诚信行为带来的利益是诚信德性的自然之果。这种价值主义的道德思维方式克服了道德规范论的外在性特征，强调诚信德性本身就是目的，这在很大程度上，避免了诚信的相对主义或条件论的局限。在强调道德本身就是行为目的这点上，亚里士多德的德性论与康德的义务论殊途同归，具有共同的道德思想。上述分析表明，在德性论看来，诚信德性或行为的正当性，不是因为它是一种合乎道德规范的行为，也不是因为行为的结果能够带来利益或功利，而是因为诚信德性本身体现的就是人应该具有的一种存在状态和本性，是人之为人的规定性和好生活（幸福生活）的构成要素，它们本身就是好的，不需要诚信德性或行为的后果来证明其正当性。诚信德性本身产生利益是其自然的衍生物，不能颠倒二者的关系，不能因为诚信带来利益而证明其正当性，也不能因现实社会德福不一而怀疑或否认诚信德性的正当性。诚信德性与幸福、利益是一致的，就像果树必然结果一样，不能因果树结果少或不结果而否认果树的本性。

二、义务论的诚信伦理思想

在近代社会，为应对社会利益以及价值多元的问题，在西方，伦理学从德性伦理转向了规范伦理，义务论与功利论是规范伦理学中两种典型的道德理论形态。义务论的代表是德国的康德。

1. 诚信道德原则何以普遍有效

与德性论相比，义务论重视道德原则和行为，认为道德行为的善恶要以道德原则为基础。为此，康德伦理学首先解决道德原则的根据以及道德原则的普遍性问题。康德的义务论与亚里士多德的德性论都强调人的理性特性，都把理性视为道德原则或德性的根据。在广义上，二者都属于理性主义伦理学之列，但不同的是，亚里士多德从人的理性特征出发直接引出德性，康德从人的理性特征出发引出的是道德原则——"绝对命令"，即人应当遵守的普遍有效的道德法则。康德的义务论伦理学中：道德的根据既不是经验伦理学的苦乐感，也不是功利主义伦理学的幸福和利益，更不是神学伦理学的上帝意志，而是人的理性自身。康德认为，人的理性使人不受感性欲望和苦乐的支配，能够为自己立法。人的理性发出的"绝对命令"，就是人应该遵守的道德法则。人的理性向自己发出的"绝对命令"，不仅是所有人都要遵守的普遍道德法则，而且践行道德法则不能附加任何假设条件，它的表达形式是"你应该做某事"。如"你应该诚实"，这个"应该"表达的是道德的"绝对命令"。"绝对命令"是人人都应该做的事，因此，每个人必须"要只按照你同时认为也能成为普遍规律的准则去行动"。① 诚实信用是人"应诚"的道德法则：这种道德法则不是人之外发出的命令，而是人的理性发出的命令，因此，诚信道德原则既不是利益原则，也不是神的旨意，而是人"应该"遵守的理性法则，即人之为人的行为原则。在这个意义上，康德为诚实信用的道德法则确立了绝对性，从而排除了利益的干扰。

2. 诚信道德的责任伦理

康德认为，真正的道德行为，既要看行为者是否遵守了人类建立的普遍有效的道德准则，也要看行为者所作出的行为是否出于"善良意志"。善良意志不是因快乐而善，因幸福而善，或因功利而善，而是因其自身而善的道德善。只有这种善良意志的善，才是无条件的善。② 人的品性一旦离开这种"善良意志"，不但不能证明其道德性，甚至会改变行为的道德性质。因为道德法则的"应该"命令，是人应做之事而不

① ［德］康德：《道德形而上学原理》，苗力田译，上海人民出版社1986年版，第72页。
② ［德］康德：《实践理性批判》，关文运译，商务印书馆1960年版，第64页。

是其他外在规定，所以，人们只有出于道德法则而行动，即出于责任而为，其行为才具有道德价值。同理，人践行诚信道德法则要出于责任而非利益。人应该诚实、信用，不应该说谎、欺骗、毁约，这是理性为自身设立的法则，而不是因为诚实、信用能够带来更大的利益或欺骗失信会损害利益的缘故。如果行为者是出于对诚实、信用道德原则的尊重而不说谎、守信，这个行为就具有道德价值；相反，如果行为者出于利益的权衡而不说谎、讲信用，那么这类行为就不具有道德价值。商人在生意场上，如果不是出于对诚信规则的尊重而对所有顾客一视同仁、童叟无欺、公平交易，而是心怀功利之心，那么，行为者的行为虽然合乎诚实守信的原则，但此类行为不具有真正的道德价值。为此，康德指出："一个出于责任的行为，其道德价值不取决于它所要实现的意图，而取决于它所被规定的准则。从而，它不依赖于行为对象的实现，而依赖于行为所遵循的意愿原则，与任何欲望对象无关。"① "责任就是由于尊重规律而产生的行为必要性。"② 更直接地说，责任就是做你应该做的事。具而言之，诚信行为是人自觉意识到"应该"做的事情；当且仅当人们是出于诚信原则自身而为的行为，才是出于责任的行为，此类行为才具有道德价值。出于责任的诚信行为，不受经验世界的利益左右，完全遵从"应该"的诚信道德律令，这恰是人超越自然存在而真正成其为人、使人具有尊严的表现。显然，康德的责任理论，切断了利益与诚信行为的功利纽带，强调了诚信行为的绝对性和无条件性，反对诚信道德受制于利益，即遵守诚信原则能够带来利益，就践行之，一旦诚实守信不能带来利益，就违背之。康德非常反对把道德手段化，认为道德只能是出于义务的行为，而不能作为达到其他目的的手段。虽然康德的责任伦理，只强调行为动机出于责任的唯一性，在市场经济条件下难以成为

---

① [德] 康德：《道德形而上学原理》，苗力田译，上海人民出版社 1986 年版，第 49 页。
② [德] 康德：《道德形而上学原理》，苗力田译，上海人民出版社 1986 年版，第 50 页。

一种普遍的社会行为。在现代市场经济社会，对"人"的理解出现了偏差，由人的独特性与卓越性降为人的自然性，突出了人的欲望和物质性，导致了以利益得失的权衡来主导诚信行为选择的现象。行为动机中一旦掺杂了许多道德之外的利益因素，诚信道德或者会变味，或者完全被手段化而迷失其目的性，其结果是难于建立诚信的社会。

3. 诚信道德的自律伦理

自由、自律是康德伦理学的核心概念。由于道德是人的理性向自己发出的"绝对命令"，是人类为自己立下的行为准则，因此，道德是人之内的规律和法则。人类的意志和行为服从的"绝对命令"，不是外在于人的道德准则，而是遵从自己的理性命令。所以，康德说："人类的尊严正在于他具有这样普遍立法能力，虽然同时他也要服从于同一规律。"① 在康德看来，人具有超越自然限制而按照自身立法行事的意志自由，而自律则是理性存在人的自由体现。诚实信用是作为有限理性存在的人自己对自己提出的道德要求，因而，诚信法则不是他律而是自律，道德法则自身就是行为的动力。② 与此同时，人具有排除经验世界利益干扰而遵守诚实信用原则的能力。在康德看来，理性法则并不是天然成为人们行为的唯一动机，因为人作为经验世界的人，总是要受感性冲动和自然本能的影响。而人作为有限理性的存在者，其伟大之处恰恰在于人能够超越自然限制而遵守道德法则，基于此，人具有遵守诚实信用的原则而摆脱外在利益制约的能力和自由。人按照理性要求遵守诚实信用法则，成其为真正的人，这就意味着人要排除或克服经验世界的各种利益诱惑而控制自己的欲望和利益的欲求。康德看到的是社会中优秀人的道德感悟力和行为的自觉性，却忽视了"个体"理性能力的有限性及其人自然属性的为我的放任性所产生的大量的非"优秀的人群"。因此，康德的义

---

① ［德］康德：《道德形而上学原理》，苗力田译，上海人民出版社1986年版，第93页。

② ［德］康德：《实践理性批判》，关文运译，商务印书馆1960年版，第74页。

务论，不是他的理论本身存在逻辑悖论，只是因为他的理论实现的条件即具有道德理性能力和道德自觉的优秀社会成员，在现实生活中难以得到普遍满足，从而影响它的实效性，致使其在现实生活中遭遇挑战。

三、功利论的诚信伦理思想

虽然义务论与功利论同属于规范伦理学，强调道德规则和行为是其共同的特征，而且都从人出发，推论道德原则和行为，都主张道德普遍原则的必要性，但二者在对道德原则来源的证明上，存在明显分歧。具而言之，义务论从人的理性出发，立论人的理性为自我立法以及自觉守法，强调行为动机只能出于道德法则，排斥其他非道德动机存在的合理性；而功利论则从人的感性出发，即从人的感性欲望、感官苦乐、趋乐避苦出发，论证功利原则的正当性，肯定行为动机的功利性。要言之，义务论把人看成是可以摆脱感性世界利益牵引的、能够超越动物的理性人，而功利论则把人看成受感性世界利益支配的感性人。由此可见，被康德义务论所排斥的人的感性，却受到了功利论的推崇，并被作为功利论立论道德原则的基础。

1. 幸福论的诚信道德原则的普遍有效性

功利论对道德原则普遍性的证成，是基于人的感性和利益，把道德置于功利的基础上，认为道德的最高原则是"最大多数人的最大幸福"。穆勒明确指出："接受功利原理（或最大幸福原理）为道德之根本，就需要坚持旨在促进幸福的行为即为'是'、与幸福背道而驰的行为即为'非'这一信条。幸福，意味着预期中的快乐，意味着痛苦的远离。不幸福，则代表了痛苦，代表了快乐的缺失。"① 功利主义把诚信

---

① ［英］穆勒：《功利主义》，叶建新译，九州出版社 2007 年版，第 17 页。

与利益挂钩，认为遵守诚信合乎最大多数人的最大幸福原则。一方面，功利论反对不顾他人和社会利益的虚假失信行为，认为"功利"的主体不只是个人，而且也包括他人和社会。① 穆勒在其《功利主义》一书中，非常明确地指出："在功利主义理论中，作为行为是非标准的'幸福'这一概念，所指的并非是行为者的幸福，而是与行为有关的所有人的幸福。"② 凡是促进其他人幸福和利益的行为，才是合乎道德的。以此理论而推之，道德的行为不允许损害攸关者的利益。显然，那些只牟取一己私利而欺骗、失信的损害他人或社会的非诚信行为，是功利论所反对的行为类型。穆勒在探讨功利与正义关系中，认为欺骗失信是一种非正义行为。他说："失信于人，违背诺言（无论是明确表达的诺言或是间接暗示的承诺）或者令他人因我们自身行为而产生的期望落空（至少是我们有意或无意地使他们产生了期望）等均是公认的不义现象。"③ 显然，在穆勒看来：只有诚实守信才是正义的；另一方面，功利论把"最大多数人的最大幸福"作为道德的最高原则，表明凡是道德的行为，都要有利于最大多数人的利益，不能损害他人或社会的利益。边沁在《政府片论》中曾明确指出："最大多数人的最大幸福是正确与错误的衡量标准。"④ 以此理而推之，诚实守信反映的是社会的普遍利益，其行为能够促进最大多数人的幸福，最合乎他人和社会的共同利益，因而，诚实守信是普遍的道德原则。穆勒曾明确指出："在我们内心培养一种对诚实保持高度敏感的情感，是最有益的事之一（而这种情感的衰退则是最有害的事之一），能够用以引导我们的行为。而任何对事实真相的背叛，哪怕是并非出于故意，都会大大削弱人类言论的可靠性；这种可靠性不但是当今社会一切幸福的主要支撑点，而且它的缺失会比其他任何叫得

① 周辅成主编：《西方伦理学名著选辑》下卷，商务印书馆 1987 年版，第 93 页。
② ［英］穆勒：《功利主义》，叶建新译，九州出版社 2007 年版，第 41 页。
③ ［英］穆勒：《功利主义》，叶建新译，九州出版社 2007 年版，第 103 页。
④ ［英］边沁：《政府片论》，沈权平译，商务印书馆 1995 年版，第 92 页。

出名字的事物都更严重地阻碍文明、美德以及所有人类幸福可依赖的东西……而我们同样以为，一个人为了给自己或其他某个个体提供便利，我行我素，破坏了大众的幸福，使之遭受不幸，这样的行为其实或多或少都牵涉到一种信任，正是人们将这种信任运用于相互间的言论中，结果使之成为最可怕的敌人之一。"[①]

2. 诚信道德评价的效果论思想

在功利论看来，一个行为的道德性，取决于行为的效果，与动机无关。穆勒认为"功利主义伦理学家们业已走在几乎所有人的前面证明了动机与行为道德无关（尽管与行为者本身的品德有关）这一观点。一个人救了另一个落水的人，无论他的动机是出于义务还是希望这么做能得到报偿，他的行为在道德上都是正确的。而一个背叛了信任他的朋友，那么即使他的动机是出于以更强烈的义务感服务于另一个朋友，他在道德上仍然是有罪的。"[②] 在康德的义务论中备受关注和强调的出于责任的道德动机，却在功利论这里被忽略了。在功利论看来，即使你的诚实守信行为，不是出于对诚信道德原则本身的尊重和诚服，只是为了避免因违背诚信原则而可能遭到的法律惩罚、社会舆论谴责、利益损失等权宜之策而为，这个行为仍是合乎道德的行为。也就是说，无论你出于何种动机诚实守信，只要你的行为最终没有欺诈和失信，都是道德行为。只有大家的行为都诚实守信，社会才能减少矛盾和摩擦达到利益最大化。因此，诚信是大家都应该奉行的普遍道德原则。

3. 社会诚信的外部制载理论

在功利主义伦理学中，它在协调个人幸福与多数人幸福关系的问题上，既主张发挥教育和社会舆论的作用，也强调法律等制度安排的作用。穆勒认为，"法律和社会安排应当尽可能地让个人的幸福或个人利

---

① ［英］穆勒：《功利主义》，叶建新译，九州出版社 2007 年版，第 53、55 页。
② ［英］穆勒：《功利主义》，叶建新译，九州出版社 2007 年版，第 43、45 页。

益（按照实践说法）与全体利益趋于和谐"① 是至关重要的，其次才是"教育和舆论对人的性格塑造"②，使人树立正确的幸福观、不产生过度自利的行为。在穆勒看来，虽然人的内部良心是道德的约束力，但绝不能完全依靠人的内在良心，因为良心"这一约束力对那些不具备这种情感的人而言不具有约束效力。而那样的人既不会遵从功利原理也不会总遵从于任何道德原理。对于他们，只能诉诸外在的约束力，否则任何道德都不起作用"③。在这点上，功利论是言之有理的。他们看到了社会人群道德素质的参差不齐，尤其是对于那些缺乏道德良心的人，无法单靠呼唤其良心而让他们遵守诚信道德，为此，道德（包括诚信在内）需要制度等外在约束力给予保障和维护。显然，功利论的外部制裁理论，为社会诚信制度的建设提供了理论支撑。

通过对德性论、义务论与功利论三种典型伦理学说思想的梳理与条陈，我们不难发现，尽管这三种学说各具理论特色，且存在相互争辩的分歧之处，但在对诚信是否为人类应该遵守的普遍道德原则问题上，它们是没有异议的，或者说，三种不同的伦理学说，都得出了诚信是人类应该遵守的普遍道德原则的结论，并从不同方面为诚信道德在理论上作出辩护。

发表于《哲学研究》2015 年第 12 期

---

① ［英］穆勒：《功利主义》，叶建新译，九州出版社 2007 年版，第 41、43 页。

② ［英］穆勒：《功利主义》，叶建新译，九州出版社 2007 年版，第 43 页。

③ ［英］穆勒：《功利主义》，叶建新译，九州出版社 2007 年版，第 67、69 页。

信用概念疏义

信用这一概念，随着经济学地位的提升及社会信用缺失的严峻现实，愈益为人们所熟知，并成为人们关注和探讨的重要课题。但目前在日常话语和理论研究中，存在着信用意蕴含混、意指不明的问题，常把一般形态的信用与具体形态的信用混同以及忽视信用存在类型的划分。这种偏颇，不仅造成了信用语义不清，而且在某种程度上也导致了对社会信用建设系统的疏漏。为此，本文针对信用概念使用中存在的两大问题进行评析与疏义，以期克服目前信用概念内涵的宽泛性和外延的不确定性，为信用研究的科学性和信用文化建设的实效性夯实理论基础。

一

目前，在有关信用研究的一些理论著述和相关论文中，一提"信用"，基本上是以经济领域的各种具体的信用类型来包揽全部的信用形式，出现了用经济信用直接指代一般信用、忽视其他信用形式建设的倾向。究其缘由，可归纳为三点：1.一些具有相当权威的专业性较强的工具书，对信用的释义，基本着重于经济的视域。如《中国大百科全书》指出：信用一借贷活动，是以偿还为条件的价值运动的特殊形式。在商品交换和货币流通的条件下，债权人以有条件让渡形式贷出货币或赊销商品，债务人则按约定的日期偿还借贷或偿还货款，并支付利息。《大英百科全书》中的 Credit（信用）指"一方（债权人或贷款人）供应货币、商品、服务或有价证券，而另一方（债务人或借款人）在承诺的将来时间里偿还的交易行为"。《韦氏英文词典》对信用的解释是：The system of buying and selling without payment on security"，即信用是发生在不直接兑付的交易形式中，债权人以对债务人还款能力和承诺的信任为基础预先实现某种所有权的转移。工具书中这种凸显"信用"经济功能的倾向，无疑为把具有普遍性的社会信用归属于经济信用的做法提供了较好的说辞。2. 经济领域是信用的最活跃场所。市场经济的交易性所衍生出的各种信用形式及其引发的信用工具的广泛使用，无不强化了人们对经济信用的感受和体验，而经济信用的这种强势在客观上便有了一叶障目的作用。3. 经济领域失信的凸显及其对社会经济发展的制障效应，也催化了人们对经济信用的专注和偏执。但事实上，社会信用则是广布于社会生活的各个领域，普存于人类的所有活动中，具有"一般形态"与"具体形态"之分。一般形态的信用是泛指一切与约定（规定、承诺、契约、誓言等）有关的社会伦理关系及其相应的规范要求和品行，是对具体形态信用所共同具有的普遍性质的抽象与概括；具体形态的信用，是社会生活各领域信用的特定表现形式，如平时我们所说的经济信用乃至更细分的商业信用、银行信用、消费信用等。

具体形态的信用有多种分类法。依信用主体的不同，可分为个人信用、企业信用、国家信用、国际信用；依信用内容的差异，可分为人际信用、家庭信用、职业信用、制度信用、消费信用、商业信用、金融信用、租赁信用等；依社会活动的领域，又可分为经济信用、政治信用、法律信用、伦理信用。笔者比较倾向于后一种划分方法。理由如下：第一，它符合经济基础与社会意识形态的存在样态；第二，包容性强，比如经济信用能够涵盖所有的发生在经济领域中的信用表现形式，诸如消费信用、商业信用、租赁信用、金融信用等等；第三，能够反映信用行为的多种价值的兼容性。由于信用行为是在一定社会关系中发生的，因而，具体的信用行为往往体现着多方面的社会关系，从不同方面进行考察和评价，具有不同的社会价值，以致会造成不同信用类型的交叉性、重叠性，如企业之间的赊销交易，既是一种经济信用、伦理信用，也可因缔结了具有法律效力的合同而成为一种法律信用。

可见，信用具有广泛的外延，经济信用只是其中的一种表现形式，那种把具体的信用形式与一般的信用形态相混同的做法，不仅会引致人们对信用理解的偏狭，影响信用概念的科学化，而且也会局限人们对信用建设的视域。显而易见的偏差是，人们在对信用建设的对策研究中，不注重信用建设的社会系统，而是仅仅盯着经济领域信用建设的具体举措。这种孤立地强调经济信用建设的做法，常常会因缺乏坚实的社会信用支撑而变得脆弱。因为从社会信用环境建设的视角来看，如果缺乏社会的政治信用建设和法律信用建设，经济信用就会因缺乏制度保障而流于形式；从社会成员的守信培养的角度来看，如果不注重社会生活领域的信用建设，譬如家庭信用建设、职业信用建设、公共生活中的信用建设，致使人们缺乏对婚姻的忠诚、对子女许诺的信守、对赡养义务的尊崇、对岗位责任的信守以及在人际交往中对诺言的坚守等，经济信用就会如同建立在沙滩上，社会成员的契约精神就会缺乏品质保证。因此，应站在一般的信用形态的高度，着力于信用的社会系统建设。

二

在信用概念理解和使用上存在的第二个问题是，一些人不对信用的存在样态进行归类梳理，而是一味地笼统泛论，以致常把承诺性的信用直接等同于一般信用，忽视规则性的信用建设。在社会生活中，信用除了表现为对某种具体承诺的践约外，也表现为对某种普遍规则的践行，所以，信用有两种存在类型：规则信用和承诺信用。规则信用是一定条件下的一种普遍性的约定形式，包括由这种规则引发的关联方式、守规要求及其相应的品行。一般而言，规则信用常常是一种集体意志或社会理性的反映，如政府的政令、法律规定、道德准则乃至特定机构的规章制度等。承诺信用是一定条件下的一种个别性的约定形式，包括由这种承诺引发的特定的权利和义务关系、守诺要求及其相应的品行。承诺信用是单个个体或人格化的集体之间协商的产物，它的规约要求不是预制的，而是双方或多方因某种实际需要商定的结果。在日常生活和信用研究中，人们所说的信用，一般是在这个意义上使用的，如个人之间的契约或企业之间签订的合同等，常常把规则性信用排除在外。值得注意的是，承诺信用并不能取代规则信用，因为承诺信用与规则信用具有较大的相异性。

1. 规则信用关系常常是一定的社会条件下，比较稳定和持久的一种社会关联方式，如人们的一些法定义务关系或人们在公共场合中的各种伦理关系，有的可能相伴一生；而承诺信用因其是由某种具体的诺言或契约的规定而引发的新的法律关系或伦理关系，因而，它具有明显的时效性。尽管诺言或契约等约定的时间长短不一，但一旦达到了约定的时间，无论其结果如何，是践约还是毁约，都预示着某一特定信用关系的结束。如商家之间具体的购销合同，会随着合同的有效期和履约情状而结束。就此而论，承诺信用关系会依约定时间的不同、约定内容的变更及约定的完成而终结，从而显现出具体的承诺信用关系的变动性。

2. 一般的规则信用关系，是人们的社会角色的一种必然联系，个人对其所处的法律或伦理关系的自觉意识，常常要在社会化中经历一个或长或短的认识过程；但承诺信用关系，不是预先被规制的，各种约定的缔结，无论是约定的内容还是约定的时效，行为当事人都是自知的，甚或是行为者自愿抉择的结果。在一定意义上可以说，承诺信用关系就是人们某种自觉意识的产物。没有主体的意识、意向和选择，就不会有承诺信用关系。人们不是去认识业已存在的法律或伦理关系，而是在意识支配下主动建立一种具体的法律或伦理关系；一旦某一约定缔结，其法律或伦理关系的客观性则不容质疑。

3. 承诺信用关系的形式具有多样性。凡涉及自愿约定的社会关系，都是承诺信用关系，而世间的约定形式常会因文化传统、内容的轻重乃至个人的性格特性等方面的差异而千姿百态。从法律效力来看，有正式的合同、契约和一般的承诺、誓言之分；从约定形式来看，有书面的明确约定，也有口头的允诺；从规范形式来看，有合乎一定格式要求的书面约定，也有不拘泥固定的格式、只为当事人之间认可的表达形式；从约定方来看，有个人之间的约定，也有个人与人格化的集体之间的约定，还有集体之间的约定（如商家之间的各种买卖合同）等等。

4. 规则信用关系一般不锁定目标对象，如助人为乐、见义勇为、同情弱者等伦理关系的目标对象是随着道德选择处境的不同而不断变化的，借债还钱的民法要则和杀人偿命的刑法条文所惩治的目标对象也处在经常变动之中；而承诺信用关系的目标对象常常是特定的、具体的、预先明确的。

5. 一般的法律或道德准则，对于行为主体而言，其所规定的要求更多的是一种带有普遍性和先在性的社会规定，因而对于社会成员具有外在性，即使主体通过认同和内化达到了自律，其道德准则的内容要求也是不依个人意志为转移的。虽然承诺信用的一般准则，如有约必践，也具有普遍的性质，但在每一具体的承诺信用关系中，准则要求的具体内容则是千差万别的，视人们的具体约定内容而变化。因为具体的责任要求是信用关系的主客体双方协商规定的，因此，作为行为者而言，责任内容是自己制定的、同意的、认可的。毫无疑问，作为当事人的行为主体，对承诺信用准则的具体责任要求具有预知性。具体而言，承诺信用关系的意识性，表明其缔结的内容所涉及的权利与义务的规约，是双方自由自愿协议的产物，或主体主动承担的结果，无论是在单向的义务关系中还是在双向的义务关系中，约定的责任要求都是预知的。在单向的约定义务中，义务的内容为双方共知，但践行者为一方；在双向的约定义务中，义务的内容不仅为双方所共知，而且彼此具有不同的义务责任，都是践行者。在一定意义上可以说，承诺信用准则在很大程度上，是人们自己立法的结果。有鉴于此，承诺信用准则与一般的法律规定或道德准则相比，它有两层价值指导：一是一般性的价值原则，二是具体性的价值要求。二者的关系是，承诺信用准则的普遍要求必须通过特定信用关系中的具体要求的践行得以贯彻和体现。一旦具体信用关系中的约定义务不能得到履行，承诺信用的一般准则就会成为一种虚设。

可见，规则信用与承诺信用具有不同的特性，以承诺信用代替一般信用，或者只偏重于承诺信用，势必会造成把规则性信用排除在信用研究和建设之外的可能，这显然有失科学。此外，也会造成对失信的认识浮于表面的后果。当前，人们一提社会信用的缺失，一般就举证经济生活领域的各种具体的失信行为，如做假账、贩假货、违约、毁约等。殊不知，这些具体的承诺信用短缺的背后，是规则信用的缺失。规则，无论是政府的政令还是法律法规和伦理准则，都是一种价值导向和规范要求，这些具有普遍指导性的价值原则和规范要求，构成了社会价值体系和社会成员的行为选择方式，并由此产生出合理的社会行为类型和行为预期。当前，正是由于这些规则缺乏应有的威信和威力，才会使人们在具体的承诺信用中因缺乏足够的价值信念而食言失信。所以说，社会信用的缺失，不只是承诺性信用的失约，更是规则性信用的失威。再则，规则信用是承诺信用的基础保障。规则作为一种行为范式，对人们的心灵和行为方向具有统摄和普遍规制的作用，因而，唯有规则真正成为人们把握世界的实践原则，社会才会有普遍而稳定的良好行为秩序。社会的法律所明示的权利和义务的一般规定，只有为社会成员认可和信服，人们在具体的合同中才会具有契约精神和信用意识；政府的各种政策、政令、规章制度，只有公正、严明、权威，为人们诚服，人们才不敢藐视制度的尊严而肆意失信；诚实信用等道德原则只有成为人们为人处事的内心法则，道德的内在自制力才会制衡人们的贪利失义行为。所以说，仅偏重经济信用建设，不免有头疼医头、脚疼医脚之嫌，而且会疏忽社会信用建设的根本。

发表于《哲学动态》2004 年第 3 期

传统信德的特征、断裂成因
及其承继的原则

一个国家或民族由农业社会向工业社会或信息社会的转变所实现的现代化，是一项涵括社会经济、政治、思想文化、社会心理、价值体系及行为方式的全面转型。由是，一个国家的现代化，绝不只是物质技术问题，更是社会成员的思想观念、心理状态和行为方式问题，无疑，任何国家和民族的社会文化思想和行为方式，必须要在社会结构的调整中完成自身的现代转型。在传统文化的变形中，传统信用观念的整合与转换则是重要内容之一。故而，综括中国传统信德的特征、透析传统信德断裂的成因、提出传统信德承继的原则，则是实现传统信德文化与现代市场经济的信用文化沟通的前提。

中国传统信德的特征

恩格斯曾指出："在历史上出现的一切社会关系和国家关系，一切宗教制度和法律制度，一切理论观点，只有理解了每一个与之相适应的时代的物质生活条件，并且从这些物质生活条件中被引申出来的时候，才能理解。"① 因之，任何伦理思想和道德规范的形成，都是一定社会政治、经济和文化的产物。正是中国传统社会特殊的政治、经济和文化的糅合，玉成了中国传统信德的自身特点。

第一，传统信德的自律性。中国传统信德虽缺乏西方近代契约信用文化的外在规制性，但其所隆显的信用的内在约制性，则形成了中国传统信德的自律特征，突出表现为对信的诚与忠的道德规定。

诚为信之本。在中国传统的信用文化中，"诚"与"信"不仅在语义上互释（《说文解字》中说："诚；信也，从言成声；信，诚也，从人从言。"），而且二者具有体用关系。"诚"有三层意蕴：一是在本体论上，指自然万物的客观实在性，即"天道"的必然性和规律性，如韩非所言："道者，万物之所然也……道者，万物之所以成也。"② 故古代典籍《中庸》道："诚者，天之道也。"二是在认识论的意义上，指对"天道"的客观真实的反映，即"人道"效法"天道"的真实性，尊重客观规律。故《中庸》又道："诚之者，人之道也。"三是在价值论的意义上，指尊重事实和忠实本心的待人对物的态度，即真实反映事物求真，真诚待人求实，既不自欺也不欺人。故朱熹言："诚者，真实无妄之谓。"③ 又言"诚者何？不自欺不妄之谓也。"④ 可见，诚不只是自然万物的一种本质属性，更是人应该具有的一种"主观态度"的规定，即尊重事实和规律的求实态度，而这种待物做事和待人处世的真实无妄的态度和品行，则是人们能够坚守"信"的道德基础。因为"诚"作为行为主体的态度倾向和精神品质，能够促使行为主体对"信"的规则产生认同感并形成信念，从而减少言与行的背离性。其一，使许诺发自内心，真实不虚假，既不欺骗自己也不欺骗别人；其二，具有实事求是的诚实精神，

---

① 《马克思恩格斯选集》第 2 卷，人民出版社 1995 年版，第 38 页。
② 《韩非·解老》。
③ 《四书章句集注》。
④ 《朱子语类》卷一一九。

能够在客观思量实现诺言主客观条件基础上，使承诺力度量力而为，避免不顾客观实情的随意许诺和盲目许诺；其三，使履行承诺或义务真心实意，而不虚情假意走过场，做到心口如一，言行一致。一言以蔽之，内心诚才有信，否则就会沦为空伪。可见，传统信德强调"信"的内在性，即要求社会成员具有尊重"规律、规则"的"诚实"态度，对"人道"法则"信"内心服膺和自觉践行，而不是把遵守信用要求仅停留在社会交往行为的外在规定上，或视其为附庸社会管制的一种方策。

"信"与"忠"具有表里关系。古人不仅把忠信视为重要德目，而且认为二者具有内在的联系性。程颢云："尽己之谓忠，以实之谓信。发己自尽为忠，循物无违谓信，表里之义也。"[1] 孔颖达疏："忠者，内尽于心也；信者，外不欺于物也。"[2] 具言之，"忠"是出于内心的情感和信念，"信"是表现于外的言行一致，笃定的信念是言不欺诈的重要条件。孔颖达又曰："推忠于人，以信待物，人则亲而尊之，其德日进。"[3] 即待人以忠，处世讲信，是为人之本，并会博得人们的亲近和尊敬。综之，"忠"作为人们待人处世、生活态度及信仰等方面的坚定信念，是信守成约的心理基础，亦即人们对自己承诺的忠实与守约的信念，是人们主动、自觉践约的根本保证。

第二，传统信德的情感性。中国传统社会是典型的农业社会，农耕的一家一户的生产特点，使社会成员的活动范围基本上局限在本地本村，人员流动较小，因此，人们往往是相互熟悉的亲戚、邻里、同乡，具有血缘和地缘关系。这种以血缘性、乡土性为特点的有限社会关系，形成了人们之间的情感性信任，即中国传统的信任取决于人们之间的情感联系及其密切程度，以致马克斯·韦伯认为，中国人的信任是一种基于血缘关系而形成和维系的特殊信任，对非血缘关系的"外人"，普遍

---

① 《遗书》卷十一。
② 《十三经注疏》。
③ 《十三经注疏》。

存在着防范、猜疑和不信任。中国人的情感性信任不仅表现在一般的人际交往中，也表现在商业活动中。我国有名的晋商，他们的经营方式如行帮、朋合营利、伙计制等，基本上是本着亲朋好友的合作原则，依赖的是个人的人格信义；山西籍的商人到外省经商，一般要建晋商会馆，以联系乡情、发展乡谊；在经商过程中，积极维护同乡的利益，推行"同乡互助"原则。有鉴于此，汉密尔顿在《中国社会与经济》中，把情感性信任视为中国传统社会经济的一个重要特征，认为个体商人的信誉、成功与其所归属的乡亲族党密切相联，指出："个体商人的市场可信任度完全取决于这个商人所归属的行会组织，而这种行会组织乃是依据乡亲族党的联系来组建的，因此一个商人的可靠及商业上的成功最终是建立在乡亲族党的关系上。"

另外，传统信德的情感性信任由于扎根于熟人社会，闲言碎语的舆论具有强势作用，因而，人情、脸面常常成为维系人们之间信用关系的重要力量，并形成了特殊的信用维护机制：一是影响态度和信念的"诚"与"忠"的内在约束，二是影响人的精神满足的社会舆论的外在制约。

第三，传统信德的义理规制性。中国传统的信德，不仅强调"诚"的内在规定性，视"诚"为信的基础，而且也强调"信"的义理性质，不主张盲目教条的守信。信作为人们的处世原则，基本要求是言由衷，约必践，言行一致，以博人信任，形成稳定的行为预期。但中国先哲们在考证信德时，不把信守约定、诺言作为绝对的行为准则，而是注重信德的精神实质，看其约定的正当性、合义性，认为"义"是信的基础和践约的前提。只有合乎"义"的约定，才有履行承诺的道德要求，相反，对于不"义"的约定，则不必践行。可见，中国传统社会的贤哲们，反对死抱教条的形而上学的道德思维方式，认识到言行一致绝不是"信"的全部内容，言行合乎义理才是"信"的最终规定性，所以，古人对"信"的释义，不仅主张"以信求仁"，而且尤为强调"讲信循义"。在封建社会的道德规范德目"五常"中，儒家一方面以"仁"统领其他德性，认为"百行万善总于五常，五常又总于仁"①。另一方面又以"义"统"信"，把"信"作为本身不涵括价值标准的中性伦理原则，即一种需要借助其他价值界定的非自满原则。所以，《论语·学而》有"信近于义，言可复也"。即承诺之言只有合乎"义"，具有正当性，才可守约兑现。孟子说得更直接："大人者，言不必信，行不必果，唯义所在。"②《穀梁传》也曰："信之所以为信者，道也，信不从道，何以为信。"很清楚，守信与否的检测标准，不仅在于言行的一致与否，更在于是否合乎义理，应该明理诚信。对此，朱熹一语道破："信不近义"即为不信，而且"反而害信"。③准此观之，中国传统信德的主旨，是"君子宁言之不顾，不规规于非义之信"。④即信德载道，以"义"为规，合义之约必履，违义之诺非守。

二、传统信德断裂的成因

探究中国传统信德断裂的原因，既要考虑文化嬗变的一般规律，也要深植其社会变化之中，进行全面的寻根究底。

1. 中国传统社会结构的变迁

恩格斯曾经指出："一切划时代的体系的真正的内容都是由于产生这些体系的那个时期的需要而形成起来的。所有这些体系都是以本国过去的整个发展为基础的……"⑤摩尔根也说："每一时代都各有其不同的

---

① 《朱子语类》卷六。

② 《孟子·离娄下》。

③ 《朱子语类》卷二十一、二十二。

④ 《正蒙·有德》。

⑤ 《马克思恩格斯全集》第 3 卷，人民出版社 1960 年版，第 544 页。

文化，并且或多或少地各呈现一种特殊的和独具的生活样式。"① 传统信德作为以家庭、家族为纽带的封建等级社会的产物，必定会随着我国近代社会结构的变迁而失去原有的支点和基础，因此，从根本上说，中国传统信德的断裂是近代社会结构发生变迁的必然。

中国传统社会，从生产活动的内容来看，是以农耕为主要生产活动；从生产规模来看，是一家一户的分散劳动；从经济形式来看，是自耕而食、自制而用的自给自足的自然经济；从社会特征来看，是宗法等级的政治社会；从社会成员的活动范围来看，基本上囿于一村一地，交往的对象多为带有血缘或乡情的亲戚、乡邻。人们交往的熟人社会，彼此知根知底，乃至了解祖孙三代的为人，为彼此交往的安全性和信任奠定了心理和社会基础；而家庭、家族出于本家、本族的荣誉，也会管教家庭成员的言行，使之不做有辱家族的丢脸之事，一旦家庭成员发生失信行为，不仅会遭到乡邻四舍的指责，也会受到家庭或家族的严厉惩戒；加之自然经济社会，商品交换不频繁，失信牟利的机遇不多。但我国 20 世纪以后，正像余英时先生指出的那样，剧烈的社会变迁已使中国的传统社会结构全面解体，从家庭婚姻、乡里结构、学校教育……到风俗习惯，中国的传统制度已经一个接一个地崩溃了。② 无疑，支撑传统信德社会基础的削弱，必会导致传统信德的衰微。

2. 中国传统文化继承的偏颇

在中国传统文化的现代转型过程中，始终没有解决好优良民族文化传统的传承问题。在闭关锁国未与西方近代文化接触之前，中国一向是一个文化辐射源。③（张岱年语）而 16 世纪西方天主教向中国的进入，也就揭开了中国文化的论争。按照张岱年先生的论要，中国的文化论争大体有四种观点：一是国粹主义，二是全盘西化论，三是在这两个极端

---

① [美] 摩尔根：《古代社会》上册，杨东莼译，商务印书馆 1971 年版，第 18 页。
② 余英时：《现代儒学论》，上海人民出版社 1998 年版，第 230 页。
③ 张岱年：《中国文化与文化论争》，中国人民大学出版社 1990 年版，第 312 页。

之间持调和折衷立场的，四是主张发扬民族的主体精神，综合中西文化之长，创造新的中国文化。[①] 我们权且不详叙各个阶段不同观点的纷争过程，但我们必须清楚各种观点类型所要解决的问题及优劣。国粹论所奉行的一味尊古和全盘西化论所奉行的民族文化全面抛弃的倾向，显然是对传统文化的认识缺乏辩证的思维方式，而且也不合乎文化发展的一般规律，但这两种学派的对立观点，又无不消解中国传统文化继承的主流思想的形成。主张发扬民族的主体精神，综合中西文化之长，创造新的中国文化的第四种观点，从继承原则来看，无疑是全面和正确的，但具体到操作层面，如何实现新旧杂糅，整合出一个通融新旧文化的价值体系，则缺乏行之有效的方法。所以，从理论层面来看，我国未能很好地解决民族文化精神特质与现代社会的融合问题。

在实践的层面上，中国进入 20 世纪后，半殖民地半封建的社会结构氛围，使学术研究呈混乱、松散状态；"五四"新文化运动对封建道德的剖析和批判，虽打击了中国封建的纲常礼教，使传统的封建道德体系受到了肢解和动摇，但未能构建出一个新的社会价值体系，从而出现了文化链条的断裂和道德的失范。新中国成立后，我们国家在道德继承上，多从阶级性的角度进行研究，把复杂的文化继承简单化，加之后来的反右扩大化、大跃进乃至"文化大革命"，说真话遭殃的生活现实以及打破亲情的阶级划分，无不瓦解了人们之间的信任关系，并最终造成了传统信德在社会生活各个方面的完全断裂。

3. 社会的现代转型

社会的现代转型，形成了不同于传统社会的新质社会结构。正如马克思在《共产党宣言》中对资本主义社会与封建社会特征的剖析那样："生产的不断变革，一切社会关系不停地动荡，永远的不安定和变动。这就是资产阶级时代不同于一切时代的地方。一切固定的古老的

---

① 张岱年：《中国文化与文化论争》，中国人民大学出版社 1990 年版，第 313 页。

关系以及与之相适应的素被尊崇的观念和见解都被消除了。"因此，以市场经济为运行形式的现代社会，必然从根本上不同于小农经济的传统社会。传统信德是建立在农业经济基础之上的，带有很强烈的"乡土本色"，"乡土社会的信用并不是对契约的重视，而是发生于对一种行为的规矩熟悉到不假思索时的可靠性。"① 而市场经济社会，不仅改变了人们对土地的依附，而且伴随着交换的拓展，也促发了社会成员的广泛流动。传统信德发挥作用的社会环境——"熟人社会"的逐渐打破，无疑使传统信德在社会中的约束力受到了削弱。

我国的当代社会，应该说既不同于传统社会，也尚未完全进入现代社会，是一种"过渡型"的社会形态。它没有完形的传统社会和现代社会那样经过相当阶段发展而呈现出的较高文化价值整合和社会秩序整合，而是兼有传统和现代社会文化类型的各种因素，这种文化氛围，对于信德而言，一是从社会发展的链条来看，中国社会未能经过市场化、工业化的全面洗礼，从而也就没有完成从农业形态的人情信用到市场经济形态的契约信用、法制信用的转化；二是伴随着社会人口流动性和陌生人社会的形成以及失信牟利的几率的增加，传统信德的自律性和乡情、习俗的制约性逐渐减弱；三是我国刚刚摘掉非市场经济国家的帽子步入发展中的市场经济国家，从社会经济的总体来看，市场化的程度有待深化，信用交易还不够普遍和频繁，因而，社会成员普遍的契约信用意识还不够强。这种社会现状，就使得人们的信用行为，既缺乏传统社会的熟人情感和舆论的约制，也缺乏现代社会法治精神的约束，诱发了失信牟利的投机行为的泛滥。

---

① 费孝通：《乡土中国》，三联书店 1985 年版，第 6 页。

三、传统信德承继的价值原则

传统信德的承继，从根本上属于中国传统文化现代转型的范畴，是中国传统文化现代化的重要内容之一，因之，传统信德承继的价值原则，无不遵循文化发展的一般规律。

1. 尊重民族文化心理的原则

传统文化具有传承性是毋庸置疑的，但是我们往往一谈到传统文化的批判继承，就直入传统文化的观念形态，忽视传统文化直立的民族心理。文化的历史规定性和异质性，无不与一定民族的心理结构相关，以至于在一定意义上，不同的民族文化心理结构，形成了不同的文化特质。因为文化是某一特定民族通过长期的历史实践所创造的物质成果、精神形态以及制度、规约、交往方式、价值取向、思维方式的复合体，由是，文化的承继不仅仅是对传统文化精华内容的吸纳，更重要的是要尊重民族的传统文化心理和民族习惯，把脉传统文化的心理结构。唯有如此，才能构建出具有生命力的传承文化体系。对于信德而言，我们绝不能完全照搬西方的契约信用文化，而应在健全信用的法律体系、强调信用的契约性基础上，重视我们民族固有的人情信任心理和人情道德的自为调节功能。

2. "换形法"和"精神继承法"的批判继承原则

文化的发展一般要经过批判与继承来实现，尤其是社会转型所带来的文化价值观念的嬗变，更要通过批判与扬弃，使传统文化与现代社会发展的主旨要求相衔接，使传统文化的精神合乎时代的要求，因而，传统文化的继承是在批判与扬弃的过程中实现的，这种继承是把传统文化的合理内核或民族精神加以发扬。为此，对传统文化的继承要全面理解，完全丢弃自己民族的传统文化，因没有批判基础上的扬弃而谈不上继承；缺乏对传统文化的全面反思和现代社会精神的准确把握，也不会有真正的继承。应该说，我们从方法论上确立了传统文化批判继承的抽象原则，但在具体操作上应该如何批判、继承，则缺乏传统与现代衔接的文化整合力，远没有形成具有民族优良传统和现代精神融化一体的新的文化价值形态。

对于传统信德的承继，我们要在遵循文化发展的一般规律基础上，对信德进行具体的批判继承。从文化价值的一般形态来看，传统文化常常蕴涵着普世与历史的双重价值要求，即人类的普遍价值与特定历史的社会价值；从信德本身的价值内容来看，它既包含着反映人类社会普遍道德价值的优良因子，也因其所产生和发展的时代的局限而必然包含着某些不符合当代社会发展需要的东西。所以，从大的原则来讲，我们要根据时代的要求，继承传统信德的精华，摒弃其糟粕。为避免使信德的批判继承仅停留在一般的抽象原则的泛化上，我们还应加以具体化。首先，对"信"的形与实要区别对待，实行"换形法"。对中国传统"信德"的理解，应该看到蕴涵其"形"中的普遍道理，从而在批判继承中，去其特定社会的外形，以现代社会为依托，进行嫁接。如中国传统信德不仅强调人们要守约，而且把"信"扩延到人伦关系的相互义务的履责，认为人伦秩序的维护，在于人们信守自己所处关系的本分要求，而且重在上行的示范作用。对此，傅玄曾论道："讲信修义，人道定矣。君不信以御臣，臣不信以奉君；父不信以教子，子不信以事父；夫不信以遇妇，妇不信以承夫，则君臣相疑于朝，父子相疑于家，夫妇相疑于室。大小混然而怀奸谋，上下纷然而竟相欺，人伦于是亡矣。夫信由上结者也。故人君以信训其臣，则臣以信忠其君；父以信诲其子，则子以信孝其父；夫以信遇其妇，则妇以信顺其夫。上秉常以化下，下服常以应上，其不化者，百未有一也。"[1] 这种以封建社会人伦等级关系体现出

---

[1] 《傅子·信义》。

的"信守人伦责任"之"理"，值得我们剥开外壳而吸收其合理内核。我们可以把其合理思想概括为："信"不仅体现在人们之间的承诺与践行中，也体现在人们所处社会关系的应有之责中，人们对自己本分职责的履行，也是"信"的一种表现形式，而且强调长者的以身作则。这种思想可以直接为我们当代所借鉴、吸收，所要注意的是，人们的本分职责要求会随社会类型的变化而不同。其次，对传统"信德"的思想，提炼、凝结，实行"精神继承法"。中国传统的"信德"思想，丰富庞杂，需要我们给予梳理、分类概括，以便把握其思想的精神实质。如"诚"为道德本源和信德基础的思想，认为"诚故信，无私故威"①。"推之以诚，则不言而信。"② 即有"诚"方能有德和信，只有真诚无妄、心中有约，才可立信。这种强调内心不伪和信服的思想，在信用建设中，可以与法律的外在强制相结合，内外合力以促良好社会信用。

3. 创造性转化的原则

传统文化的现代转型，不是哪一个国家或民族自己遭遇的事情，而是世界各国在由传统农业社会向工业社会、小农经济向市场经济转变过程中都要面对的一个重要课题。综观亚洲国家传统道德现代转型的成功经验，创造性转化的原则是其中的一个重要方面。这个原则可以具体化为：对传统德目的现代诠释和对传统道德思想的扩展。新加坡在寻求现代化的文化支撑和发展中，把亚洲传统道德价值观的孝道、义务、国家为重的社会观念等，融于新加坡现代社会发展之中，成为新加坡迅速崛起的精神动力。李光耀对儒家思想的核心德目"忠孝仁爱礼义廉耻"的现代诠释，堪称儒家传统文化创造性转化的典范。为此，我们对于传统的"信德"，也应该在摒弃其封建腐朽思想基础上，赋予其时代的内涵。比如传统信德"讲信循义"的思想，就要对"义"进行新的诠释。

---

① 《正蒙·天道》。

② 《中说·周公》。

在传统社会，依封建专制和等级制的道德要求，"义"是合乎封建等级社会之"礼"，因之，我们不能对"讲信合义"的传统思想进行抽象的肯定和吸收，应根据我们社会的时代要求，把"义"上升到"公理、法则"的层面，赋予其现代社会的"义理"内涵，倡导合义守信，在大信与小信的择选中，选大义之信。

另外，我们要实现传统道德的现代转型，还需把传统道德思想进行扩展。传统信德由于有熟人社会的文化氛围的制约，加之受儒家的"重义轻利"价值取向的影响，传统信德对"信"的维系，重人情和自律，忽视"法"的作用。而当代社会，市场经济作为一种契约经济，是以法制为保障的，因而，人们之间的交往，在重视相互的心理信任的同时，也应依交往的性质和内容的需要，按社会法规缔结相应的法律关系，尤其当人们之间发生失信的情形时，更应借助法律的力量来救济，不能完全依赖传统意义上的情感信任。概言之，对于人们信用关系的维护，我们一方面要吸收传统"信德"的情感和自律的内在调节力的思想，不要事无巨细全部诉求法律，倒向法律绝对化，尤其对于家庭成员、邻里或朋友之间的无关重大法律义务的日常信用关系，不要动辄用法，撕破脸面，亲情、感情对矛盾、纠纷有自身独特的消解力；但另一方面，对于涉及合同、契约等责任与权利履行与维护的信用关系，则不能排斥法律的调节力。所以，把传统信德的内涵进行转化，使它在保留传统意义的同时，也具现代法制意义，以实现对传统信德的合理承继。

发表于《道德与文明》2005 年第 3 期

失信何以可能的条件分析

任何行为的发生，都需要一定的满足条件。一种行为类型在社会中的普存，常是达到了它的给定条件使然。依此而论，当今中国蔓延的失信行为，无不是与我国社会环境中的一定要素条件相关。因之，失信的条件分析，则成为本文的中心议题。

一、人性的巧利欲求

信用活动的主体是人。因此，研究信用问题，则离不开对人性的考察。对于人性，我们惯常从哲学的眼光来审视，即从人与动物相区别的视角来把握，所以经常看到的只是人的意识和理性的光辉在社会中的普照。但人是生命有机体的客观事实，则决定了人既非神也非动物，而是具有生理、心理、思维等综合特征的有感觉和理性的生命有机体。人作为生命有机体，生而有满足自身需要的欲求，从而不可避免地具有追逐利益的倾向，即人具有趋利性；而人的感性的冲动性和为我性，在一定程度上又会使人形成按着个人的利益欲求去行动的惯性，即自利性。人的趋利性和自利性的有机结合，常会使人在利益欲望的追求和满足中，具有牟利的投机倾向，以至于一旦说谎、欺骗、不履约等失信行为能够带来较大的利益或被人们预想为是谋求利益最大化的一种有效方式，就会诱发机会主义的行径。当然，这种投机性的失信行为是偶发现象还是社会存在的一种常态，与人们活动的社会环境的制约性和社会的主流价值取向等因素密切相关，就像种子，有发芽生长的天然功能，但这种功能的实现，则有赖于是否为其提供了生长的土壤。所以，应该承认，人性有诱发失信可能的因子，但由可能性变为现实性，则取决于社会环境。

由于追逐利益是人活动的一个强大的动力，因之，利益的算计也就有意无意地成为人们行为抉择的重要原则之一。这种自利性的算计行为可归纳如下类型：一是节制的自保性自利。这类行为主体常出于个人利害的权衡，不会选择那些招致个人利益（如生命、名誉、经济等）严重受损的行为方式。当一种获利的行为方式会有较大的生命、政治、法律及道德风险时，他们会迫于受损风险系数过大而主动放弃，做个明智的自爱之人。对此，近代西方许多思想家都有过专述。认为人具有自利性，但明智的自爱会适当地控制自己的情欲的冲动而使之不伤及他人和毁坏个人。这类人不为恶，不是不愿意而为，而是不值得而为。二是远虑利己。这类行为主体虽也是追求自己的最大利益，但他们具有远视的利益观和等待的耐心和实力，能够按照社会规则行事，不在乎一时一地的眼前利益的得失，而是追求更大的长远利益。三是放纵性的自利。这类行为主体的价值取向和目的，表面上看是急切和完全地谋求个人利益最大化，但他们利益天平的过度倾己性，常会使他们缺乏社会理性和自爱的明智权衡，单为个人利欲所蒙蔽而利令智昏，只看到成功的获利性而未算计失败的恶果，只为可意欲的利益而动心，不曾想失利的后果或心存侥幸而铤而走险。这类人只能在法律或市场制裁的强力惩处中才会学会遵守规则。综上所述，不难发现，利害权衡支配着个人行为的选择方向，且其选择的实现方式受制于社会环境的制约度。一旦某一违法背德的行为方式，能够获利且可逃脱法律的惩罚，不能体现违法犯罪的有偿性和高成本性的公正原则，这种违法行径的几率就会大幅度的上升。目前我国失信的泛滥，无不是这种扭曲现象的写照。

二、市场经济行为的策略选择性

现代经济学对市场经营主体的定位，从传统经济学的"理性经济人"的假定到博弈论经济学的"博弈局中人"的借比，使得微观主体行为的利益驱动力、经济利益关系及其利益的平衡成为经济学的核心问题。经济学家从轮盘赌和骰子带来的数学概率论的"机会博弈"，发展为经济活动中市场主体的"策略博弈"，阐明了作为市场主体的"局中人"，在参与经济活动中，其行为的决策和选择，是一种"策略博弈"的过程。即是说，局中人在交易活动中，要考虑其他局中人的行为可能和反应，并根据对局中其他人的行为推测，而作出对应性的行为选择。在局中人的考虑因素中，除了客观的市场环境所提供的交易基础，如交易产品、质量、价格等方面的适宜性外，还有交易伙伴的信用历史和信用级别。因为一个局中人过去的交易活动和履约情状等方面的私人信息，是判断其未来行为走向和履约能力的重要依据，也是采取对应决策和制定相应的防范风险机制的前提基础。所以，在一定意义上，可以说，"局中人"的信用状况和品质是市场秩序和人们预期利益实现的重要决定因素。而在不同的博弈类型中，信用对人们策略选择具有不同的影响力。

从交易活动的连续性和偶发性来看，有"重复博弈"和"短期博弈"之分。在"重复博弈"行为类型的给定条件中，局中参与者不仅要有长期的合作历史，而且双方在多次的交易合作过程中，还要具有良好的信用纪录，且彼此取得信任。应该说，局中交易双方的良好信用，为多次合作或长期合作的"重复博弈"奠定了基础；同样，未来"重复博弈"的可能，会使双方对自己的履约言行给予关注，并对由之生成的信誉给予维护，以便在下次博弈中发挥信用的储蓄功能，产生"信誉效应"，减少交易费用和博弈的变数。所以，信用是"重复博弈"类型的一个重要的策略向量。"短期博弈"行为类型，主要受两方面因素的影响：一是交易双方因市场环境的因素不可能进行多次交易合作，如车站上的商场与过路游客；二是交易的局中人一方或双方出现了违约现象，影响了未来的合作。因此，从主观变量来说，交易中的不诚信行为，是造成"短期博弈"的直接原因。"短期博弈"的局中人，由于其阶段性的或曰历史性的信用表现的信息，很少或没有机会在下次的交易中传播而成为影响成交的重要砝码，即良好的信用没有机会产生"信誉效应"，增益未来利益，而不良的记录也没有机会暴露，损伤其未来利益的实现，致使局中人对自己信用好与坏的关注与维护出现懈怠和松弛，这表明，在"短期博弈"中，信用会随着其效用的递减而成为一个随机变量，致使守信很难成为人们行为选择的一种偏好。

三、社会价值系统出障

1.道德价值目标缺位

近代科技的发展、理性精神的高扬及市场经济的实施，在增强社会生产力、为人们的物质满足提供广阔空间及理性和科学精神得到普遍尊崇的同时，也对社会原有的价值体系和观念形成了颠覆性的打击。在中世纪和封建的传统社会中，社会价值体系建构的基础，不只是宗法的封建社会的现实秩序的要求，而且在价值的深层结构中，宗教的"神"或天命论的"天"具有统领的作用。基督教的"上帝"、佛教的"佛祖"，不仅是教规德目产生的本原和根据，而且是人们信仰的一种"终极存在"。在中国，以儒学为核心的传统文化，为人们创设了一个包罗万象的"天人合一"的世界观，"天"成为人们心中归属的"终极存在"。所以，宗教或天命论，它们都以自己的独特信仰方式，统摄人们心灵的终极归属，并支撑人们行为的价值意义，从而使人们获得对生命和世界把握的价值依归。不可否认，宗教的情结或"终极存在"对人们的心理和行为具有强劲的制约作用。我们权且不论这些"终极存在"本身的实在性，但不可否认的是，因有它们的预设，人们有了敬畏之心，且能够对人的某些贪欲或人性的恶劣性进行抑制或约束。无论是宗教讲的"神"的无所不能的超然力、无所不在的监视力及评价与公平的奖罚，即把今生的善恶与死后升天堂下地狱的有机对应或与来生福祸的衔接，还是中国人的"天"的主宰（老天有眼）与"天"的赐福或降灾的善恶报应，这些植根于人们心里的信仰，在很大程度上制约了人们的任意妄为的举动，使人们具有了畏惧感。

近代理性的科学精神，不只是对"终极存在"的怀疑与否定，更是对人类约束的终极制裁力的摧毁。按照理性精神的思维，人们从"神"或"天"的控制力中的挣脱，并不意味着人们的行为没有制裁力，而应该是从人的外在"主体"规定下移到理性的自我规定。从逻辑推论来看，理性能力确实使人能够自我立法和规制自己，但事实上，人在从动物的进化过程中，形成并遗传下来的生物特性又决定了人还是一个感性的存在者，以致人的理性能力时常会受到感性欲望的削弱。究竟有多少个体能真正自我立法呢？我们应该清醒，对"人的主体精神"的自我立法的确认和高扬，在很大程度上是在"类"的存在方式和能力的层面，对于个体则不具有普遍的实在性，这就产生了悖论：一方面，好像人人都能自我立法、自我约束；另一方面，社会上大多数人又缺乏自我的立法能力和自我的约束精神，直至缺乏"规则"意识。这种情状对于转型期的我国更具危险性。一是我们的民众，没有真正经过理性的启蒙和洗礼，未能普遍形成道德的平等意识，经常是按道德要求别人，不按道德要求自己。二是基于中国传统的长期的"道德理性"的虚弱和国民的文化素质的低下，许多人常常不具有理性的自律精神，致使非理性起着主要作用。另则，从客观来讲，感性欲望的直接性、现时性、感受性、鲜活性对人的情感具有直接的刺激，而理性的抽象性、思辨性、长远性，常需要人们具有一定的意志力才禁得住眼前的诱惑，而对于身处市场经济实利漩涡中的人们，理性的力量常要受到挑战。还有就是市场经济的物质价值观，表现为当今社会，在经济至上、消费超前、享乐流行、拜金泛滥等催生下，世俗化的功利性价值观在大众文化中居为主导，且这种以财富、金钱、权力、地位等可直观显现的价值目标，又是以获取和占有为其特征的，以致人们更加关注自身行为所具有的功效价值，而对那些功效不明显且是重要的社会价值的追求呈淡化之势。

综述归之，现代社会的价值系统出现了滞胀，一方面人们扔掉了宗教"终极存在"的他律又缺乏理性精神的自律，另一方面道德的精神价值受到了世俗性的物质价值的冲击。在宗教的道德情结中，人们还有善有善报，恶有恶报的积善成德的信念，而现在，人们就像摘掉扎在头上的紧箍咒一样，没有了"终极制裁"的恐惧，也没有道德自律的慰藉，好像只有"钱"或"权"才能成为人们行为的动力支持。尽管人们过去的行善可能是因畏惧某种严惩或诉求福乐的个人需求，但毕竟行为后果是有益的，而现在一些人连行善的愿望都没有了，把道德的赏罚看成是一种虚名，只追求利益占有的实在。

2. 道德价值标准错位

虽然我国有诚实信用的道德文化传统，但未能得到发扬光大，尤其是新中国成立后，我国的几次政治运动对诚实信用道德价值的严重冲击。1957年的反右，使人们感到讲真话会遭殃；1959年的反右倾，使人们在自保的驱动下，不敢讲真话；庐山会议党的民主集中制的破坏，更加剧了人们的伪善心理；"文革"中人与人之间的阶级划分和揭发批斗，在冲刷人们亲情的心理信任的同时，也彻底瓦解了人们之间的互信关系。诚实的道德价值在几十年的不断打击下，几近丧失殆尽，不信任的社会心理成为一种人际交往的痼疾。市场经济初期的混乱所导致的守信吃亏、失信获利的扭曲现象，造成了人们信用价值取向的荣辱颠倒。失信赖账不但没有受到法律的制裁和社会舆论的谴责，反而被人们视为"有本事""聪明""能人"，这种是非标准价值的混淆，不仅使失信者逃避了良心的自责，更迷失了社会成员的道德选择的内在价值标准。欠债有利、赖账有理几乎成为一种流行的社会价值取向，社会对失信的容忍与"宽容"，纵容了失信行径，致使守约诚信未能成为生活环境的主流价值观，亦即信用在人们的价值选择体系中，缺乏应有的重要地位。按照心理学理论的解说，重要的东西常会强化人们的印象和注意，而社会对失信的价值判断的模糊，无疑松懈了人们守约的意志力，减缓了人们失约的压力。

四、制度性障碍

心理学研究表明，环境对人的心理和行为具有普遍的制约作用，即人的行为乃是个体与环境交互作用的产物。从哲学的观点来看，不仅人的思想意识和感情是对客观现实的反映，而且人的品行也是环境熏染和磨砺的结果。因此，人的信用意识的强弱和信用行为的好坏与人们生活的社会环境休戚相关。

由于制度是人们社会生活环境结构状态中的重要部分，所以，我国计划经济体制的信用主体的缺位和市场经济发展初期信用制度的短缺，无疑是引致失信的重要诱因。计划经济的一大二公的所有制结构，不仅从根本上排除了私人经济的成分，而且否认了企业对财产的独立所有权，并使得企业不用自己筹划资金来融资，只靠国家财政划拨；而社会个体独立利益的缺位及其消费的配额制，也无须人们借贷消费。计划经济体制的这种经济特征，预制了我国过去社会信用制度和体系的空位。正是由于近三十年来社会信用体系的残缺和人们信用实践活动的匮乏，导致了人们信用观念的淡薄。

可以说，我国的市场经济体制是在社会信用先天不足的背景下推行的，而市场经济体系在初始发展阶段，规范信用活动的相关制度又出现了滞后性。在我国，虽然伴随着市场经济的发展，也颁布了大量的与信用相关的法律法规，如《合同法》《债券法》《注册会计师法》《票据法》《商业银行法》《中国人民银行法》等，而且在《刑法》中也有对诈骗等犯罪行为课以处罚的规定，但专门的有关征信、评价、咨询等信用方面的法律至今仍是空白。这就使得信用管理机构在"生产"信用产品活动中，常因信息源阻塞和唯恐侵犯个人隐私等方面的顾及而制障手脚，影响信用产品的广泛生产和市场化；而我国现有法律法规对失信行为缺乏具体而严厉的惩处所出现的"法律空场"，并由此导致的失信收益远远大于成本和风险的扭曲关系，无疑又进一步加剧了失信牟利的社会效应。

五、舆论监督出现空场

改革开放和市场经济的发展，开阔了人们的眼界，拓宽了人们的活动空间，改变了人们较封闭的人际圈子，人们由原来的"单位人""村里人"逐步变成了现在的"社区人""流动人"，道德舆论的鞭笞作用开始减弱。农业社会的封闭性和计划经济的限制性，预制了人们在过去的生活环境中，其活动范围的狭窄性和相对固定性，致使人们基本上是在熟人圈里走动。我国推行市场经济以后，随着交换的频繁性和普遍性以及劳动力的自由流动，人们的生活圈子和活动范围迅速扩大，农村乃至城市中的许多人，不再局限在本乡、本土、本市的发展空间，而是远离自己的生长地，到另外的地方打工、做生意和生活。这种活动空间的变化，使得人们之间交往对象的重心由过去的熟人到现在的陌生人。过去熟人之间的交往基本上是靠人情来维系，并在熟人之间交往的长期博弈中形成了人格信任。许多人不同程度地具有有意控制他人对自己形成期望印象的"印象整饰"，而这种注重他人对自己形象的"印象整饰"，恰好吻合了中国人顾及"脸面"的社会心理特征，以至于地区的风俗习惯和社会舆论对人们的行为往往具有强大的外在约束性。况且，一个人的一次欺骗性行为会在熟人圈里广泛传播，并成为众矢之的，使之及其家庭颜面无光，自身的羞耻感及家庭的荣誉感常起着重要作用。但推行市场经济后，陌生人之间的交往则成为一种主流形态和发展趋势，这种交往关系由于既没有熟人之间情谊的支撑，又缺乏完备市场体系的规制，就使得一些人在脱离原有的道德规范的约束和社会舆论的监督、评价下，不再注重自己的信用言行及形象。

另外，这种从"熟人社会"到"陌生人社会"的转移，影响了人们之间的交往方式，即由过去的持续性长久往来到现在的偶发性短暂交往。经验事实表明，社会中的大多数人，对偶发的交往关系和持久的交往关系的态度和行为具有明显的不同。人们对待前者，往往具有随意性、应对性乃至敷衍性，而对后者，常常具有慎重性、远虑性乃至周密性。由此可推及，人们在偶发的信用关系的交往中，持投机态度和欺骗行为方式的人较多，而且成功的几率也较大；相反，人们对于那些需要维持长久信用关系的交往，则往往不按机会主义行事而欺骗对方。不可回避的是，偶发性经济往来又是市场经济发展初期不可避免的常见现象，这不能不说为失信提供了生长的土壤。而社会信息的封闭性和经济活动的不确定性，又使得一些人不用顾忌失信背德行为的恶果，这种社会舆论褒贬的外在约束的松弛及不德行为对其未来利益的获得不造成损害的恒常联系，不能不说促发了失信的泛滥。

六、社会文化的沉积

1. 中国社会文化的陋习

社会心理学的跨文化研究成果表明，一个国家、一个民族乃至一个地区的人们的行为，常会受到本国家、本民族、本地区的文化模式的影响，以致型塑了不同人群的行为特征。因为："社会普遍的价值观和态度，常常蕴含在这个社会的民俗之中。"① 为此，我们应该关注失信背后的文化诱因。

首先是客套虚让的处事习惯。中华民族以讲道德闻明于世，但在一些行为习惯中，也有瑕疵，其中以客套虚让为最。中国人在日常生活的交往中，有热情好客的美德，但这种热情无度的释放，又造成了中国人话语中的某些不实的成分，比如日常生活中的随口许诺，或没有诚意地邀约等。长期的这种言不由衷、口不对心、表里不一的说话不算数的做法和文化氛围，不能不说在某种程度上造就了中国人缺乏诚信的习好。

其次是说谎成习。如果说中国人说话客套虚让是一种无意的失信表现，那么那些出于某种利益需要而编造理由的谎言却是一种有意的失信。无论是在家庭交往还是在单位或学校，自己或他人掩盖真实情况的编造理由的谎言，几乎成为一种为人们可理解的普遍现象，而且大家没有不道德的自责或谴责的意识。如果因个人有事而不能出席已约定的家庭或朋友聚会，人们一般不会说出真实的原因，而是编造一些更加冠冕堂皇的理由来搪塞，即使有时大家心里明白，也不当面揭穿（不知是一种含蓄还是一种麻木）；有时在单位，如遇主管检查或巡视，问到没有

---

① ［美］科斯、诺斯、威廉姆森等：《制度、契约与组织》，刘刚等译，杨瑞龙校，经济科学出版社 2003 年版，第 110 页。

在场的员工情况时，其他同事往往出于"好意"为其寻找单位许可的充分理由为其掩盖，欺骗主管。可怕的是，这种现象不是个别的，而是普遍的，且为大家默许。这说明，社会对一些谎言的不道德性缺乏必要的警觉和评价，几乎接近麻木和放纵。其结果，这种日常的欺骗习惯自然会像"瘟疫"一样感染经济信用和政治信用。

再则是缺乏制度信念。制度信念是人们按规行事的办事原则、作风和坚定信心。据说，德国人对制度规定的自觉遵守和信服，已构成了德国人的性格特征。对于有关制度，无论是国家的法律规定还是一般的管理规定，德国人都视制度为行动的原则、准绳和标准，不逾越。而对比我们国家，人们的制度信念则是相当虚弱的。表现为对各种制度（法律规范、规章制度等）的理解和遵守，缺乏应有的必行信念。认为制度是人制定的，制度是死的，而人是活的；有人、有关系就行，关系比制度管用；制度是给人家制定的，是用来约束别人的，自己可以位于制度管束之外；制度是让人看的，是摆设，按制度做事是走过程，是形式；……诸如此类的思维方式，使得制度在现实生活中缺乏权威性。制度作为一种规范要求或做事程序，规定了行为的逻辑和预期，一旦人们对制度缺乏应有的尊重或不断地变通制度，行为也就失去了稳定预期的保障。

2. 特权心理

自由、平等不仅是一种社会进步的标示，更是一种社会意识和价值原则。在西方，经过人文思想的启蒙、经济的市场化和政治的民主化，自由、平等已成为一种制度原则，明确的社会意识和做事的规章。自18世纪的法国《权力宣言》对"自由"的界限规定（所谓自由是指有权作为一切不损及他人之事而言，所以，个人之行自然的权利，只在保证社会其他分子亦能享受同样权利的范围内），就已表达了自由是一种双向的尊重，即尊重他人的尊严和利益就如同要求他人尊重自己的尊严和利益一样，体现的是一种规则平等。人们在法律和人格上平等的意识所融成的一种社会文化氛围，使得平等待人、相互尊重成为深受社会尊敬的一种行为方式。而这种为社会推崇的行为方式，又玉成了社会成员法律平等的社会心理，并造就了树立法律权威的良好社会环境。反观我国的社会失信，无不与某种特权心理有关。两千多年的宗法等级制和特权思想，仍在我国国民的社会心理沉积，反映在心理和行为上，就是对制度的平等性、权威性的"超越"，总想成为制度约束之外的"特殊人"，所以，在我国民众的心里，相信"关系"和"权力"甚于"法律"；在人们的荣辱观中，把能够超越制度的约束视为本事和荣耀，不把破坏制度规定当回事。这种对制度规定普遍制约性的藐视心态和践踏的做法，从根本上瓦解了制度（包括法律）的权威性。社会的基本规章制度和法律的缺威，直接导致了人们对具体的合同、契约的轻视与践踏。

发表于《首都师范大学学报》（社会科学版）2005 年第 3 期

社会诚信建设需要注意的几个问题

当前，诚信已成为牵动社会的中枢神经。由诚信缺失（财务造假、政绩虚报、学术不端、毒奶粉、地沟油、瘦肉精、染色馒头等）而引发的各类社会问题，不仅破坏社会秩序、危害人的生命健康，而且瓦解社会的信任心理、冲击社会基本的道德信念，扰乱人的心灵秩序。因而，有效遏制社会诚信危机已成为全社会共同的心声。但在社会诚信建设中，需要注意以下问题。

不要窄化社会诚信

目前，对于诚信与信用，存在概念使用的含混现象。或不加区别的混用，或直接用信用取代诚信，概念的严谨性亟待加强。尽管"诚信"与"信用"具有密切的关联性，但二者不能混用，尤其不能把诚信直接等同于信用。诚信与信用至少有三方面的区别：在概念的外延上，虽然诚信与信用都是指承诺与践约的伦理关系、规范要求、行为品德，但诚信泛指所有社会生活领域中由承诺形成的伦理关系，既包括经济、政治、文化、学术研究、公共生活等领域中与承诺和践约相关的一切伦理关系，同时也包括人们对社会理性凝结出的制度的遵守而形成的特定伦理关系。信用主要是指经济活动领域中，出于对承诺的信任而以一定的利益让渡和偿还为条件而形成的经济伦理关系。在强调的侧重点上，诚信不仅侧重行为的合规则性，而且强调合规则的行为源于行为主体内在品德的诚实，而不单是出于对违规后果的利益算计权衡的经济选择。具而言之，诚信不仅看重人们对承诺、合同遵守和践履的结果，而且也强调对诚信道德规则本身的认同和自觉服膺，具有德性伦理的特质，注重行为主体信守承诺的道德责任感。信用更看重行为结果的合规则性，即是否实际履行了承诺或合同，只要遵守了合同、履行了契约，就具有信用，而不追问人们履约动机是出于道德责任还是出于免除惩罚的利益考虑，具有功利主义的后果论特征。从文化传统来看，诚信延续了中国传统道德德目，强调诚是信的道德基础，即信用作为忠于自己诺言和义务的道德品行，需要诚实的道德基础。认为行为主体具有"诚"的内在品质和信念，才会有"信"的价值取向和外在行为方式。只有人们许诺发自真心、承诺求实而量力、履行承诺或义务真心实意和竭尽全力，才会有信守承诺的行为，即诚于内，信于外。信用更具西方德目的传统，偏重守约行为的结果，在某种程度上，更注重外在制度的规约与惩罚。

显然，把诚信等同于信用，是对诚信的窄化。对诚信的偏狭理解，不利于我国的社会诚信建设。首先，经济领域的信用主体，不单具有经济人的特征，而且也具有社会人的道德属性。事实上，人的基本道德素质是经济信用维护的根本，因此，不能光强调信用法律和管理而忽视社会诚信的建设。其次，缺乏"诚"的内在品德支撑的"信"，即单纯强调守约行为结果的信用，易于导致个人功利的价值相对主义，表现为对己有利的契约就遵守，对己无利或失约的利益所得远高于惩罚的风险，就会践踏信用规则而发生欺诈、投机、违约等悖德行为。再者，民族文化的主体归属性以及民族道德文化的相对独立性，预制了我国社会诚信建设必须要立足我国国情、尊重民族优秀道德文化传统。中国传统诚信道德文化，强调"内诚于心""外信于人"，注重发挥社会个体良心、信念等内在机制的约束性，因此，我国的社会诚信建设，绝不只是社会信用法律制度的建立和完善。

不能单纯移植西方社会信用制度

目前，虽然政府和学界都在研究我国社会诚信建设问题，但总体来看，基本处于探索阶段。尤其值得注意的是，在学界一定程度上存在着西方信用制度的片面"移植"倾向。一些学者在对我国传统诚信德性伦理局限性分析的基础上，陷入诚信契约性质的西方化话语体系，把社会诚信制度直接等同于社会信用制度，一味推崇法律制度的外治作用而忽视诚信德性的内在规约性和心灵的精神特质。

西方市场经济主要发达国家，在市场体系完善过程中，基本上都建立了规范政府、企业、个人不同主体的信用制度。发达市场经济国家建设经验表明，社会信用制度建设是市场体系完善不可或缺的重要方面。西方主要发达国家尤其是美国较为完备的社会信用法律制度，自然可以为后发市场经济国家的社会诚信建设所借鉴。但借鉴不等于照搬或移植，借鉴是需要契合本国国情和文化特质，在学习、反思、批判过程中进行合理的吸收与创新。需要说明的是，从发达国家借鉴良好的法律法规、条例等正式规则一般较为容易，但要产生良好的社会效果，还需在借鉴过程中进行批判的吸收，因为一定的法律制度需要相应的社会文化的支撑，即正式规则必须要与本国、本民族的非正式规则进行对接。毋庸置疑，我们对发达国家信用法律制度的借鉴，不能一味照搬，必须要进行中国化的改造。还有，"诚信"与"信用"的区别表明，社会诚信制度是比信用制度更具广泛社会意义的概念，可以把信用法律制度建设作为社会诚信制度建设的重要组成部分，但绝不能完全用西方的"信用制度"取代"社会诚信制度"。

要注意社会信用法制建设的渐进性

社会信用法律制度，包括两大部分，即信用管理的核心法律法规和影响信用管理的外围法律制度。目前我国社会信用法律制度的建设处于起步期。迄今为止，我国尚无专门的全国层面的信用法律制定和颁布，只有部门或地方性的法规，同时还需要对信用管理的外围法规进行修订，如《民法》《商法》《消费者权益保护法》《产品质量法》《刑法》等。显然，加快信用立法，改变信用法律的缺位状态确是当务之急。但需要清醒的是，社会信用法律的建立、健全与完善是一个相对漫长的过程，不能急躁冒进。首先，社会信用法律制度的建立会受制于社会信用经济发展的程度。社会信用制度建设与经济信用活动的广泛性与活跃性密切相关，而经济信用活动又受制于市场经济的发展程度，因为只有各种赊销、信贷、融资等信用交易形式多样化、普遍化且出现了大量的对市场秩序破坏的失信行为，才会催生信用产品的需求和发展。就我国市场经济发展的现阶段而言，一方面是社会资源配置的市场化程度尤其是信用交易的广泛性仍需提高；另一方面，经济活动领域的违约、虚假等失信行为对市场秩序的破坏程度严重。确切地说，我国"信用产品"的市场需求仍有待开发，而失信对社会基本秩序构成危害的惩恶的社会需求相对强烈。其次，从法律制定的滞后性特征和发达国家信用法律制度建立的历程来看，信用法律制度的出台和完善是一个渐进的过程。法律作为协调与平和人们利益冲突和矛盾的产物，往往是利益冲突的社会性行为已造成严重的不良后果，为遏止破坏性后果的后续发生，才制定相关法律。信用法律制度的形成也不会逃脱这一规制范式，它预示，社会信用法律的制定需要较长的一段时期。以美国为例，美国在二战之前，市场经济就有了相当的发展，且存在着一定范围的赊销交易和地方性的少数信用管理公司，但其信用方面的法律则是 20 世纪 60 年代至 80 年代制定颁布的。目前为止，美国信用和征信相关的基础法律、信用管理相关法律和信用投放相关法律共 20 部。由此可见，信用的法制化，不是一个法规问题，而是一个法律体系。因而，可以预测，我国的信用法律体系的建立也不会在短期内迅速完成，但在正式的法规未颁布之前，可先用行政性法规或指导性意见等过渡性条文给予规定和指导，以解决信用法律的现实迫切需要问题。

不要弱化社会诚信的思想道德教育

毋庸置疑，当下严重的社会诚信危机需要重典治理。因为法律的规范性、强制性和惩罚性，能够为社会诚信利益冲突和矛盾的解决提供标准化的范式，能够约束市场主体在利导下诚信谋利。即是说，对社会成员诚信道德品行的形塑，需要依理制善法。但需要注意的是，在加强信用法制建设的同时，不要只看到法律制度的硬化作用，也要看到法律硬化制度的僵硬性，不能忽视诚信的思想道德教育。换言之，我国社会诚信建设，应该坚持德法并重的原则，既要尽快建立和健全与我国社会主义市场经济发展相适应的社会信用制度，也要注重个体诚信德性的内在规约力和向善力，以达至德性伦理的内规与制度伦理外治的有机结合。一方面，诚是守信的道德基础。诚是信德的基础和根本，只有内心诚才有信，否则就会沦为空伪。市场主体对合约的遵守、信守诺言，除了需要法律的威慑外，更需要社会成员具有道德自律和良知，能够坚守信用道德律令而不投机牟利。人类理性的有限性和社会复杂性等，使得人们签订的合同、契约等难免会存在不同程度的疏漏，而具有诚实品德的人，往往不会投机钻营趁机牟利。相反，一旦人们内存贪欲，毫无诚实之心，再完备的法律规定和合同约定，也不足以遏止人们伺机失信作恶的行径。另方面，西方发达国家经济体出现的各种诚信危机，已明证，光有社会信用法律制度的外在规制是不够的，还要有人的良心、道德信念和德性的内在约束。近年来，美国相继发生的大公司的财务作假案（安然、安达信、世界电信等）以及美国次贷危机所引发的全球金融风暴等，无不表明，一旦社会成员缺乏道德良知的守望，再健全的法律制度，也难于阻遏失信的欺骗行径的发生。显然，对社会成员进行诚信的思想道德教育，提高其思想认识和道德觉悟、善化其心灵、强化其道德自律精神，是社会诚信建设不可或缺的重要方面，乃至可以说，与信用法制建设具有同等重要性。

事实证明，在现代市场经济社会，单纯的道德教育不足以形成良好的诚信社会，同样，单纯的法律惩治也不足以形成良好的诚信社会，唯有德法相济，使诚信既是德性，又是制度，还是资源，三者相得益彰，协调一致，良好的诚信社会才会真正实现。

发表于《光明日报》2011 年 11 月 15 日

社会诚信建设的法律问题

推进社会信用体系建设，建立健全覆盖全社会的征信系统，是我国社会诚信建设的当务之急。我国当下建立社会征信系统面临的最大问题是缺乏信用信息采集和使用的法律制度。因为征信的前提和基础是信用信息能够依法采集和使用，而我国目前尚无一部全国性的信用信息公开的法律制度。由之，我们不能无视或忽视信用信息公开法律制度在当前社会诚信建设中的作用。

信用信息公开法是社会信用体系中的基础性法律制度

国务院在《关于社会信用体系建设的若干意见》（2007年）中明确指出："建设社会信用体系，是完善我国社会主义市场经济体制的客观需要，是整顿和规范市场经济秩序的治本之策。"正是由于"社会信用体系是市场经济体制中的重要制度安排"，所以，西方主要发达国家在市场体系完善过程中，都渐进地建立了适合本国信用经济发展和文化传统的社会信用体系。社会信用体系是一种由相互制约和促进关系的多种构成要素形成的社会机制，而社会信用法律制度体系则是社会信用体系的重要组成部分，其中，信用信息公开法又是社会信用法律体系中的基础性核心制度。由于市场经济的赊销、赊购、预付款、贷款等交易形式，都是以事前对承诺的信任为媒介的，这种有条件让渡的价值不同步实现的交易形式，不仅需要获得商品价格、质量、服务等信息，而且也需要快速和准确地了解交易方的诚信记录以及诚信度，以降低因信息不对称所产生的交易成本和风险。在一定意义上可以说，信用信息公开、透明，是市场经济的生命线。毋庸置疑，现代信息化的市场经济社会，需要最大限度地保证信用信息的正确征集、完整保存与快速传播。由于对消费者或企业的信用信息进行归集与评价，关涉个人和企业合理权益的保障、征信机构的诚实记录以及公正评价等问题，所以，政府需要通过立法，对信用信息采集、开放、征信、评级、披露、使用等信用活动给予明确的界定和规范，在保护国家经济安全、个人隐私和企业商业秘密的前提下，使信用信息在相关市场主体之间有效供给和流通。唯有如此，市场才能运用信用信息的公开和传递机制，有效遏制欺诈失信的投机钻营行为。

目前，在法律层面，虽然我国的《民法通则》《刑法》《合同法》《反不正当竞争法》《消费者权益保护法》等，也有信用、欺诈方面的原则性规定，但针对性和可操作性不强，尤其是它们无法有效阻止失信信息的传播，不能发挥对失信的不良记录曝光的惩戒作用。所以，信用信息公开必须要单独立法。另一方面，迄今为止，我国尚无一部专门针对信用信息采集、使用、披露、保护的全国层面的信用法律，只有部门或地方性的法规、条例等。地方政府出台的信用信息公开条例或管理办法，基本上都是政府规章，而且存在着内容差异大、标准不一、适用范围狭小以及效力不足等问题，无法满足信用经济的全球化、信用信息的全国性的需要。而国务院准备出台的《征信管理条例》，虽然具有全国性，但它是行政法规，在法律优先原则下，其法律效力存在明显不足。

一个国家社会信用法律制度的制定，与其信用经济发展规模密切相关。发达市场经济国家的实践经验表明，一个国家信用交易的总规模与该国的 GDP 呈同方向变化，而且具有极强的相关性。根据美国等发达国家的经验，人均 GDP 达到 3000 美元，伴随信用交易的广泛性和普遍性，客观上就要求信用立法。目前我国人均 GDP 已超过 4000 美元，而且正处于信息化的经济全球化时代。我国社会信用交易规模的扩大以及信用信息的全国性和世界流通性，更迫切需要信用信息的立法。

信用信息公开法是市场竞争机制
有效发挥的社会基础

市场经济是竞争经济。以市场机制为社会资源配置基本手段的市场经济，在理论的应然层面是效率经济，但在实践的实然层面，其经济效率的高低则要取决于市场机制发挥的效果，因此，市场经济是效率经济不是一个绝对命题，而是一个有条件成立的命题。竞争机制作为市场机制的重要构成要素，它通过价格竞争或非价格竞争（质量、服务、信誉等），按照优胜劣汰的法则来调节市场运行，发挥"良币驱逐劣币"的市场筛选和淘汰功能，从而促进经济利益实现的公正性。

毋庸置疑，公平竞争是形成市场主体活力和发展动力的基础。而公平竞争实现的前提是市场信息能够公开和传播。因为市场主体之间为着自身利益最大化而展开的相互竞争，在终端的交换层面，就是商品价格、质量、服务、信誉、社会责任等因素的比较、权衡的博弈过程。显然，市场信息透明和公开的程度直接影响竞争的公平性。信用信息公开一旦缺乏法律保障，会使专业化的资信服务机构因唯恐侵犯个人隐私或企业权益而难于大量生产信用产品，最终会导致信用产品市场化程度低下。信用产品市场化程度低，就意味着大量的不良信用记录的信息被隐匿起来，其结果是失信者未受到市场的应有制裁。在市场经济体制框架下，市场主体信用信息的公开、流通是惩治失信者的重要方式之一。一言以蔽之，现代市场经济社会对诚信缺失的规制和惩罚，主要依靠两种制裁力：一是对失信者民事、行政和刑事责任的显见性的直接处罚；二是对失信者的隐性的间接惩罚，即通过公开和曝光企业或个人的欺诈失信的不良信用记录，降低其交易能力乃至封杀其交易机会，发挥"一处失信，处处难行"的市场淘汰机制作用。显然，建立信用信息公开的法律制度，是有效发挥市场竞争机制作用的基础，是克服市场信息非对称性以防范道德风险和规避逆向选择行为的重要制度安排。

信用信息公开法是实现社会公正的保障

诚信建设不仅具有经济价值，还具有社会价值。公正是和谐社会的实质，分配公平是公正的核心。社会的和谐，不只是发展生产力创造社会财富以提高人们的生活水平，更在于合理的利益分配使社会成员具有公平感。而协调社会利益关系、实现公平的社会利益的合理分配，既包括以劳动贡献为基础的适度差别分配以及以权利平等为基础的社会再分配，也包括对非法背德利益所得的惩治而实现的"矫正性公正"，即对那些违背法律和道德而侵夺他人或损害社会利益的行为，需要通过"惩罚和其他剥夺其利得的办法，尽量加以矫正，使其均等。"（亚里士多德语）在当今社会，背德利益所得者未受到应有的严厉处罚，不仅是社会正义脆弱性的表现，也是加剧社会两极分化并引起广大人民群众不满的重要诱因。掺假作伪的食品、药品、建筑工程，政绩和学术的诚信缺失等问题，不仅直接危害人民群众的生命健康和安全，扰乱人的心灵秩序，而且这种欺诈毁约的牟利方式，会瓦解社会成员的正义获利观，影响其社会公平感。

可见，建立信用信息公开的法律制度、发挥好市场失信惩戒机制的作用，是实现社会公正的需要。信用信息流通的不畅，不仅导致了市场筛选机制的失灵，而且也产生了失信收益远远大于成本和风险的扭曲关系。欺诈失信能够获利乃至能得到更大利益的社会现实，应该说，既是如今社会欺诈失信行为泛滥的直接诱因，也是屡禁不止的客观抗衡力量，其危害性需要党和政府高度重视。因为这种失信牟利的客观存在，不仅能消解思想道德教育的劝导力和管理制度的信服力，而且会殃及其他社会生活领域，即把经济领域失信牟利行为方式泛化到政治、学术研究乃至人际关系中，从而加剧欺诈失信行为的蔓延。在某种意义上可以说，社会诚信严重缺失是经济领域欺诈失信的不良商业风气，渐进侵蚀、扩散到其他社会生活领域的恶果。要而言之，加快制定和颁布《信用信息公开法》，明确失信的惩治规定，使信用信息能够广泛流通，真正形成"守信受益、失信受罚"的行为模式，是建构信用和利益良好互动关系的前提基础。发挥好信用对利益获取的制衡作用，为诚实守信确定一种利益选择的优选权和偏好，才能使诚实守信成为人们心灵的一种普遍状态和行为习惯。

发表于《光明日报》2012 年 10 月 17 日

社会诚信建设的制度化、体系化和文化化

　　当下诚信严重缺失所引发的信任危机及其社会焦虑，使得诚信建设成为政府和社会管理的重要任务。在社会诚信建设问题上，我们既要反思传统诚信德性的局限性，契合现代社会的需要而注重诚信的制度化和体系化建设，也要避免西方信用制度的片面"移植"倾向，重视诚信的文化建设。具而言之，我国社会诚信建设，应该坚持德法并重的原则，既汲取我国传统诚信德性伦理的道德资源，也要尽快建立和健全与我国社会主义市场经济发展相适应的社会信用制度体系，以达至德性伦理的内规与制度伦理外治的有机结合。

　　诚信制度化是现代市场经济信用发展的需要。诚信制度化的正当性，源于传统诚信之德社会基础的瓦解以及市场经济本身潜存的各种道德风险。首先，传统诚信之德在当代社会受到了挑战，即传统诚信的甄别方式、传播范围和维系机理不能满足现代信用经济发展的需要。以血缘关系为基础、以农业为主要生产方式的传统社会，个人诚信德性的甄别，往往是通过实际交往的多次博弈的生活观察而渐进形成的，且是通过口口相传在乡邻和村际间广泛传播，熟人社会所形成的强大舆论场，往往具有"十目所视，十手所指"的众矢之的的效力，而中国人所具有的面子文化，又无不强化了社会舆论褒贬对家庭和个人道德的荣辱感。概而言之，在熟人社会中，乡邻的社会舆论褒贬以及面子文化的道德荣

誉追求，不仅能够转化为个人诚实守信的道德驱动力，而且也构成了家庭伦理教化的道德动力。现代市场经济社会，资本的扩张引致的商品交换的频繁性和跨地域性（不同地区、不同国家），使得交易对象由"熟人社会"转向"陌生人社会"，尤其是赊销、赊购、预付款、贷款等有条件让渡的价值不同步实现的信用交易的普遍化。这种以事前对承诺的信任为媒介的交易形式，需要快速和准确地了解交易方的诚信记录和把握其诚信度，以节省交易成本和降低交易风险，故而，市场主体的诚信信息就成为可交换的产品。显然，个人和企业诚信信息需要的广泛性和快捷性，使得传统社会的那种运用生活观察、通过多次博弈来测定行为者诚信度的私人经验积累型诚信记录模式，已不能满足现代社会快速了解和把握市场主体诚信信息的需要，为此，专门对消费者或企业的信用信息进行归集与评价的信用管理应运而生。由于信用信息的采集、公开、交换等会涉及主体的权益和隐私等法权问题，因而，信用信息公开的方式、范围、交换的程序等，则需要法律的规定，即需要国家立法机关，对信用信息采集、开放、征信、评级、披露、使用等信用活动给予明确的界定和规范，从而使信用信息能够流通，以有效发挥市场机制的筛选与淘汰功能。其次，市场经济本身内生规则和运行机制存在着诱致非诚信行为的土壤。市场经济存在的信息不对称性，易于引发逆向选择和道德风险，产生"合同前的机会主义"和"合同后的机会主义"，即导致信息占有优势一方欺骗的败德行径。再者，我国社会转型加速期所呈现的社会结构和经济结构加速度的整体性跃迁，新旧体制衔接处因制度缺漏而产生的"缝隙"所置空的牟利空间，往往易于滋生各种投机欺诈的行为。综上所述，建立和健全信用的相关制度，为社会诚信利益冲突和矛盾的解决提供标准化的范式，则成为现代市场体系完善的必然。

现代诚信制度不仅需要制度化，即注重诚信基本道德要求的法制化和规章化建设，同时，也需要加强诚信制度的体系化建设。因为从制度形式构成来看，制度作为一种规范化的规则体系，既有法律、法令、章程、条例等硬规，也有风俗、习惯、道德等软规。制度表现形式的多样性表明，社会诚信制度建设，不仅包括国家层面的信用立法，同样也包括部门、地方政府的法令和条例等，尤其是我国现阶段，短期内国家层面的信用信息法难于出台且各地方信用经济发展存在的不平衡状况，部门法、地方法规和条例等建设则显得尤为必要和重要。从实然存在的社会信用制度构成来看，它既包括社会征信制度，也包括信用市场管理制度和诚信奖罚制度。质言之，制定信用信息流通的相关制度，在于确保征信机构能够合法、快捷地采集到个人和企业的信用信息数据；制定维护信用市场的管理制度，在于确保生产的信用产品的客观与公正；制定对失信的企业（包括信用管理机构）或个人的处罚条例，在于使个人和企业的信用记录和资质成为社会交往的印章，使信用信息能够对人们的当下及未来的利益发生重要影响，从而约制人们的投机失信企图。单从信用法律制度来讲，它由两大部分构成，即信用管理的核心法律法规和影响信用管理的外围法律制度，如美国信用相关的法律就有 20 部。可见，社会诚信的法律制度建设，绝不只是一个或两个法规问题，而是一个法律制度体系问题。我国目前虽然尚无规范信用的专门法律，但有涉及信用的具体法律，如《民法通则》《合同法》《担保法》《商业银行法》《公司法》《票据法》以及《刑法》等。对于我们国家的社会诚信制度体系建设而言，既需要加快制定信用管理的主体法律，也需要根据我国信用经济发展的程度和特点尽快修改外围法。其实，我国目前已开始着手做这方面的工作。如《中华人民共和国刑法修正案（八）》（2011修订）对"生产、销售假药"的修订，无不表明我国对社会诚信制度外围法建设的高度重视。新的《刑法修正案（八）》，删除了假药罪"足以严重危害人体健康"的危害结果要件。这就意味着，凡是人们生产和销售假药的行为，无论其是否产生危害性的严重后果，一律都构成了犯罪。《刑法修正案（八）》对生产、销售假药罪由过去偏重行为后果到现在重视行为性质的修订，在某种意义上，应该说，是我国诚信法制建设完善的重要体现。

诚信的制度化和体系化虽已成为当代信用经济社会的必然要求，但诚信德性的内在规约性和心灵的精神特质也是不容忽视的，因此，在社会诚信建设上，我们不能忽视诚信的文化。"人与文化是一对具有高度相关性的对象性范畴。"① 英国文化研究的奠基人雷蒙德·威廉斯（Raymond Williams）认为，文化是"心灵的普遍状态或习惯"、是"一种物质、知识与精神构成的整个生活方式"。② 由此推之，诚信的文化是诚信教化和濡化而形成的人的一种心灵状态、行为习惯和生活方式。

虽然诚信制度化和体系化是社会诚信建设的基础，但诚信文化化则是社会诚信建设的根本。首先，诚信文化化有利于社会成员树立诚信制度的信念。诚信制度具有外在于人的客体性，而诚信文化化则可以促使道德客体的主体化。诚信文化化对诚信制度的宣传教育，使社会成员了解诚信制度的正当性及其具体的规范要求，不断强化其规则意识，则会增强社会成员对诚信制度的认同，并渐进树立其诚信制度的信念。如若诚信制度不被社会成员认同和信服，诚信制度就会成为摆设，其效力则难于充分发挥，因为再健全的诚信制度也无法阻抑人们失信牟利的企图。其次，诚信文化化有利于社会成员形成正确的诚信价值观。人作为主体的思想特性，从根本上决定了人的思想对行为的支配性。而价值观作为人的思想灵魂，"是主体人格中关于价值意向的深刻和稳定的观念系统，是作为价值活动之标准和导向的信念体系与心理结构的统一体，是主体整合价值生活中具体经验事实的背景式价值意识。"③ 一个社会要将其主倡的价值观念由一种外在的社会要求内化为其社会成员的思想和自我的法则，并能外化为合乎社会价值原则的行动，则离不开承载着社

---

① 宋元林等：《网络文化与人的发展》，人民出版社 2009 年版，第 1 页。

② [英] 雷蒙德·威廉斯：《文化与社会》，吴松江、张文定译，北京大学出版社 1991 年版，第 18—19 页。

③ 《中国大百科全书》第 11 卷，中国大百科全书出版社 2009 年版，第 242 页。

会价值信息的文化。一言以蔽之，"文化的价值导向对人的心理、精神和基本人格的奠基作用是十分巨大的。"①诚信的文化化，即通过社会诚信文化的教化、濡化、集体意识的渗透等，能够对社会成员的诚信观念、态度倾向、价值标准以及理想与信仰等发生积极影响，从而有利于社会成员形成正义与非正义、善与恶、是与非、利害、意义等正确的价值判断及其诚信价值观。再者，诚信文化化有利于营造诚实守信的社会氛围。诚信文化化能够凭借制度、风俗习惯、社会舆论等各种力量，力倡其诚信价值观念，从而形成强大的社会诚信文化氛围。由于诚信文化氛围对个体会形成一种无形的环绕压力，即"信息压力"和"规范压力"，所以，它会直接影响社会个体对诚信行为的选择和评价。社会形成良好的诚信文化氛围，尤其是对失信者形成的制裁压力和道德谴责氛围，对于社会成员诚信品行的形成是至关重要的影响因素。

总之，诚信文化化是诚信道德的内化与外化的统一、是诚信行为模式外显与内隐的统一。它使诚信弥散于社会气息中、充盈于个人的心灵中、溶化于个人的道德血液中，真正达到德心与德行的统一。

发表于《理论视野》2011 年第 10 期

---

① 宋元林等：《网络文化与人的发展》，人民出版社 2009 年版，第 21 页。

诚信建设制度化的路径选择

当前，我国某些领域、行业、群体出现的诚信道德失范问题，侵蚀到社会生活各个领域，成为带有普遍性的社会问题。由此引发的社会信任危机，扰乱市场和人的心灵秩序，积聚社会矛盾，挑战人类道德底线和社会正常运行的阀限，成为制约我国经济社会健康发展的"软肋"。为此，国务院颁布了《社会信用体系建设规划纲要（2014—2020 年)》，中央文明委印发了《关于推进诚信建设制度化的意见》，把诚信建设制度化、规范化、长效化作为褒扬诚信、惩戒失信的重要举措。

诚信建设制度化，是促进社会互信、减少社会矛盾、加强和创新社会治理的重要手段。基于我国现有社会信用体系建设现状以及发达市场经济国家社会信用建设的历程和经验，笔者以为，我国当前应从三方面着手推进诚信建设的制度化。

信用管理的外围法与核心法两大系统协同共建

现代市场经济社会诚信建设的关键在于制度；诚信制度建设的关键，在于信用管理法律法规体系的建立和完善。信用管理的法律法规体系，一般分为两大系列：一是直接处罚欺诈失信主体的法律法规，也称外围法，如《刑法》《民法通则》《食品安全法》《合同法》《反不正当竞争法》《消费者权益保护法》等法律中与诚信相关的条款；二是保障信用信息采集、公开、使用、共享的法律法规，也称信用管理的核心法律。目前，我国存在着信用管理的外围法惩罚力度不够、核心法律法规缺位的问题。因而，完善诚信保护的外围法和加快制定信用管理核心法律是当前我国诚信法律制度建设的双重任务。

修订外围法涉及诚信的条款，加大对欺诈失信行为的惩戒力度，提高违法成本，增强法律威慑，使人们不敢失信、不愿失信。我国需要依法对失信主体（自然人、企业、社会组织）重典治理，既严惩失信者又警示他人要诚实守信。与国外法律对欺诈失信行为的惩罚相比，我国相关法律的刑罚力度普遍偏低，难以产生法律威慑。《法国刑法典》对诈骗罪的规定，强调其行为性质，只要是采取了欺诈伎俩，轻则处 5 年监禁并科 250 万法郎罚金，重则处 7 年监禁并科 500 万法郎，并适用资格刑。《澳大利亚联邦刑法典》对通过欺诈不诚实地从他人处获取了某种经济利益的行为人，处以 10 年监禁。我国《刑法》对诈骗罪数额与惩罚的规定，不仅存在把犯罪数额作为诈骗罪既遂标准的后果论倾向，而且惩罚力度不足以产生利益牵制的威慑力（我国刑法对诈骗罪的惩罚，在数额较大的情况下，最低处 3 年以下有期徒刑、拘役或者管制，并处或者单处罚金）。这种欺诈失信成本和风险低下的社会现实，客观上产生了"纵容"或"激励"非诚信行为的道德悖论。依法制裁失信者，需要尽快对我国现行《刑法》《民法通则》《食品安全法》《合同法》《反不正当竞争法》《消费者权益保护法》等法律中与诚信相关的条款，进行修订完善。在修订中，一是要考虑诚信行为的"善意与恶意"的行为性质，改变目前单纯的后果要件论定罪方式；二是要加大对欺诈失信行为的惩罚力度，让失信者付出惨痛代价、罚其倾家荡产而不敢投机失信；三是要修改笼统性的法律条款，细化、明确信用、欺诈方面的法律规定，减少"选择性执法"的空间。

把信用信息公开法的立法工作提到议事日程，渐进制定信用管理的核心法律体系，使信用信息能够合法采集和使用，建立守信联奖、失信联惩的信用信息共享机制。现代市场经济社会，褒扬诚信、惩戒失信，既需要相关法律对失信主体进行民事、行政和刑事责任的直接处罚，也需要建立覆盖全社会的征信系统，建立信用记录和信息的公开、共享、传递机制，使企业或个人的信用记录普遍公开和广泛传播，使失信者到处碰壁，良信者处处获益，从而构成对投机失信企图和行为的利益钳制。目前，我国推行公民个人、法人和社会组织的唯一信用代码制度，实现社会信用主体信息的归集、查询、公示，就是要实行信用记录与评价对失信者的持久社会处罚。事实上，要发挥信用信息的奖罚作用，不仅需要解决征信网络平台问题，更需要解决征信的合法性问题。因为对自然人或企业的信用信息进行归集与评价，关涉个人和企业的合理权益的保障、征信机构的诚实记录以及公正评价等问题，而我国目前尚无一部专门针对信用信息采集、使用、披露、保护的全国层面的信用法律，所以，制定和颁布信用信息采集和使用方面的法律制度是诚信建设制度化的当务之急。换言之，要实现《社会信用体系建设规划纲要（2014—2020年）》提出的"信用信息合规应用"以及中央文明委《关于推进诚信建设制度化的意见》的"依法收集、整合区域内公民、法人和其他组织的信用信息、依法推进信用信息互联互通和交换共享"的目标，尽快制定信用信息合理采集和使用的相关法律制度是关键。

建立信用信息归集制度

有效消除信用信息"壁垒"和"孤岛"现象，让失信记录见阳光，使失信者无处躲藏，有赖于信用信息的及时归集，形成信用记录，使自然人、企业、社会组织涉及诚信的行为留有痕迹。信用主体信用信息的归集，需要四个配套条件：第一，具有信用法律法规体系，使信用信息能够依法采集；第二，具有信用标准体系，使信用档案的建立有"标准"可依，全国通用，与世界接轨；第三，具有全国统一的征信平台；第四，具有"各部门各地区信用信息系统统筹整合"的制度保障，使及时归集信用主体不同领域的信用信息成为可能。信用主体活动的多领域性以及社会组织对信用主体的多系统管理方式，使得信用主体的信用信息分属于不同系统和部门，而信用主体完整的、综合的信用记录的形成，需要对不同领域、不同系统信用信息进行整合。目前，在我国，不仅自然人、法人和其他组织统一社会信用代码制度正在建立中，而且信用主体的信用信息也处于分割、分散状态。要破除各系统之间、各部门之间的信息"壁垒"，亟须修订和完善相关制度，明确不同系统和部门信用信息公开的义务以及未能履行义务应负的责任。具而言之，修订《中华人民共和国政府信息公开条例》，在明确规定公安、法院、工商、税务等相关政府部门所辖信用信息向社会公开的基础上，需要进一步规定不公开信息所承担的责任，且对信息不归集的行为责任进行明确规定，避免政府信息归集受部门利益阻碍而搁浅。发挥银行、保险、社区等社会组织机构的作用，要求它们及时提供所辖成员真实的信用记录。我国在征信平台的建设上，应该尽快实现四大系统信息平台的对接与整合：金融系统的个人和企业信贷的信用信息平台，工商管理的个人和企业纳税、合同履约、产品质量、行政处罚等信用信息平台，公安系统的个人与企业的法律惩罚信用信息平台，保险、电信、水电、房租等系统的缴费信用信息平台。

建立信用记录的广泛使用制度

我国社会中存在的守信者无优待、失信者无惩罚的"诚信无用"的社会现实，与企业和个人的信用记录在经济社会中未能成为其生活和交易的"通行证"无不相关。所以，建立健全激励诚信、惩戒失信长效机制的关键，是要建立信用记录的广泛使用制度。

把诚信嵌入到利益获取的关口，实现"诚信获益、虚假失信亏利"的社会正义。我国需要推行信用记录的广泛使用制度，建立过去、现在与将来诚信记录与利益联动的一线贯通机制。建立诚信红黑名单制度，把企业生产、经营的信用记录纳入到企业的注册登记、资质审核、年度考评等监督检查环节，对良信企业实行优先办理、简化程序等"绿色通道"的各种优待政策。相反，对不良企业，在曝光、加强审查的同时，实行某些行业经营的禁入限制；把个人的信用记录融入律师、会计师、税务师、公务员、教师等职业资格准入和职称、职务晋升中，对严重失信行为实行一票否决"。把诚信记录内嵌于社会组织和个人的各种社会利益活动中，使信用记录成为人们就业、升学、升职、信贷、租赁以及企业经营、贷款等交互活动中利益获取的"关卡"，人们自然会珍惜诚信记录，维护诚信信誉。"处处用信用、时时讲信用""守信者得利、失信者损利"的"德得相通"社会环境，是最好的、最有效的诚信教育，是培育和践行社会主义核心价值观的社会支持系统。

发表于《光明日报》2014 年 9 月 10 日

社会诚信建设：难题与破解 *

诚信道德的普遍缺失及其引发的严重社会问题，已成为我国经济社会亟待解决的国家级发展难题。社会各界对于诚信缺失的危害性及其建设的紧迫性，并不缺乏高度认识和普遍共识，摆在政府和学界面前的主要任务，是找准难题之中的问题，并提出破解之方。

一、社会诚信建设难题中的主要问题

我国当前社会虚假、欺骗、失信泛滥成灾，挑战人类道德底线和社会正常运行的阀限，已成为阻碍我国经济社会发展的绊脚石。看清和归类当前我国社会诚信建设面临的主要问题，是遏制诚信道德颓败的前提。

社会诚信建设难题中的问题之一，是守卫诚信道德的制度缺威和缺位。在我国的社会生活和经济活动中，出现了大量的守信者无优待、失信者无惩罚甚至获利的社会现实，导致了"诚信无用论"的泛滥，表

* 本文系国家社会科学基金重大招标项目"我国社会诚信制度体系建设研究"（项目号 11 & ZD030）阶段性研究成果；"长城学者"培养计划"我国社会诚信建设研究"阶段性成果。本文由王淑芹、曹志瑜合作。

现为"诚信"没有成为人们社会生活的"通行证"和企业经营的"无形资本"，诚实守信对人们的社会生存和发展没有产生正能量的利益相关性，社会没有形成"守信""用信"的社会环境。究其根源，有两个主因：

一是我国保护诚信的外围法存在惩罚力度不够的问题。《刑法》《民法通则》《消费者权益保护法》《食品安全法》《合同法》《药品管理法》等，都是保护诚信的外围法，它们主要解决对欺诈失信行为的当下惩罚问题，目的在于产生高额违法成本，让欺诈失信者付出惨痛代价而不敢投机牟利。然而，与西方发达国家对欺诈失信行为的法律惩处相比，我国的刑罚程度偏低。仅以一些主要国家《刑法》的"诈骗罪"为例。我国《刑法》第二百六十六条规定，诈骗公私财物，数额较大的，处 3 年以下有期徒刑、拘役或者管制，并处或者单处罚金。①《法国刑法典》第 313—1 条规定：使用假名、假身份或者滥用真实身份，或者采取欺诈伎俩，欺骗自然人或法人，致其上当受骗，损害其利益或损害第三人利益……是诈骗。诈骗罪，处 5 年监禁并科 250 万法郎罚金。② 除此之外，法国的刑法典还对诈骗罪明文规定了适用资格刑，如禁止公民权、民事权及亲权；禁止担任公职或者禁止从事在活动之中或活动之时实行了犯罪的那种职业性或社会性活动，最长期间为 5 年；等等。③《德国刑法典》第二十二章诈骗和背信第 263 条（诈骗）规定：意图为自己或第三人获得不法财产利益，以欺诈、歪曲或隐瞒事实的方法，使他人陷于错误之中，因而损害其财产的，处 5 年以下自由刑或罚金刑。犯本罪未遂的，亦应处罚。④《澳大利亚联邦刑法典》第 134　2 规定：行为人通

---

① 我国刑法对诈骗罪有三类处罚规定，分为数额较大、数额巨大、数额特别巨大。本文只列举第一类规定，因为只有这一类犯罪行为与下面列举的其他国家诈骗罪的规定相当，才具有可比性。

② 《法国刑法典》，罗结珍译，中国人民公安大学出版社 1995 年版，第 110 页。

③ 《法国刑法典》，罗结珍译，中国人民公安大学出版社 1995 年版，第 112—113 页。

④ 《德国刑法典》，许久生、庄敬华译，中国方正出版社 2004 年版，第 128 页。

过欺诈不诚实地从他人处获取了某种经济利益；而且他人为某一联邦实体，处以 10 年监禁。① 据此观之，我国《刑法》对诈骗罪数额与惩罚的规定不仅笼统模糊，而且把犯罪数额作为了诈骗罪的既遂标准，具有严重的后果论倾向，相比之下，其他国家《刑法典》对诈骗罪判定的首要标准，不是单纯的犯罪数额，而是行为性质，只要是欺诈牟利，都给予严厉打击。事实上，只有违法成本高于收益，才能产生威慑而达至法律目的，否则，就会产生客观上"鼓励"禁止行为而背离法律本意的现象。应该说，我国欺诈失信屡禁不止，与我国违法成本和风险低下不无相关。

二是我国维护诚信的信用管理的核心法律法规缺位。在我国，一些人缺乏诚信规则意识和行为，除了与当下惩罚力度轻、人们不怕惩罚后果外，也与欺诈失信的不良信用记录对其未来利益未产生有效影响相关。在现实生活中，我国个人或企业过去和现在的诚信记录与其未来利益没有形成联动关系，即人们过去的失信记录对其现在和未来的生活或经营几乎不产生消极影响。诚信与利益之所以没有形成过去、现在与将来联动的历时态的贯通机制，主要是因为我国现在缺乏信用管理的法律体系，尤其是信用信息公开法律制度的缺位，难于建立覆盖全社会的征信系统。信用信息公开法律制度，是要解决企业和个人的信用信息合法征集、使用和披露等问题。它的作用在于，使企业或个人欺诈失信的不良信用记录得以普遍公开和广泛传播，让不良信用记录者为人所知，使失信者不能换地行骗，形成个人或企业过去、现在和将来诚信记录与利益的关联，从而对投机失信企图和行为构成利益钳制。一旦人们过去的诚信记录对现在的生活和经营发生重要影响，现在的诚信记录为将来的生活和经营所用，人们还敢投机失信而不怕后果吗？所以说，信用信息公开法律制度缺位所导致的信用记录难于广泛传播、无法对人们的未

---

① 《澳大利亚联邦刑法典》，张旭、李海滢等译，北京大学出版社 2006 年版，第 100 页。

来生活发生实质性影响的现实，是当前我国社会欺骗失信蔓延的重要诱因。

社会诚信建设难题中的问题之二，是守卫诚信道德的一些制度不合理与失效。我国社会诚信缺失，虽有社会成员行为主体的诚信道德观念和品德因素，更有制度本身不合理或失效自身诱发的问题。不合理的制度安排，会导致"上有政策、下有对策"的制度变通，产生"诱逼型"虚假欺骗行为，如一些规章制度不随社会经济发展而及时调整，在物价发生巨大变化的新形势下仍按照低物价时期制度的旧标准执行，结果导致人们"被动"弄虚作假行为通行；一些缺乏深入调查和全面论证的"拍脑袋"的文本式制度，因在实际工作中无法落实而诱逼操作人员造假欺骗；等等。

制度不合理会诱发非诚信行为，同样，制度失效，也会诱发社会成员欺骗失信行为泛滥。欺诈失信是一种机会主义行径，它最易发生在利益奖罚制度失效的地方。"人的趋利性和自利性的有机结合，常会使人在利益欲望的追求和满足中，具有牟利的投机倾向，以至于一旦说谎、欺骗、不履约等失信行为能够带来较大的利益或被人们预想为是谋求利益最大化的一种有效方式，就会诱发机会主义的行径。"[①] 事实上，人们一旦从现实生活中经常"反观"到失信者未受到应有制裁反而获利的现象，再合理的理论认知型的诚信道德教育，也难以抵挡利益诱惑对人们信守诚信的冲击。可以说，"诚信无用"作为违法背德成本与收益博弈的一种扭曲，是滋生机会主义"选择性守信"的温床，是影响诚信道德教育成效的社会消解因素。

制度失效，概括起来有三种情况：一是违法成本低导致制度不管用，即人们不怕失信的惩罚后果。如《消费者权益保护法》中存在的低赔偿、高诉讼问题，就会使许多消费者因消费诉讼成本高、得不偿失而

---

① 王淑芹：《失信何以可能的条件分析》，《首都师范大学学报》2005 年第 3 期。

自动放弃法律维权，消费者放弃法律维权，就意味着纵容不良企业的欺诈失信行为，致使不良企业更加肆无忌惮。二是违法不究。在现实生活中，许多虚假失信的投机钻营行为屡屡得手，未受到应有的法律制裁，从而产生消极辐射示范效应，诱发机会主义非诚信行为泛滥。三是存在执行难的"纸张法"。一些欺诈失信的行为，虽通过司法程序，得到了法院公正判决，但又因执行难而无法对失信者实施实质的惩处。如对假冒商品侵权行为的法院判决，名牌企业虽打赢官司，但无法得到应有的经济赔偿。在某种意义上可以说，法律制度的失效助长了非诚信诚行为者的嚣张气焰。失信获利是义与利的背离，是社会不公的表现。法律制度的重要功能，是对非法背德行为进行惩治而实现"矫正性公正"，而欺诈失信牟利的义利背离现象，恰是利益获取机制和惩罚机制失灵所致。

社会诚信建设难题中的问题之三，是诚信道德教育空洞化。培育公民的诚信道德品行，是任何民族和国家社会治理都要面对的共同任务。虽然传统诚信与现代诚信社会基础不同、约束机制有别，但诚信道德教育是不可或缺的，也是不容置疑的。我们国家对公民诚信道德教育的重视是有目共睹的，政府已将诚信缺失作为我国当前道德领域突出问题专项教育和治理的重点。应该说，我国的诚信道德教育取得了一定的成效，但也存在有待改进的问题。突出问题是诚信道德教育的空洞化现象，即缺乏把诚信道德的说理性、规范性教育寓于与人们信用生活相关的实务活动中。在我国，诚信道德教育，一般偏重抽象原则的讲解与宣传，注重宣讲诚信原则的正当性及规范要求，缺乏围绕与诚信相关的法律规定、信贷业务、信用卡办理、消费活动、职业发展等，开展旨在促进人生发展的针对性诚信教育，尤其缺乏针对诚信道德二难选择境遇而进行的道德选择能力的培养。结果导致，人们在认识上，仅把诚信视为是一种维序的社会要求而难于内化；在行为上，出现了大量的只知不信、只知不行的知行不一现象；在较为复杂的具体诚信道德行为选择中，人们虽了解诚信道德原则要求但又不知如何运用原则更好地进行善的行为选择，最终导致社会成员诚信道德认知程度普遍偏高而诚信行为相对匮乏的问题。

二、社会诚信建设目标层级化

　　破解社会诚信建设难题，首先需要明确我国当前诚信建设目标的重点。我国当前社会诚信建设的主要目标是什么？是使社会成员普遍具有诚信信念和德性还是行为上的合规则性？换言之，我国当前社会诚信建设的主要目标，是社会上大多数成员具有诚信德性还是具有诚信行为？在这个问题上，存在模糊不清的问题。毋庸置疑，诚信社会的理想状态是社会成员笃信诚信规则并具有相应的德行。尽管德性和行为之间具有密切的关联性，但二者在一定意义上，是有严格区分的。德性已然是一种良好的道德行为习惯，而合乎诚信规则的具体行为，既可能是诚信德性的一种稳定的行为方式，也可能是一种基于利害权衡的功利主义的行为类型。

　　正是由于人们的诚信德性与行为存在一定的区别，所以，我们认为，诚信社会应该有两个测度指标：一是外显性的合乎诚信规则的行为，一是内隐性的诚信品性。人们具有诚信品性往往必然会有相应的诚信行为，但诚信行为未必是诚信品性使然。藉此，我们可以说，我国当前社会诚信建设需要确立两个既相互联系又相互区别的层级目标：诚信建设的初级基本目标是社会上大多数成员具有诚信的规则意识和相应的行为；诚信建设的高级目标是社会成员不仅具有合乎诚信规则的行为，而且还要具有诚信的信念和品性。在社会诚信建设中，我们既不能跳过初级目标而单纯追求高级目标，也不能仅停留在初级目标上而忽视对高级目标的追求。对诚信建设目标层级进行划分，并不是要割裂诚信德性与行为的关系，只是强调，在社会诚信建设中，在注意人们的诚信规则意识、德性与行为联系的基础上，不能忽视二者的区别，因为它关系着我们当下社会诚信建设重点目标的确立和路径的选择。

为什么要强调社会诚信建设目标的层级性？理由有二：一是社会发展不同历史时期，即社会转型期和平稳发展期社会成员存在的诚信问题不同，与此相应，社会诚信建设面临的主要任务也要有所不同。在社会转型期，由于利益关系的复杂性、多种价值观念并存和碰撞以及行为价值原则选择的多样性等，这一时期往往会产生严重的诚信道德失范问题。正因为此，世界上各国在社会转型期，都曾出现过诚信严重缺失现象。"不管是中国还是前苏联、东欧国家，在转型中都出现了严重的信用失序问题。而历史上欧洲国家在 15—17 世纪，美国在 1865—1914 年阶段也产生过严重的信用失序。"① 显然，这一历史时期社会诚信建设的首要任务，是解决社会成员行为的合规则性问题，即使社会成员具有诚信意识和行为。与社会转型期不同，在社会平稳发展期，社会诚信建设的主要任务，是如何维护和不断强化社会成员的诚信意识和品性。据此而论，社会处于不同发展时期，社会诚信建设的侧重点是有区别的。这就预示，我国当前所处社会转型期，社会诚信建设的重点，应着力于对非诚信行为的治理，使社会上大多数成员具有诚实守信的行为。当鱼和熊掌不可兼得时，应抓矛盾的主要方面。二是不同的社会诚信建设目标，其实现方式有别。前一个目标的实现方式，可以归类为利导型诚信建设模式，后者是认同—信念型或内规德性型诚信建设模式。从学术史资源来看，二者都有伦理理论的支撑：前者是功利论或后果论伦理学的一种分析框架，后者是德性论或美德论伦理学的旨趣。利导型诚信建设模式，侧重对人们行为的规制；认同—信念型或内规德性型诚信建设模式，侧重对人们诚信道德自律精神的培育。毋庸赘言，我国当下社会诚

---

① 李晓红：《中国转型期社会信用环境研究》，经济科学出版社 2008 年版，第 1 页。

信建设，应侧重相关制度建设而对人们失信行为进行规制。因为在利益宰制的市场经济社会，成本—效益的经济学分析在行为选择中发挥重要作用，即利益得失的权衡主导行为选择。而对"利导型"策略行为选择的有效规制，不光需要义利观的道德教化，也需要与成本—效益相应的法律成本、法律风险的利益制衡。

三、确立社会诚信建设的基本原则

在明确诚信建设重点目标的前提下，破解社会诚信建设的难题，还需要确立社会诚信建设的基本原则。在社会诚信建设原则问题上，目前我国存在较大的分歧：一种是道德优先论，偏重个体诚信德性的功能和作用，重视人格诚信，忽视法律、规章等硬规的外治功能；另一种是法律优先论，强调法律制度的作用而忽视社会个体良心、信念等内在机制的约束性，甚至有人把社会诚信制度与西方信用法律制度完全混同。我们认为，社会诚信建设，需要坚持德治与法治相结合的原则。理由有二：

第一，人是心与行的统一体。人的意识性和思想性的人性特质，决定了人的思想对其行为的支配性。所以，毛泽东说"行动是主观见之于客观的东西"①。人的思想对其行动的指导性，蕴含了人的思想与行动之间存在着对应性的联动关系，即人的活动本身蕴含了主观与客观、知与行的关系。它表明，人的思想、觉悟、境界等而形成的人心，刘行为选择及其性质具有决定性的作用。心理学的研究也表明，人的价值追求、理想、信念等价值观念是人的行为的内驱力性动机，所以，对人的行为规范，离不开道德对人心的善化。虽然人心、思想与行为相连，但

---

① 《毛泽东选集》，人民出版社 1991 年版，第 477 页。

人的思想与行为的联动不是一种必然的机械运动，而是一种复杂的具有或然性的联动过程。从知行关系来看，知行统一不是人的思想与行为关系的唯一行为类型，除此之外，还有知行背离的行为类型。对这类知德而不守德行为类型的约制，光靠道德教化的劝导和道德榜样的感化是不够的。因为人的行为不只是社会个体自我价值选择的产物，也是外部环境作用的结果。质言之，人的行为也受社会奖励和惩罚而形成的外驱动性动机的影响，行为后果的风险性、惩罚性、奖励性、获益性等，能够强化或消退人的某种行为。① 从实践来说，社会成员道德认识及境界的参差不齐，就意味着不是所有社会成员都能具有道德自律的能力和善心。对于那些缺乏道德意识、信念、良心的人，不能光靠道德劝导，还必须要施之于外在强制的法律，以惩治那些对社会具有较大危害的欺诈失信的恶行。显然，要规范与协调好人心与人行的关系，必须要德法内外兼治。

第二，道德与法律功能的"能"与"不能"存在天然的互补性。无论是道德还是法律对社会利益关系的协调都不是万能的，它们既有自身独特的优势也存在自身先天无法克服的缺陷。道德的"能"，是通过社会教化、社会舆论、内心信念等使社会成员具有道德意识、良心、荣辱观，从而使人自我立法而形成道德律令及对自身行为形成内在约束力。人的良心、荣辱观等形成的内在法则，使人能坚守为人处世的道德行为准则，它既是一种约束力也是一种强大的向善力。人的道德信念与意志而形成的这种内在的向善力，是人性的升华，也是抵御非正义利益诱惑的绝缘板。中国传统社会的"信义诚信"就是一种无须契约的自我践约。"信义诚信"，虽然没有"契约诚信"那样有明文规定的各种具体条款，但它却是行为主体内心的自我约定与追求，会形成强大的道德意志去克服各种困难而主动践约。显然，道德的"能"，既表现在对人的

---

① 王淑芹：《论公民道德建设的外在机制》，《道德与文明》2008 年第 1 期。

思想认识提高上，也表现在良心和信念对人的行为的自觉控制上。对于那些没有良心和信念的人，道德往往会显现出"不能"的软弱性。

道德的"不能"为法律所弥补。法律规范的确定性、外在强制性及法律后果的显见性所形成的稳定行为预期，对人们行为的任性具有抑制作用。一般而言，具有道德信念和良心的人用不着法律，但对于那些没有道德良心和信念的社会成员，法律是必需的且是管用的。法律的制恶惩恶功能虽然具有道德所不及的显见作用，但我们也要看到，法律也有"不能"之处。法律规则化的困境以及法律制定的迟滞性，就使得法律存在调节范围狭窄的先天性缺陷。众所周知，法律是一种行为类型对应一种法律后果，这就要求上升为法律规定的行为规则，必须是能够进行归类设置的那些既涉及利益关系又具有社会普遍性的行为类型，一旦某些社会利益关系产生的行为，其利益分界难以被明确地划定，无法设置相应的后果模式，也就意味着无法把某些行为要求上升为法律。法律没有作出禁止性的行为要求，也就不能对那些具有危害性的不道德行为进行法律干预和惩治。法律制度的缺位常会使法律处于有力无处使的尴尬境地。

另外，法律逻辑存在现实断裂性。法律效力是建立在违法受罚的法律逻辑实现基础上的。违法受罚的法律逻辑，有两个潜在的法律效力：一是违法必究，使违法者受到处罚，实现"矫正性公正"（亚里士多德语）。一个公正的社会，虽不能保证所有社会成员都能奉公守法，但却能做到对违法者实施法律处罚。二是对违法者的处罚可以威慑其他社会成员，避免"破窗理论"①的消极示范效应。显然，法律的效力源于法律逻辑的实现。而事实上，法律逻辑却要经常遭遇"选择性执法"与"法律判决"纸张化的挑战。这表明，一旦法律逻辑发生断裂，就会

---

① 如果有人打破了一个建筑物窗户的玻璃，而这扇窗户又没有得到及时的修缮，别人就可能受到某些暗示性的纵容去打烂更多窗户的玻璃。

导致法律实际的"无能"。法律对抗"不义之利"的锐器就是严惩，如若法律制度被"人情、权力软化"而发生变异，法律的效力就难以保障。

有鉴于此，我们认为，当代社会的诚信建设，既需要道德教育解决社会成员诚信道德价值原则的正当性、规范性问题，也需要法律解决人们利益导引（牵引）的行动选择与守信动力问题。显然，中国社会的诚信建设，既不能走传统社会单纯德治之路，也不能走西方社会单纯法治之路，而是必须要走德法共治之路。

四、我国社会诚信建设的着力点

破解社会诚信建设的难题，不仅要确立社会诚信建设的目标和原则，更需要找准当前社会诚信建设的着力点。

（一）建立和完善社会信用法律体系

世界各国对失信行为的规制通常采用两种方式：一是由法律规定对失信主体进行民事、行政和刑事责任的直接处罚；二是利用信用信息的传散性，依靠全社会力量排挤失信者，对失信者进行间接的持久惩治。直接处罚是事后规制，间接惩罚是事前规制。两种规制有机结合，构成对诚信的保护网。从我国社会目前的实际情况来看，保护诚信的这两种法律规制，都亟待建设。

首先，完善诚信保护的外围法，加大对欺诈失信行为的惩戒力度。社会信用法律制度，由两大部分构成，即信用管理的核心法律法规和影响信用管理的外围法律制度。[①] 针对我国保护诚信的外围法惩罚力度普遍偏低的问题，我国需要对《刑法》《民法通则》《消费者权益保护法》

---

① 中国市场学会信用工作委员会编译：《世界各国信用相关法律译丛》，中国方正出版社2006年版，第3页。

等进行修订加以完善，对涉及诚实信用、欺诈方面的法律规定，不仅要进一步明确、具体，而且要加大对失信主体民事、行政和刑事责任的一次性直接处罚力度。如我国《刑法》需要完善诈骗罪的定罪标准，既要考虑犯罪数额，更要考虑行为性质，加大惩罚力度。再比如，我国《消费者权益保护法》，没有"惩罚性赔偿上不封顶"的规定，需要借鉴发达国家严惩的经验，提高违法赔偿额度，改变当前消费诉讼成本高而违法成本低、客观上纵容不良商家的现状。显然，我国保护诚信的外围法面临进一步全面修订完善的任务。

其次，加快制定信用管理的核心法律。信用管理的核心法律，不是一个法规问题，而是一个法律体系。美国信用和征信相关的基础法律、信用管理相关法律和信用投放相关法律近 20 部。[1] 目前我国有关信用方面的专门法律是空白。在某种意义上可以说，我国当前社会诚信建设，面临的最大问题是缺乏对征信数据开放、使用的法律法规。美国等发达国家信用法律制度建设的经验表明，社会信用法制建设是一个渐进过程。[2] 这表明，在社会信用法律制度体系建设过程中，各个法律制度的制定有轻重缓急的先后次序。根据先行国家经验和我国信用经济发展情况，我国目前亟须制定《中华人民共和国信用信息公开法》，因为信用信息公开法律制度，是一系列信用立法的前提和基础，是社会信用法律体系中的基础性核心制度。

目前，我国已基本具备制定《信用信息公开法》的社会条件。首先，根据美国等发达国家的经验，人均 GDP 达到 3000 美元以后，信用经济发展规模客观上就要求信用立法。[3] 而我国人均 GDP 已超过 4000

---

[1] 中国市场学会信用工作委员会编译：《世界各国信用相关法律译丛》，中国方正出版社 2006 年版，第 2 页。

[2] 美国建立信用法律制度体系大约用了 20 年左右的时间（20 世纪 60 年代至 80 年代）。

[3] 全国整顿和规范市场经济秩序领导小组办公室编：《社会信用体系建设》，中国方正出版社 2004 年版，第 13 页。

美元（GDP4000 美元被公认为是信用经济活跃阶段的标志），社会信用交易规模的扩大，迫切需要加速信用立法的进程。其次，我国地方政府陆续制定和出台了信用信息方面的相关条例或管理办法，其中 21 个省市制定和颁布了企业信用信息征集、发布及适用的条例或管理办法；4 个省市发布了个人信用信息归集和使用等方面的管理办法；5 个省级政府颁布了既包括企业也包括个人的信用信息管理办法。这些地方规章，一方面，为本法的制定进行了前期的理论和实践的探索，相关的经验教训，对本法的制定具有直接的借鉴意义；另一方面，地方政府出台的信用信息公开条例或管理办法，存在着内容差异大、标准不一、适用范围狭小以及效力不足等问题，它们根本无法满足信用经济的全球化、全国性的信用信息的需要。再者，国务院新近颁布的《征信业管理条例》，是行政法规，在法律优先原则下，其法律效力存在明显不足，根本无法满足诚信中国建设的需要。

（二）加强社会信用管理

社会诚信建设，不仅需要建立、健全信用法律制度，使个人和企业的信用信息合法流通和使用，而且也需要对信用信息进行归集与管理，形成全国的信用信息平台。

首先，需要组建中国信用信息管理中心，建立信用记录归集制度。及时归集信用记录是发达国家发挥信用信息惩戒作用、强化社会成员诚信意识的普遍有效做法。我国目前除了金融领域的贷款、信用消费等形成信用记录外，社会生活中其他领域反映信用主体履约意愿和履约能力的信息，如水电、天然气、电话、物业、房租等各种缴费情况，基本没有形成综合性的信用记录。为此，我国需要尽快建立信用信息管理中心，专门负责征集和保存社会成员和组织的信用信息。通过制度安排，要求相关政府部门和社会组织将其采集的信用信息，及时、完整、准确地报送到中国信用信息管理中心，尤其是要发挥好社区基层组织和各类行业协会社会组织的作用，赋予这些组织及时提供所辖成员真实信用记录的职责。信用记录的归集制度，是形成失信行为联合惩戒机制的基础。事实上，发达国家就是运用信用记录和评价，不断削弱不良信用记录者的社会化生存资格而遏制欺诈失信行为的发生。

其次，需要尽快确立征信模式。信用信息要发挥惩戒与奖励作用，不仅需要信用信息采集和使用的合法化，而且也需要确立信用品生产的征信模式。市场经济先行国家，已形成了了三种典型征信模式：以美国为代表的市场主导型①、以德国为代表的政府主导型②、以日本为代表的会员制③。不同的征信模式，是不同国家的经济、文化发展的产物。目前，我国在信用建设的模式选择上，陷入了两难境地：一方面，在信用建设初期，由于市场化的信用管理机构力量弱小、中国传统的计划经济的思维方式的惯性（相信政府、国企甚于个体、民企）、信用信息搜集的难度以及政府部门掌控信息的优势等，都促发了政府主导信用信息管理的现实局势；但另一方面，市场运作的、专业化的资信机构，担当社会化的信用管理重任更合乎市场经济发展的规律。显然，我国征信管理面临政府主导型还是市场主导型的选择？从短期来看，采取后者的立场，社会信用的混乱可能还会持续乃至恶化，但从长远来看，则是一个必然的趋势。

有鉴于此，我们建议，在坚持"政府扶持、民间承办、市场化运

---

① 美国模式是以商业征信公司为基础的社会信用管理模式。遍布全国的私营征信公司、追账公司等，向社会提供有偿服务，包括资信调查、资信评级、资信咨询、商账追收等。美国、加拿大、英国和北欧国家采取这种社会信用体系模式。

② 德国模式是以中央银行建立的消费信贷登记系统为主体的社会信用管理模式。中央银行建立中央信贷登记系统主要是由政府出资，建立全国数据库，形成全国性的调查网络。管理机构是非盈利性的，直接隶属于央行。德国、法国、比利时、意大利、奥地利、葡萄牙和西班牙等国采用这种社会信用体系模式。

③ 日本模式是以银行协会建立的会员制征信机构与商业性征信机构共同组成的社会信用管理模式。银行协会建立了非盈利的银行会员制机构即日本个人信用信息中心，负责消费者个人征信和企业征信，会员银行共享信息。该中心在收集信息时要付费，而在提供信息服务时要收费，以保持中心的发展，但这种收费并不以盈利为目的。

作"的社会信用体系建设总体原则基础上，采取分步走方针。在社会信用建设初期，先由政府启动征信市场，借鉴德法等国的模式，以中国人民银行建立的"信贷登记系统"为主体，扶持和发展私营征信机构。在征信市场较为成熟的社会信用建设的发展期，就可以渐进过渡到由第三部门机构独立承担的市场化的征信模式。理由是：第一，目前我国的信用信息分属于不同部门系统，信用信息处于分散状态，任何民间力量都难以促进信用信息全面归集，只有政府具有此种整合力量。第二，目前我国企业和个人信用信息数据库基本形成，具备了信用信息归集共享的条件。国家工商管理系统已建立了全国企业信息化网络和中国人民银行牵头的银行系统已建立了个人信贷信息网络。第三，个人和企业信用信息基础数据库具有较强的自然垄断性，若没有政府部门的支持和相关措施的大力推动，任何一家信用管理公司都很难建立覆盖全国的个人和企业信用信息数据库。

在具体操作上，要避免征信平台的分散建设和区域化，促进社会征信系统的数据共享与交互促进。可以逐步由同业征信过渡到联合征信。从采集银行信息起步，逐渐向其他信用领域延伸，实现从同业征信到联合征信的过渡。具而言之，要尽快实现四大系统信息平台的对接与整合，即金融系统的个人和企业信贷的信用信息平台，工商管理的个人和企业纳税、合同履约、产品质量等信用信息平台，公安系统的个人与企业的法律惩罚信用信息平台，电信、水电、房租等系统的缴费信用信息平台。

第三，建立信用记录广泛使用制度。在西方国家，社会成员不敢欺诈失信，原因之一是"信用记录"是他们社会生活的"通行证"，他们租房、找工作、信贷等，都要经常使用信用记录，信用记录对他们的生活无时不发生重要影响。相比之下，在我国，人们使用信用记录的机会不多，诚信记录对个人生活难以发生实质性影响，直至导致诚信说起来重要，做起来不要的现象。为此，我国需要建立信用记录使用的相关制度，在信贷、租赁、就业、租房等方面，大力推广使用信用记录，促进信用品的社会需求，让企业和个人的信用记录把他们的过去、现在与将来的利益紧密相连，形成"守信""用信"的社会环境，唯有如此，人们才会像关心自己健康一样维护自己的信誉。

（三）开展生活化的社会诚信教育

在社会转型期，即便强调社会信用的法治建设和信用管理，也并不意味着无须诚信道德教育，只不过需要思考：社会诚信教育如何富有成效？有效的诚信教育应该是把诚信的道德要求与信用知识和操作方法融为一体，教会人们在信用经济时代，如何使用"信用"为自己生活服务、如何累计"信誉"增强自己的社会生存能力而产生诚信的收益累积。诚信道德教育要打动人心，增强社会成员守信的道德动力，就要从社会成员生活需要出发进行渗透性诚信价值教育。这种渗透于人们生活实际的有用的诚信道德教育，在很大程度上，会减弱诚信道德社会要求的外在性，增强诚信道德的个人需要性，使社会成员对诚信道德易于接受、认同和践行，从而使诚信道德不是人人皆知的观念性道德原则，而是社会成员在生活中遵守的实践道德规则。为此，我国需要改进对社会成员单纯进行诚信道德正当性及其一般规范要求的抽象而笼统的教育方式，既要广泛普及信用知识，避免人们因对信用的无知而客观失信，又要根据不同人群的接受能力和诚信涉及的不同领域，进行针对性和具体的诚信道德价值引导，把诚信道德的社会秩序的需要性与社会成员个体生存和发展的需要性有机统一起来。在此尤其要强调，必须要结合社会信用法律制度和信用管理而开展相应的诚信教育，注重社会成员诚信体验的自我教育和社会组织成员之间平等交流与互动的分享诚信教育。

发表于《哲学动态》2013 年第 10 期

诚信文化与社会信用体系相倚互济

现代诚信是本体世界的目的论、意义世界的价值论和现实世界的规范论的有机统一。目的、价值与规范是诚信的结构要素，三者缺一不可，且具有内在的逻辑关系，即诚信的规范源于本体世界的"天道"和意义世界的"义理"。诚信是"自然本性法则"。世间万物都有其本然的目的，一切关系都内蕴着合理的秩序，诚实信用就是人们社会交往关系以及人与自身关系中内蕴的应有条理和顺序的"本性之规律"的客观要求，中国称之为"天道法则"，西方称之为"自然法"。换句话说，人们待人做事言行一致、表里如一，是天道之本然。人超越于动物就在于能够基于"天道之本然"而建构"人道之当然"的意义世界，诚信是意义世界的价值原则，本身是目的，具有义理性。现实社会诚信规范的正当性源于本体世界与意义世界的"天道义理"，而不是后果论意义上的利益得失。离开天道义理规制的诚信，就会滑向纯粹的工具论和功利论。唯有回归诚信道德的本性，秉持诚信的天道义理性，强调诚信自身的目的与价值，诚信的规范与制度设计才有根基。目前，社会上流行着一种偏重规范伦理的规则与制度，缺乏美德伦理的义理与德性的诚信观，致使在社会诚信建设理念与路径上，"工具理性"的制度独尊论和效用论遮蔽了诚信本体的天道义理及其"价值理性"。事实上，离开目的论的单纯规范论与工具论的诚信观，会抹杀诚信动机与效果、诚信德性与行为的区别，最终会迫使"美德让位于规则""价值从属于工具"。因此，诚信文化与社会信用体系要相倚共建，只注重诚信文化建设或社会信用体系建设的做法，都是片面的。有效的社会诚信建设，是诚信文化与社会信用体系两手抓、两手硬，实现二者的融通互促。

诚信文化建设需要社会信用体系支撑

事实证明，缺乏社会信用体系支撑与保障的诚信文化往往难于实现对社会成员的有效教化与濡化。诚信文化对社会成员的教化与濡化是一种劝诫性的向善引导，其规劝力与倡导力既取决于社会舆论对失信贬斥与守信褒奖所形成的道德信息压力与规范压力，也取决于社会成员个体的良心与信念。进而言之，诚信道德舆论场的压力与个人诚信意识和信念，无不与社会信用体系对失信或守信者的惩奖机制有关。一旦失信者未受到法律的惩处和社会的排挤，守信者未受到社会应有的尊重与褒奖，诚信的正义信念就会受到挑战。诚信正义性的弱化与诚信无用论的盛行，会在不同程度上消解诚信文化的引导力，表现为诚信教育规劝的"空洞无力"、规范压力"纠错"功能失灵，失信者难以产生道德焦虑的自我反省，守信者难于产生道德荣誉的自我欣慰。一言以蔽之，诚信文化不能离开社会信用体系对失信者严厉惩处的社会支持——因为惩恶是扬善的基础。社会信用体系借助法律、信用记录、信用评价等对失信者可以实行直接与间接的双重制裁：一方面，通过信用法律对失信主体进行民事、行政和刑事责任的直接处罚；另一方面，利用信用信息的公开与传散对失信者进行间接的社会制裁。直接处罚是对失信者的当下惩治，惩罚力度与法律威慑具有正相关性；间接处罚是社会对失信者的长久惩治。两种制裁有机结合，构成对失信者的联合惩戒。如国务院颁布的《关于加快推进失信被执行人信用监督、警示和惩戒机制建设的意见》（2016 年）规定，不仅对失信者给予法律惩罚，而且实行特定行业或项目限制、企业高管和事业单位法人等任职资格限制、准入资格限制、荣誉和授信限制等等。对失信者实行的各种资格限制及其消费限制等社会排挤力，使失信者"逃不了、赖不掉"，会在不同程度上削弱失信者在社会中的生存力和发展力。这种"一处失信、处处难行"的社会生活现实，会产生积极的社会辐射效应，有利于形成"守信光荣、失信可耻"的良好诚信文化氛围。相反，如果诚信文化建设缺乏社会信用体系制恶的支撑，"失信必罚""失信亏利""失信可耻"的教化就会成为缺乏说服力和信服力的空洞说教，"知信而不守信"的知行背离现象就会沉渣泛起。

社会信用体系建设需要诚信文化相辅

我国社会信用体系建设已提上日程，各种诚信制度正在建立和完善中，但我们不能因社会信用体系建设的紧迫性和重要性而忽视或偏废诚信文化建设。因为仅有外在制约不足以善化心灵，达至德心与德行相统一的诚信生活方式。目前我国正在不断完善与诚信相关的法律，如《刑法修正案（八）》加大了对食品安全犯罪刑罚力度，并将"恶意欠薪"入刑；《刑法修正案（九）》增加了惩治失信背信行为的规定；新的《消费者权益保护法》加大了经营者欺诈性行为的惩罚性赔偿力度；等等。与此同时，国务院 2016 年密集出台了相关指导意见，如《关于建立完善守信激励和失信联合惩戒制度　加快社会诚信建设的指导意见》《关于加快推进失信被执行人信用监督、警示和惩戒机制建设的意见》《关于加强政务诚信建设的指导意见》《关于加强个人诚信体系建设的指导意见》等。这些社会诚信建设的法律规定及其《意见》，旨在建立和完善守信联合激励和失信联合惩戒制度，打击失信者、褒扬守信者，遏制虚假失信投机行为的蔓延，破解现实生活中"诚信无用"的悖论。围绕社会信用体系建设而制定的这些制度，是市场经济社会诚信建设不可或缺的制度安排。同时要看到，社会信用体系说到底是一种利导型奖罚制度设计，即它是基于人们的自利本性和利益最大化的追求，驱使或迫使人们在各种惩罚的利益权衡中"能够"诚实守信。它把人们的当下诚信行为与法律风险以及未来利益挂钩，进而构成对人性的自利性与市场经济利己性的约束条件。虽然社会信用体系形成的利益奖罚机制能够为社会成员行为选择提供外源驱动力，但需要清楚的是，社会信用体系所形成的这种"利导型"诚信建设机制，对失信投机行为的钳制是有条件的，即法律和社会对失信者处罚力度及其社会排挤力足以构成"成本与收益"博弈的利益制衡，否则，将难以阻遏失信牟利的机会主义行径。美国安然、安达信、世界电信等大公司相继发生的财务作假案以及美国次贷危机等无不表明，再完备的社会信用体系也需要诚信文化的鼎力相助，需要社会成员道德良知的守望和道德自律的坚守。

发表于《光明日报》2017 年 2 月 15 日

论社会主义市场经济条件下
集体主义道德原则的有关问题

一、集体主义道德原则存在的客观基础问题

人的存在的个体性和社会性，使得个人利益与他人或集体利益具有差异性和矛盾性，因而，用什么态度、价值取向和方式解决人们之间的利益矛盾，直接受制于社会的经济关系。长期以来，人们一直把计划经济条件下的完全公有制的所有制形式视为集体主义价值原则的经济基础，那么，在当今以公有制为主体的多种经济成分并存的市场经济条件下，集体主义道德原则还有没有存在的客观基础呢？笔者试图从以下诸方面进行论述。

1.集体主义价值原则与我国基本经济制度的关系。党的十五大报告明确指出，我国社会主义的性质和初级阶段的国情，决定了我国现阶段的基本经济制度是以公有制为主体、多种所有制经济的共同发展。尽管从所有制的形式上打破了过去经济结构的单一性，而且公有制的实现形式也开始多样化，但公有制的主体地位没有改变。一方面，国家通过资本运营，国家和集体控股，使公有资产在社会总资产中占有优势；另

一方面，国家通过相关的政策和法律，禁止其他非公有制成分对关系国民经济命脉的行业和关键领域的介入，保证了国有经济控制国家经济命脉，而其他经济成分是在公有制为主体的条件下发展的多种所有制经济，是在公有资产和国有经济控制下的有益补充。由此可见，公有制程度的减弱和国家运用资本控制社会经济的方式并没有从根本上改变公有制的经济制度性质。所以，集体主义的道德原则在当代社会仍有其存在的客观经济基础。

2. 集体主义价值原则与现代市场经济的国家宏观调控利益原则的关系。我们知道，国家宏观调控的宗旨是国民经济总体的平衡和持续、稳定的发展，它着眼的是社会总体的经济效益，也就是说，国家对社会资源配置和调控是基于整体和长远利益的考虑，为的是社会经济总量平衡以及集中有限的资金和力量解决带有全局性的重大问题。不难看出，社会利益、国家利益制约和指导企业个人利益追求和实现的原则，是实行现代市场经济的国家宏观调控与市场调节相统一的本质要求。

3. 宏观层面和微观层面的利益互动关系与集体主义精神。我们认为，在当前的经济条件下，应该对个人与集体、国家之间的利益关系进行具体的分析。在国家的宏观层面上，反映并代表社会全体成员共同利益的社会整体利益，仍是个人利益实现的前提条件。一方面，社会利益是个人受益的直接基础。个人在社会中的生活品质，既取决于个人的劳动能力和报酬的差异，也与社会的经济增长和公共利益的发展密切相关。教育、卫生、公共设施、国防、自然资源的合理利用、环境保护等公益事业，与所有社会成员的个人利益都有着直接或间接的关系；另一方面，社会整体利益的维护和保障是个人更好地实现其特殊利益的基础。社会资源的有效利用，避免"权力经济"对社会财富的掠夺，会直接增益每一个社会成员；国家的各级企事业单位的员工，其工资收入和福利待遇要完全依靠国家的综合经济实力；对生活困难的社会成员，国家要通过实施职工生活困难补助制度和民政救济制度来解决他们的基本生活保障问题；而各个市场主体，也唯有在整个社会经济秩序良性循环的保障下，才能更好地实现自己的特殊利益。在现实利益集体的微观层面上，个人与集体的良好利益关系是集体主义生长的现实基础。现代企业制度的建立及公有制形式的股份制和股份合作制的产生，使得企业的产权形式和分配方式发生了变化，在原有的按劳分配基础上，又产生了按资分配和技术参股的形式，个人与其所在的企业集体或者具有产权的利益关系，或者具有工效挂钩的利益关系。在改制后的股份制和股份合作制的企业中，职工一方面通过劳动可获得工资收入，另一方面由于职工持有本企业的一定份额的股份，可以按资分配获得股息、红利。产权利益关系所衍生出的这种分配方式，使得员工与企业处在休戚相关的利益共同体中，在这种具有统一利益基础的集体中，企业集体利益是个人利益满足的基础。在非股份制企业中，一般遵循的是劳动者的报酬和经济权益与其工作成效挂钩的原则，企业的效益与个人收入的这种连带利益关系，也是集体主义生长的土壤。特别是在打破"大锅饭"、企业自负盈亏的条件下，企业效益的好坏直接关系着员工的收入和医疗保险、社会福利待遇。国家规定的劳动者的基本权益和保险的落实，不仅有赖于国家法律的强制，而且也有赖于企业的经济状况。所以，企业经济状况的好坏直接关系着职工的社会福利的落实。

4. 经济可持续发展战略的价值观与集体主义的价值取向。可持续发展战略的理论，要求企业的生产活动生态化、社会效益化和持续化，即企业要实现经济的增长，不能以能源和原料的过度消耗为代价，提倡"可再循环"和"生物分解"的生产方式；减少有害废物的排放，企业的产品和活动不危害环境和人的生命安全；资源的使用不能损害下一代人的资源享用。不难看出，可持续发展战略的经济观，完全变革了传统经济学的资源无限配置和经济人假说的逻辑思维模式。传统的经济学把经济效益视为重心，以为社会资源可以无限地配置，关注的是眼前的经济增长；而可持续发展的理论，则主张经济效益与社会效益的有机结合，不仅要求同代人之间的资源优化配置，还要求当代人的资源配置不能有损于下一代人的资源使用，把眼前的经济增长与社会效益和将来的资源利用统一起来。传统的经济学关于市场主体的动力系统是以经济人的假说为前提的，认为市场主体是只关心和追求自身利益的经济人，经济人的思维方式是以个人利益最大化和个人利益至上化为价值准则，经济行为的自利动机和资本增值的目的使得市场主体的目光只盯在自身的利益上；而可持续发展战略的理论，把市场主体置身在人与自然及人与人的和谐共生的发展链条上，认为市场主体不但要有"经济人"的趋利性，而且也要有"社会人"的责任感，使自己的生产及其产品不能危害自然环境和人们的身心健康。

综上所述，可持续发展的理论把生态系统、资源系统和人类系统组成了一个三维空间的动态和谐体系。它要求企业在发展经济中，不仅要具有市场观念，而且还必须具有生态观念和社会观念，即企业在生产经营活动中，必须要注意自然环境的保护和社会利益的维护，企业利润的获得绝不能以牺牲公共利益为代价。这表明，单纯的产值、利润和金钱等经济指标不是评价企业的完整价值体系，社会效益将成为企业生产和经营正当与否的价值尺度。

二、提倡集体主义道德原则的客观必要性问题

1. 集体主义价值导向是克服市场经济负面效应的需要。社会主义市场经济具有市场经济的一般特性。一方面，市场在价值规律的作用下对社会资源的配置具有短期性。"看不见的手"虽然对微观市场的调节具有较高的灵敏性，但它难以解决国民经济的总供给与总需求的均衡问题，以致使市场主体在供求关系变化的价格波动中，更多地受当前利益的驱使，追求见效快的经济行为，这在客观上容易使市场主体产生急功

近利的价值取向和短期投机心态。另一方面，市场经济本身的利益性、独立性、自主性，使得市场主体直接受自身利益的驱动。如果不对市场主体这种"从利"的价值取向给予必要的制约和正确的引导，就会滋生以个人利益、小团体利益为本位的利己主义思想和行为，甚至会出现无视社会整体利益的现象，导致侵害他人或国家利益的行为。要遏制市场经济的这些负面影响，除了规章制度、法律规范的秩序整合外，还必须进行观念整合，使人们在思想观念上把握个人与集体、国家之间的联系性以及各自存在的独立性、客观性、合理性，树立正确的获利观念。

2. 集体主义原则是实现共同富裕的保证。邓小平理论突破了我国传统经济学把计划经济与市场经济相割裂的思维模式，提出市场经济作为一种经济运行形式，既可以和资本主义制度相结合，也可以和社会主义制度相结合的创见。那么，在社会主义市场经济条件下，社会主义的本质特征是什么呢？邓小平同志认为，社会主义与资本主义的本质区别，不在于要不要富或富与不富的问题，而是在于社会上大多数人富还是极少数人富，即是共同富裕还是两极分化。由于市场经济是依靠金钱进行奖赏和惩罚，产生收入与财富方面的不平均分配以激励劳动者，所以我们的现行政策在承认不同地区、不同个人差别的基础上，提倡人们通过遵法守德致富，允许一部分地区和个人先富。如何缓解市场经济的"贫富悬殊和两极分化"，把一部分人的先富逐渐过渡到"共同富裕"呢？首要的一点是要求个人在谋利时，不能损害国家的利益；其次是国家要根据我国的经济实力，在"效率与公平"原则的指导下，实行再次社会分配，以缩小贫富差别；再者要依靠集体的力量，走共同致富的道路。

3. 社会价值观的多元化，需要加强集体主义的主导价值导向。在当今的市场经济社会中，由于社会转型、价值观念的更替，再加上改革开放后外来文化的进入，社会价值观呈多元化的态势，人们可以根据自己对生活的理解，选择自己的生活方式和行为方式，但这绝不意味着每个个体在价值选择的实践中可以有多元化的价值原则。从这个意义上说，正因为社会存在着多元的价值观，才更需要社会成员具有正确的一元化的价值认知和选择。在我国目前的情况下，在人们价值观混乱和行为出现多种偏差的情况下，迫切需要加强集体主义的主导价值导向。

三、集体主义道德原则理论认知问题

在理论和现实生活中，一些人之所以对集体主义的实践价值产生疑虑，与集体主义原则规定内容的某些偏失不无相关。集体主义作为一种伦理原则是斯大林明确提出并给予经典论述的。对于集体主义道德原则的内容，在我国的一些宣传报道或教科书中，曾出现了对集体主义缺乏完整把握的简单化倾向，他们避而不谈集体主义原则的"个人与集体和谐发展"的精神实质，而是更多地渲染"个人服从集体"的规定要求。尽管在改革开放后，集体主义道德原则充实了一些时代的内容，但过去对集体主义理论认知中的一些偏失仍不同程度地影响人们对集体主义原则的接受和践行。

1. 集体主义道德原则的绝对化倾向。无论是在斯大林的经典论述中，还是在我国宪法草案的阐述中，无不强调个人与集体的辩证统一关系。但由于高度集中的计划经济和单一的所有制形式，使得人们在对个人利益与集体利益的关系理解上，把个人利益与社会集体利益在"根本上的一致性"不加限定地理解为"完全一致"，所以，人们总是强调个人利益与集体利益的共同性，很少谈论个人利益与集体利益的差异性。认为集体利益是个人利益的代表，集体利益的维护就是个人利益的实现，乃至出现了把个人利益和集体利益混同的做法，忽视了个人利益的相对独立性和不可替代性。这种强化集体至上独尊地位的无条件的"一面倒"的倾向，最终导致了对集体利益服从的绝对化。

2. 集体主义道德原则的模糊性。集体主义价值原则的基本内容和要求，是社会利益、集体利益和个人利益相结合，即集体主义调节利益的总的价值原则是在个人利益与集体利益的统一体中，兼顾各方面的利益，而不是以一方的牺牲为代价。集体主义的这种价值取向不是在任何一个利益集体中都能圆满实现的，它的实现是有前提条件的，即必须要以集体利益的真实性和个人利益的正当性为基础。也就是说，集体主义原则所规定的集体，应该是反映并代表集体成员普遍利益的集体；而集体主义原则所讲的个人利益，不仅是国家政策、法律保障和允许的个人需要，而且也是社会根据实际情况相对公平地能够提供给个人的。所以，过去的那种不分个人利益正当与否，笼统地谈论个人利益与集体利益统一的说法，不可避免地会使人们感到集体主义理论与实践的脱节。

3. 集体主义道德要求的单向性。在个人与集体的辩证统一关系中，权利和义务应该是对等的、双向的，即双方相互履行义务和享受权利，但由于在二者的权利与义务之间缺乏必要的制约机制，以至于在实践中往往强调的是个人对集体的单方面的义务，集体主义只成为个人的行为原则。实际上，集体作为社会成员共同的个人利益的代表，其职责就应该为个人利益的满足和实现服务，为社会成员个人利益的发展创造条件。集体的这种责任和义务决定了集体主义道德原则不只是社会成员个人的行为原则，也应该是集体的行为原则。这就要求国家和具体的利益集体，要把社会的整体利益、人民的共同利益作为工作的出发点和制定方针、政策的依据。而我们过去只是用集体主义衡量个人行为的道德性，很少用集体主义对人格化的集体进行道德评判，以至于使人产生集体主义只是个人无条件地服从集体，而集体可以完全不顾个人利益的错觉。那些不能很好地履行为人民群众服务职责的集体，会直接破坏个人和集体的和谐发展，并会造成对个人权益的随意践踏或侵害，直接影响集体主义的道德原则的生命力，使之失去对群众的感召力。

4. 集体主义道德原则神圣化。过去，在集体主义的宣传上，一再强调在个人利益与集体利益发生矛盾的选择处境中，个人要自觉地节制和牺牲一定的个人利益来维护集体利益，把大公无私、公而忘私视为集体主义精神的唯一表现形式。在这种思维方式的定格下，往往把个人利益的牺牲视为平衡利益冲突的唯一方式，甚至是最佳途径，而且尤为强调行为动机的无私性，对于个人安危的考虑，不分合理与否，全部被排斥在集体主义行为的大门之外。显然，这种对集体主义的理解，只注重了个人"牺牲"的无私性、崇高性和无畏性，忽视了"牺牲"的必要性、理智性和效用性。这种观念和做法是把集体主义精神的先进性和崇高性，当成了集体主义思想品质的唯一性，没有意识到集体主义的广泛性和表现的多样性，抽掉了集体主义的丰富内涵，乃至把集体主义的"必要牺牲"演绎变成为牺牲而牺牲的教条。其实，在许多具体的两难选择的境遇中，集体主义精神的光大既需要人们的崇高无私、勇敢无畏，也需要人们的胆略卓识，它应该是人们出于道德责任的一种维护集体利益效用最大化的理智选择，而不是一种莽撞的无谓牺牲。我们目前在道德评价上经常出现的不重视行为的效果和具体面临的形势，单纯从动机"无私"出发的简单化、教条化倾向，以及在个人与集体的利益冲突时，不论冲突性质，一律用个人利益的牺牲平衡矛盾，不积极寻求双方利益尽可能保全的其他方式的做法，已对社会造成了极大的危害，直接影响了集体主义的声誉。

四、贯彻集体主义道德原则中需注意的问题

集体主义道德原则不是一个抽象的理论，而是一种正确对待和处理个人与集体利益关系的实践原则，但它的具体贯彻执行则需要观念和制度上的保障。

1. 调节个人与集体利益的关系不能绝对化。个人存在的社会性和

社会构成的个体性，使得在社会生活中个人与集体、社会是不可分割的矛盾统一体。道德调节不仅是为了解决矛盾，而且是要把损失降到最低程度，绝非要以一方的牺牲为代价。况且，当今社会的发展和进步，已使得个人与集体的利益实现不总是处在非此即彼的对抗矛盾之中。所以，在调节利益关系的具体操作中，我们应该具有矛盾主次转化的发展变化的观点和权利平等的思想，根据不同情景的具体社会需要，较多地强调矛盾的某一方面，而不是一味地强调集体的至上性，忽视个人发展的权利性。在不影响国家根本利益的情况下，可以侧重于个人利益的满足，即集体要为个人施展才华提供更大的空间，尊重个人的个性和自由，发挥个人的创造性和自主性。一旦矛盾的主要方面发生了转移，就要强化个人的应有义务，要求个人以大局为重，维护集体利益。如国家为修铁路、公路而占地；洪水泛滥时，为保全一些重镇需疏通洪水。在类似的情景中，就要求相关人员积极配合，不计较个人利益的得失。所以，在处理个人与集体的利益关系上，不能绝对化、教条化。

2. 集体主义道德原则需要合理制度的保障。集体主义道德原则的贯彻执行需要一定的客观基础。社会利益格局的合理性是其中的要件之一。因为合理的利益格局可以避免一些不必要的利益冲突的发生，减弱人们利益摩擦的尖锐性，为个人与集体的和谐共生创造条件。所以，集体主义需要一定的制度安排来保障个人利益与集体利益、国家利益的一致性。另一方面，个人与集体之间的权利和义务需要法律的明文规定，以明确各个利益主体之间的利益分界，从而使对个人利益的节制和约束合情合理，并把集体对个人需要的满足落到实处。只有在法律保障的利益体系中，才能把集体主义的一般倡导原则和大道理落实到具体的操作行动中，对于维护集体利益的行为和破坏集体利益的行为，都有明确的奖惩措施，这就会避免过去那种宣传的空泛性和实施的软弱性，同时，也有助于个人正当权益的保护。集体主义在理论上总是要求集体尽最大可能满足个人的合理利益，从未否认过对个人正当利益的保护，但由于缺乏必要的制度保障，这个要求和规定常常流于形式，甚至出现过个人一旦维护自己的利益，就被视为利己主义加以批判的现象。还有，制度保障的利益体系会阻抑把小集体利益置于国家利益之上的"小团体主义"的蔓延，遏制一些打着集体旗号的人对社会成员利益的肆意伤害。

3. 集体主义道德原则不是调节利益矛盾的唯一方式。集体主义作为调节人们之间利益关系的道德原则，它的规定通常是笼统的、带有普遍的一般性指导意义，而且是一种带有劝说性的提倡。所以，不要把集体主义当作解决一切利益矛盾的唯一方式，尤其要注意的是，不能用集体主义道德原则取代国家的政策和法律规定。对于国家政策和法律允许的个人利益，不能假借"集体"之名，随意要求个人作出节制和牺牲，不能重蹈过去的"集体利益再小也是大，个人利益再大也是小"的覆辙，要维护个人的合法权益和保证个人的正当利益。在有些情况下，应凭借其他手段来解决二者的矛盾，以避免对某一利益主体造成伤害和无谓的牺牲。在市场经济条件下，市场经济的法制化使得各种利益主体之间的权利与义务日益契约化、明细化，许多利益的矛盾应该直接诉诸法律。如企业员工与企业的利益纠纷问题，就可以依照双方共同签署的劳动合同执行；承包制实施过程中的一些利益冲突问题，也要凭合同解决。同样，对于那些给国家财产造成不必要损失的渎职行为，也不能只停留在道德谴责上，必须依照有关法律规定，追究相关人员的法律责任。

所以，我们在调和各种利益矛盾时，要根据不同的情形，运用相应的调节方式，不要把集体主义道德调节唯一化。

发表于《社会科学辑刊》2000年第3期

我国核心价值观培育成效的反思与超越 *

马克思认为，如果从观念上来考察，那么一定的意识形式的解体足以使整个时代覆灭。因为人的精神世界的建构、社会良好秩序的建立和维护依赖于共同体成员的核心价值观念。也就是说，人所具有的思维与理性、意识与意志，构成了人生活意义的精神世界，而核心价值就是人们建构意义世界的根本价值原则，是个人、国家和社会发展根本方向的定盘星。核心价值主体化形成的核心价值观，是为大多数社会成员共识和信奉的、合乎本民族和国家文化传统与信仰的重要价值原则，它主宰民族、国家和个人的灵魂，是国家兴盛的根基。为此，习近平总书记指出："核心价值观，承载着一个民族、一个国家的精神追求，体现着一个社会评判是非曲直的价值标准。"[1] 基于核心价值观的灵魂主宰性，世界各国无不高度重视对本国民众社会核心价值观的积极培育。

在西方国家，核心价值观作为支配和维系其国家生存与发展的精神命脉，在他们看来，是解决其社会发展中"霍布斯与秩序问题"[2] 的

---

① 《习近平总书记系列重要讲话读本》，学习出版社、人民出版社 2014 年版，第 93 页。

② 在由利益聚合的原子化个体组成的社群，会因缺乏共同的情感和信条无法形成统一的意志。在异质性社会体系中，如何形成社会有机体则成为社会有序发展的难题，因此，如何使彼此分离的个体"理性地追求个人私利"而又不损害他人或共同利益，则成为社会存在和发展秩序必须面对和解决的难题。美国社会学家塔尔科特·帕森斯将其概括为"霍布斯与秩序问题"。霍布斯认为，人是受各种情感驱使的，善，不过就是任何人所向

需要，是其社会成员区分所谓真假、善恶、美丑的普遍价值标准，是其社会成员认识与把握世界的重要方式。这从不同的侧面反映出核心价值观的重要性。

当今社会，出现了一些新的挑战，如个体的独立性与权利的张扬、价值文化的多元、价值标准的多样、价值虚无主义盛行等，无不需要社会确立是非善恶的价值标准来引领社会意识和思潮，以避免由于人们的价值观念混乱而瓦解社会秩序，及其增加社会交往风险所导致的劣质社会生活。我国全面深化改革所面临的发展问题、叠加矛盾和社会风险的化解，不仅需要技术和创新，更需要社会主义核心价值观为其提供精神动力和思想保障，凝神聚气。

社会主义核心价值观的培育，旨在促进社会成员对其认同与践行，即实现社会成员对核心价值观的认知与内化、信奉与外化的统一。无疑，社会主义核心价值观培育的成效，绝不只是社会成员对核心价值观的认知问题，从根本上说更是人们的认同、内化与践行。因此，核心价值观为人们信奉和践行，是社会主义核心价值观培育成效的显著标志。要避免或减少社会主义核心价值观培育中存在的社会成员"知而不信、知而不行"的低效问题，提高社会主义核心价值观培育的成效，坚持马克思主义系统性、整体性的原则，构建社会主义核心价值观培育的整体协调互济系统。

往的东西。因此，每个人都追求对自己有利的事情。如果不对人们的行为进行控制，那么，人们就会采取暴力和欺诈的手段实现自己的欲求，其结果导致人们相互摧残的"所有人对所有人的战争"。在这种状态中，人类的生活是"孤独、贫困、龌龊、野蛮而短促的"。人类的理性以及人的自我保全的基本情感，使人类寻求遏制混乱的方法即契约。"通过社会契约，人们同意把他们的天赋自由奉献给一个拥有至上权力的权威，这个权威则保证他们的安全，使他们免于遭受暴力或欺诈的侵害。只有通过这个至高无上的权威，才能制止住这种所有人对所有人的战争，使秩序和安全得以维持。"参见［美］塔尔科特·帕森斯《社会行动的结构》，张明德等译，译林出版社2012年版，第100—102页。

一、马克思主义的哲学价值观是社会主义核心价值观培育的重要基础

辩证唯物主义认为，世界上的万事万物都不是孤立的存在，而是处于普遍联系之中的。事物之间的联系不仅是客观的，而且是普遍的。"一切……都是经过中介，连成一体，通过过渡而联系的。"[①] 由于联系是事物之间以及事物内部诸要素之间的相互影响、相互制约和相互作用，所以，"事物和事物之间是作为系统而存在的"[②]，即系统是不同事物之间相互联系所形成的统一体。显然，世界是系统的集合，而系统又是多种多样的，这些系统之间是存在普遍联系的。恩格斯指出："关于自然界所有过程都处在一种系统联系中的认识，推动科学从个别部分和整体上到处去证明这种系统联系。"[③] 正是由于系统是由若干要素以一定结构形式联结构成的具有某种功能和相互联系的有机整体，所以，马克思主义哲学要求人们在认识和改造世界的过程中，要运用系统的、普遍联系的观点和方法解决问题，即坚持整体性、结构性和协调性原则，调整系统结构、协调各要素之间的关系，实现系统优化。

社会主义核心价值观的培育，是教育主体、客体、内容与方式方法、环境构成的一个复杂而庞大的社会系统工程。这就要求我们将核心价值观培育的各要素作为一个相互联系的整体来看待，而不能孤立地看待和发挥其中某一个要素的作用。由此推之，社会主义核心价值观的培育，既不是单一的提高教育主体施教素养和能力问题，也不是单纯激发

---

① 《列宁全集》第 55 卷，人民出版社 1990 年版，第 85 页。

② 《马克思主义哲学》教材编写课题组：《马克思主义哲学》，高等教育出版社、人民出版社 2012 年版，第 96 页。

③ 《马克思恩格斯选集》第 3 卷，人民出版社 2012 年版，第 412 页。

教育客体学习、接受和认同价值思想的问题，更不是一味地改进教育方式或优化环境的问题，而是教育主体、客体、内容与方式方法、环境围绕一定教育目标的同向共振、协调互济。一言以蔽之，社会主义核心价值观的培育，要促进社会成员对核心价值准则的认同与服膺，达致内化于心和外化于行的目的，只有单一要素功能的发挥是不够的，既需要系统中各个要素发挥好自身的独特作用，也需要各个要素之间功能互补，同向发力。

1. 整体性原则

唯物辩证法认为，系统最本质的特征是整体性。马克思曾指出："整体，当它在头脑中作为被思维的整体而出现时，是思维着的头脑的产物，这个头脑用它所专有的方式掌握世界，而这种方式是不同于对世界的艺术精神的，宗教精神的，实践精神的掌握的。"[1] 系统性的核心是整体观念，它要求人们把由多种要素构成的事物看成一个有机的整体，协调好有机体内各要素之间的关系，在保持各要素之间关联的基础上，构建结构合理、动态平衡的系统，使各要素能够朝同一目标方向运行，以形成多要素互补共济的协同效应，避免系统内部各要素之间因相互抵牾、自相矛盾而彼此消解。所以，对系统的整体把握，既不能把系统中的各个要素孤立化，也不能把系统中的各个部分机械化，更不能否认或忽视系统要素之间的关联性与功能的互动性。

社会主义核心价值观培育系统，是教育主体、客体、内容与方式方法、环境不同要素的有机结合。深入人心的核心价值观教育，是一个系统工程，它不仅要求教育者根据教育对象的思想需要，分析和讲透社会主义核心价值观培育的正当性、解读好其科学内涵和基本要求，针对不同教育对象施之个性化的教育方式，而且也要尊重教育对象的价值选择与认同规律，选择适宜的教育内容和方式，开发和利用好教育环境。

---

[1] 《马克思恩格斯选集》第 2 卷，人民出版社 2012 年版，第 701 页。

显然，我们不能把社会主义核心价值观的培育，简单地归结为单一的宣传教育工作，认为只要把宣传教育搞好了，就能解决人们的价值观认同与践行问题；同样，我们也不能把核心价值观培育中存在的"低效"问题简单地归咎于宣传教育本身。核心价值观的宣传教育，更多解决的是社会成员的价值认知问题，认同与践行还需要教育对象的自我教育、修养及其社会支持系统的保障。一旦我们倡导的价值原则缺乏社会环境的支持，理通行不同，或"潜规则"盛行冲击和挤压"明规则"，出现社会上宣传教育的价值原则与人们实际生活通行的实践原则相脱节的两张皮现象，就会影响社会主义核心价值观培育的成效。

应当说，当前有两个问题需要引起我们高度重视：一是在社会主义核心价值观培育的观念上，缺乏系统性的整体理念，把社会主义核心价值观的宣传教育简单地等同于社会主义核心价值观的培育。事实上，宣传教育只是核心价值观培育的一种方式，它只是社会主义核心价值观培育系统的重要组成部分而不是全部。二是在社会主义核心价值观培育的实践中，忽视"三个倡导"内容与社会政策、法律、管理规章的有机衔接，以至于社会主义核心价值观的正面传输经常会遭遇不良机制所引发的社会负面现象的冲击与瓦解，进而影响社会成员对核心价值观的接受、认同和践行。

2. 结构性原则

事物之间的普遍联系与发展，在某种程度上，就是"现实的诸环节的全部总和的展开"①。整体与部分作为事物联系与发展的基本环节，则要求系统要素之间结构合理，以实现整体功能大于各个部分功能之和的目的。因为系统的功能与效果，与系统内部的结构密切相关。系统内部结构合理，"许多力量融合为一个总的力量而产生新的力量"②，系统

---

① 《列宁全集》第 55 卷，人民出版社 1990 年版，第 132 页。
② 《马克思恩格斯文集》第 5 卷，人民出版社 2009 年版，第 379 页。

功能就会得到有效发挥，并取得良好效果。社会主义核心价值观培育系统各要素相互联系及其作用方式，决定核心价值观培育的成效。

在社会主义核心价值观培育的主体、客体、内容与方式方法、环境诸要素组成的系统中，教育主体起着主导和支配作用。无论教育主体是个人还是组织机构，都需要根据教育对象的思想价值困惑、接受能力和特点、生活境遇等，选择核心价值观教化的内容与方法，而教育对象对核心价值的理论教育、专题宣讲、舆论引导等，不是被动地接受，而是在思考、辨析、对话中实现价值选择与认同。显然，社会主义核心价值观的培育，是在发挥教育主体的主导与教育对象主体性的基础上，借助一定的教育内容与方式方法、环境施之的价值引导与培育活动。毋庸置疑，那种把社会主义核心价值观培育只理解为是教育者对教育对象居高临下的单向灌输的想法和做法是有失偏颇的。社会主义核心价值观培育系统的结构原则，要求发挥好教育主体、客体、内容与方式方法、环境各自的功能，并在主体统合下形成联动机制，尽各要素之功促进社会成员对核心价值观的信奉，进而实现核心价值观的有效教化。

3. 协调性原则

良好的系统，不仅是整体的、有结构的，而且各要素之间是有序协调的。要在系统优化中促进各要素功能的有效发挥，实现系统运行的既定目标，不仅需要建构和布局系统结构，而且要协调好各要素之间的关系，避免因各要素之间彼此冲突和消解而影响系统效果。社会主义核心价值观培育的成效，一方面，取决于教育主体、客体、内容与方式方法、环境形成的整体协调关系，如教育主体选择的教育内容与方式契合教育对象的思想价值需求、生活境遇及其接受能力。因为教育者宣讲的道理、理论的说服力，既来自理论本身的魅力，也来自社会生活实践中人们普遍信奉的示范与感召。一旦教育者宣讲的核心价值思想和原则受到社会潜规则的挑战与消解，即教育内容与社会生活实践之间出现价值不一或矛盾现象，社会主义核心价值观培育系统的各要素之间将难以实现同向发力的互济。另一方面，也取决于子系统内部各要素之间的协调关系，如教育者的理论素养与信奉人格相统一而形成的言传身教，就会增强核心价值观的感召力、吸引力和信服力，相反，如果教育者言教与身教相脱节，宣讲连自己都不愿相信甚或不信奉的道理或理论，将难以形成以理服人、以情感人、以行示范的感召力和信服力。因为"以身教者从，以言教者讼"①。

二、加强对各种社会思潮的引导

1.利益群体价值观较量的加剧

经济的全球化和信息的网络化所产生的现代文化与传统文化的更替与嬗变、本土文化与外来文化的碰撞与融合，使我国的思想文化领域出现交流、交融、交锋而导致价值观较量加剧，表现为我国社会不同的利益群体价值观念的"异质性"。在社会生活中，人们受经济变量（职业、收入和财富等）、社会互动变量（个人声望、社会地位、教育、社会关系资源等）、政治变量（直接拥有的权力或间接支配社会的权力、阶层意识和流动性等）的影响②，会处于不同的社会结构中。社会垂直化的不同阶层所形成的利益群体，会因自身阶层的经济地位及其利益诉求，在传统文化、现代文化、本土文化、外来文化的价值观博弈中，吸收不同的价值理念，形成体现利益群体价值特性的文化体系。不同利益群体的价值个性及其价值诉求，加剧了多元价值文化的冲突与矛盾，进而要求我们在社会主义核心价值观的教育与引导中，要坚持整体性原则，实现价值共性与个性的统一，善于运用社会主义核心价值观对不同

---

① 《后汉书·第五伦传》，中华书局 2007 年版，第 408 页。
② ［美］丹尼斯·吉尔伯特、约瑟夫·A.卡尔：《美国阶级结构》，彭华民等译，中国社会科学出版社 1992 年版，第 14—19 页。

利益群体进行主流社会意识形态的教育与价值引导，以避免利益群体特殊价值对共同体核心价值的裹挟与遮蔽。

2."群落文化"价值观变化的加剧

随着我国改革的深化、深度融入世界经济和参与全球治理过程、社会主义市场经济的稳步推进，社会思想意识出现了多元、多样、多变的态势，引致了"群落文化"价值观变化的加剧。现代社会，人们不仅生活在真实世界，也生活在虚拟世界。网络虚拟世界中的微信群、QQ群、微博等新型社交工具和平台，形成了不同的"群落文化圈"。社会成员分属于不同的"群落文化圈"，并深受所属"群落文化"的影响，在某种程度上可以说，"群落"亚文化直接影响着社会成员价值观的形成和行为方式的选择。"社会成员对网络信息形成的'媒介依赖'（Media Dependency），使得网络上的各种思想观念、态度倾向、意见观点等的传播与互动，无不影响着人们的观念世界，以至于思想占领成为网络时代一种新的世界控制力。"①

事实上，各个"文化部落"传递的价值信息及其面临的价值困惑，尤其是网络平台价值信息传播的即时性、超时空性、交互性、隐匿性等所催生的"群落人"价值观的快速变化或发酵，无不要求我们在社会主义核心价值观的教育与引导中，要坚持系统的协调性原则，注意教育对象"群落文化"的个性特征，施之不同的教育内容，并针对不同群落教育对象的价值需求与接受方式，运用慕课（MOOC）、翻转课堂（Flipped Classroom 或 Inverted Classroom）、微小说、微电影、微电视等文学影视作品进行有针对性的价值观教育，改变原有长篇人论的教育内容和授课、报告等教育形式，形成平台化、草根化、群落化的非线性网络价值观教育的新形态，突破一味照搬真实世界价值观教育的传统做法

---

① 王淑芹：《用社会主义核心价值观引领网络文化建设》，《中国社会科学报》2015 年 10月 29 日。

和惯性，发挥好圈层主流文化思想发酵的集聚效应对不良文化的引导与同化作用。

3. 网络文化价值观混乱加剧

当代社会"新媒体""全媒体""自媒体"所产生的思想价值传输主体、方式、渠道的革命性变化，导致了网络文化价值观混乱的加剧。"网络价值信息扩散的指数式增长方式，会形成思想风暴，影响人们的世界观、价值观、理想和信念，控制人们的思想和行为。"[①]互联网的价值信息传播是一个博弈的舆论场。网络价值信息的良莠不齐，尤其是对社会重大事件的网络评价等，无不形成思想风暴影响网民的价值判断与选择，因此，当前社会主义核心价值观的培育，绝不单单是按照教育主体预设的内容与方式开展教育的问题，而是要面对社会转型期深化改革所引发的各种叠加矛盾和由此产生的各类社会事件，在公共平台上鱼龙混杂的发酵对核心价值观的挑战，即社会主义核心价值观的教育，需要不断应对社会事件凸显的价值冲突与模糊的价值辨析的网络舆论挑战。

社会重大事件往往是人们关注的社会热点问题，也是对人们价值观发生影响的社会焦点问题，更是多元价值观较量凸显的重要社会问题。因此，在公共媒体平台上，坚持主流社会价值对社会重大事件的有理有据的评论，是一种富有成效的社会主义核心价值观教育与引导。在某种意义上说，社会主义核心价值观培育的主阵地，已移到网络的公共舆论平台上。这就预示，社会主义核心价值观的有效培育，需要坚持系统的结构性原则，既要开展好真实世界的专题报告、问题研讨、参观学习等现场价值观教育，也要开展好虚拟世界的"线上"价值观的教育。在网络平台上对社会重大事件凸显的价值矛盾和冲突进行价值辨析与引

---

① 王淑芹：《用社会主义核心价值观引领网络文化建设》，《中国社会科学报》2015 年 10 月 29 日。

导，将是未来社会主义核心价值观培育面临的重要任务。毋庸置疑，有效的社会主义核心价值观培育阵地，绝不只是做好对社会成员的现场价值观教育问题，也是主动占领与守住新媒体的舆论阵地，在公共舆论平台上解疑释惑的价值评论与引导。

三、教育主体、客体、内容与方式方法、环境协调互济的培育系统

上述分析表明，社会主义核心价值观的有效培育，需要运用马克思主义系统性、整体性的观点和方法，使社会主义核心价值观培育系统中的各个要素之间能够协调一致，避免由彼此冲突和消解所产生的内耗，实现各个要素的功能互补以实现彼此互促相济。为此，需要构建教育主体、客体、内容与方式方法、环境四大要素相互协调的社会主义核心价值观培育系统。

1. 强化教育主体言传身教的示范性

核心价值观的培育在宏观上是国家对社会成员实施的一种主动的思想价值观念主导与引领的教育活动，因此，教育主体是核心价值观培育过程中的首要要素。

发挥好教育主体在社会主义核心价值观培育中的主导作用。社会主义核心价值观的培育活动，不是单纯的知识传授，而是一种价值教育，即在知识与价值统一的基础上，实现对社会成员正确价值观的引导。由之，教育者对教育对象教化的目的，需要影响教育对象的情感、价值观和品德。事实上，在教育者与教育对象的互动关系中，教育对象对教育者传播的价值思想的信服，既源于教育者的理论阐释力、语言表达力，理通令人服；也源于教育者的精神信仰和良好品性的感召力，既传道又信道与守道，言教与身教相统一。显然，教育者的施教素养、品

性和能力是影响社会主义核心价值观培育成效的自变量。所以，在严格意义上说，社会主义核心价值观的教育主体，不是任何一个具有相关知识的教育者，在本质上他们应该是社会核心价值的践行者和先行者。中国古人云："教，上所施下所学（效）也"①；"化，教行于上，化成于下也。"② 正如习近平总书记在全国高校思想政治工作会议上的讲话中所指出的那样："传道者自己首先要明道、信道。"③ 显然，作为社会主义核心价值观培育的教育主体，除了要具备与核心价值观相关的理论知识、树立现代教育理念、掌握核心价值观引导的方式外，还必须是核心价值观的信仰者、践行者。要反对那种"台上讲马克思主义，台下埋汰甚至胡批马克思主义。口是心非，永远的'假面人'"④。概言之，核心价值观的教育者，是宣教者、信仰者和践行者的统一。

2. 激发教育客体的价值欲求

社会成员思想价值观形成的后天性、外在性、习得性，不仅决定了社会主义核心价值观培育的必要性和正当性，而且也预设了社会成员辨析、选择、接受和认同核心价值观的必然性。马克思关于人的社会本质理论揭示，任何人都处于一定的社会关系中生活；社会学中人的社会化理论表明，人从自然人发展到社会人的社会化过程，就是了解和习得社会规则、价值原则的内化与外化过程。因之，任何社会成员都要通晓和遵守一定的社会规则，否则，就要承受社会规范压力和违规惩罚的社会排除力，即人们融入社会的重要前提是学会"社会规则"。毋庸置疑，核心价值观作为一个社会最大公约数的共享价值，理应是社会成员价值需求的重要组成部分。所不同的是，不同的群体因其利益、地位、思想

① （东汉）许慎：《说文解字》，徐铉校定，中华书局 2013 年版，第 64 页。
② （东汉）许慎：《说文解字》，徐铉校定，中华书局 2013 年版，第 166 页。
③ 《把思想政治工作贯穿教育教学全过程　开创我国高等教育事业发展新局面》，《人民日报》2016 年 12 月 9 日。
④ 陈先达：《论马克思主义理论教员的专业与信仰》，《中国高校社会科学》2013 年第 1 期。

等存在差异，价值需求的内容及其强烈程度有别。需要注意的是，后现代主义对理性、权威的否定与质疑所产生的价值虚无主义，导致一些社会成员对世界、人类最本质价值的解构，影响了一些教育对象对价值的欲求。事实上，在一个良性的核心价值观教育体系中，不仅要有言传身教的教育者，也需要具有价值欲求的教育对象。合理划分教育对象价值需求的类型、增强教育对象对价值需求的欲望，则是当前优化社会主义核心价值观培育系统的重要方面。

3. 把握好教育内容与方式方法

有效的价值观引导与教育，不仅要对教育对象价值需求的类型把好脉，而且也要基于教育对象的接受能力和特点施之相宜的教育方式。价值观教育的内容和方式方法，作为连接教育主体与客体的中介，是施之核心价值观引导与教育的纽带和要素。一方面，教育者要基于新时期教育对象圈层文化特征及其思想价值困惑问题，选择有针对性的教育内容，解疑释惑要正中下怀，价值引导要有理有节；另一方面，教育者要基于教育对象的价值理解力和接受能力，施之有针对性的教育方式。事实上，教育内容与方式方法在实际的教育活动中，不是抽象的，而是具体的。教育内容和方式是否契合教育对象的价值需求及其接受能力，直接关系社会主义核心价值观培育的成效，如对公务员群体与经商人群的施教内容与方式就有明显区别。避免不知教育对象价值需求类型和思想症结及其忽视教育对象接受方式差异性的双盲现象，是发挥好教育介体要素作用的关键环节。

4. 构建良好的社会环境

社会主义主流价值如何让社会成员信和行，不仅是理论教育问题，更是社会环境是否给力的问题。理论的魅力不仅源于自身，也来自实践。理论必须获得实践支持才具有生命力。社会主义核心价值观教育的理论说服力和信服力需要实践给力。因为人们思想、价值观等主观世界的改造，需要在社会实践中得到实现。目前，我们在价值观教育中，存在某些空洞说教之嫌，原因之一是社会所倡导的价值原则和规范缺乏社会环境的强力支持。辩证唯物主义认为，人的心理、品德、行为与社会环境密切相关。因为"不是意识决定生活，而是生活决定意识"①。无疑，人们正确的价值观念及其品行的形成，不单取决于教育内部系统的优化，也取决于外部良好社会环境的支持。

制度是社会系统中的重要组成部分，是影响人们思想和行为的一种社会规范，是对人们的思想和品行发生重大影响的关键因素。"一方面，因为制度不是干瘪的规则要求，而是有价值灵魂的，它们本身就在向人们传递某种正确的价值观念，以至于各种规章制度对人们思想的形成及转化都具有直接的作用。另一方面，合理制度的目的性所蕴含的一定的社会价值取向，会使人们在大量制度化的实践活动中，感受和内化这些社会价值观念，从而促进制度预期的行为类型及其良好品行的形成。"② 正是由于制度作为一定思想价值原则具化的硬规，是影响价值观教育成效的重要变量因素，所以，在新时期，社会主义核心价值观教育有无成效或实际成效发挥得怎么样，是同我国社会整个环境，即坚持不坚持社会主义基本制度密切相关的。如果不坚持公有制的主体地位，不坚持共产党的领导，不坚持马克思主义的指导地位，那就根本谈不上社会主义核心价值观培育的实效。

第一，一般说来，在资本主义市场经济条件下，"利导型"策略行为选择呈现普遍化的态势。市场经济是利益经济，功利价值成为人们行为的主导价值原则，即利益得失的权衡主导行为选择，人们的行为受功利主义后果论的宰制。对"利导型"策略行为选择的有效规制，已不是思想教育提高人们的觉悟和自律的问题，而是社会必须要建立利益获取的规范机制、制衡与惩戒机制。因为仅靠个人自身的思想觉悟往往难以抵

---

① 《马克思恩格斯选集》第 1 卷，人民出版社 2012 年版，第 152 页。

② 王淑芹：《思想政治教育成效的制度分析》，《思想教育研究》2006 年第 12 期。

制各种利欲诱惑，而利益奖罚制度可以形成利导式合规行为。社会成员可以不认同规则，但在利益驱动下必须遵守规矩。但是，我国实行的是社会主义市场经济体制，与资本主义市场经济存在根本的区别。在共产党的坚强领导下，坚持以马克思主义为指导，坚持社会主义基本经济制度，发挥政府宏观调控作用，能够建立合理的利益保障制度，使社会主义核心价值观倡导的价值观念和原则及其行为类型，在社会制度体系中获得保护和推行，社会主义核心价值观更易于为人们所接受、认同和践行。有鉴于此，中共中央办公厅印发的《关于培育和践行社会主义核心价值观的意见》明确指出："要把践行社会主义核心价值观作为社会治理的重要内容，融入制度建设和治理工作中，形成科学有效的诉求表达机制、利益协调机制、矛盾调处机制、权益保障机制，最大限度增进社会和谐。"

第二，社会实践决定社会意识，因此，由实际问题或利益冲突引发的思想价值问题，仅靠理论教育是不够的。思想价值教育的说理与疏导，主要解决人们的思想认识问题，而由社会现实的利益关系和矛盾产生的思想价值问题，单靠纯粹的说理教育往往难以奏效，需要在有效解决人们实际利益问题的同时，辅之相应的思想引导，不能抛开实际问题的解决而一味地对人们进行说理劝导。这就预示，良好的制度设计和安排是解决人们思想价值问题的社会基础。制度决定社会资源（财富、权力、荣誉、社会地位等）的分配，它是"宏观性"的公共产品。通过制度设计和安排，形成合理的社会利益关系和利益格局，既是减少人们思想问题的前提，也是解决人们思想问题的基础和保障。在社会中，如果思想教育宣导的价值原则缺乏相应的制度支撑和保障，无论思想价值教育如何改进教育方式都将难以奏效。一种价值原则，只有获得社会结构中的制度支撑，才能成为社会大多数人的实践原则；一种价值原则，如果未获得社会结构的制度保护，不管它多么科学合理，都难以成为社会成员信奉的普遍价值原则。核心价值观教育的成效，在很大程度上，取决于其是否获得社会结构的制度支持。

第三，制度性质是影响核心价值观培育成效的关键因素。制度不仅要有明确的规范要求，而且还必须合乎社会的正义精神和道德原则，不合理的制度（恶法）是对社会利益关系及其良善道德的极大破坏。邓小平曾指出："制度好可以使坏人无法任意横行，制度不好可以使好人无法充分做好事，甚至会走向反面。"①一言以蔽之，制度的好坏直接影响人的思想、行为和品德。一旦制度有悖于社会公正原则，利益的受体偏向社会上的少数人，导致权利和义务的非对应性，制度就会成为制造社会恶行的孵化器②，在此情形之下，核心价值观教育就会陷入理论与实践相脱节的境地而缺乏说服力与感召力。毋庸多论，核心价值观教育需要社会系统支持的"制度"，是有性质要求的，必须是合乎伦理精神的"良善"制度，即一定体制下的政策、法律、法规、条例等合乎人类正义精神，其所分配的社会权利和义务具有"应得"的公平性。社会主义制度是人类社会到目前为止最先进的社会制度，它是为广大人民群众谋利益的，注重维护社会的公平正义，是最合乎正义的制度，能够保持合理的社会利益格局。坚持社会主义制度，是提高社会主义核心价值观培育成效的前提。

发表于《马克思主义研究》2017年第2期

---

① 《邓小平文选》第2卷，人民出版社1994年版，第333页。
② 王淑芹：《思想政治教育成效的制度分析》，《思想教育研究》2006年第12期。

论社会主义核心价值观建设的原则

　　价值观念是影响人的行为以及社会稳定和发展的重要力量，而社会价值观混乱引发的道德失范和越轨行为的泛滥，定会阻碍国家的发展。为此，习近平指出："历史和现实都表明，核心价值观是一个国家的重要稳定器，能否构建具有强大感召力的核心价值观，关系社会和谐稳定，关系国家长治久安。"① 毋庸置疑，任何社会都要形成"什么是对的""什么是应该追求的"的价值共识。培育公民的核心价值观是规避价值混乱和社会动荡风险的一种重要的社会动员方式，以至于世界上各个国家，不管大国还是小国，无不注重核心价值观的弘扬与培育。"在世界上有着重大影响的国家都把核心价值观的建构与教育作为重要的战略任务，将核心价值观纳入国民教育中，使之在全社会普及与强化。"② 世界范围内各民族和国家的文化特性决定了核心价值观建设的普遍性与特殊性。社会主义核心价值观建设，需要在尊重我国优秀文化传统、借鉴国外成功经验与教训、立足当下社会全面转型的现代性境遇中，坚持"三个统一"的原则：在正当性的证成上坚持价值理性与工具理性的统一，在培育内容上坚持普遍性与特殊性的统一，在培育方式上坚持教化

---

① 中共中央党史和文献研究院编：《习近平关于社会主义文化建设论述摘编》，中央文献出版社 2017 年版，第 106 页。

② 石芳：《多元文化背景下的核心价值观教育》，人民出版社 2014 年版，第 4 页。

性与规约性的统一，从而促进核心价值观在社会中落地生根。

一、在正当性的证成上，坚持价值理性
与工具理性的统一

人的思想及其构建的意义世界决定了人的行为的价值特性。人的思想对行为的支配性以及人们对行为规则合理性的诉求凸显了维护核心价值观正当性的重要性。事实上，能够有效地把核心价值观融入国民价值系统的国家都较好地解决了核心价值观的正当性问题。在我国社会主义核心价值观建设的理论与实践中，存在着两种偏颇现象：一是在理论研究上，忽视对核心价值观正当性的证成，对社会成员认同和践行核心价值观的理由缺乏本体论的系统阐释，只讲核心价值原则的要求，很少讲或不讲核心价值观的正当性来源，即只告诉人们核心价值观的规范要求以及如何做，没有讲清为什么这么做的道理，以至于在实践上出现了"硬性"灌输的问题。事实上，打好价值观之争的硬仗需要阐明核心价值观的正当性，因为"一时之强弱在力，千古之胜负在理"①。二是在理论研究中，把核心价值观的正当性与其功能和作用混同，完全站在"工具理性"的立场阐述核心价值观建设的必要性，忽视核心价值观作为社会和个体本性内蕴要求的"价值理性"，以至于在宣传教育中，教育主体更多强调维护社会秩序这一外在需要。由此观之，要增强社会成员对核心价值观的认同感，真正使之深入人心，提高核心价值观培育的成效，需要系统阐明社会主义核心价值观的正当性。为什么要对核心价值观的正当性进行证成？因为社会成员的行为需要价

---

① 中共中央党史和文献研究院编：《习近平关于社会主义文化建设论述摘编》，中央文献出版社 2017 年版，第 105 页。

值理由。一般而言，缺乏"道"支撑的价值原则，往往难以使社会成员内心诚服而形成坚定的价值信念。一方面，人是"认理"的行为主体。人的意识性、思想性、行为的自主性决定了人的价值选择性。马克思指出："动物和自己的生命活动是直接同一的……人则使自己的生命活动本身变成自己意志的和自己意识的对象……有意识的生命活动把人同动物的生命活动直接区别开来。"[①]"自由的有意识的活动恰恰就是人的类特性。"[②] 人的意识性决定了价值观念对其行为选择与目的的影响与支配，表明人是有价值追求的行为者。尽管人们的价值观念、信念、理想不尽相同，但不存在没有价值观念的社会人。社会心理学研究表明，人们的价值认同源于价值的正当性、合理性、合法性，即人们接受什么样的价值原则、反对什么样的价值准则，与价值原则本身的合理性密切相关，因为人们行为的动机和目的需要价值理由的支撑。可以说，个体的价值认同是价值原则"在理"与行为主体"认理"的统一。另一方面，核心价值观的正当性是获得社会成员诚服的前提。"正当性"（legitimacy）的概念虽有多重含义，但"在普遍的抽象意义上，'正当性'是指合乎事物内蕴规律或规则的合理性（rationality）、合法性（legality）。"[③] 正是由于获得正当性的事物是建立在合乎事理和符合法律规定基础上，所以，"正当性"在评价意义上，具有正确性、肯定性之意；在信仰意义上，具有认同和信服之义。三个层次的内涵具有内在的逻辑关系：只有合乎规律、符合事理的事物，人们才易于接受和认同，反之亦然。事实上，那些被赋予天经地义的客观性和权威性的价值原则，往往易于为人们接受、认同和坚守。在很大程度上，人们在明事理的基础上所形成的价值信念，更能抵制住各种不当的利益诱惑。"道理"是人们做事的根据。阐明好核心价值观的正当性，使人们心悦诚

---

① 《马克思恩格斯文集》第 1 卷，人民出版社 2009 年版，第 162 页。

② 《马克思恩格斯文集》第 1 卷，人民出版社 2009 年版，第 162 页。

③ 王淑芹、曹义孙：《德性与制度——迈向诚信社会》，人民出版社 2016 年版，第 15 页。

服，社会成员才会把核心价值原则纳入其"值得"信奉的个体价值观行列中。在理论研究中，价值理性与工具理性是核心价值观正当性证成的一种分析框架。德国社会学家马克斯·韦伯认为，合理性有两种，即价值（合）理性和工具（合）理性。价值理性（ValueRational）关怀人性、关注人的价值与意义，注重行为本身的目的性，不以行为后果作为行为择选的价值标准；工具理性（InstrumentalReason）看重功效不问动机，往往以行为效果最大化的功利目的作为行为选择的首要价值原则。现代性的一个重要特征是"工具理性"主宰世界，而以"意义""合目的性"为特征的"价值理性"受到排挤，以至于在核心价值观正当性的证成中，几乎都是站在"工具理性"立场对核心价值观的合理性进行分析，出现了美国思想家施特劳斯所批判的那种遮蔽"自然法"客观性而盛行"有用性"的现象①，导致了核心价值观正当性证成的单一工具化倾向。

显然，在理论上需要回答"核心价值观究竟有没有价值理性的正当性"问题。前述表明，"正当性"的本质是合规律性，所以，"正当性"首先是一个本体论的概念，它源于事物的本性、规律内蕴之"理"，只有合乎事物本性、规律的东西才获得正当性。在这个意义上，"正当性"不能萎缩为合法性（legality）（因为人定法既可以是良法也可以是恶法，"法"本身不能自证，需要更根本的"理"和"道"来规定）。尽管在法理层面，合法性也是一种正当性，但在根本上，一个事物的正当性，在本质上是源于事物的本性及其内蕴的规律。它具有本体论的客观性，不以人的主观意志为转移。那么，核心价值观的正当性是否具有这种本体论的特征呢？人是什么？人是感性与理性、肉体与灵魂、个体与群体的统一体，所以，完整的社会人是生命的生理性、存在方式的社会性、存在意义的精神性的统合。人所具有的理性、意识和思想，构成了

---

① ［德］施特劳斯：《自然权利与历史》，彭刚译，三联书店 2003 年版，第 49 页。

意义与价值的精神世界，并决定了人行为选择的价值属性。据此而论，凡是正常生活的社会人，其心灵与行为都要受一定价值观念的支配，否则，他将无法更好地生活或有意义地活着。一言以蔽之，人有价值观念，既是人之为人的一种确证，又是人的一种内在的本性要求。价值观是个人社会化进程中所建构的精神世界，它统摄人的心灵，使人心神安宁。虽然在个人价值观中，各种价值排序是不同的，但每个人都会具有主导性的核心价值观，用之安顿心灵、选择行为，形成合理的心灵秩序和行为秩序，达致身心统一。可以说，个体的核心价值观是人的意义世界的自备武器，它不能与人分离，是内在于人的一种本性需要，是人的精神支柱。人的思想和行为一旦离开一定价值原则的主导，思想混乱、行为无规，就无法在社会中更好地生活，甚或沦为没有灵魂主导的生命皮囊。毋庸置疑，核心价值观是人精神世界的一种内在需要，其本身就是目的。

除此之外，我们还需要回答核心价值观是不是社会存在与发展的一种内在需要？社会作为个体间结合的有机体，需要解决个体利益需求性与社会发展秩序性之间的矛盾。个体与社会的对立统一性，决定了社会作为分离个体的聚集体，必然要受到个体自利行为离散性的瓦解与破坏。如何使彼此分离的个体"理性地追求个人私利"而又不损害他人或共同利益则成为社会存在和发展秩序要面对和解决的难题。显然，社会存在与发展内蕴秩序的价值要求。价值源于对宇宙、自然、事物以及人的本性之道的反映。进言之，价值作为一种正确与错误、善与恶的区分标准，不是单纯的利与害的问题，在根木上是"道"的自然法问题。事实上，价值源于合规律性的"道"是第一性，利与害的功用性是价值的第二性，不能颠倒价值第一性与第二性的关系，不能用价值的功用性遮蔽价值的正义性。同理，社会主义核心价值观是对自然、社会、人本性的"自然法"的一种凝结，它不仅合乎本民族和国家的文化传统和信仰，而且根源于宇宙万物、人与社会发展的客观规律。为此，马克思指出："人们在自己生活的社会生产中发生一定的、必然的、不以他们的意志为转移的关系，即同他们的物质生产力的一定发展阶段相适合的生产关系。这些生产关系的总和构成社会的经济结构，即有法律的和政治的上层建筑竖立其上并有一定的社会意识形式与之相适应的现实基础。物质生活的生产方式制约着整个社会生活、政治生活和精神生活的过程。不是人们的意识决定人们的存在，相反，是人们的社会存在决定人们的意识。"① 这表明，任何社会都要基于自身的经济基础建立与之相应的意识形态，而核心价值观作为意识形态的重要内容，必须合乎经济基础和政治制度内蕴规律的要求。在此意义上，核心价值观是社会的本质属性，舍此，社会不复存在。它表明，核心价值观与社会是同一的，即社会主义核心价值观是我国社会发展规律的本性要求，是内蕴于社会中的构成要素而不是外在强加的。

上述分析表明，社会主义核心价值观是价值理性与工具理性的统一。因为核心价值观作为个体和社会的一种本性规定，自身就具有价值和意义。一旦核心价值观缺乏价值理性的支撑，不仅否认了人的主体性和价值的自我需要性，消解了社会成员接受、认同核心价值观的内在动力，而且因割断与价值理性的脐带关系，在工具理性支配下，会把社会秩序错置为首要价值，颠倒核心价值观的目的与手段关系，无视人的价值愿望和社会本性的价值需要，把核心价值观视为一种纯粹外在性的规范与要求，甚或会滑向单纯义务论的专横，最终偏离我国以人为本的核心和人是目的的出发点，直至消解或瓦解核心价值观提升人性、构建"美好生活"的好社会的目的价值。

---

① 《马克思恩格斯文集》第 2 卷，人民出版社 2009 年版，第 591 页。

二、在培育内容上，坚持普遍性与特殊性的统一

核心价值观作为人的一种精神建构、社会秩序的一种规则建构、文化和信仰的一种灵魂建构，其内容是普遍性与特殊性的统一。核心价值观不是解决特殊性或个别人的价值问题，而是要解决人性完善和社会发展的根本性价值问题，即它是基于人性完善、人的好生活、好社会而建构的价值世界。具体而言，它既要处理好人是什么样与应该是什么样的实然与应然的人性不足与完善之间的张力问题，也要处理好个人与社会协调发展的利益冲突与价值混乱问题，使个人自由发展与社会有序发展处于适度的张力中。综括而论，核心价值观是要解决人性和社会中带有普遍性的价值定位与取向问题，以避免人的肉体与灵魂、物质与精神、自由与秩序的失衡失调。即是说，核心价值观不是哪一个阶层的价值观念，而是区分社会真假、善恶、美丑的普遍价值标准，它是能够为社会上大多数人共识的价值理念。所以，习近平总书记指出："人类社会发展的历史表明，对一个民族、一个国家来说，最持久、最深层的力量是全社会共同认可的核心价值观。核心价值观，承载着一个民族、一个国家的精神追求，体现着一个社会评判是非曲直的价值标准。"①

在此，需要注意"共同价值"与"核心价值"的区别。"共同价值"与"核心价值"都具有价值普遍性的特征，但二者不是完全相同的概念。"共同价值"是人类、国家、民族、阶层、组织等确立或倡导的普遍价值，价值主体范围或大或小，而核心价值则是一定的国家和民族确立或倡导的具有重要意义的根本价值。我国"三个倡导"的核心价值观，确立的是国家的价值目标、社会的价值取向和公民的价值准则，指

---

① 习近平：《习近平谈治国理政》，外文出版社 2017 年版，第 168 页。

明的是要建设什么样的国家和社会以及培育什么样的公民。人们身心协调、社会有序发展，需要社会价值方向和指向的一致性，一旦维系社会发展的基本价值观念缺乏普遍性或价值指向出现相互抵牾的现象，必将导致人们之间的冲突以及个人与社会之间的对抗。正因为此，习近平总书记指出："任何一个社会都存在多种多样的价值观念和价值取向，要把全社会意志和力量凝聚起来，必须有一套与经济基础和政治制度相适应、并能形成广泛社会共识的核心价值观。否则，一个民族就没有赖以维系的精神纽带，一个国家就没有共同的思想道德基础。"① 显然，社会有机体的存在需要核心价值观对社会成员思想、观念、行为的整合与统领。事实证明，有核心价值主导、统摄与引领的国家和民族，社会成员就易于形成共同理想和信念而具有凝聚力，"人民有信仰，国家有力量，民族有希望"。因为核心价值具有主宰人们灵魂和心灵秩序的作用。理想的社会状态应该是人们的心灵秩序、行为秩序和社会秩序的三位一体，而且其逻辑关系应该是核心价值对社会成员思想、心灵、行为的统摄与引导，使社会成员形成一定的心灵秩序和行为秩序，进而形成社会秩序。人们有了心灵秩序，就会自然具有行为秩序和社会秩序，而不是相反，不能本末倒置，单从社会秩序出发而弘扬核心价值观。

核心价值观内容的普遍性是毋庸置疑的，但也不能无视核心价值观内容要求所具有的特殊性。一方面，核心价值观对社会结构分化所形成的不同阶层或利益集团的价值统合具有差异性。人们在社会生活中，因社会教育、个人才能、职业收入、财富占有、社会声望和地位等方面的不同，自然会形成不同的社会阶层或利益集团。核心价值观要获得大多数社会成员的认同，具有感召力和生命力，必须契合社会各阶层的共同价值需要。核心价值唯有经过价值客体的主体化，内化为社会成员

---

① 中共中央党史和文献研究院编：《习近平关于社会主义文化建设论述摘编》，中央文献出版社 2017 年版，第 106 页。

的价值观念及其信仰，成为支配社会成员思想与行为的价值原则，才能由之形成社会成员普遍的核心价值观念。而核心价值主体化的前提，是要与社会成员个体群落价值实现有机对接，即注重核心价值的精神实质与不同群体价值需求差异性的有机对接。核心价值观只有与社会成员的利益诉求建立某种"意义关系"，才会具有感召力。如何才能建立这种"意义关系"呢？核心价值观的内容要贴近社会成员的利益诉求，能够使社会成员产生价值联想。譬如，公正的核心价值原则。公正的本质是"应得"，但"应得"有不同的指向，"市场应得与社会应得"就存在差异性。市场的"应得"是以效率为基础，强调付出与得到、贡献与地位对应，能者多劳多得是公正；社会的"应得"是以人权和平等为基础，强调人们合理"权利"的不可侵犯性与不可置换性，对于社会弱势群体，社会通过再分配给予适当的救济是公正的表现。这表明，同样是"公正"核心价值的"应得"，针对强势和弱势不同群体，其强调的重点是不同的。正因为此，中共中央办公厅印发的《关于培育和践行社会主义核心价值观的意见》指出：要"坚持联系实际，区分层次和对象，加强分类指导，找准与人们思想的共鸣点、与群众利益的交汇点，做到贴近性、对象化、接地气"。有效的核心价值观教育，要针对不同群体的价值需要性，实现精神实质的普遍性与具体要求的特殊性的统一。

另一方面，核心价值观的实然与应然的价值特性决定普遍与特殊要求的统一。核心价值观既反映现实社会基本的是非、善恶、美丑的价值取向，也内蕴"应该"的价值诉求，引领社会成员追求更加美好的东西。质言之，核心价值观既体现着现实性的价值要求，又包含着理想性的价值诉求；既有大多数人普遍可以接受并实践的广泛性价值准则，又有感召人们不断提升的先进性价值理念。人类不仅需要讲述与分析客观存在的事物，告诉人们世界万物"是什么"以及"什么是对的"，而且也要告诉人们"应该是什么"以及"什么是值得追求的"，在"应该"

指引下，完善人性、改变现实、建设美好社会。"实然"的规范要求与
"应然"的价值追求，意味着核心价值观内容要求的层次性，也意味着
社会群体思想、境界的差异性。事实上，任何一个社会，社会成员的思
想境界都不是整齐划一的。在当下的市场经济社会，按照社会成员的价
值取向和道德境界来划分，大体可以分为三大类：一类是具有忧国忧民
情怀和公而忘私精神的少数先进分子；一类是公私兼顾、人我两利的多
数社会成员；还有一类是自私自利的少数极端利己主义者。市场经济社
会虽也可以造就出公而忘私的利他主义者，却是少数先进分子。由于市
场经济强化的是个人合法合理的权益，尊重个人权利是法治市场经济的
本质要求，所以，市场经济社会可以把大多数社会成员培养成守法的人
我两利者，也可以通过制裁损公肥私、损人利己行为而减少极端利己主
义者。由此看来，在市场经济社会，它易于造就的人群是有法治观念和
社会公德意识的人我两利者，公而忘私的利他主义者可以通过市场机制
的慈善激励与核心价值观的精神引领，保留和增加这部分先进人群，而
损人利己是市场经济体制制裁和排挤的行为类型，伴随市场经济体制的
完善，这种行为类型的人会逐渐减少，但绝不会完全没有。基于此种理
性认识，核心价值观的培育，就要面对市场经济社会不同人群的思想境
界及其市场机制的作用而针对性地引导与教育，避免无视教育对象特殊
性的泛教、空教、乱教，注意多数人群与少数人群价值的变量关系，形
成价值低阶梯人群向价值高阶梯人群的转向和跨界，避免价值高阶梯人
群向价值低阶梯人群的滑落，使社会上多数人具有核心价值观。社会的
核心价值只有为人们普遍认同和践行，才能发挥社会核心价值观的统摄
与规范作用。

三、在培育方式上，坚持社会教化
与制度规约的统一

习近平总书记指出："价值观念在一定社会的文化中是起中轴作用的，文化的影响力首先是价值观念的影响力。世界上各种文化之争，本质上是价值观念之争，也是人心之争、意识形态之争。"[1] 如果说文化之争本质上是价值观念之争，那么，价值观念之争本质上是培育与践行成效之争。由此推之，核心价值观为社会成员认同、信奉、践行，是"打好价值观念之争这场硬仗"的关键。无疑，如何培育和弘扬社会主义核心价值观，促进社会成员自觉服膺和积极践行，则成为社会主义核心价值观建设的重中之重。

首先，核心价值观的教育引导，需要制度规约创设的社会支持系统。人们对社会倡导的核心价值观的理解、接受与内化，既与核心价值观的正当性、内容的贴切性相关，也与其生活现实的感受性相关。具体地说，核心价值观的正当性，会增强社会成员的"合理性认同与道义认同"[2]，有利于促进核心价值观转化为人们的情感认同；核心价值观内容的贴切性，会强化与人们社会生活"意义"的关联，进而增强人们接受与践行价值观的内驱力。内驱力是在需要的基础上产生的一种内部唤醒状态或紧张状态，表现为推动有机体活动以达到满足需要的内部动力；核心价值观融入人们生活的感受性，会增强社会成员的认同感和践行力。习近平指出："一种价值观要真正发挥作用，必须融入社会生活，

---

① 中共中央党史和文献研究院编：《习近平关于社会主义文化建设论述摘编》，中央文献出版社 2017 年版，第 105 页。

② 江畅：《核心价值观合理性与道义性认同》，《中国社会科学》2018 年第 4 期。

让人们在实践中感知它、领悟它，达到'百姓日用而不知'的程度。"①
社会成员核心价值观的生活感受性，在很大程度上源于其所生活的制度
环境。因为一个国家的政策、法律、规章制度，不仅决定社会成员的权
利与义务的分配，而且关涉人们行为的红线及其惩罚力度，以至于制度
是对人们心理与行为发生影响的重要因素。有鉴于此，核心价值观唯有
融入相关政策、制度、法律中，使制度规约与核心价值观取向一致，即
社会倡导的核心价值准则与制度环境提出的行为要求同向一致，使人们
在日常生活中能够无时不感知它，进而切身体验和加深理解，才能更好
地促进其内化与外化。唯有核心价值观融入各种制度中，社会上不存在
说一套做一套的两种规则系统，人们在选择与践行核心价值观时才不会
产生"心理矛盾"或"心理抗拒"。上述分析表明，只有核心价值观的
要求融入相关制度中，实现了价值倡导与制度规约的有机对接，消除了
核心价值观培育中"理通行不通"的"两张皮"现象，社会形成了人们
接受与践行核心价值观的社会场域，核心价值观才会普遍"内化为人们
的精神追求，外化为人们的自觉行动"②。

其次，制度规约的良善性需要核心价值观的融入。制度具有价值
灵魂。制度不是干瘪的行为规范或准则，而是体现与反映一定价值理念
与目的的硬规。法律作为制度的重要表现形式，同样具有价值灵魂性。
法治在本质上，是良法之治，所以，社会主义法治建设，需要在立法、
修法、司法中融入社会主义核心价值观，使各项法律制度能够更好地体
现国家的价值目标、社会的价值取向和公民的价值准则，以避免法律与
社会倡导的价值观念和价值取向相背离的价值撕裂现象。唯有法律法规
体现鲜明的价值导向，法律要求与核心价值观的目标、取向、准则相一

---

① 中共中央党史和文献研究院编：《习近平关于社会主义文化建设论述摘编》，中央文献出
版社 2017 年版，第 109 页。

② 中共中央党史和文献研究院编：《习近平关于社会主义文化建设论述摘编》，中央文献出
版社 2017 年版，第 108 页。

致，才能实现良法善治。在良法善治的社会环境中，社会对违背核心价值观行为的惩治以及社会形成的褒善贬恶的舆论氛围，不仅会确保道德底线，使人们有规则意识不敢恣意妄为，而且会引领社会道德风尚，增强人们对核心价值观的信服力。一言以蔽之，促进社会主义核心价值观融入法治建设中，既是我国社会主义法治建设实现良法善治的内在要求，也是社会主义核心价值观转化为社会成员情感认同和行为习惯的重要保障。

再者，核心价值观的社会教化与制度规约的同频共振，是人的价值认同与行为习惯养成规律的客观要求。社会成员价值观念及其行为方式的后天习得性，不仅表明社会主义核心价值观培育的必要性，而且也预示培育方式的重要性。心理学研究成果及其生活实践说明，社会成员价值观念及其良好行为习惯养成的一般规律，是社会教化的内规与制度规约外治的有机结合。因为社会教化主要解决的是人们的价值认知问题，难以完全解决人们的价值认同与行为习惯养成，而制度规约对人们行为的具体规范性与违规的强制惩罚性，在很大程度上，可以弥补核心价值观单纯宣传教育的笼统性与说教性。唯有社会教化的"说理"与制度规约的"护理"相结合，才能达致人心与人行的统一。我国社会主义核心价值观的培育，需要"注重宣传教育、示范引领、实践养成相统一，注重政策保障、制度规范、法律约束相衔接"①，既不能单纯注重宣传教育的价值引导，以避免价值观念被"悬置"的知行分离，也不能单纯注重制度规约的行为处罚，以避免后果主义的"利导行为方式"的泛滥。一方面，通过教育引导、舆论宣传、典型示范、文化熏陶、礼仪宣誓等开展的各类核心价值观的社会教化活动，虽然能够提高社会成员的价值认知，但如若缺乏社会法律制度对恶行及时惩处的环境支撑，歪风

---

① 中共中央文献研究室编：《十八大以来重要文献选编》（上），中央文献出版社 2014 年版，第 579 页。

邪气盛行，社会倡导的价值观念就会被人们"悬置"在认知层面，导致社会成员"知而不信""知而不行"，出现大量的"说一套、行一套"的现象。相关调查数据显示，超过 85% 的被调查对象认为，当前中国人道德素质中的最大缺陷是"有道德知识，而不见诸道德行动"。[1] 显然，只有增强社会成员核心价值观认同与践行的社会保障，才能克服价值倡导与人们实然生活相脱离的问题。另一方面，制度规约对行为的规范及其对违法行为的惩罚，虽然可以对社会成员构成威慑，但如若缺乏社会教化的价值引导，人们不知是非善恶标准，不知荣辱，不仅会导致"不知耻者，无所不为"[2] 的现象，而且单纯的法律制裁的后果思维方式的盛行，易于导致人们在"利益权衡"中"选择性守法"。

上述分析表明，提高社会主义核心价值观培育的成效，需要把核心价值观的教化与制度规约有机结合起来，实现内外兼治，既发挥好社会教化的价值宣导作用，使人们"有耻且格"[3]，自觉守法尊德，又发挥好制度的固化与强制作用，使人们"明理守规"。

发表于《哲学研究》2019 年第 5 期

---

① 樊浩：《中国社会价值共识的意识形态期待》，《中国社会科学》2014 年第 7 期。
② （宋）欧阳修：《集古录跋尾》，人民美术出版社 2010 年版，第 83 页。
③ （宋）朱熹：《四书集注》，岳麓书社 1985 年版，第 77 页。

国家、社会、个人：中国梦的价值主体

[编者按] 习近平同志对中国梦的阐释，让全体中华儿女备受鼓舞和激励；党的十八大倡导培育的社会主义核心价值观，是全国人民砥砺共进、奋勇前行的价值标杆和行为准则。"三个倡导"与中国梦之间有着怎样的联系？"三个倡导"如何促进全体社会成员共建共享中国梦？厘清这些问题，对于更好地将培育和践行社会主义核心价值观与推动实现中华民族伟大复兴的生动实践结合起来、更好地学习宣传贯彻党的十八大精神，具有重要意义。为此，本版今天组织刊发三篇相关文章，希望能有助于读者深化对上述问题的认识和理解。

习近平同志在第十二届全国人大一次会议上满怀深情地指出，实现中华民族伟大复兴的中国梦，就是要实现国家富强、民族振兴、人民幸福，这实际上阐明了中国梦互相关联的三个层次：国家富强的中国梦、民族振兴的中国梦和个体幸福的中国梦。无论是国家层面的中国梦、民族层面的中国梦，还是个体层面的中国梦，其实现都离不开社会主义核心价值观的引领。这是因为，以"三个倡导"为主要内容的社会主义核心价值观，既是中国梦所要追求的理想和目标，也是共建共享中国梦的精神保障。

作为一个梦想，中华民族伟大复兴不会凭空实现，必得依赖于一定主体——国家、社会、个人的担当。相应地，社会主义核心价值观功能的发挥，也通过作用于中国梦的三重主体得以彰显，表现为层层相依的三个层次：富强、民主、文明、和谐，确立了中国梦的国家价值目标，明确了我们要建设什么样的国家；自由、平等、公正、法治，确立了中国梦的社会价值目标，明确了我们要发展什么样的社会；爱国、敬业、诚信、友善，确立了中国梦的个人价值目标，明确了我们要塑造什么样的个人。民族复兴的总体目标，实体化为三重主体的协调共进、有序发展，最终体现为国家富强、社会发展（民族振兴）和人民幸福。

从国家层面来说，中国梦所要实现的目标，就是社会主义核心价值观倡导的"富强、民主、文明、和谐"。虽然我国经过 30 多年的改革开放，社会经济得到了快速发展，GDP 已超过日本而成为世界第二大经济体。但我们不能忽视我国人均 GDP 在世界排名靠后的现实（我国人均 GDP 仅为日本的 1/10，2012 年世界排名第 87 位）。换句话说，我国是世界上最穷的"第二大经济体"，是发展中的大国而不是经济强国。所以，我国社会主义初级阶段的一个重要目标，就是要全面建成小康社会，实现现代化，尽早跨入发达国家行列。具体而言，"中国梦"的国家目标就是要发展经济、增强国力、保障社会成员的民主权利、建设清明政治、协调社会利益关系，实现国强民富、有序民主、政治文明、社会和谐。

从社会层面来讲，作为共同生活的人们形成的关系的联合体，社会不仅有共同的利益诉求，也会有共同的价值取向。在我们国家，立足社会现实、改造与完善社会的中国梦目标之一，就是社会主义核心价值观倡导的"自由、平等、公正、法治"。社会的进步，绝不仅仅是经济的发展、国力的增强，更需要创设一种适宜人自由全面发展的社会环境，打破一些束缚人们实现合理愿望的陈旧条框，使社会成员过上富足而有尊严的幸福生活；在社会主义法治框架下，社会成员人格独立，具有个人自主性的责任自由；社会成员人格平等，具有财富获取、各种权益保障的均等机会；社会成员得失公平，真正实现权利与义务的对应、贡献与索取的对应、恶行与惩罚的对应、善行与奖励的对应、作用与地位的对应；实现对公权力的有效制约以及对正当公民权利的合理保护，政府权力和公民行为均受到法律制约，司法判决具有权威性，排除社会组织和个人意志的任意性和专横性，等等。

这里需要着重指出的是，中国梦追求的目标，除了经济、政治、文化指向外，还有道德。道德不仅是对人的思想与行为的一种规定和要求，而且也是人性的一种升华，更是美好社会的一种表征。道德促进人修身养性、善化心灵，扩展才智，超出其他物类，是人之为人的一个重要特征。在我国古代《礼记》所描绘的"大同世界"中，不仅有"天下为公"的道德理想，而且也有"选贤与能""讲信修睦"的道德要求。社会成员具有良善的道德，是美好社会的一个重要标识。因此，中国梦不是单一的"财富梦""实力梦""强国梦"，还有"道德梦"。

从个体层面来看，社会主义核心价值观倡导"爱国、敬业、诚信、友善"，就是中国梦所欲求的社会成员应该具有的一种良好道德素养。爱国，是公民的社会美德。国和家一样，都是人的归属地；爱国与爱家一样，都是人必行的道德义务和责无旁贷的道德责任。敬业，是公民的职业道德。职业既是人谋生的手段，又是人发挥聪明才智、实现人生价值的场所。以虔诚的心灵、专心致志和勤恳耐劳的精神对待职业，珍惜和热爱本职工作，尽心尽力地履行好岗位职责，是从业人员的天职。社会成员忠于职守的敬业精神，既是个人幸福生活的保障，也是社会经济发展的保障。诚信，是人的基本德性。诚信之德的要义是真实无欺、信守约定、践行承诺、讲究信誉。诚信既是社会合作、信任与发展的道德基础，也是个人心神愉悦、幸福生活的道德基础。友善，是人的善良与宽容凝聚的一种宽厚的德性。对人友善，既是心地善良的人性之美，是人的一种文明素养，也是人际交往的润滑剂，是人的一种文明礼貌。友善使人间充满爱，使社会充满温暖。

　　由于无论从国家、社会还是个人层面，社会主义核心价值观对于实现中国梦都具有重大意义，因此，推动中华民族伟大复兴，不仅需要发展科学技术、提高生产力、创新社会管理方式，也需要在社会转型期的多样文化中，加强社会主义核心价值观的引领与整合，形成社会成员心往一处想、劲往一处使的精神动力。

　　我国正处于社会转型加速期，经济结构和社会结构整体性跃迁明显，社会结构转换、机制转轨不仅引起了社会利益关系的调整和变化，而且使社会心理、价值观念及行为方式发生了巨大变化。社会转型所形成的不同于传统社会的新质社会结构，使原有的社会价值体系逐渐弱化了对社会成员思想和行为的引领或整合作用，急需社会主义核心价值观为人们的思想和行为提供价值标准，以实现价值引领和社会秩序的整合。

　　社会经济结构和利益关系调整引发的社会资源再分配及其社会出现的垂直分化，使社会成员逐渐分属于不同的利益群体。不同利益群体会因利益需求和社会地位的差异，秉持不同的价值观念。而中国梦的实现，需要调动不同人群的力量，统合不同人群的价值观念，使人们在主流价值观方面达成共识，从而协调我国因社会结构的多元分化而可能引致的价值冲突。所以，不同利益群体共同价值观的形成，需要社会主义核心价值观的引领，以便统一思想，达成共识，凝聚社会力量。

　　在社会转型期和改革开放时代，外来文化与本土文化的碰撞、各种社会思潮的交锋等所形成的多元社会文化，加剧了社会价值标准的模糊与混乱，而后现代主义的相对价值观对社会价值标准的客观性和一致性的瓦解，又进一步肢解了社会价值的统一性。要想避免人们行为的任意与越轨而导致社会混乱，首先就要使社会上绝大多数成员认同并践行共同的价值观念。所以，共建共享中国梦，需要以社会主义核心价值观统领社会成员的思想和行为，引导人们沿着中国特色社会主义道路坚定前行，从而实现中华民族伟大复兴。

　　　　　　　　　　发表于《光明日报》2013 年 4 月 10 日

道德教育低效化审视

道德教育作为对人类德性的一种主动的培育活动，是促进教育对象对社会认可和倡导的道德价值原则的选择、认同和践行的实践过程。无疑，衡量道德教育的成效，不光是看道德理论、原则等知识性的价值信息是否输送给教育对象，更为重要的是要看教育对象是否发生了"外化"的实际道德行动。在我们国家，尽管全社会都比较重视道德教育，但社会成员道德知识的普及、道德认知的提高并没有带来道德行为的较大改善，许多人对道德知而不信、知而不行，出现了严重的知行分离。我国当前道德教育的这种低效化问题，已引起了政府的重视和学者的反思。我们认为，在提高道德教育有效性的分析框架中，道德教育的抽象化、理想化和道德理论教育与经验教育、联想教育的断裂、道德价值意义教育的偏失以及道德示范教育的缺失等问题值得我们省察与反思。

一、道德教育的抽象化

我国道德教育的抽象化，显见于两个方面：其一是在道德价值原则的设定上，偏重"社会"本位，"人"完全被"社会"抽象，道德只对社会发生意义。我们过去存在着光考虑社会需要什么样的道德而忽视教育对象本身需要什么样道德的倾向和做法，以至于在道德规则建构的视镜中只见"社会"不见"人"，出现了"社会成员个体"自觉不自觉地被湮没的现象。这种完全站在社会层面建构道德的思维方式所产生的链条后果就是强调对社会秩序维护方面的道德要求，视道德是一种纯粹的社会秩序的需要，把道德教育看成是训诫人的社会工具。这种单纯以社会为支点来建构的道德，势必会剥离个人与社会的相依关系、颠倒个人与社会存在的正常序列，掩盖社会成员自身的"社会化"进程对道德的必然欲求以及道德对个人的促进和完善的功效。众所周知，社会是人们得以能够生存的必须，凝结维系社会的道德规则是人们得以能够和睦相处的必须，因此，无论是社会还是道德，最终都是为了人能够生活以及能够幸福地生活，显然，在这个意义上，我们不应该回避"社会"及"社会秩序"所具有的工具价值。

无须赘言，道德原则建构的支点不能光是"社会"，应该是个体、社会、个体与社会统一的三位一体。由于社会秩序不是终极的道德价值诉求，其合理性需要"人"来确证，即人的全面发展和幸福生活是社会发展的终极目标，所以，道德价值原则的建构，应该遵循人性的发展原则与社会秩序需要原则的统一，把社会发展的阶段性所形成的符合社会发展规律的历史性秩序要求与人性完善的要求有机结合。尽管在前资本主义社会，由于社会发展的历史局限性，常是社会秩序需要的原则居于主导地位，人性的发展原则无力被重视，但在生产力较为发达、社会制度较为先进的当代社会，人性的发展原则与社会秩序需要原则的统一已成为一种必然。所以，在道德原则的建构上，我们不能撇开"人是目的"的根本价值原则，单纯地为了社会秩序而设定道德。

为此，我们要纠正过去的人性发展的目的性与社会秩序的手段性存在的倒置现象，扭转剥离社会个体、无视教育对象幸福生活、以客体化的知识为存在形式的纯粹社会性道德，而是要立足于"人及其发展"，制定合乎人性的道德。

其二是道德教育的泛化。普遍性是道德规范体系的重要建构原则，因此，道德的规约一般具有普适性，但道德教育是对象化的，是对具体社会成员的教化。也就是说，社会成员的年龄、生活境遇、社会身份、职业活动、文化素养、行动能力等方面的个性差异性的客观存在，要求我们在道德教育中，必须把普遍的道德原则实行对象化的具体转化，依施教对象的个性特征而提出针对性的道德要求，从而避免空泛的大道理和原则的说教。质言之，我们在施教过程中，要把道德的普遍性原则创造性地转化为教育对象的身份原则或场合原则，根据不同的社会成员的心理特征、生活境况、接受能力及在不同场合的不同身份，提出相宜的行动规范，以达到道德公约的细化，增强道德的指导力。

反观我国社会的实际道德教育，我们发现其存在着严重的教育对象个性特征被抹杀的问题：一方面表现为具有个性差异的社会成员在"教育对象"的归类抽象中完全被同一化了，即只看教育对象的同质性而不进行异质性的具体区分，忽视不同群体道德规范要求和接受能力的特殊性，以至于不能进行针对性的因材施教；另一方面，在施教中只见"普遍道德原则"不见适宜具体教育对象的"针对性道德规则"，只会用同样的抽象的道德原则教育所有人，不把普遍的道德原则与教育对象的生活实际相结合，只把道德当作知识进行灌输，根本不涉及教育对象在纷繁复杂的社会生活中经常遭遇的道德困境和所面临的道德选择的情境，不为特定的教育对象提供解决道德冲突的选择建议，以至于发生教育对象即使熟背道德规则也无法在具体的道德情境中进行有效选择的现象。

有鉴于此，我们必须修正当今社会道德教育的无目标指向的泛教，而要根据社会成员的生活以及提高其生存能力和发展能力的需要，制定合乎教育对象身份的具体的道德价值原则。唯有道德回归生活并能够回应生活中的伦理问题，伦理生活才能真正成为人们所向往的一种生活方式，从而避免道德教育的空洞性。

二、道德教育的理想化

从社会实际生活来看，道德的行为，可以分为两种类型：一种是行为主体出于对道德规则的认同而自觉践行道德；另一类是行为主体虽内心没有认同，但出于各种利害的考虑和权衡，即出于某种外在的"力量"（法律的严惩、道德的责贬）而不得不为。

这两种行为类型，虽在行为的动机和践行道德的主动性、自觉性上有区别，但在行为结果上，都是一种合乎道德要求的行为。由于后者有明显的功利性和他律性，所以过去在道德教育中，我们高颂的是前一种道德行为类型，常把后者排斥在道德视域之外，认为这类行为不是真正的道德的行为。诚然，这类行为还没有达到道德行为的理想状态，但我们不能因此而忽视这类行为的道德属性。我们应该清醒地认识到，人们对道德的需要不是如饮食那样是人的一种天然需要，它是人的一种后天的经过培育的社会性需要。这就预示受外力推进的合乎道德要求的行为，是实现道德自律的一个必经的行为阶段。因此，在道德教育中，我们就要去掉这种形式化的"唯美主义"，还他律性道德行为一个生存空间，并给予一定的道德肯定。因为这种"行动道德"是"自律道德"生长的土壤。

在这里，我们需要为"行动道德"正名。一方面，道德是人的觉悟的体现，社会成员觉悟的参差不齐的客观实情预制了这类"行动道德"存在的必然性；另一方面，道德习惯和道德品德形成的规律表明，受外力驱动的"行动道德"是个体道德发展的不可逾越的初始阶段。皮亚杰、科尔伯格的道德发生理论已揭示，人们的道德不是一个自因，而是个体随着年龄的增长、理性的成熟及社会交往的增加，逐渐由服从外界权威、行为奖罚、成长要求的外在道德转化为根据自己的价值观选择、坚持普遍原则的自律道德的过程。本着个体道德生成的规律以及当前社会成员严重的知行分离的现实，我们认为，当前社会道德改造的重点，应该由修正"不道德的行动"入手，即规正行为、矫正行为，由"行为"影响"思想"。"思想"和"行为"的关系应该是双向的互动影响，而不是单向的，但我们过去惯常的道德思维方式是通过对社会成员"道德思想"的改造来改变其"行为"，基本上忽视了"行为"对"思想"的反作用，以至于我们的道德教育常是"思想"道德教育，以为解决了人们的"思想"问题就解决了人们的道德行动问题。这是一种认识误区，也是道德教育低效化的一个因素。

为此，我们当前的道德教育，应该是"思想"和"行动""两手抓"，尤其是在经济转型的道德嬗变期，必须要通过明确的管理规章乃至详尽的法律制度对人们的行为进行匡正以及通过严厉的惩罚对不道德的行为进行修正，以遏制道德的滑落。这是十分重要的。

三、道德的理论教育与经验教育、联想教育发生断裂

道德的理论教育与经验教育和联想教育发生的断裂，主要有两种表现形式：一是"主观断裂"，二是"客观断裂"。"主观断裂"是在道德教育的设计框架中，仅凸显了道德理论教育的唯一性，未给经验教育和联想教育预留空间，割裂了道德的理论教育与经验教育和联想教育的内在统一性。

长期以来，我们在道德教育的问题上，存在着一个严重的误区，以为道德教育就是道德理论、规范等所进行的灌输性认知教育。这种对道德教育的偏狭理解，不仅使道德滑向了"唯知识论"和"灌输论"的泥潭，忽视了道德价值教育与科学教育的本质区别，而且排斥了其他道

德心理因素如道德情感、道德理性、道德意志等应有的作用，把知与行简单同一，最终导致了人们懂德而不守德、知德而不行德的局面。"客观断裂"是道德的理论教育所宣导的道德价值原则与社会个体的实际道德经验以及道德联想所产生的价值信息相背离。虽说道德理论教育的内容源于对社会伦理关系的正确反映，但由于我国伦理学研究范式的抽象性、普遍性、理想性等特点，使道德教育的内容多是大道理、大原则的宏论而缺乏可操作的实际指导，尤其是现实道德生活出现的"理通行不通"的"明规则"与"潜规则"的冲突，不仅加剧了人们的道德迷茫，打击了道德理论的说服力，而且直接削弱了道德经验和联想对道德理论教育的支撑。

事实上，道德经验和联想是人们产生道德需要的重要因素。个体在社会生活中所经历的道德事件、体验及其所观察到的周围人的道德态度和行为，或者人们借助记忆、想象和过去的道德经验而产生的道德联想，都会对人们的道德欲求产生激发或消退的作用。如果在人们的道德经验或联想中，违法背德的人总会屡屡得利，较少付出法律或道德的成本，那么，生活中的这种负面行为示范，其鲜活性和真实性就会直接消融人们对良善道德追求的热望；相反，如果在一个人的道德经验中，无论是自己还是他人，违法背德必须要付出高额的代价，这种因果的道德联想就会在一定程度上遏止人们背德牟利的冲动。

所以，我们应该站在"对教育对象发生影响的教育过程和效果"的广阔视域，全面理解道德教育，准确把握道德教育的科学规律，重视经验道德教育和联想道德教育的重要作用。因为道德教育的成效，不仅取决于道德理论的说服力，更取决于道德实践的说服力。

四、道德价值意义教育的偏失性

囿于传统的社会本位的道德建构理论，我们在道德教育中，讲得最多的是道德是一定社会对人们提出的规约，强调最多的是道德的社会调节功能，挖掘最深的是道德对社会存续的意义，给人感觉最强烈的是教育对象是道德接受的客体。这种道德教育的思维模式，使得"道德缘何存在"以及"人为何遵德"这类伦理学的重要基本理论问题的解答，完全倒向了道德的工具论。道德价值的这种社会工具化的诠释，否定了人的自我完善和幸福生活对道德的内在诉求，割裂了道德与人们生活意义的关联，致使在我们的道德教育中，不把道德置身于社会成员自身的生存和发展的意义链条中，不注意引导教育对象感受道德对个人的意义，即德行对个人发展的功效价值。这种缺乏对道德的个体生活意义完整阐发的道德教育，更多是使人惶恐于道德的被动和无奈，产生对道德的疏离、排斥和抵触，消减人们对道德内在追求的动力。

除此之外，道德价值意义教育的偏失，还表现在社会生活道德实际作用的衰减，即人们在实际生活中感受不到道德的应有价值和作用。道德在社会生活中的无力，一是表现为道德理论对社会不断产生的道德问题的反应力和解释力的减弱；二是道德实际效力的退化，表现为道德作用在一定程度上被悬空。在学校，虽然从上到下，无人否认对学生进行道德教育的必要性和重要性，道德也会被列入学生的素质评价体系中，但学校在升学的压力下，自觉不自觉地走向了"唯知主义""唯分主义"，学校老师、家长对学生的评价也由理论上的"德智体"全面发展到实际的"分数至上"的单向标准，从而造成品德在理论评价体系中的"首位"而实际评价的"末位"或"虚位"现象。道德说起重要而实际不重要的这种"生活体验"，无疑会使学生产生道德无用感，更不要说对道德的兴趣和欲求了。在经济生活中，诚实信用在法律上是"帝王条款"，在道德上是基本的常德，大家都知道它是应该遵守的商业道德法则，但实际生活中欺诈失信行为的随处可见及其能够获利且可逃脱法律惩罚的实情，会导致人们因看不到守德的好处而打击诚实守信的积极性。在社会生活领域，不讲道德原则和公理，只重"实效、实利"的"唯利主义"，同样打压了人们的道德愿望。在 20 世纪五六十年代，人们争着做道德人，一个重要的行为动因就是道德对个人生活具有实质性的影响，表现为道德上的欠缺会对个人的升职、工作分配等产生决定作用，而且还要承受强大的社会舆论责贬的煎熬。英美等西方发达国家人们道德素养较好，也不是他们的国民比我国民众更有觉悟，而是受制于道德对个人生活质量和前景所发生的深刻影响，如失信的不良记录，会直接影响人们贷款、找工作、升职等。

可见，社会生活中实际发生的守德者吃亏而背德者获利、违法投机者赚钱的鲜活事例，常常会使人因感受不到尊德的价值和意义而削弱践行道德的动力，并从根本上打击人们道德行动的愿望。道德的魅力不只在于它的崇高给予人的敬仰，更在于它对个人生命价值的提升和幸福生活的满足而给予人的驱动。

五、道德示范教育的缺失

道德教育不同于科学教育的一个重要区别，是它需要教育对象的认同。而最能打动教育对象的教育方式，不是单纯的说理，而是道德行动的示范性教育。应该说，道德有两种存在样态，一种是文字形态的道德，即通过文字表述出来的道德理论、规范、条例、箴言等，另一种是活动形态的道德，即以行动注解的道德。理想的道德状态应是这两种道德形态的统一，既有丰富的道德理论和合理的道德规范，又有良好的道德活动和社会风气。

事实上，在道德教育中，对教育对象的道德接受和内化发生作用的，绝不只是写进文件中的道德条例、写进教科书中的道德规约、人们嘴上说的道德口号、墙上挂的道德训示，更为重要的是教育者、周围人群对道德的实际践行所产生的示范和引导作用。

由此可见，受教育者对道德倡导的价值、思想、观点的认同，不仅取决于道德理论的科学性、合理性，而且也取决于社会成员对道德的态度和践行状况。这是因为社会成员都具有社会学习的能力，他人良好的道德行动，会通过观察、模仿等社会学习，熏染受教育者。而当下我们国家道德教育缺乏感召力的重要原因之一，就是道德示范教育不够，大道理、大原则的劝导教育有余。这表现为一些身兼道德教育责任的领导者、老师、家长等，面对教育对象能够大讲道德，而身为行为者，却时常藐视道德乃至践踏道德，出现"讲"与"行"的脱节；还表现为一些教育主体经常向受教育者讲授、宣传连自己都不认同的道德价值观，这种讲空话和假话的道德教育方式，不仅会加剧受教育者对道德的厌烦情绪，而且会产生"闸门效应"的普遍道德怀疑主义，认为道德都是虚假的。

无须赘言，我们在道德教育中，应该重视教育者的道德细节和道德形象，让政府官员、家长和老师的修己正身，成为社会道德的最好注解，以发挥道德示范的传递功能。

发表于《思想教育研究》2007 年第 9 期

新闻道德缺失的诱因分析 *

伦理普存于人类社会的一切关系中，新闻媒体作为传达世界发生事物的最新变动状态的信息传播介体，与社会、组织、个人都发生着广泛的联系，内蕴着道德要求。为此，新闻媒体行业及其组织，为了保证"第四种权力"的合理运用，实现新闻的社会价值，满足社会公众对新闻媒体的道德期待，更主动地为新闻媒体的从业人员制定了真实、公正、诚实、独立、责任等道德准则。但在市场经济社会，媒体道德受到了严重的冲击。对我国时下新闻道德出现的缺失现象，需要寻根探源，理性地分析其存在的诱因。

一、新闻媒体生存的经济价值与社会 功能的思想价值的矛盾性

在我国，新闻媒体组织的所有制性质发生了较大的变化。在市场经济的发展过程中，虽保留了一部分新闻媒体组织的国有性质，但大部分新闻媒体组织已采用了市场化的经营理念和经营模式。对于国有性质的新闻媒体而言，虽有国家财政的支持，但经费的有限性和短缺，以及改善组织机构办公设施和工作人员福利待遇的需要，无不促成了他们对

经济效益的追求；而自负盈亏的完全市场化运作的新闻媒体组织，其企业性的天然牟利趋向，最大限度地谋取生存和发展资本的竞争压力，更使他们把经济效益最大化作为重要的行为选择原则，因此，新闻媒体的商业化和利益驱动，构成对新闻伦理道德冲击的首要破坏力。

新闻媒体每天向世人传播的大量资讯和价值观，对大众的思想和行为产生潜移默化的渗透作用，在一定程度上可以说，新闻媒体的传播内容和价值导向是影响社会成员精神风貌、道德状况的重要相关因素。毫无疑问，新闻媒体除了自身的经济利益责任外，还有不可推卸的社会责任。对于我国的新闻组织和从业人员来说，就是"担负着传播先进文化，弘扬民族精神，维护国家利益，促进经济发展，推动人类文明的崇高使命和社会责任"，以及"真实报道新闻，正确引导舆论，努力传播知识，热情提供服务，不断满足广大人民群众的精神和文化需要"①。

按照新闻媒体责任的应然要求，新闻媒体在进行报道和评论中，应该坚持经济价值与社会价值兼顾的原则，但在现实的实际操作过程中，媒体的这种应有状态因利益的倾斜而难于实现，表现为在报纸的版面安排、广播电视的播放等过程中，在广告的巨大利益诱惑下，常出现广告喧宾夺主以及虚假广告泛滥等现象；在新闻报道中，为了产生所谓的"轰动效应"，提高报纸的发行量或广播的收听率、电视的收视率、网络的点击率，则不惜制造各种能吸引眼球的"虚假新闻"。尤其是当这种虚假广告和制造虚假新闻等有背伦理道德的行为，未受到国家法律的严厉惩处、社会舆论的强烈谴责且能牟取较大利益时，就会在客观上产生消极的"示范效应"，助长这种背德行径的蔓延。

---

① 《中国广播电视编辑记者职业道德准则》，《人民日报》2004 年 12 月 9 日。

二、媒体的自由性与责任性的制度缺位

新闻自由与社会责任是新闻伦理的两个重要支点和道德准则。"自由"向来都不是抽象的概念和原则，它只有在社会现实中才能变成行动的原则，因此，现实社会中的"自由"，不是脱离社会规制的恣意妄为，而是一种对社会"规则"的主动把握。诚如佛格森（Adam Ferguson）所说："自由不是像其字面似乎意味着的，是从一切束缚中解脱。正相反，自由意味着每一种正当的束缚对自由社会全体成员的最有效运用，不论他们是司法官还是老百姓。"① 因此，在普遍的意义上，自由是与一定的合理限制和规定相联系的。对于媒体而言，对发生的客观事实进行真实的报道及对社会问题予以深刻的评论，既是其天然的权利也是其应有的使命和责任。不言而喻，媒体有追求经济利益和言论自由的权利，但也负有为公众"福利"和"安全"服务的社会责任，具有社会"公器"性。媒体在各类新闻的选择性报道或评论中，其选择的内容、报道的角度本身，连带着发挥正确的舆论导向、提供积极向上的健康资讯、传播科学知识等社会责任。离开了正确的新闻价值取向，新闻自由的"权力"就会被异化，成为引致人们堕落和危害社会稳定的"发声器"，因为一旦有悖于社会正义和基本道德的不良言论或有害信息肆意散发，公众不但无法获知真实的信息，而且也无法对事物作出正确的判断，从而导致社会价值标准的混乱，危害社会的安定。所以，任何国家在提倡新闻媒体自由的同时，都对新闻媒体提出了维护公益的社会责任的伦理底线要求。

---

① ［英］F.A. 哈耶克：《致命的自负——社会主义的谬误》，冯克利等译，中国社会科学出版社 2000 年版，扉页。

在西方法治国家中，新闻媒体的自由和责任具有法律保障。行政司法机关既在法律规制下尊重新闻的自由，也对其践踏法规的行为给予法律制裁，再加上西方互不伤害、相互尊重的自由主义的文化传统而形成的自律精神，都在一定程度上遏止了对新闻自由的滥用。近些年来，我国对新闻工作者虽陆续出台了一些规定，如广电总局颁布的《中国广播电视编辑记者职业道德准则》和《中国广播电视播音员主持人职业道德准则》等。但由于缺乏相应的新闻法规体系的支撑，致使这些职业道德准则仍靠教育和思想觉悟维系，违规者受罚风险系数低，无形中怂恿了牟利机会主义行径的盛行。媒体的竞争不仅靠新闻报道的及时性以及评论视角的独特性，而且与市场占有率和经济效益密不可分，但在普遍缺乏法规制度的外在制衡和行业自律的内在约束的情形下，媒体出现了大量的不正当获利现象，一些媒体和从业人员把媒体变成了"唯利传媒"，如不顾媒体的公信力，放松对广告内容真实性的审查和把关，传播虚假广告；因利益的连带关系，报道缺乏公正性、客观性的"有偿新闻"；缺乏社会责任感和职业敬业精神，不认真核实消息来源，进行虚假不实报道等。制度的缺位和惩治的缺威，往往使这些缺乏社会责任的新闻媒体因未受到法律的、行政的、经济的处罚而肆意妄为，在很大程度上打击了遵规守德的正当新闻行为。

三、人性的低俗性与新闻媒体的媚俗性

目前，新闻媒体存在的单纯煽情性、爆炸性、赤裸性等低俗性新闻，从表面上看，是受扩大发行量、追求经济利益最大化的驱动，但如果探究其媚俗的工具价值的根源，则不难发现，人性存在的低俗性倾向，才是媒体媚俗的市场切入点。

恩格斯曾有过精辟的论断："人来源于动物这一事实已经决定人永

远不能完全摆脱兽性，所以问题永远只能在于摆脱得多些或少些，在于兽性或人性的程度上的差异。"① 这表明，人的生命存在的生物性即自然属性是人永远无法彻底割舍掉的，即对人的生理构造以及由此衍生的食、性、安全等自然欲求，是不能予以回避的，但同样需要重申的是，人的这些自然属性受制于社会制度、文化的规约。可见，人是具有生理、心理、思维、社会活动等综合特征的生命有机体，既具有超越动物的精神性需求，也有维持生命体的物欲化生理需求。人类的这两种需求，具体到社会生活中的每一个个体，则会因教育程度、修养境界、价值追求等后天因素的差异而具有不同的排列组合，有些人可能更偏重精神性需求的满足，也有些人会偏重物欲性需求的满足。尤其是在市场经济社会，实利的价值取向、感性的享乐主义、消费主义、金钱主义等催生的世俗化功利性价值观的盛行，以及人们"终极存在"的精神寄托和精神信仰的普遍失落，导致了人们对心灵和行为活动的价值意义和归属缺乏整体性的把握。一部分社会成员对感官刺激、享乐、奢华、猎奇等方面的关注和需求，促使了一些媒体为了抓住受众的心理而迎合人们的这些趣味，并由此丢弃了媒体应有的启发民智、传播先进文化信息的社会责任，以致沉沦于为了抢占大众的眼球而制造杂碎新闻、绯闻、名人隐私、色情暴力、畸形婚恋等垃圾信息的低俗新闻中。

四、新闻媒体利益寻租的便档

新闻媒介是传播信息的载体，是大众观测社会的窗口，是社会主流价值舆论导向的介质。因此，新闻的准确性、客观性、真实性以及其评论的价值取向，影响着公众对事物的分析与判断、态度与选择、行动

---

① 《马克思恩格斯全集》第2卷，人民出版社1997年版，第94页。

与信念。而我国目前新闻媒体利益寻租的便档，则是瓦解新闻道德的蛀虫。

在社会转型期，许多媒体的所有制性质处在改制过程中。在传统计划经济体制下，媒体基本上是由国家承办的事业单位，而目前推进的股份制改革及企业化的经营方式，使经济效益成为制约媒体得以生存、发展的至关因素，并促使了媒体对经济利益的强烈追求。由于媒体牟利行为的法律制度和相关管理制度的缺位或错位，为媒体的利益寻租提供了空档。在媒体的内部管理中，存在着媒体的编辑部门与广告、发行部门的混岗现象，表现为编辑部门的独立、主导权利受到经济利益的左右，出现编辑部门的编辑内容或策划要服从发行部门纯粹市场化要求的现象。新闻媒体反映大众积极和高雅的文化、批评腐朽和落后的文化、引导健康文化消费的职责定位，时常遭遇发行部门"唯市场是说"的冲击。发行部门为单纯追求发行量的攀升、完成单位制定的经济指标或仿效本行业其他媒体"吸引眼球"的做法，甚至要求编辑部门为了达到"轰动效应"不惜违背新闻的真实性原则而制造各种所谓的新闻。这种在管理制度上给予发行部门较大的决策权以及推行的分摊征订任务、允许记者拉广告拿提成等做法，为新闻价值与商业价值的置换提供了可行的空间。

"有偿新闻"是人们所唾弃和谴责的，但有偿新闻的变体却为人们所默认。赤裸的金钱与新闻的交换，似乎在社会舆论的声讨中有所收敛，但实质性的交换却不曾停止，表现为各种合办栏目的变相广告的泛滥。例如，在报纸、电视等传媒中到处可见的"企业家风采""名人访谈"、企业赞助的"有奖征文"等栏目，常把新闻对社会现象的报道与企业或产品的广告宣传混同，利用人们对新闻媒体的公信力达到广而告之的效果。这种"有偿新闻"的变形，已成为一种通行的"潜规则"，盛行于从中央到地方的许多媒体中。新闻管理制度的这种漏洞，既纵容了企业对媒体的腐蚀，也消解了媒体对企业的督导作用，并遮蔽了大众对社会真实了解的视线。再如，为了扩大社会影响，国内许多会议的主办单位都要邀请相关的媒体出席，并给予报道。虽说及时报道各地的重要会议、活动，应是媒体的工作，但这份"工作"已变成举办方出钱而进行的收买报道。被采访单位不仅要承包记者的吃、喝、住、交通等所有费用，而且赠送纪念品或直接呈送红包。媒体的这种"合理"套利法，必会影响记者的独立立场和态度，蒙蔽其锐利的观察力，消减其揭露事实真相的勇气。

五、新闻的时效性与真实性的矛盾

假新闻的产生，有两种性质不同的情形：一种是新闻从业人员在经济利益的诱惑下而出现的歪曲事实的报道或在政治压力下而出现的片面报道；另一种是新闻从业人员由于缺乏职业责任感而编造新闻。撇开前一种故意制假的虚假新闻不论，单分析后一种无意制假的新闻现象，其诱因有主观与客观之分。从主观上说，从业人员缺乏新闻精神的工作态度，如不认真核实信息来源、不进行深入细致的调查研究，凭主观臆断，编造新闻、转载新闻、歪曲和夸大事实等。从客观上说，新闻本身存在着实效性与真实性的客观矛盾。在新闻学中，真实是新闻的生命，而新、短、快、活、强则是新闻报道与评论的基本原则，因此，新闻的价值是真实、快捷地反映社会生活中发生的重要事件、有意义的事实等，其特点是新鲜（新闻事实是具有时效性的新鲜真实）和及时（新闻必须注重实效），以保证给人们提供最新的信息。新闻的这种"内容新鲜""时间短"和"发稿快"的实效性要求，难免会使一些比较浮躁的记者、编辑，为抢占"头条"或"独家新闻"而一味求快，出现了解事实不清、缺乏准确性和全面性的新闻失真现象。

六、新闻媒体的舆论监督与平衡性的矛盾

舆论监督是新闻媒体的重要社会作用之一。尤其是在信息社会的民主化推进过程中，新闻媒体记者所具有的"望人"（普利策语）的职业敏感性，对涉及大众生命财产安全问题的社会异常现象的及时报道、对社会丑恶现象与阴暗面的揭示与鞭挞，是缓解或避免社会矛盾激化、维护人民利益、弘扬社会正气的不可或缺的重要力量。但媒体对社会存在问题的暴露与追究的具体程度，则需要根据当时的社会情景，给予具体的把握和平衡。由于新闻消息会直接影响社会的安定，因此，媒体对社会现象的批评和揭露，常需要把握一定的平衡点，既不能因惧怕政治的压力而"集体失语"，丧失新闻的独立和自由，也不能不顾社会的稳定和发展，一味地向人们传递消极的单面信息，影响人们对社会的正确判断和对政府的信任。平衡的原则既是观察问题、分析问题的一种辩证方法，也是一些人不坚持新闻的真实性、逃避新闻人社会责任的遁词。因此，当新闻人不能正确地把握新闻媒体的舆论监督与平衡性的关系时，新闻道德的真实性和公正性就难以保障。

发表于《道德与文明》2007 年第 1 期

论公民道德建设的外在机制

F.A. 哈耶克曾提出一个值得深思的伦理学问题："一切道德体系都在教诲向别人行善……但问题在于如何做到这一点。光有良好的愿望是不够的。"① 由于遵规守德不是人的天性，加之道德是以提倡、劝诫、建议为特征的价值导向，为人们提供了较大的自主选择行为的空间，即人们守德与背德，依靠的是个体的道德追求，凭借的是个人的觉悟和自觉性，而事实上光靠个人自身内在的思想觉悟往往难以抵制各种利欲诱惑，为此，社会必须建立道德的制度保障机制，使道德提倡的价值观念和行为类型在社会中得以保护和推行。质言之，道德需要借助制度规范要求的明确、具体、稳定以及强制来弥补其自身的软弱性，完成道德自身力量无法实现的规范要求。无疑，强化公民道德意识，提高公民道德水平，除了一般性的道德教育外，在我国目前的国情下，更需要法制、社会管理等外在机制的强力促进。

---

① ［英］F.A. 哈耶克：《致命的自负——社会主义的谬误》，冯克利、胡晋华译，中国社会科学出版社 2000 年版，第 9 页。

一、公民道德建设的外在机制何以必然

（一）人性的局限性

要考察公民道德建设的外在机制问题，我们不能撇开人性本身而空谈，因为人是道德活动的主体。而人性自身的一些局限性，则直接预制了公民道德建设外在机制构建的必然性。

对于人性，我们惯常从哲学的眼光来审视，即从人与动物相区别的视角来把握，所以经常看到的只是人的思维、意识、理性的光辉在社会中的普照以及由此支撑的人的活动的社会性。但人既非动物也非神，而是具有生理、心理、理性等综合特征的有感觉、能思维的生命有机体。人的感性的冲动性和自保自利的倾向性，既是道德何以产生的必要条件，同时也在一定程度上不可避免地构成了对道德的挑战性与破坏性。而人具有理性以及人的活动的自觉性和能动性，只表明人"能够"具有这种功能，究竟每个个体是否把这种"能力"发挥出来以及发挥多少，却不能一概而论。柏拉图在其《理想国》中所持"社会上的优秀公民，能够自知如何适度地做事而无需法律的外在强制"的思想①，仅是站在"类"的理性能力上，看到的是社会中优秀人的道德感悟力和行为的自觉性，却忽视了"个体"理性能力的有限性及其人之自然属性的为我的放任性所产生的大量的非"优秀的人群"。因此，我们不能指望社会成员天生地"自觉"守德。

（二）个体道德形成机理的他律性

社会性是人的一种存在方式。这种存在方式内蕴出一种秩序要求，并凝结出行为规范。而人异于动物，就在于人不仅能够意识到秩序的需

---

① ［古希腊］柏拉图：《理想国》，郭斌和、张竹明译，商务印书馆1986年版，第141页。

要，而且能够主动制定规则，所以，道德既是人类基于人性的完善和社会生存与发展的客观需要的产物，也是人类为自己立法的表现。作为人类以实践—精神的方式把握世界的道德，其规范要求的客观规定性和社会历史性，就决定了一定社会的道德关系及其规范对具体的现实个人的既定性和先在性，从而预示个体道德观念形成的后天性。人的道德的这种非自因性，意味着人的道德意识和行为不是天然形成的，而是从他律到自律的发展过程，即是个体随着年龄的增长、理性的成熟及社会交往的增加，逐渐由服从外界权威、成长要求的外在道德转化为根据平等精神，遵从一系列人伦之道和根据自己的价值观选择，坚持普遍原则的自律道德的过程。个体道德形成的这种由他律到自律的机理，在皮亚杰[①]和科尔伯格[②]的道德发展心理学中都得到了确证。社会道德实践表明，人们对社会道德原则的认同、接受、服膺的内化进程、效果及其自律程度，不仅取决于内化过程中的个体的主动性、价值追求等主观因素，而且也与是否建立一个适宜道德生长的社会生活环境密切相关，而制度则是环境结构状态中的重要组成部分。

（三）奖惩与道德行为模式形成的联动性

现代心理学研究表明，人的行为是受动机支配的。而人的动机从驱动源来看，又可分为内驱动性动机和外驱动性动机。内驱动性动机是由自我的内在追求和满足而产生的活动动力，如自己的价值追求、理想

---

① 皮亚杰认为，儿童的道德发展分为道德他律和道德自律两个阶段。在道德他律阶段，表现为尊重父母和成人的权威以及由此给出的规则；在道德自律阶段，认识到规则是由人们根据相互之间的协作而创造的且可以改变，规则不再被当作自身之外的强加的东西。

② 柯尔伯格把人的道德发展划分为三个水平、六个阶段。1.前道德水平：第一阶段是服从与惩罚的道德定向阶段；第二阶段是朴素的工具快乐主义道德定向阶段。2.服从习俗角色的道德水平：第三阶段是维持良好关系、受他人赞扬的好孩子的道德定向阶段；第四阶段是遵从权威与维护社会秩序的道德定向阶段。3.自我认可的道德原则的道德水平：第五阶段是契约的、个人权利的和民主地接受法律的道德定向阶段；第六阶段是个人良心原则的道德定向阶段。

和信念等；外驱动性动机是由活动以外的某些外部刺激而对人们诱发出的推动力，如行为后果的风险性、惩罚性、奖励性、获益性等。实践表明，社会的奖励和惩罚是影响人们外驱动性动机形成的重要刺激因素，以致能够强化或消退人们的某种行为。具言之，人作为行为活动的意识主体，不仅了解行为的目标，而且会基于自己目标实现概率的高低及行为后果的利与害，调适行为的方式，选择对自身具有最高效用的行为类型，即人们对行为的期望、对行为后果利害的预测，是影响行为决策和行动方向的重要考量。因而，一种行为模式或行为类型的形成，不光取决于行为主体对其价值合理性的认同，也与行为恒常后果对行为主体的利益损益密切相关。一旦某一行为模式经常损害其活动主体，无论它在社会推崇的价值系统中具有多高的位置，潜在的负价值会消融人们践行的积极性。因此，要想使公民普遍具有良善道德，就必须建立奖惩机制，使守德者受到褒奖且得利，无德者受到谴责且亏利，即凭借法律及管理规章规定的明示和利益的奖惩机制，促成人们趋利避害，择善而为。正是由于社会成员对公民道德的遵守与践踏，在一定程度上与社会制度对恶德的惩治密切相关，所以，香港学者慈继伟先生在其《正义的两面》一书中指出："如果社会上一部分人的非正义行为没有受到有效的制止或制裁，其他本来具有正义愿望的人就会在不同程度上仿效这种行为，乃至造成非正义行为的泛滥。"① 即是说，道德一旦对利益的获取不构成筛选网，"非正义局面的易循环性"就会诱致败德行为的泛滥，因为"具有正义愿望的人能否实际遵守正义规范取决于其他人是否也这样做"②。而美国政治学家威尔逊和犯罪学家凯琳提出的"破窗理论"③也表明，如果不对人们的不道德的行为进行及时的制止和惩处，破坏性行

---

① 慈继伟：《正义的两面》，三联书店 2001 年版，第 1 页。

② 慈继伟：《正义的两面》，三联书店 2001 年版，第 1 页。

③ 如果有人打破了一个建筑物的窗户玻璃，而这扇窗户又得不到及时的维修，别人就可能受到某些暗示性的纵容去打烂更多的窗户玻璃。

为的消极示范就会怂恿其他人效仿。毋庸置疑，要避免各种败德行为的循环，使公民道德得以普遍践行，就必须要借助对破坏规则行为的严惩机制。因此，通过法制和社会管理，建立道德的奖惩机制，是加强公民道德建设系统工程的一个重要环节。

（四）规章制度的道德价值传递性

无论是法律规范还是具体的规章制度，都是由一定的价值理念和思想凝结而成的，而蕴涵其中的思想原则本身不仅是对事物的根本性质、发展规律的揭示和概括，而且也包含了对客观事物的价值评价及其价值追求。因此，各种规章制度本身就在向人们传递着某种正确的价值观念。在这个意义上，规章制度对人的思想的形成和转化具有直接的作用。由于制度作为稳定的行为规则，具有给一定条件下的行为建模的功能，所以，制度建立的规范、惯例和做事程序，在长期的作用下，就会使人们形成行为习惯乃至内化为个人的自我价值取向，从而对人们的价值观念和行为方式具有根本性的指导意义。

（五）道德自身的不完满性

由于道德调节人们利益关系和人性完善的指向更多是带有普遍性的，因而，道德法则通常是笼统的抽象性原则，它对人们行为的规范和约束常常是一般性的导引，而不是具体的严格规定。如人道原则，它是一种普遍性的价值规则，至于如何做到爱人、尊重人、重视人，则需要相关制度的具体法则的补给和保证。道德规则的这种普遍的指导性虽具有广泛的渗透力，但往往不能把道德目标和内容化为行为的具体要求，容易导致空泛的说教和道德标准的不确定性，不利于具体道德行为的形成。另外，道德要求具有劝导性。由于道德的维系力量是社会舆论的褒贬、榜样的感化、良心的内控等，因此，与法律规范的必行性、强制性不同，道德的规则要求是劝诫的、提倡的和建议的。道德的这种劝导性虽能显现人的主体性和人格意志，但在社会秩序体系不稳固、人们道德觉悟水平不平衡甚或低下的社会环境下，道德的劝导性就会缺乏感召力而表现为软弱性。因为道德作为一种倡导性的要求，人们可以有选择的意志自由，加之道德规范本身的多元化以及缺乏权威性的确认，致使光靠道德的内控力不足以推动人们从知到行的普遍转化。道德自身无法对破坏它的行为给予强制性严惩的先天性不足，在客观上就需要一种强制性的规则体系加以弥补。"当道德对应受保障的利益无法维持，则就会诉求于法律形式，致使相关的道德理念和原则融入法律。"①

（六）根治公共生活领域陋习的客观需要

社会公德作为公民道德的重要组成部分，既是社会个体文明素质的体现，也是一个国家或地区社会文明程度的重要标志。社会公德规范要求的底线性和普适性，表明它作为公民道德建设的基础性和重要性；而当下我国社会公德的严重缺失，又无不凸显了加强社会公德建设的紧迫性。由于社会公共生活领域的存在和发达是社会公德得以产生的客观基础，因此，随地吐痰、乱穿马路、乱扔垃圾、不排队、大声喧哗等陋习，在一定意义上可以说，与我国漫长的农业社会公共生活空间的狭小密不可分。对于这种传习而来的不守公共秩序、公德意识淡漠等丑恶行径，除了加快城市化进程，促进公民城市文明行为的形成外，还必须要启动社会管理系统，运用法律、行政、经济等综合手段，遏止人们的不良行为习惯，因为习惯作为人的第二本性（西塞罗语）具有稳定性和不易更改性，需要借助制度的外力强制和惩罚加以转变。

二、公民道德建设的外在机制何以可能

人有思想和意识，使人能够意识到社会发展及人类完善方向的某种

---

① ［美］罗斯科·庞德：《法律与道德》，陈林林译，中国政法大学出版社2003年版，第155页。

客观需要，从而使人类能够按照一定的目标或秩序的要求，主动制定相关的法则、规章制度来协调人们之间的关系和引导人们的行为，因此，在公民道德建设中，我们能够根据当前我国的市场经济发展状况和公民素质的实际情况，来制定相关的管理制度，为公民道德的生成创设良好的制度环境。人具有理智，使人能够按着一定的要求控制自己的行为，以避免个人意志的任意性，从而使人遵守行为规范成为可能。人的行为选择的趋利性，可以通过经济的、行政的手段和法规，启动人们的自利倾向而促发人们的道德利他性，因为"个体预期他们行动的可能后果，之后采取最符合其利益的那些行动"①。为此，一些发达国家或地区推行以私利之心制衡私利之为的制度，如实行垃圾收费制，在客观上就培育了公民的环境保护意识和行为；一些国家为节约能源，规定汽车上高速公路必须坐满四人，这类举措无不促进了人我两利的助人行为的实现。

三、公民道德建设的外在机制何以实现

公民道德建设的途径是多样的，且唯有社会各种手段的密切配合才能达致良好的效果。因此，我们在强调道德教化（学校、家庭、单位等组织进行全方位道德教育）作用的同时，还必须注重公民道德建设的外在机制的建设，为公民道德的生长创设适宜的制度环境。

第一，建立维护公民道德的法律制度及其社会管理制度。一个社会、一个国家，是通过各种制度来实施管理的，而良好的法律制度及其社会管理制度，既可以使社会形成良好的利益格局，为道德的践行创造广阔的空间，又可以通过其外在的强制力，凸显规则的权威性，从而维

---

① ［美］詹姆斯·马奇等：《规则的动态演变》，童根兴译，上海人民出版社 2005 年版，第6页。

系道德的向度。如对于诚实守信的公民道德要求，我们就绝不能仅仅停留在一般的倡导上，必须加强信用方面的法律体系建设和公民信用记录与资质方面的社会管理。由于信用信息的发布和公开涉及主体的权益、隐私等法权问题以及信用管理机构的诚实纪录、公正评价等诸多问题，为此，信用信息公开的范围、程度和使用的程序等，需要获得法律的支撑，即国家要以法的形式对信用信息的征信、服务等活动进行规范以及对失信行为制定出处罚条例，以保障被征信人、用信人和信用管理公司各自的利益。比如美国，有关信用的基本法律有 16 部。具体地说，美国就是通过健全信用的法律制度及建立个人信用档案，并以网络为平台，使个人的信用记录和资质成为公共信息和交往的通行证，从而使每一个信用活动都对人们的当下及未来的利益发生重要影响来制约人们失信行为的投机性。我国伴随着市场经济的发展，虽已颁布了大量的与信用相关的法律法规，但专门的有关征信、评价、咨询等信用方面的法律至今仍是空白，而法律法规对失信行为缺乏具体而严厉的惩处所出现的"法律空场"以及由此导致的失信收益大于成本和风险的扭曲关系，无不加剧了失信唯利的消极社会效应。因之，建立健全相关的信用制度，消除制度缺位的漏洞，既是我国社会信用体系建设的当务之急，也是加强公民道德建设的必须。

第二，建立公民道德的外围支撑性的管理制度。爱国守法、明礼诚信、遵守公共秩序、爱护环境等公民道德要求，不是高悬在口头上的道德戒律，而是每天发生在人们日常生活中的具体道德行为。而道德行为作为一定境遇下的行为方式，不仅与行为主体的道德素养相关，而且也与特定的社会环境密不可分。通常情况下，具体道德行为的发生需要具备如下条件：合理的道德规则、具有按规则行事能力的人①、维系道德

---

① 具有按规则行事能力的人，是指行为者具有一定的道德意识、具有选择行为的抉择能力（具有基本的道德判断与推理能力和一定的道德经验）、具有控制行为的意志能力。这意味着不能超出当事人的道德判断力和行动的能力而要求他（她）按某种道德规则行事。

的社会制裁力以及适宜道德生长的社会环境。简而言之，公民良好道德行为的养成，绝不只是道德的认知教育问题，也是一个维系道德的环境创设问题，因为有时客观环境会使人想道德而不能道德，如公交车运力的不足以及管理的混乱，使乘客拥挤上车而无法守序。因此，我们要发挥政府的管理职能，把公民道德建设纳入城市的管理系统和提升城市文明形象的建设工程中。一方面，营造文明的硬件环境，制定城市管理的细则。如根据区域面积和客流情况，规定垃圾桶的摆放距离间隔；根据各路公交的运载能力和乘客需求，规定合理的发车间隔时间，加强运行的规范管理，设置排队栏杆，强迫人们排队上车。另一方面，各地政府要以政府令的形式制定和颁布城市管理的处罚条例，为人们的行为立标建章，严惩不道德行为。如通过加强市容管理，对于随地吐痰、乱扔垃圾、破坏环境等行为，施以重罚，严惩违规者。通过惩罚性教育，使人们逐渐改正行为恶习。扼要概之，公民道德生长环境的外围支撑制度的建设，能够在广泛而经常的日常活动中培育人们的道德观念和行为方式，使人们在生活中感受道德的意义和价值，从而催生人们的道德信念。

第三，建立公民道德的舆论监督机制。社会舆论的褒贬是道德维系的重要机制，故此，公民道德建设离不开道德评价的舆论场。道德评价是对人们行为善恶价值的判明、行为道德责任的确认，以及所形成的是非善恶的社会舆论和群众心理，是维护良善道德和排斥恶德的强大力量，为此，我们要建立道德的导向机制、针砭机制和公示机制。具言之，在社会价值多元化的时代，政府、传媒机构、具有公共责任的知识分子等社会组织或个人，要对社会存在的荣辱颠倒的混乱道德价值观及时给予澄清，以引导社会成员树立正确的道德价值观；对具有典型性和重大性的守德善举或背德的丑恶行径，政府要利用和发挥电视、报纸等传媒的广泛性和快捷性的优势，组织社会团体和民众进行广泛的讨论，针砭丑恶和彰显善德；通过建立不同范围的道德公示制，促使人们注重自身的品行，形成责任意识，尤其要善于在街道或社区，利用熟人社会的舆论监督优势和中国人的"面子"心理，启动人们的荣誉感和耻辱感来褒善责恶。综括而论，发挥社会舆论的扬善抑恶功能，给行善者以道德鼓励，对行恶者以道德惩罚，是加强公民道德软环境建设的必需。

发表于《公民道德建设》2008 年第 1 期

首都农村社会公德研究 *

社会主义新农村建设，不仅是农村的物质文明和政治文明的发展，更是社会公德水平的提升。从一定意义上讲，缺乏现代道德文明的农村，在本质上没有完成农村的现代转型。毋庸置疑，在首都新农村建设中，农村的社会道德问题将是"文明北京"建设的重要方面。因此，准确把握首都农村社会公德现状，探究农村社会公德建设的有效机制，对于构建社会主义和谐社会的首善之区尤具重要的理论意义和实践价值。

一、问卷调查的相关说明

首都师范大学的首都新农村社会与文化建设研究中心的"首都新农村道德文化建设研究"课题组，向北京 14 个区县的农村居民发放调查问卷 2000 份，回收有效问卷 1623 份，有效率为 81.15%。另外，课题组还对大兴区的青云店镇、昌平区的北七家镇、顺义区的北石槽镇进行了实地考察，与当地的乡、村级干部及其村民进行了座谈和访谈。

本次调查内容主要涉及社会公德的五个方面，即文明礼貌、遵纪守法、爱护公物、保护环境和助人为乐。调查所获数据，利用

SPSS11.5统计软件包（即社会科学统计软件包）进行分析，以求在精确量化的统计基础上，进一步利用单因素多变量方差分析（ANOVA）等工具把握当代首都农村居民的社会公德状况。具而言之，本次统计分析过程分为两个层次，一是对调查量表进行描述性统计分析（descriptive analysis）；二是对量表进行多因素统计分析（deductive analysis）。

对量表题目进行信度分析（Reliability Analysis），即运用克朗巴哈α信度系数法（Cronbach's Alpha）进行测试，得出α信度系数值为0.8739，这一数值在数理统计学学理上表明"首都农村社会公德现状调查"的量表数据具有较高的信度。

二、首都农村社会公德概观

（一）调查数据的定量分析

调查结果显示，伴随着首都经济的发展、市政府新农村建设各项政策的落实以及多种专项治理工程的推进，北京农村地区的道德风貌发生了显著的变化，村民的公德意识明显提高，良好的社会公德风气渐进形成。

在文明礼貌方面，农民的文明素养有所提高。多数人（63.9%）在不小心撞到别人时，能够使用文明用语进行赔礼道歉；对于在公共场所大声喧哗的行为，62.4%的人有明确的道德观念，认为大声喧哗是不文明和素质低下的表现，是不应有的行为；对于邻里之间的利益关系的协调，如面对邻居的乱堆放现象，多数人（66.2%）能够采取好言相劝的柔和方式化解矛盾，而不是采用恶语伤害的简单粗暴的方式。

在遵纪守法方面，农民的规则意识、法律观念呈不断强化的态势，但公德义务意识相对薄弱。对政府不准烧秸秆的规定，72.8%的被调查者不仅拥护，而且还身体力行，响应政府号召，自觉遵守；有74.7%的村民过马路，能够看红绿灯，具有交通安全和遵守交通法规的整体意识；66.8%的人在公共场合能够遵守公共秩序，自觉排队不找熟人插队；在与村民发生纠纷的情境中，尽管仍有36.5%的村民会找熟人说和，但选择"通过正规渠道解决（如通过法律或找村委会调解等）"的人占被调查对象的60%。

在爱护公物方面，村民具有一定的主动保护公物的意识。看到有人损坏村里的路灯，尽管也有6.2%的人不管，但绝大多数成员都具有积极保护的责任精神，39%的人会上前劝说，54.8%的人能够尽力制止。看到有人砍伐村里的树木，93.3%的人都有维护公共利益的意识和自觉性，其中48.8%的人会向村委会反映，44.5%的人会及时制止，表明村民具有爱护家园的明确意识。

在保护环境方面，村民具有节约资源意识和环境保护意识。看到水龙头滴水，尽管也有少部分人不当回事，但67.8%的人还是能够随手关紧水龙头，具有一定的节水观念；对在大街上随手乱扔废弃物的行为，多数村民（68.1%）认为是不文明的行为。对于随地吐痰，在观念上，大部分村民基本扭转了"在农村很正常"的传统陋习观念，31.1%的人认为应"注意场合"，58.5%的人认为是"不文明"的行为；在行为上，有些人（32.7%）会找个脏地方吐，还有61.6%的人会"吐在纸里，扔进垃圾箱"。尽管调查的统计数据与我们对农村地区所观察的随地吐痰现象似乎有些出入（这说明村民存在知行不一的现象），但村民认识的转变却是客观的、真实的。对于村附近污染性的企业，村民的态度比较鲜明，80.7%的人"坚决反对"，表明村民对自身权益具有强烈的保护意识，对污染性企业的危害性具有一定的认识。

村民的助人为乐呈两极态势。一方面，农村的熟人社会基础以及农民的热情厚道，对关系密切的近邻好友的主动帮助较为普遍；另一方面，农村现在较为分散的生产方式所形成的自耕、自工、自保的生活状态，也使得许多村民的助人精神难以普遍化，以至于对于关系不密切的有困难的村民，不仅有 5.3% 的人认为与己无关，不会关心，还有 54.0% 的人会"视情况而定"，难以伸出援助之手。

尽管首都农村的社会公德总体上有了长足的进步，但仍存在一些有待改善的问题。一是农村的某些传统行为陋习没有改观，如对于说话带脏字的行为，许多村民不以为然，没有把它划归为不文明的行为之列，甚至认为是熟人亲近的一种表达方式。由于在农村中没有道德批评的氛围，以致 62.4% 的人在日常生活中，说话会自觉不自觉地带脏字。二是村民的公德义务意识相对薄弱。对于在街上遇到有人吵架，很多人（61.1%）或围观看热闹或走开，"上前劝说"的人较少；而对于村里有人犯法，自己作为了解某些情况的现场人，面对警方的询问，有近三分之一的村民选择"不说实情"或"推脱说不知道"，存在着"有意隐瞒或谎报"的行为倾向；遇到有人在干净的环境中随地吐痰，大多数人虽然在心理上不认同这一行为，但是一般不会出面制止，认为带袖标的人才可以执法，普通人上前制止缺乏正当性，所以看之不管，不自找麻烦。这说明，村民缺乏维护社会公共秩序的强烈义务感。三是村民的生态文明观念还有待提高。由于农村用水的无偿化或低成本化，在农村地区，水资源的浪费现象还比较严重，尽管许多人在认知层面有节约意识，但自觉的行为还有待强化。如对于家里用过的废旧电池，多数人（近60%）"随手扔掉"或不按分类直接"扔进垃圾桶"，表明农村居民的环保意识还有待强化。

综括而论，首都农村社会公德呈现了五高五低的态势。村民公共秩序的道德意识明显提高，但说话带脏字的不文明行为仍较为普遍，且没有道德批评的舆论氛围；村民的规则意识、法律观念明显提高，但公德义务意识相对薄弱；村民美化家园的环境文明意识大为提高，但随地吐痰的不良习性仍较为泛滥；村民维护自身权益的环保责任意识增强，但水资源的节约意识淡漠；熟人社会的情感型助人为乐得到发扬，但陌生人社会以人道主义为基础的普遍性的助人精神缺乏。

（二）多因变量方差分析

在上述描述统计分析中，我们对于首都社会公德现状有了一般性的把握，而本部分将在此基础上对量表进行多因素分析，即在因子提取基础上，进行一维方差分析。具而言之，该阶段研究分为两步：第一步，运用基元分析法（Principle component analysis）并结合最大四次方因子旋转（Quartimax solution），对量表中的可赋予分值的 24 道题目进行因子分析[①]；第二步，在因子分析基础上分别从首都农村居民的年龄、文化程度和收入来源三因素的视角展开方差分析。

具体地说，通过分析可以确定本课题研究的三个因子[②]，它们分别为：文明礼貌、公共设施和环境维护、遵纪守法，并按照村民的年龄、文化程度进行分组，考察不同组的村民（即不同年龄段或不同文化程度的村民）在以上提取的三个因子下的公德得分均值间的差异情况。[③] 为便于比较，本研究将每一因子下的题目总分值作为一维方差分析中的个体变量，从而进行均值比较。

1.不同年龄的村民公德水平存在差异

（1）文明礼貌。通过对本量表运算结果的观测，发现不同年龄的群体，在文明礼貌的社会公德水平上具有差异性。具体言之，18 岁以下的农村居民，公德分值与其他年龄段的村民相比负差异显著，负差异值分别为 -0.6997、-0.4533、-0.6766、-0.4570 和 -0.3027；而与之

---

① 本题量表（即采集完数据的调查问卷）中的第 1 题至第 24 题，是对被调查对象的社会公德程度、水平的考量，因此按照一般社会科学统计研究的惯例视同定序变量处理（即可分值化）。

② 其因子负荷值的下限设定在 0.5 以上。

③ 本题在因子提取基础上的单因素多变量方差分析（一维方差分析），试图考察年龄因素、文化程度因素等对于被调查者公德水平差异的影响，即探讨处于不同年龄段和不同文化程度的调查对象子集的均值是否存在显著性差异，以最终判定年龄和文化程度这两类因素的作用程度。

形成鲜明对比的是，18 岁至 25 岁村民的公德分值与其他年龄段相比，呈现出较大的正差异，正差异值分别为 0.6997、0.2464、0.2427 和 0.3970。数据分析显示，18 岁以下农村居民文明礼貌的公德水平最低，而 18 岁至 25 岁农村居民文明礼貌的公德水平最高。相比以上两个年龄组，其他年龄段村民的公德水平均值差异不明显。①

18 岁以下未成年村民文明礼貌公德水平的"低谷"状态与 18 岁至 25 岁青年村民公德水平的"峰顶"状态所形成的强烈反差，究其原因，至少有三个方面的影响因素。首先，未成年村民处于心理发育期。从发展心理学角度讲，未成年村民的心理正处于青春的躁动期，其人格发育远未成熟，情绪化及行为波动性较大，因此，较之其他年龄段的村民而言，他们的自控力较差，其言行更易受感性冲动左右，从而易于诱发与他人的冲突或矛盾。其次，未成年村民具有叛逆性。18 岁以下的村民，在强烈的"叛逆性"冲动下，往往把文明礼貌等"规矩"视为传统和保守的东西加以鄙视，从而出现对文明礼貌规则藐视的反叛倾向。再者，未成年村民的自我中心性和家教的缺乏性。未成年村民多为独生子女，他们在家庭生活中容易受到家长的溺爱，致使他们的自我中心意识膨胀，不仅缺乏对他人的普遍理解与尊重，加剧了某些不文明行为的发生，同时也会熏染一些年长者身上沿袭下的"农村的传统的不文明的陋习"②。相比之下，18 岁至 25 岁的村民，无论是在心理发育水平上还是在人格发育程度上均强于未成年村民。尤其值得注意的是，此阶段的年轻村民，不仅已接受全部的基础教育，而且多数人已参加工作（无论是务农还是在乡镇企业打工）。一方面，社会化过程本身也是文明礼仪等

---

① 各组间的分值差异在统计学上不显著的可以忽略不计，即此公德水平差异不具分析意义。同理，下文的不同因素下以及不同因子下的各组均值差异不显著的将被忽略，不予分析。

② 通过实地调研和访谈，发现大多数 50 岁到 60 岁的村民，由于其所受文化教育的局限，当代文明礼貌意识薄弱，因此"自然地"在生活中表现出很多不文明的陋习（如讲脏话、骂人或以粗暴行为处理人际矛盾等）。

人际交往规范的内化过程，因之，他们的规则意识较强；另一方面，他们进入社会后，社会公共领域空间的扩大以及舆论的评价，会在不同程度上强化他们为人处世的规则意识，并在社会交往中体验到作为独立个体人品的社会标识的重要作用。综上所述，年轻村民更为注重自身的文明举止等社会公德要求。

（2）公共设施和环境维护。量表运算结果表明，年龄因素对该因子具有明显的影响作用。具体来说，年龄在 18 岁以下村民与年龄在 60 岁以上村民的公德得分均值相对较低。其中，前者与其他年龄段的村民相比负差异最为显著，分别为 -1.2378、-1.2376、-1.2122、-0.99（该年龄段的村民的该因子得分均值与 60 岁以上村民的得分均值差异不明显)[①]；不到 18 岁的村民与除 60 岁以上村民之外的各个年龄段的村民相比，其均值负差异显著，即分别为 -0.9694、-0.9692、-0.9438 和 -0.7215。这说明，未成年村民和年龄较大的村民（60 岁以上）在公共设施和环境维护方面的公德意识相对薄弱。

以上结果再次印证了未成年村民在社会公德实践中道德自觉性相对较差的问题。具而言之，未成年村民好动的天性以及家园维护的"主人翁"意识的弱化，使得他们对村容村貌等方面的保护意识不强。与"文明礼貌和人际关系"因子上的表现不同，60 岁以上的老龄村民在环保和公共设施维护上的公德水平与未成年人较为接近。通过座谈和对村民的个别访谈得知，老龄村民受农村传统陋习影响较深，没有养成自觉、文明的环保和公共卫生习惯。[②] 客观地讲，他们今天所呈现出的差强人意的"环保意识"与其生长年代的局限性有很大关系，过去首都农村公共设施的落后以及环保观念的普遍淡化，使得这一年龄阶段的农村村民基本没有受过"环保文明"的社会性教育。在这个意义上，老龄村

---

① 各个分组均值从左往右的排列顺序是按照年龄段从小到大的相应分组排列的。

② 很多老龄村民坦然自己不具备当代环保意识，例如普遍存在着随地吐痰、乱扔垃圾等陋习。

民环保观念或意识的缺乏，是情理之中的。

（3）遵纪守法。值得注意的是，年龄因素在遵纪守法方面的影响，与前一因子的分析结果类似，即年龄在 18 岁以下村民与年龄在 60 岁以上村民的公德得分均值相对较低。其中，前者与其他年龄段的村民相比负差异最为显著，分别为 -1.9945、-1.7459、-2.0928、-1.9035 和 -0.7901（与 60 岁以上村民的得分均值负差异不显著）；而后者与除前者之外的各个年龄段的村民相比，其均值负差异显著，即分别为 -1.2044、-0.9558、-1.3027 和 -1.1134。上述结果表明，未成年村民和年龄较大的村民，在遵纪守法方面的公德意识有明显不足。

究其原因，一是与社会公德的道德责任感相关。由于未成年人的违法行为，法律责任相对弱化，法律风险系数小，这在某种程度上纵容了他们违法背德的行径。二是与公共活动领域的空间相关。60 岁以上的老龄化村民，由于他们中的大多数人已退出参与社会生产和公共社会活动的舞台，这意味着他们和其他青壮年人相比，逐渐淡化和疏远了公共道德赖以依托的最广泛的社会性人际交往活动。因此，社会公德对于他们的约束效力有所下降。三是传统的惯性。60 岁以上的农村老人通常是农村传统习俗最顽固的"捍卫者"，因为他们受农村陋习的浸染最深，长期形成的陋习难以矫正。以上这些因素的共同作用，在一定程度上造成了村民公德水平"两头低"的现状。

2. 文化程度的提高是村民公德水平提升的必要条件

（1）文明礼貌。文化程度因素作用在该因子上所产生的均值差异显著。具而言之，没上过学的村民的公德分值与其他文化程度村民相比负差异显著，分别为 -0.5849、-0.7458、-0.9461、-0.8919。[①] 形成鲜明对比的是，高中及以上村民的公德分值与其他年龄段相比，呈现出较大的正差异。其中，高中文化程度村民的均值与高中以下各个文化程

---

① 该系列均值从左往右的排列顺序是与文化程度从低到高分组的排列顺序相对应。

度村民的均值相比，其正差异最为显著，分别为 0.9461、0.3612、0.2003。此外，高中文化程度村民的社会公德水平，不仅显著高于高中以下文化程度的村民，而且也略高于大专及以上层次的文化水平的村民。

　　文化程度的提高确实能够在很大程度上促进村民"讲文明、懂礼貌"行为方式的形成，即村民的文化程度与其社会公德意识具有一定的关联。进而言之，村民文化程度的提高，不仅会提升村民的生产知识、生产技能水平、思想境界、人文素质，而且会促进他们形成良好的行为习惯，使其逐渐挣脱农村传统陋习浸染下所形成的"不拘小节、粗犷处世"的桎梏。然而，如前文所示，文化程度的提高与村民在"文明礼貌"因子上的公德水平（公德均值得分）的提高并非严格遵循单调递增趋势，即大专及以上文化程度村民的公德均值得分略低于高中程度村民的相应得分，这说明文化程度并非是影响社会公德水平的唯一决定因素。为了找到原因所在，我们结合实地访谈发现，20 世纪 80 年代以来，北京地区的农村子弟在完成九年制义务教育后，选择进入高等院校深造的人数并不普遍。相反，大多数农村青年出于就业、农转非等因素考虑而选择进入中等职业学校。换言之，大多数当地村民的正规学校教育或文化程度处于高中层次，同时在此阶段接受学校的思想道德教育。这些农村子弟从中等职业学校毕业后进入专业对口的当地企业、事业等单位。较早的社会化过程，逐渐培育了这些高中文化程度村民社会公德的自觉性，同时在实际的生产实践以及人际交往中内化了主流社会所倡导的"文明礼貌"的公德要求。此外，他们在工作单位继续接受党政宣传部门的思想道德教育和相关的职业培训，这为其在"后学历教育"中的文明礼貌素质的升华提供了新的平台。总之，以学历教育为核心的文化程度的提高，仅对于促进村民专业知识和生存技能方面具有较密切的正相关性。换言之，文化程度的提高只是社会公德水平提升的必要条件，而非充要条件，即文化程度对社会公德水平的提升是一个条件命题，而不是一个绝对命题，更不意味着文化程度越高，其社会公德水平会自然而然地提高。

（2）公共设施和环境维护。数据表明，文化程度因子对"公共设施和环境维护"的影响所产生的均值差异显著。该因子上的各组公德均值差异较之前一个因子更加明显——通过均值多重比较发现，没上过学的村民公德分值与其他年龄段相比负差异显著，即分别为−0.9193、−1.2621、−0.16060 和−1.5240；小学文化程度组的村民与其他文化程度组村民的均值差异分别为 0.9193、−0.3427、−0.6866 和−0.6047；初中文化程度组村民的均值与其他分组的差异值分别为 1.2621、0.3427、−0.3439 和−0.2691（与大专及以上文化程度分组均值相比差异不显著）；而高中文化程度分组的均值与其他分组均值相比，呈现出较显著的正差异（与大专及以上文化程度相比呈现的正差异不显著），其均值正差异分别为 1.6060、0.6866、0.3439 和 0.0819。类似于前一个因子，大专及以上文化水平村民在该因子上的公德得分微弱地低于高中文化程度的村民（即均值负差异为−0.0819）。①

综上所述，文化程度因素作用于"公共设施和环境维护"因子上的趋势与其在"文明礼貌"因子上的趋势具有一致性，而且其差异更显著，趋势特征更明显。一方面，我们结合访谈发现，文化程度在小学及以下的村民，多为 50 岁以上的村民，由于其生长时代的局限性，普遍缺乏环保意识，没有养成维护村容整洁的良好习惯。具而言之，他们生活的 20 世纪 50 至 80 年代的北京农村，基础设施比较落后，"脏、乱、差"的客观环境难以使他们具有环境保护的责任意识。另一方面，由于当时北京农村地区的经济不发达，美化环境的农村建设难以提到议事日程，以至于农村基层组织和村民缺乏自觉维护公共设施和美化环境的主人翁精神。基于上述原因，造成了较低文化程度的村民在"公共设施和环境维护"上公德水平欠佳的现象。与上述人群相比，文化程度在高中

---

① 该观测结果的分析意义与在"文明礼貌"因子上的情况类似，此处不进行赘述。

及以上的村民，由于他们是成长于改革开放以后的新一代，其生活条件与其父辈相比已有很大的改善，也享受到了政府在改革开放新时期的农村改革政策和相关的福利，因此，在满足了基本生活需要的同时，他们逐渐具有了环保等社会公德的观念和意识。此外，新生代村民环保意识较强的另一重要因素，是他们在校期间普遍受到了环保方面的教育，懂得的环保知识较多。

（3）遵纪守法。文化程度因素的影响作用在该因子上所产生的均值差异显著。特别值得强调的是，"遵纪守法"因子在文化程度因素影响下的情形，较之因子 1 以及因子 2 的同一因素影响下的情形相比，有一个明显的区别，即大专及以上文化程度的分组均值高于高中文化程度的分组（出现正差异 0.8536）。即是说，在该因子下的村民公德均值水平，呈现出了随着文化程度的提高而保持单调递增的态势。在均值多重比较中发现，没上过学的村民的公德分值与其他年龄段相比负差异显著，即分别为 -1.9256、-2.8428、-3.1370 和 -3.9906；小学文化程度分组下的村民与其他文化程度村民组的均值差异分别为 1.9256、-0.9172、-1.2114 和 -2.0651；初中文化程度分组的均值与其他分组的差异值分别为 2.8428、0.9172、-0.2942（与高中文化程度分组均值相比差异不显著）和 -1.1478；而高中文化程度分组的均值与其他分组均值相比，其均值正差异分别为 3.1370、1.2114、0.2942（与初中相比不显著）和 -0.8356（低于大专及以上水平）；大专及以上文化程度分组与其他各组均值差异分别为 3.9906、2.0651、1.1478、0.8536。

上述所得数据表明，文化程度的提高能够显著地促进遵纪守法方面公德水平的提高。具体地说，村民的公德认知水平，尤其是对于国家法律、法规方面的知识与其受教育程度有显著的正相关性。村民文化层次或受教育程度愈高，意味着其所受到的关于国家法律、法规教育以及相关思想道德教育愈充分，所具备的上述知识就愈丰富。村民对于法律知识的内化会形成其自觉遵纪守法的意识。于是，村民在面对各种违法乱纪的利益"诱惑"时，会在"动机层面"做到"有耻且格"，而非仅仅是因"畏惧惩处"而被动地遵守法律、规范。换言之，北京农村居民文化水平的提高，可以在很大程度上降低其因对法律的"无知"而违法或败坏公德行为的几率。进而言之，村民在具备一定的法律和道德素养基础上，他们对法律、法规信息的吸纳能力会随之提高，这是一种辩证的"良性循环"。总之，文化程度因素对村民遵纪守法方面的公德形成具有基础性作用。

（三）收入因素对于村民公德总体水平的影响

为获得全局性的经验结论，本题在考察"主要收入来源"因素时，综合了各个因子的分值，并以此分值为基础变量进行一维方差分析，即以"收入的主要来源"为控制因素来考察其对村民社会公德水平的影响。

对按照收入主要来源分组后的各组均值进行比较后发现，以务农为主要收入村民组的社会公德总分均值显著性地低于收入来源于村（乡）办企业村民组以及收入来源于其他的村民组，即其均值相对于此两组均值的负差异分别为 -1.4689 和 -2.1500，并且也低于以经商为主要收入来源的村民组，即相对均值负差异为 -0.1500。相应地，村（乡）办企业和其他领域工作的村民组的均值较高。

结合访谈，我们认为务农人口的社会公德分数均值较低的原因，在很大程度上受农村生产方式、居住条件、生活水平的影响。进而言之，部分务农村民的经济收入相对较低，甚至生活困难，并且其居住条件和公共环境设施较差。于是，经济基础条件等"硬件"的欠缺，不利于调动务农村民躬身实践社会公德的主观能动性或养成公德行为的道德自觉性，从而在维护村内公共环境、公共设施以及包括助人为乐等方面的社会公德上表现差强人意。

三、政策建议

在农村社会公德建设问题上，要反对两种片面观点：一是唯经济发展论，认为只要把农村经济搞上去，农民富裕了，村民的道德水平会自然而然地提高；另一个是孤立道德教育论，认为社会公德建设不应纳入新农村经济建设和社会管理的系统中，孤立地进行道德的宣传教育。

我们认为，农村的社会公德建设，在立足于农村和农民特性的基础上，要注重立体化的综合建设。

第一，加强农村基础设施建设，优化社会公德的生长环境。农村良好社会公德的形成，绝不只是道德的宣传教育和提高村民的道德认知问题，在很大程度上，更是一个维系道德的环境创设问题。为此，要改变村民随地吐痰、乱扔垃圾等不良习气，需要政府部门和村委会加强农村环境的综合治理，积极进行农村基础设施的创建和农民生活环境的改善工作，如修建土路、改造污水排放系统、统一管理村垃圾、设置环卫岗位等，通过"净化、绿化、美化、亮化、硬化"等优化村民的居住环境，改善村容村貌，抑制人们的"加脏"行为，促使村民良好道德文明行为的形成。

第二，健全农村的各项管理规章制度，为道德生长提供良好的制度支撑。制度作为由一定的价值理念和思想凝结的硬规，对人们的道德价值观念和行为方式的形成和转化具有直接的作用。因为制度具有规范性、强制性、固定化等优势特征，可以完成道德自身力量无法实现的规范要求。为此，农村社会公德的建设，要注重相关制度的健全和完善，建立乡村财务的管理制衡制度，避免村干部的贪污腐化；制定富有针对性的《村民自治章程》，确立本村利益关系的协调原则；建立社会公德的奖罚制度，实现德福一致的道德公正。

第三，制定合乎乡情良俗的村规民约，为村民提供适宜的道德行为准则。社会公德要求实现乡村的本土化，即制定过程要民主化、表述的语言要农民化、规范要求要农村化、力戒道德规范要求的抽象化。

第四，强化熟人社会的道德褒贬功能。注重培育村民正确的道德荣辱观，发挥熟人社会舆论评判的道德监督作用，启动村民的羞耻感，使之形成趋善避恶的道德动力。

第五，发挥村干部的道德示范作用，促发村民的道德行动。注重道德行动的示范性教育，为村民树立"零距离"的道德典范的标杆，增强道德的感召力和劝导力。

第六，开展社会公德的素质教育，提高村民的道德认识。进行以利导德的道德意义的公德教育，围绕农民的人格特质、农民的道德问题而展开针对性的道德教育。

发表于《北京社会科学》2010 年第 3 期

新农村社会公德建设机制研究 *

社会主义新农村建设所提出的"生产发展、生活宽裕、乡风文明、村容整洁、管理民主"的总体要求，不仅预示了农村经济、政治民主的发展，而且内蕴了乡村道德文明的诉求。无疑，作为道德文明基本要求的社会公德，是新农村建设的重要方面。在一定意义上，缺乏现代道德文明的农村，在本质上没有完成农村的现代转型。

农村的社会公德建设，绝不只是单纯的道德教育问题，而是新农村建设中的系统工程，既有赖于农村经济的发展、农村环境的改善、农民生活方式的改变，也有赖于农村管理制度的健全和完善、干部遵规守德的道德示范等。

一、加强农村基础设施建设，为社会公德 提供易于生长的良好环境

作为人类以实践—精神的方式把握世界的道德，其规范要求的客观规定性和社会历史性，决定了一定的社会道德关系及其规范对具体的现实个人的既定性和先在性，从而预示了个体道德观念形成的后天性。道德心理学揭示的个体道德形成的规律表明，社会成员道德品行的形成

与其生活的社会环境密切相关，以至于在社会生活中产生了"加脏现象"和"保净现象"。"加脏现象"呈现的是，在公共环境卫生领域，人们在脏乱差的环境中，尽管具有一定的道德认知乃至道德感，但人们的道德意志会出现懈怠，往往会放任自己的不良行为，从而出现在脏乱环境中任意乱吐、乱扔的现象，即"人们所处的环境越脏，随地吐痰和乱扔垃圾的几率越高；人们越是乱吐、乱扔，环境就越脏"。这种现象也证实了美国犯罪心理学家凯瑟琳提出的"破窗理论"。[①]"保净现象"呈现的是与之相反的行为类型。在洁净的环境中，人们的道德意志往往会发挥控制力的作用，即能够控制自己的乱吐、乱扔的不良行径。因人们不忍心把洁净的环境弄脏，就使得环境越优美洁净，人们越是注重维护，以至于在红地毯上那些随地吐痰成习的人都会节制。不难看出，人们的社会公德意识和品行与环境的整洁文明有着密切的联系。无疑，农村良好社会公德的形成，需要创设相应的环境。

农村社会公德环境的创设，相对于城市而言，既具艰巨性，又具急迫性。由于城乡经济发展的不平衡性以及现代化进程中城市发展的自然优先性，在客观上不仅造成了农村经济发展的相对滞后，而且也造成了农村公共设施和环境卫生的落后。土路的尘土飞扬、柴草和生活垃圾的乱堆乱放、炊烟灰尘的弥漫等，无不构成了农村生活环境脏、乱、差的图景，以至于随地吐痰、乱扔垃圾等成为农民习以为常的不良习惯，而且没有道德谴责的氛围。毋庸置疑，对农村普存的传统陋习痼疾根治，光靠社会教育提高农民的道德认识是不够的，还需要通过综合治理和美化农村的生活环境加以改善。

第一，进行农村环境的综合治理，积极进行农村基础设施建设和农民生活环境的改善。乡镇政府要推进村委会进行土路的修建、污水排

---

① 如果有人打破一个建筑物窗户的玻璃，而这扇窗户又得不到及时的维修，其他人就可能受到某些暗示性的纵容去打烂更多窗户的玻璃。

放系统的规划与建设、村垃圾的统一管理和整治、环卫岗位的设置等工作，通过"净化、绿化、硬化、亮化、美化"等措施优化农民的居住环境，改善村容村貌，为农村环境文明奠定基础。

第二，在新农村建设中，乡镇村要树立科学发展观，对村镇进行整体布局、科学规划。依据村镇的自然资源和地理位置给予经济发展模式的合理定位，以避免重复建设，并根据乡镇区域经济发展的特点和乡村风俗，确定工业主导型、农业主导型、旅游主导型村镇的农村社会道德建设类型。

第三，配置公共环境卫生的设施，根据区域面积和村民的活动范围，间隔合理地摆放垃圾桶，便于人们养成到指定地点扔垃圾的良好行为习惯。矫正农民不良的行为习惯，不仅需要启动社会教育系统，转变他们陈旧的思想观念，提高道德认识，而且也需要为其良好行为习惯的养成创造条件。

第四，加大对农村水、电、气的改造，实行有偿使用的原则，为农民节约用水、用电、减少废气排放等提供伦理的经济动力。调查结果显示，农民对粮食和电具有较强的节约意识，但对水的节约意识不强，对废气排放造成的环境污染认识不足。究其原因，至少有两方面：其一，许多村没有安装水表，既不限量也不交费，这种无偿使用或低价使用方式，使得村民缺乏节约用水的自我利益的约束机制，以至于经常发生经济学的"公地悲剧"[1] 现象；其二，对于我国淡水严重缺乏的实情，社会对村民进行系统的宣传教育不够，致使许多村民不知道淡水的有限性和严重稀缺性，总以为水像空气一样，取之不尽，用之不竭，从而在客观上纵容了水的浪费现象。

---

[1] 公地悲剧的概念是加勒特·哈丁（Garrett Hardin）提出的。他认为，一个对所有人都开放的牧场，会产生每个牧民都努力利用这个公共福利喂养尽可能多的牛羊。因为作为理性的存在者，每个人都在追求自身利益的最大化，其结果，过度的放牧导致了牧场草的枯竭，给所有人带来的是毁灭。

二、健全农村的各项管理规章制度，为社会
公德的生长提供制度支撑

英国著名的经济学家和政治哲学家 F.A. 哈耶克曾提出一个值得伦理学深思的问题："一切道德体系都在教诲向别人行善……但问题在于如何做到这一点。光有良好的愿望是不够的。"① 由于遵规守德不是人的天性，加之道德以提倡、劝诫、建议为特征的价值导向，为人们提供了较大的自主选择行为的空间，即人们守德与背德，依靠的是个体的道德追求，凭借的是个人的觉悟和自觉性，而事实上光靠个人自身内在的思想觉悟往往难以抵制各种利欲诱惑。为此，社会必须建立道德的制度保障机制，使道德提倡的价值观念和行为类型在社会中得以保护和推行。质言之，道德需要借助制度规范要求的明确、具体、稳定以及强制而弥补其自身的软弱性，从而完成道德自身力量无法实现的普遍规范要求。尤其是对农民的道德培养，还肩负着改变其传统陋习的重任。由于社会公共生活领域的存在和发达是社会公德得以产生的客观基础，因此，随地吐痰、乱穿马路、乱扔垃圾、不排队、大声喧哗等陋习，在一定意义上可以说，与我国漫长的农业社会公共生活空间的狭小密不可分。对于这种传习而来的不守公共秩序、公德意识淡漠等丑恶行径，除了加快城市化进程，促进公民城市文明行为的形成外，还必须要启动社会管理系统，运用法律、行政、经济等综合手段，遏止人们的不良行为习惯。具而言之，我国农村公共生活领域陋习痼疾的根治，村民社会公德意识的强化，村民道德水平的提高，除了施之一般性的道德教育外，在我国目

---

① ［英］F.A. 哈耶克：《致命的自负——社会主义的谬误》，冯克利、胡晋华译，中国社会科学出版社 2000 年版，第 9 页。

前的国情下，更需要法制、社会管理等外在机制的强力促进。

一是建立乡村财务管理的制衡制度，避免村干部的贪污腐化现象。农村地区普遍实行联产承包责任制后，个体经济比较发达，村镇集体经济发展不平衡，但集体收益仍然客观存在。而村集体收益的分配和使用合理与否，既关系着村镇的公共设施建设，也关系着村民道德感的形成。一旦村镇经济的发展能够惠及当地居民，村干部不擅自挪用、滥用、私用集体款项，农民的道德感就易于形成和树立起来；相反，如若集体收益仅为少数村干部把持和独享，村干部以权谋私，就会消解农民的道德感。为此，必须要建立村财务的约束制度，即通过制度安排，对钱财的使用权限加以限制、对其使用用途以及财务支出定期公开加以规定，以遏制村干部的私用公款现象。

二是制定富有针对性的《村民自治章程》，确立本村利益关系的协调原则，使村民具有共守的行为规范。村委会要根据本村利益关系的特点和矛盾的焦点，制定详尽的行为规范，使行为准则明确，以避免村民因是非观念模糊而导致不良行为泛滥。如农村的私搭乱建、房屋出租、流动人口管理等，要出台细则加以管理，以维护村容的整洁和村庄的稳定秩序。

三是建立社会公德的奖罚制度。奖惩与道德行为模式具有联动性。现代心理学研究表明，人的行为是受动机支配的。而人的动机从驱动源来看，又可分为内驱动性动机和外驱动性动机。内驱动性动机是由自我的内在追求和满足而产生的活动动力，如自己的价值追求、理想和信念等；外驱动性动机是由活动以外的某些外部刺激而对人们诱发出的推动力，如行为后果的风险性、惩罚性、奖励性、获益性等。人作为活动的意识主体，不仅了解行为的目标，而且会基于自己目标实现概率的高低及行为后果的利与害，调适行为的方式，选择对自身具有最高效用的行为类型。因而，一种行为模式或行为类型的形成，不光取决于行为主体对其价值合理性的认同，也与行为恒常后果对行为主体的利益损益密切相关。为此，社会心理学家班杜拉在其"三方互惠决定论"理论中，既揭示了人的思想对其行为的决定性，也指出了人的行为后果对其思想的影响性。他说："一方面，个体的期待、信念、目标、意向、情绪等主体因素影响或决定着他的行为方式；另一方面，行为的内部反馈和外部结果反过来又部分地决定着他的思想信念和情感反应等。"① 这说明，一旦某一行为模式经常损害其活动主体，无论它在社会推崇的价值系统中具有多高的位置，潜在的负价效会消融人们践行的积极性。因此，要想使村民普遍具有良善道德，就必须建立奖惩机制，使守德者受到褒奖且得利，无德者受到谴责且亏利。有鉴于此，对村民讲究卫生、保护环境等社会公德的倡导，就需要制定相应的管理规章制度加以保障。

综括论之，农村社会公德的建设，不能光依靠道德自身，因为有些社会公德的缺失，不完全是人自身的道德问题，恰恰是社会管理不完善或制度缺位所致，所以，我国当前以提升公共文明为要旨的社会公德建设，就不能仅囿于道德教育自身，更要注重为社会成员的道德践行提供制度的支撑。

三、制定合乎乡情良俗的村规民约，为村民提供具体的道德行为准则

由于道德调节人们利益关系和人性完善的指向更多是带有普遍性的，因而，道德法则通常是笼统的抽象性原则，它对人们行为的规范和约束常常是一般性的导引，而不是具体的严格规定，而社会公德也同样

---

① ［美］A. 班杜拉：《思想和行动的社会基础》，林颖译，华东师范大学出版社2001年版，第9页。

具有一般道德的特性，即道德要求的抽象性、原则性和笼统性。事实上，道德唯有回归生活并能够回应生活中的伦理问题，伦理生活才能真正成为人们所向往的一种生活方式，并避免道德教育的空洞性。因此，农村社会公德的规范内容要实现乡村的本土化，即制定过程要民主化、表述的语言要通俗化、规范要求要农村化。发挥农村基层组织的主导作用和村委会民主决策、民主管理的村民自治功能，由村民讨论共同制订合乎本村实情的村规民约，使村民易于识记、遵守和评价。这种由村民共同讨论并达成共识的社会公德要求，不仅为村民的道德行为提供了具体的准则，也为村民的道德监督和评价提供了褒善贬恶的标准。更为重要的是，它体现了德国社会学家哈贝马斯主张的"交谈伦理"①原则，使村民成为制规者，实现了村民的自我道德诉求，这种对村民道德主体性的尊重，既有利于村民道德积极性的调动，也有利于村民的自我道德约束，还减少了道德宣传的社会成本，因为村民制规过程的议论、商讨本身就是一种最好的道德宣传教育。为此，我们要纠正一种偏颇的观点，以为政府展开的专门宣传活动才是道德教育，忽视村民道德商讨过程中的教育功能。

四、启动乡土社会的面子文化，强化
熟人社会的道德褒贬功能

社会成员道德品行的好坏，既与奖罚制度的导向和约束相关，也与道德评价的舆论褒贬相连。道德评价对行为善恶价值的判断、道德责

---

① 德国哲学家哈贝马斯，对于道德规范的生成路径，提出了交谈伦理学（Discourse ethics）。他认为在民主的社会中，道德规则应遵循协商、共识和普遍的原则，即道德规则应该是人们在一定情境下大多数人的意愿和要求的表达，且这种为人们所共识的普遍意向又以社会理性的形式表达出来，凝结为一定的道德规范。

任的确认、道德价值信息的传递，无不影响着人们的道德认知、道德信念和道德行为。而农村的道德评价所形成的闲言碎语的社会舆论，对村民的道德品行更具影响力。一方面，农村的熟人社会特征，为道德评价提供了稳定的社会基础。尽管改革开放和市场经济的推进，促进了农村地区的工业发展，加速了农村人口的流动，但以土地为主要生产资料的农村经济形式，仍然是农民最重要的经济活动方式。农村多数人一生或多半生依附于土地而劳作，甚至许多家庭的几辈都生活在一村一地的生活方式，使得人们基本上还是在熟人圈里走动。费孝通先生对中国传统农业社会的研究所提出的"差序格局"的理论①，仍能反映当代许多农村地区村民的交往特点。它表明，熟人社会的亚文化价值原则、舆论评判等，对个体道德仍具有维系作用。另一方面，农村保有浓厚的中国人特质的"脸面"社会心理特征。在民族性的研究中，中国人所具"面子"的人格特质，已成为共识；而心理学研究成果也表明，许多人不同程度地具有有意控制他人对自己形成良好印象的"印象整饰"②的倾向性。与城市居民相比，农民的面子心理更加突出，恰是农村地区浓郁的面子文化，为家里争气、为家人长脸的面子荣誉感和"丢人现眼"的耻辱感，使得道德评价的舆论发挥着强大的鞭笞作用。有鉴于此，村委会要注重舆论引导，对村民的良善道德行为要及时给予褒扬，对不良道德行为给予谴责，形成众矢之的的舆论氛围，以弘扬正气，打击歪风邪气，使村民明是非，知好歹，趋善避恶。

---

① 著名社会学家费孝通先生，就中国传统社会的分层结构和人际关系特质提出了"差序格局"概念。"差序格局"理论认为，中国人具有按照亲疏远近交往的特点。
② 印象整饰是社会心理学社会认知中的一个概念，它是指人们在社会互动过程中用一定的言语、行动控制对方对自己的印象，以达到符合自己的特定目的的过程。

五、发挥村干部的道德示范作用，
促发村民的道德行动

道德教育与科学教育的一个重要区别，是它需要教育对象的认同。应该说，道德有两种存在样态，一种是文字形态的道德，即通过文字表述出来的道德理论、规范、条例、箴言等，另一种是活动形态的道德，即以行动注解的道德。理想的道德状态应是这两种道德形态的统一，既有丰富的道德理论和合理的道德规范，又有良好的道德活动和社会风气。事实上，在道德教育中，对教育对象的道德接受和内化发生作用的，绝不只是写进文件中的道德条例、写进教科书中的道德规约、人们嘴上说的道德口号、墙上挂的道德训示，更为主要的是教育者、周围人群对道德的实际践行所产生的示范作用。换言之，受教育者对道德倡导的价值、思想、观点的认同，不仅取决于道德理论的科学性、合理性，而且也取决于社会成员对道德的态度和践行状况，因为社会成员都具有社会学习的能力①，他人良好的道德行动，会通过观察、模仿等社会学习，熏染受教育者。无须赘言，最能打动教育对象的教育方式，不是单纯的说理，而是道德行动的示范性教育。应该说，以行动注解的道德，更具感召力，尤其是在农村，村委会干部和党员的率先垂范作用，是无言的道德说服力。因此，发挥村干部的道德示范作用，为村民树立"零距离"的道德典范的标杆，尤为重要。

---

① 美国社会心理学家班杜拉认为，人们具有观察模仿的社会学习能力。在班杜拉看来，观察学习的对象——榜样，是践行社会规范要求的典型，社会规范通过榜样的行为而对观察者产生影响，即榜样具有替代性强化的作用。

六、开展社会公德的素质教育，
提高村民的道德认识

在农村社会公德建设中，要反对唯经济发展论，认为只要把农村经济搞上去，农民富裕了、生活水平提高了，村民的道德素养会自然而然提高，无须施之道德教育的片面观点。但同样值得注意的是，对农民的道德教育，切忌大道理的空泛说教，要契合农民的认知能力和特点。

进行以利导德的公德教育。对农民的道德教育，在施之必要的管理制度的同时，还必须要把道德与促进他们的美好生活联系起来。过去，在道德教育中，囿于传统的社会本位的道德建构理论，讲得最多的是道德是一定社会对人们提出的规约，强调最多的是道德的社会调节功能，挖掘最深的是道德对社会存续的意义，给人感觉最强烈的是教育对象是道德接受的客体。这种道德思维模式，使得"道德缘何存在"以及"人为何遵德"这类伦理学的重要基本理论问题的解答，完全倒向了道德的工具论。道德价值的这种社会工具化的诠释，否定了人的自我完善和幸福生活对道德的内在诉求，割裂了道德与人们生活意义的关联，致使在我们的道德教育中，不把道德置身于社会成员自身的生存和发展的意义链条中，不注意引导教育对象感受道德对个人的意义，即德行对个人发展的功效价值。这种缺乏对道德的个体生活意义完整阐发的道德教育，更多是使人惶恐于道德的被动和无奈，产生对道德的疏离、排斥和抵触，消减人们对道德内在追求的动力。因此，在农村开展道德教育，不要远离道德与农民美好生活的意义关联，如对环境保护的社会公德教育，要让村民认识到，洁净的生活环境不仅有益于他们的身体健康，而且有益于他们村域经济的发展。对于工业主导型的村镇经济，社会公德的环境教育要与吸引外来资金投资建厂、扩大就业、增加收入联系起来；对于农业主导型的村镇经济，社会公德的环境教育要与强化绿色产品而扩大其农产品的销量联系起来；对于旅游主导型的村镇经济，社会公德的环境教育要与发展乡村旅游事业联系起来。

开展针对性的社会公德教育，避免道德教育的泛化。普遍性是道德规范体系的重要建构原则，因此，道德的规约一般具有普适性，但道德教育是对象化的，是对具体社会成员的教化，也就是说，社会成员的年龄、生活境遇、社会身份、职业活动、文化素养、行动能力等方面的个性差异性的客观存在，要求我们在道德教育中，必须能够把普遍的道德原则实行对象化的具体转化，依施教对象的个性特征而提出针对性的道德要求，从而避免空泛的大道理和原则的说教。我们在施教过程中，要把道德的普遍性原则创造性地转化为教育对象的身份原则或场合原则，根据不同的社会成员的心理特征、生活境况、接受能力及在不同场合的不同身份，提出相宜的行动规范，以达到道德公约的细化，增强道德的指导力。在我国社会的实际道德教育中，存在着严重的教育对象个性特征被抹杀的问题：一方面表现为具有个性差异的社会成员，在"教育对象"的归类抽象中完全被同一化了，即只看教育对象的同质性而不进行异质性的具体区分，忽视不同群体道德规范要求和接受能力的特殊性，以至于不能进行针对性的因材施教；另一方面在施教中只见"普遍道德原则"不见适宜具体教育对象的"针对性道德规则"，只会用同样的抽象的道德原则教育所有人，不把普遍的道德原则与教育对象的生活实际相结合，只把道德当作知识进行灌输，根本不涉及教育对象在纷繁复杂的社会生活中经常遭遇的道德困境和所面临的道德选择的情境，不为特定的教育对象提供解决道德冲突的选择建议，以至于发生教育对象即使熟背道德规则也无法在具体的道德情境中进行有效选择的现象。有鉴于此，在农村开展社会公德教育，不仅需要使用通俗的语言讲解社会公德的基本要求，而且需要围绕农民的人格特质、接受能力以及存在的形形色色的实际道德问题，展开针对性的道德教育，避免居高临下的纯粹灌输式的理论说教以及应景式的制造道德文明的形式化教育。

发表于《江淮论坛》2010 年第 3 期

教师道德：正当性、价值及特征

教师是担负文化传播、技能传授与人的品行教化的专业化教育者。教师职业活动的独特性内蕴特殊的职业道德要求。教师道德素养与水平高低关乎人类文明的传播与创造，关乎社会的发展与进步，关乎人才培养的质量。

一、师德是教师的本质要求

作为社会分工和劳动内部分工的产物，各种职业都是社会的物质生产和精神生产总体系的具体部门。每种职业都承担着专门的社会职责，所以每种职业对于社会的存在和发展都有其特殊的作用和意义。一个人选择了一种职业，就要履行这一职业相应的社会责任，具有这一行当应该有的专业精神和职业操守。

教师职业活动不是单个的个体活动，而是社会活动。教师在职业活动中需要协调各种利益关系：如教师与教育事业的关系、教师与学生的关系、教师同侪关系、教师与学校集体的关系、教师与学生家长和其他相关人员的关系，等等。教师道德是基于教师职业活动的人伦秩序要求和特定职责而形成的行为标准、原则、规范及与此相应的行为、德性和专业精神。教师道德不是外力强加于人的规定，而是教师职业活动中内蕴的道德律，它如同自然规律、自然法则一样具有客观性，是从业人员应该具有的职业操守，是教师应该承担的责任或应尽的义务，是"天理"，是"天职"，天经地义不可违。"天职"意味着人应该承担的责任或人应尽的义务。中国古人认为，春夏秋冬四时的更替变换，使万物得以滋润生长，是天的职责。人道与天道同理，人从事各类职业活动，承担社会分工赋予的各项任务，就如同四季各守其职、各尽其责促进万物生长一样。因此，从业人员完成岗位责任和义务，就是一种天职。更加形象地说，教师遵守职业道德就如同人活着要吃饭一样自然。人有不当教师的自由，但当上了教师就没有不遵守职业操守的自由；人有选择不当教师的权利，但当上了教师就没有不遵守职业道德的权利。所以，从业教师通晓、遵守、践行职业道德原则和规范，具有教师职业道德心理、专业精神、信念和操守，是教师的本色。"学高为师，身正为范"。专业知识和专业技能疏浅者，难以成为好教师；人品不好者，不能成为教师。教师需要用自己的言行诠释其所宣讲和主张的"真善美"之道。一言以蔽之，师德是教师的本质要求，舍此不能称其为教师。

二、师德价值论要

事物的价值是该事物功能的有效发挥。师德的价值，主要表现在对人类文明传承、民族兴衰和人才培养的积极作用中。

（一）师德兴，文明盛

教师是人类文明的传承者。人类文明不仅需要创造，而且也需要世代传承。人类文明的创造与传承是人类社会不断进步的两大基石，是人类社会延续与发展的社会基因。人类文明有多种传承方式，教育是其中最主要的手段。教育之所以产生，是由人类与其他物种生存经验传递方式不同所致。"其他物种的主要生存手段和方式是通过生物遗传的方式传递给下一代，而人类主要是通过教育的方式把生存与发展经验及人类文明的成果传递给下一代……可以说，没有教育，人类社会就不可能积累下如此巨大的文明成果，就不可能从野蛮走向文明，就不可能主动地丰富和发展自己的生存方式。"① 蜜蜂建筑蜂房的本领虽然使人间的许多建筑师感到惭愧，但其终究是一种生物遗传方式，是一种物种本能，而人的思想观念、价值准则、生活和生产本领等则需要专门的教育进行培养。

不同历史时期、不同民族的文明，之所以能够不间断地连续存在，是因为"每一代人都从上一代人那里承接社会文化的遗产，每个社会民族或群体都通过这种不断的继承形成其文化传统，并在此基础上发展和创造新的文化，再把它们传递给下一代人。这是一个与人类共存的进程。"② 也就是说，人类创造、积淀的各种经验、思想精神、理想信仰等文明之所以能够代代承袭与发展，是因为教育发挥着承接的枢纽作用。

如果说教育是人类文化、文明、社会得以延续和发展的机器，那么，教师就是使机器有效运转的发动机。教师在人类文化成果的继承与发展中，是连接人类文明"过去、现在与将来"的桥梁和纽带。为此，日本教育思想家小原国芳说："教育的关键问题是教师。对于教育，兴之抑之或亡之，在于教师……根本问题，是教师精神，是全人教养，是教师之道，是根性、是灵魂。"③

教师的职业活动，不是具体的生产劳动，不直接生产满足人们需要的各类产品，不是专职于科学发明创造，发现真理、构建科学知识体

---

① 傅维利：《师德读本》，高等教育出版社 2003 年版，第 6 页。
② 史仲文，胡晓林：《中华文化精粹分类辞典·文化精粹分类》，中国国际广播出版社 1998 年版，第 4 页。
③ [日] 小原国芳：《小原国芳教育论著选》（下卷），由其民等译，人民教育出版社 1993 年版，第 46—47 页。

系，而是把人类世代创造和累积的各种学科知识、基本专业技能等传授给受教育者，是人类文化知识的传播者，目的是使受教育者掌握和运用科学知识、增强他们立足社会和建设社会的才干和本领。教师的主要职责是在自己的知识信念支配下，将自己理解和掌握的知识，创造性地传授给学生。因此，教师是"将人类从自己身上和从自然界学到的东西、将人类的一切重要创造发明都传授给学生"①。

教师的"授业和解惑"，不单是一种知识的"复制式"传授，而且是一种"心智"的复杂的创造性活动，即需要根据教材及其大纲的相关要求和教学对象接受能力特征等进行知识的"重构"。教师的备课，需要"备教材、备学生、了解社会"。教师传播知识，不是传声筒，而是一个创造性的表达和讲解，也正因如此，才会形成每位教师各自独特的教学风格。教师的专业化发展需要形成"反思型"教师观。专业化的教师不仅要具备本体性知识、条件性知识和实践性知识，更要具备反思性思维品质。教师在传授人类世代累积的文化知识同时，要解惑释疑，帮助受教育者对不理解的知识及其知识生成中的相关问题进行具体的、有针对性的解释与阐发，所以，教师在人类优良文化传播中具有举足轻重的作用。

（二）师德兴，民族旺

教师的职业活动，是知识的传授，同时也是"道"的传播与传递。教师不仅要对受教育者讲授科学知识、培训其专业技能，而且还要讲清和传递蕴含在自然、社会、人自身中的各种"道"。作为教师，既要讲清科学知识本身中的规律之道，也要讲清科学创造中的规律之道，宣传科学精神；既要讲清社会科学知识本身，也要传递合乎历史必然性和人性完善的人文精神，使人通晓社会规则，树立正确的价值观；既要做到

---

① 国际 2 1 世纪教育委员会：《教育——财富蕴藏其中》，联合国教科文组织总部中文科译，教育科学出版社 1996 年版，第 8 页。

理论联系实际，分析现实问题，也要能够帮助受教育者明辨是非、善恶、美丑，促进他们树立正确的世界观、价值观和人生观。"师之当尊在于师道之当尊。什么是师道？撒播真理种子，传授科学知识、培育民族素质，垂范世代后生。所以自古至今，尊师总是与重道连在一起的。师而无道，就只是一只播音喇叭，有何尊它的必要？"① 传道是教师职业劳动的专业特质。一个合格的教师，不仅要会讲课和传授知识，而且要能够传道，使学生树立正确的知识信念和价值信仰，真正成为学生身心发展的促进者。正是由于教师担负着培养人和塑造心灵、提高民族素质的重任，所以，苏联教育家苏霍姆林斯基说："教师的教育劳动的独特之处是，为未来而工作。"② 如果说"一个桥梁工程师只能在他所设计的桥梁上看到他的劳动成果；一个医生只能在他所治愈的患者身上感受到劳动的喜悦；而一个教师却能够从整个一代人的成长中看到自己劳动的成果，并能够从各行各业劳动者的成就中间接地感到劳动的喜悦"③。所以，民族的发展、社会的进步，既需要人们在认识世界和改造世界中不断地创造文明成果，更需要教师把文明成果有效地传递给社会成员。

（三）师德兴，人才强

与其他职业活动相比，教师职业活动的重要特性是培养人。现代教育，不仅需要注重社会成员的知识、技能、劳动能力的提高，而且更要注重社会成员心灵善化、文明教养、社会责任的培育。古希腊哲学家柏拉图曾说："人若受过真正的教育，他就是个最温良、最神圣的生物；但是他若没有受过教育，或者受了错误的教育，他就是一个世间最难驾驭的家伙。"④ 因此，教师不能仅偏重专业知识、技能等工具化的教

---

① 冷冉：《冷冉教育文集》，大连出版社 1998 年版，第 412 页。

② ［苏联］苏霍姆林斯基：《帕夫雷什中学》，赵玮等译，教育科学出版社 1983 年版，第 2 页。

③ 丁浩川：《丁浩川教育文选》，辽宁人民出版社 1984 年版，第 21 页。

④ ［捷克］夸美纽斯：《大教学论》，傅任敢译，教育科学出版社 1999 年版，第 27 页。

育，而且必须要注重宣传人文精神、提升人的修养。教育培养出的人，一旦只有知识而没有修养，不遵纪守法，那就是教育的悲哀和教师的失职。

我国教育家陶行知先生说："教师的职务是'千教万教，教人求真'，学生的职务是'千学万学，学做真人'。"① 教师是培养人的事业，换言之，培养人是教师专属的职业功能。一方面，教师为社会培养所需人才。教师的职责是教育教学，它是一种围绕人才培养目标而进行的有组织、有计划的系统教育活动，既开发学生的智力和传播知识，使学生成为掌握一定科学知识和技能的专门人才，成为社会的建设者，也影响学生的思想、塑造学生的心灵，使他们具有正确的世界观、价值观和人生观，成为有社会责任担当的合格公民。另一方面，教师的教育教学活动，促进人的社会化。在人从自然人到社会人转化过程中，教师从事的教育活动具有举足轻重的作用。"社会通过各种教育形式，使自然人逐渐学习社会知识、技能与规范，从而形成自觉遵守与维护社会秩序的价值观念和行为方式，取得社会人的资格。"② 故此，法国思想家卢梭说："只有一门学科是必须要教师教给孩子的，这门学科就是做人的天职……我宁愿把有这种知识的老师称为导师而不称为教师，因为问题不在于要他拿什么东西去教孩子，而是要他指导孩子怎样做人。"③ 显然，教师的职责不仅在于传播知识、传道解惑，而且需要引导学生树立正确的世界观、人生观、价值观，对学生的思想、态度、情感、行为、品行等方面产生积极影响。

---

① 陶行知：《陶行知全集》第 4 卷，四川教育出版社 1991 年版，第 637 页。
② 《中国大百科全书·社会学卷》，中国大百科全书出版社 1991 年版，第 303 页。
③ ［法］卢梭：《爱弥儿》，李平沤译，商务印书馆 1978 年版，第 31 页。

三、教师道德的特征

任何职业都有道德要求，因此，世界上有多少种职业，就会有多少种职业道德。不同职业道德既有共性也有个性，职业职责不同，决定了不同职业道德的特性。教师职业道德与其他职业道德相比，具有如下特征。

第一，教师职业道德具有较强的示范性。教师所从事的教育教学活动，不只是在传授知识，而且也在传道，传播人文精神，培育学生的道德人格。学生人文精神和道德价值取向的引导及其道德情操的培养，既需要道德价值原则的合理性、正当性以及教师较强的社会解释力，以增强学生接受、认同的动力，更需要教师身体力行，践行其倡导的道德价值原则和人文精神。因为教师对学生的影响，不仅是言教，还有身教。"教师的力量，永远是行动的力量，而不是语言的力量。"[1] 教师的身教大于言传，对学生的道德接受和内化发生作用的，绝不只是写进文件中的道德条例、写进教科书中的道德规约、人们嘴上说的道德口号、墙上挂的道德训示，更为主要的是教育者对道德的实际践行所产生的示范作用。即是说，学生对社会倡导的道德价值思想、原则的认同，不仅取决于道德理论的科学性、合理性，而且也取决于教师对道德的态度和践行状况。社会心理学理论不仅揭示了社会环境对人的心理和行为的影响，而且认为人们在社会生活中都具有观察和模仿的学习能力，即人们在社会生活中，能够对社会刺激进行主动的选择，并通过观察、模仿等社会学习获得替代性的强化而形成相应的行为。学生会通过观察、模仿等，效仿教师良好的道德品行。由于最能打动教育对象的道德教育方式

---

[1] 金明春：《教育思索写真》，吉林出版集团有限责任公司 2012 年版，第 32 页。

不是说理性的道德理论教育，而是道德行动的示范性教育，所以，教师以行动注解的道德更具感召力。教师就是学生"零距离"的道德典范的标杆。"教师不仅是知识的传播者，而且是模范……教师也是教育过程中最直接的有象征意义的人物，是学生可以视为榜样并拿来用自己作比较的人。"①

教师要避免知行不一的悖论行为。一些教师，面对学生能够大讲道德规约，而身为行为者，却时常蔑视道德权威乃至践踏道德准则，出现"讲"与"行"的严重脱节。有些教师经常向学生讲授、宣传连自己都不认同的道德价值观，这种讲空话和假话的道德教育方式，不仅会加剧受教育者对道德的厌烦情绪，而且会产生"闸门效应"的普遍道德怀疑主义，认为道德都是虚假的，并对道德产生排斥心理。因此，要重视教师的道德示范作用。苏霍姆林斯基说："教育者的个性、思想信念及其精神生活的财富是一种能激发每个受教育者检点自己、反省自己和控制自己的力量。"②

第二，教师职业道德具有较高的要求。由于教师职业责任重大，关系社会的人才培养、学生身心发展和心灵的塑造，因此，教师职业道德要求一般都高于其他职业群体。教师职责内蕴较高的道德要求和社会道德期待。教师对人类优秀文化的传递、对人才德智体美全面培养的重任，不仅要求教师要具有热爱知识、追求真理的精神，而且要具有良好的思想道德品德。教师作为人之师，如果说对知识的要求超出一般的职业群体，那么，对思想品德的要求则超出任何职业群体。

从古至今，除了公务员被公认为是社会道德的示范群体外，教师也是重要的示范群体。在我国，许多思想家都阐述了教师的正己正人、

---

① ［美］布鲁纳：《布鲁纳教育论著选》，邵瑞珍等译，人民教育出版社1989年版，第84—85页。

② ［苏联］苏霍姆林斯基：《培养集体的方法》，安徽大学苏联问题研究所译，安徽教育出版社1983年版，第203页。

为人师表的道德人格。先秦儒家孔子、孟子、荀子都非常重视教师的率先垂范作用。孔子曰：“不能正其身，如正人何？”① 孟子认为：“教者必以正。”② 荀子曰：“礼者，所以正身也；师者，所以正礼也。”③ 认为教师“以身为正仪而贵自安者也”④。清代陆世仪提出：“人品不立，则自知不足以为师。”⑤ 教育家叶圣陶说得更清楚：“教育工作者的全部工作就是为人师表。”⑥ 在西方，一些教育思想家也特别强调教师的为人师表的作用。英国近代哲学家、教育家洛克说：“做导师的人自己便当具有良好的教养，随人，随时，随地，都有适当的举止与礼貌。”⑦ 捷克教育家夸美纽斯认为：“教师的急务是用自己的榜样来诱导学生。”⑧ 教师是具有较高专业知识和专业技能的高素质人才，按照古人所说的知书达礼的文化与道德的内在关联逻辑，教师不仅应拥有精深的专业知识、较高的人文素养，而且还应具有良好的道德品行。社会对教师的道德期待，不局限在学校，亦即教师不仅在学生面前要为人师表，而且在私人生活和公共生活中，教师所面临的道德要求也常常高于其他职业群体。同样一个不道德行为，人们对其他职业群体可能会抱有情有可原的宽容态度，但对于教师的不道德行为，人们的容忍度极低。教师的不道德行为往往被人们认为是伤风败俗、世风日下的标志。所以，许多人都说，社会道德无论如何缺失，只要教师和医生还在坚守道德，那就表明这个社会还有道德底线；相反，如果这个社会连教师和医生的职业道德都出了问题，那就意味着社会道德堕落和颓势已严重到威胁民族和国家发展的地步，表

---

① 《论语·子路》。

② 《孟子·离娄上》。

③ 王先谦：《荀子集解》，沈啸寰、王星贤点校，中华书局1988年版，第33页。

④ 王先谦：《荀子集解》，沈啸寰、王星贤点校，中华书局1988年版，第34页。

⑤ 陆世仪：《陆桴亭思辨录辑要（一）》，中华书局1985年版，第21页。

⑥ 叶圣陶：《叶圣陶教育名篇》，教育科学出版社2007年版，第81页。

⑦ [英]约翰·洛克：《教育漫话》，傅任敢译，教育科学出版社1999年版，第67页。

⑧ 曹孚：《外国教育史》，人民教育出版社1979年版，第97页。

明这个社会真的出了大问题，亟待拯救。

第三，教师职业道德具有较强的自律性。道德与法律相比，具有自己的独特性，其中自律性就是道德有别于法律的重要特征。道德自律是人的理性能力和意志在道德实践活动中表现出的对道德规范的主动把握和自觉践履，是道德主体对外在于个人的道德法则的认同、内化和自觉服膺。这种体现人的道德精神和主体性的道德自律，是各种职业道德建设的目标。教师职业道德与其他职业道德相比自律性更强。

一方面，教师所从事的人才培养的职业劳动，是一种复杂的、渗透性的创造性活动。教师面对的劳动对象，是有意识和思想、富有情感和个性的学生。教育对象的培养如同农作物的培植，需要因教育对象个体的不同而进行针对性的教化，而不能像工业生产那样标准化批量生产。具体地说，学生的智力水平、思维方式、接受能力等方面的差异性，要求教师不能千篇一律地开展教育教学工作，他们要出于敬业守职的专业精神和职业良心自觉性做好本职工作，即俗话所说的"教师的工作是一份良心活"。教师按照职业良心做好本职工作，就意味着教师要具有高度的道德自律，否则，难以履行好教师的职责。在现代市场经济社会，经济领域功利化的实利价值取向，出现了泛化的现象，有些人产生了"给一分钱干一份活儿"的思想，出现了一些教师利用课余时间给学生辅导要加班费的现象。事实上，教师的工作不同于企业工人的劳动，企业的工作一般有固定时间，上班下班界限分明，教师工作则是一个持续性的、不间断的工作。对于这样一个具有独特劳动性质的工作，教师如果缺乏较强的道德自律，往往难以胜任。

另一方面，教师担负的是社会人才培养的重大社会责任，这就要求教师不仅要了解《教师法》的规定、职业道德要求以及教育主管部门和学校的相关制度，而且要自觉遵守制度。教师职业劳动的自主性、创造性，要求教师必须要修养自身，提高思想觉悟和精神境界，并自觉遵守职业道德要求，具有中国古人所讲的"慎独"境界。毋庸置疑，教师要以自己的人格和精神影响学生，必须严于律己，具有很强的自律精神。在这个意义上，社会对教师的要求，就不仅仅是具有扎实的专业知识和基本的专业技能，而且要具有良好的道德品质和健康的人格。人品不好的人，在一定意义上说，不能胜任教师的职业要求。因为"教师除了教学以外，还负有教育的任务……教育，无非是从各方面给学生好的影响，使学生在修养品德、锻炼思想、充实知识、提高能力、加强健康各方面养成好的习惯"[①]。

显然，教师的教育职责，要求教师不仅要好学而为人师，同时也要品行高尚而为人师，因为，教师的所言所行对学生具有重要的辐射力。我国教育家叶圣陶说："教育工作分'言教'和'身教'，以'身教'为贵……'身教'就是'为人师表'，就是一言一动都足以为受教者的模范。"[②]

综括而言，教师良好的职业道德，不仅是教师独善其身以安身立命之必需，而且也是兼善天下以实现社会价值之必需。

发表于《道德与文明》2015 年第 4 期

[①]　叶圣陶：《叶圣陶教育名篇》，教育科学出版社 2007 年版，第 70 页。

[②]　叶圣陶：《叶圣陶教育名篇》，教育科学出版社 2007 年版，第 81 页。

大学生诚信道德研究 *

目前，学界对大学生诚信道德的研究，感性的现象描述多于理性思辨的学理性分析，存在着理论梳理与条陈表象化的态势，而对我国大学生诚信道德现状的总体描述，笼统、模糊，缺乏具有广泛数据支持的定性定量分析。因之，准确把脉我国大学生诚信道德的现状、透析其缺失的诱因，则是加强大学生诚信道德建设的前提。

一、问卷调查方式与数据统计说明

本课题组在全国范围内对 2004 级至 2007 级在校大学生进行了抽样调查。问卷发放形式是校园拦截式与定向发放相结合。问卷发放 42 所高校；投放问卷 4000 份，回收问卷 3762 份，问卷回收率为 94.05%；其中有效问卷为 3037 份，问卷有效率为 75.93%。

调查问卷分为两大部分：第一部分是对调查对象的信息采集，设置为定类变量，包括被调查者的性别、所在年级、所属专业科类以及其学校所在的省（市）四项，目的是为不同年级或专业科类而进行的方差分析提供可靠数据，以便进行比较性研究。第二部分是调查的具体内容，主要涉及大学生诚信的九个方面，即日常学习（课堂出勤）诚信、考试诚信、学术诚信、人际交往诚信、助学贷款诚信、两性交往诚信、求职诚信和网络诚信，共设置了 30 道题目，分别记为 Q1—Q30。利用 SPSS11.5 统计软件包（即社会科学统计软件包）对调查数据进行分析，以期较为准确地概述出我国当代大学生的诚信道德水平或状况。

二、大学生诚信道德概观

基于调查数据的定量分析，对大学生的诚信道德状况进行全面概述。

1. 学习诚信

学习是大学生获取知识或技能的重要方式，而他们对待学习的态度及其相应的行为，会直接影响着他们知识的掌握程度以及能力的培养状况。为全面了解大学生学习方面的诚信状况，我们从大学生日常学习活动入手展开调查，围绕课堂纪律的遵守设计了三个方面的问题。调查数据显示：面对"起床晚了，快到上课时间"，有 74.3% 的学生选择"马上收拾书包，快速跑向教室"，只有 9.7% 的学生选择"干脆不去上课"。应该说，大多数同学具有上课守时的明确意识和行为。但在课程安排和个人安排发生冲突的情境中，虽然有 58% 的同学选择安心上课、个人安排改期，但仍有 30.1% 的学生选择"让同学代签到或自己签到后再溜走"，甚至有 12% 的学生干脆就"不去上课"。更为严重的是，大学生旷课或逃课的现象十分普遍。当被问及"在学习生活中，您是否有过旷课或逃课的行为"时，竟有高达 82.1% 的学生有过旷课或逃课的历史记录，其中偶尔旷课或逃课的学生有 74.8%，还有 7.3% 的学生是经常旷课。从中不难看出，大学生对学校课堂纪律在很大程度上存在着普遍懈怠和轻视的倾向。

2. 考试诚信

考试是检测学生知识掌握程度的重要手段之一，大学生对待考试的态度及其守规行为，是检验大学生诚信状况的重要标准。由于考试作弊现象近年在高校中几乎成为屡禁不止的道德缺失问题，为此，本问卷从大学生作弊的态度、行为、心理、评价等方面进行了多维考证。数据显示，多数大学生考试态度比较端正，77.9%的学生能够考前"认真复习，尽自己最大努力通过考试"，19.4%的学生会采取机会主义行径，"一边复习，一边准备小纸条，到考场见机行事"，有2.7%的学生"不管监考严与松，都要找机会作弊"。在有机会抄袭旁边同学答案的情形下，有20.8%的学生为了考试及格会找机会抄他人答案，而有接近半数的46.9%的学生虽然"心里很想抄袭，但最终还是没有看他人答案"，其他32.3%的学生具有坚定的道德意志，"即使可能因此不及格也不抄袭"。然而，我们并不能因以上数据就可以对大学生考试诚信抱乐观态度。当撇开具体情景的设定而问及"在大学生涯中，您是否有过考试作弊的行为"时，尽管有57.6%的学生回答从不作弊，但也有42.4%的学生回答有过作弊的行为，其中有1206人（占总数的39.7%）是"偶尔作弊"，82人（占总人数的2.7%）是"经常作弊"。不可否认，大学生考试作弊现象还是相当严重的，应该成为学校整肃纪律、培育学风的重要突破口。

在如何看待考试作弊行为上，态度鲜明表示反对、认为是欺骗行为、要坚决抵制的只有22.9%的学生，有七成多的学生对考试作弊的道德判断，缺乏明确的是非观，道德标准模糊，其中有682人（占总数的22.55%）的学生持"有条件认可"的态度，认为公共课考试作弊可以理解但专业课不应该；54.7%的学生持"价值中立"的态度，既不赞成，也不谴责。由此不难看出，大学生对考试作弊的行为，具有明显的去道德化的倾向，以至于在大学生群体中对考试作弊的不道德性缺乏谴责的舆论氛围。具而言之，许多学生失去了道德是非感，把考试作弊不道德性的"绝对命令"变成了有条件成立的道德命令。这种去道德化的倾向，迷失了大学生的正确道德判断，不仅使大学生把责任外推行为主体之外，而且表现出没有基本道德感的宽容，乃至表现出对作弊行为的姑息纵容。在描述作弊后的心理感受时，只有50.4%的学生会感到羞愧，36.1%的学生会产生矛盾的心理冲突，还有13.6%的学生"坦然"。按照道德心理学的理论，行为主体对某类行为的耻辱感与其对此类行为的道德认知具有相关性，即行为主体对败德行为的正确道德认识，是其产生内疚心理的重要前提。应该说，有近五成的学生对考试作弊无羞愧感，与上述七成学生道德认知的混乱不无相关。

对于考试作弊的动因，有74.2%的学生是"为了通过考试"，有15.3%的学生是"为了考高分"，有10.5%（320人）是出于"别人作弊，自己不作弊吃亏"的动机。让人难以相信的是，绝大多数学生考试作弊这一违背诚信道德的心理动机，乃是为了通过考试。另外，有一成（10.9%）学生的作弊行为表现出了经济学语义中的一种"动态复制"的行为特点，即他（她）是否要采取作弊行为，在很大程度上要看其他同学的作弊倾向和行为——一种多重博弈理论下的"社会学习模式"。如果将高校某一次考试行为视为一轮博弈场景的话，那么部分学生因作弊而通过考试或拿高分的"搭便车"投机行为，就会使考试守规学生产生"不公平感"，并诱使他们在下一轮考试博弈中产生仿效的欲望。这种"动态复制"的作弊行为，应该说是大学生考试作弊泛滥的一个重要诱因。这也说明，大学生在学习、考试问题上具有较强的投机性和功利性。

3. 学术诚信

学术研究活动，既是大学生拓展、深化知识的重要环节，也是大学生提高独立思考力、解决问题的实际能力及其培养创新精神的重要途径。大学生从事科学研究工作，不仅需要掌握相关的科学知识和基本的研究方法，而且需要遵守学术道德。唯有遵循基本的学术道德，大学生才能真正提高学术研究能力和学术水平，也才能真正体现出大学生的真才实学。数据显示，在学术诚信问题上，如学期论文的撰写，已有相当数量的学生缺乏求实、创新的治学态度和学术精神，难以独立完成论文撰写工作。尽管有48.8%的学生能够在查找资料基础上独立撰写，但不容忽视的是，有近半数43%的学生对"感兴趣课程的论文会认真完成，不感兴趣的课程论文会拼凑抄袭"，还有8.2%的"彻头彻尾剽窃者"，他们"直接从网上下载相关论文"。显然，学生独立完成作业或撰写论文的诚实道德，已有相当程度的滑落。另外，这种以自身的兴趣、偏好来决定自己撰写论文时应否遵守诚信的思维方式，既是"工具理性思维模式"的表现，也是道德虚无主义的表现。可见，相当多的大学生没有对学术论文抄袭——这一违背诚信的败德行为的"耻辱感"，或者没有将其视为关乎人格的诚信道德问题，仅仅运用"工具理性"权衡利弊而选择行为。

为了恰当判断出大学生的抄袭行为是主观有意而背德还是客观无知而败德，我们设计了"在撰写论文时您知道如何正确使用他人的研究成果"的问题。出乎意料，超过半数的（63%）学生存在不知或知之不清的问题，其中56.2%的学生"不太清楚"，6.8%的学生"不清楚"。显然，学生对如何正确使用他人研究成果，存在着无知区或"模糊"地带。对于如何获知正确引用他人研究成果的途径，"老师课堂讲授"的仅占30.8%，18.8%的学生是从"学校网站"获得的，而高达50.45%的学生却是从"其他途径"得到的。以上数据反映出一个值得我们警醒的问题，各高校过于偏重对学生进行学术道德的准则教育，而忽视了学术规范基本知识的讲授。诚然，虽然关于正确引用他人学术成果的相关知识不是学术诚信的充分条件，但此类知识确是学生正确实践学术道德规范的必要前提。而对于学校取消那些在毕业论文中存在严重抄袭问题学生的学位获取资格的规定，虽有54.2%的学生认为"理应如此"，但也有41.5%的学生认为"处罚过于严厉"，竟有4.2%的学生还认为没必要管。这组数据无不说明，大学生对论文抄袭的不道德行为具有姑容倾向，在某种程度上，也说明部分大学生缺乏学术诚信的道德感。

4. 助学贷款诚信

大学生对待助学贷款或特困补助态度，是经济信用的突出表现。因此，大学生对待贷款或补助问题的态度和行为，能够折射出大学生意识深处的诚信状况。当问及申请国家助学贷款或特困生补助填写家境情况时，66.1%的学生能够"如实填写"，有30.8%的学生"基本上照实说，稍微有点隐瞒"，4.2%的学生会"夸大经济困难的程度，不惜出具假的家庭证明"。应该说，绝大多数高校学生对申请助学贷款事宜，能够坚持基本的诚实原则。在助学贷款归还问题上，93.2%的学生能够"按期还清贷款"，仅有屈指可数的26人选择"不打算还"，占0.9%；有5.9%的学生"能拖就拖"。从这两个设定的诚信情景来看，多数大学生在申请贷款或困难补助以及贷款的归还问题上，还是能够坚守信用原则的。这与有些媒体对大学生贷款严重失信的报道有些不一。

5. 人际交往诚信

人际交往是大学生社会化的重要表现，也是诚信道德协调的重要社会关系。由于承诺与践约密切相关，大学生平时承诺的态度和做法，在一定程度上能够反映出他们的诚信道德水平。当问及"您在人际交往中经常是如何承诺"时，56%的学生会"考虑周全后许诺"；只有71人会"随口许诺"，占2.3%；41.6%的学生会"视承诺事情的轻重而定"。在日常与他人交往中，65%的学生具有坚定的道德意志，能够"言必信，行必果"，33.7%的学生有功利主义的倾向，会"视利害关系决定是否守信践约"，而"经常失信"的仅仅有40人，占1.3%。上述两组数据显示，轻易许诺和经常失信的人是少数，多数大学生有谨慎许诺的意识和主动践行约定的行为倾向。但也不难看出，当代大学生在人际交往的履约守信行为中，存在着明显的功利主义倾向。需要注意的是，受功利主义价值观影响的守信行为，会因缺少对诚信义理的认同和信服而变成纯粹的行为合道德性。

6.情感诚信

诚信不仅是人们处世的一种基本的道德要求，也是大学生两性情感维系和发展的重要道德基础。为切实把脉大学生在两性感情上的诚信状况，设计了两个情境。一个情境是"您有过几次恋爱经历，是否如实告诉现在的恋人"，80%的学生能够"坦诚告诉对方"；只有310人选择"闭口不提从前"，占10.2%；另有9.8%的学生会"告诉对方只谈过一次恋爱"。另一个情境是"您已确定恋爱关系，又有您喜欢的异性追求，"73.3%的学生会"理智拒绝对方"；22.4%的学生会"举棋不定"；仅有4.3%的学生会"两个同时交往"。从调查数据结果来看，大学生在两性情感问题上还是有相当诚信度的，具有基本的道德观念，这与近年来有些媒体报道大学生两性情感随意、互相欺瞒泛滥等不完全吻合。当然，不能完全排除学生存在知行分离的现象。

7.求职诚信

求职是大学生步入社会的重要关口，事关大学生职业发展的切身利益，也是显现其诚信道德状况的重要方面。从调查结果来看，多数大学生能够遵循诚信原则，当问及如果你看到宿舍同学在求职简历中有明显作假而又成功签约时，虽然有43.5%的学生禁得住诱惑，坚守诚信道德原则，"不屑于对方的做法"，但竟有超过半数的学生会在简历中不同程度的掺假，其中51.9%的学生会积极仿效，"对简历稍做粉饰"，4.6%的学生会"重新制作，虚构简历"。在如何看待大学生求职违约的问题上，再现了大学生的功利主义思想。虽然有53.6%的学生认为"是对学校、用人单位不负责的行为"；但23.5%的学生认为"只要能找到满意单位，即使违约也可以理解"；22.9%的学生会"视违约成本而论"。不难看出，大学生在正确道德原则与个人功利之间的选择上，具有明显的功利化和效果论的倾向。

8.网络诚信

当代社会的网络化、网络的虚拟化以及网络主体的青年化，使得大学生群体的网络诚信渐进凸显为一个重要的社会问题。对于网上交友个人身份的真实性问题,有46.3%的学生认为应该"与对方诚实交往";34.7%的学生倾向于"适当粉饰自己";19%的学生认为有必要"虚构个人身份"。不难发现,"虚构个人身份"以及"适当粉饰自己"的学生总数占到半数以上。令人担忧的是,大学生在虚拟世界中诚信缺失行为的放任乃至泛滥,即使在短期不会对当事人和社会造成实质的、较大的伤害,但从行为心理学视角来看,如果此类行为在交往主体身上反复重演、在客观上会造成一种"学习和放大效应",有些大学生很可能将此败德行为延伸或放大到真实社会生活中,形成弄虚作假、不守诚信的行为习惯。

9. 消费诚信

市场经济交换的普遍性和频繁性所促发的消费活动,不仅内蕴了诚信的道德要求,而且也是检测人们诚信道德品行的重要方面。为此,本课题设计了一个网络购物情景:"通过网上购物,您收到快递送来的一个精美工艺品,但拆包时不小心碰坏了",多数学生(67.8%)会"重新订货",即恪守诚信,不屑于弄虚作假,说明在网上购物消费上,大多数学生能遵循诚实和自律的原则;但仍有22.4%的学生"不说自己弄坏的,希望换个好的";甚至还有9.8%的学生会"找理由要求对方换货",作出虚假欺骗的不诚信行为。这说明,大学生的网络消费诚信意识有待培育和提高。

三、大学生诚信道德水平差异性分析

在上述描述统计分析中,我们对于大学生的诚信道德状况有了一般性把握,而本部分将在此基础上,对量表进行一维方差分析,进而较为准确地描述出不同年级及其科类大学生的诚信道德水平的差异性。

1."学习诚信"的以年级为因素的单因素方差分析

通过分组均值多重比较发现,大四学生"上课守时"的诚信得分均值,与大一、大二和大三学生相比存在较大负差异,分别为−0.1440、−0.0913、0.1107。一年级学生在"上课出勤"上的诚信得分均值,较之其他年级学生存在显著正差异,分别为0.1521、0.1007、0.1377。数据显示,大一学生无论是在课堂守时方面还是课堂出勤率方面的学习诚信水平,都远高于大二、大三、大四年级的学生,其中,大四学生在课堂守时方面尤显松懈。

在学习诚信道德水平上,呈现的大一学生普遍偏高和大四学生相对偏低的现象,有其特有的原因。大一学生面对崭新而又陌生的环境,"自我保护的意识"促使其对自身行为具有较强的内在约束性。质言之,大一期间,学生在高中期所受的严明管理的组织纪律性的惯性仍会有一定的惯性作用,而入校后所处新环境的陌生感也会使其拘束自己,不敢轻易妄为,对学校的规定、纪律有所顾忌。另外,杜绝迟到、旷课等违背学校管理规定的行为,常常是大学一年级入学教育的基本内容和班主任进行班级管理的一项重要工作。因此,大一学生往往不敢放任自己,绝大多数学生会守规上课。相比之下,即将走出校园而步入社会的大四学生,他们必修课程较少,更多是选修课,而在客观上,选修课程的考勤相对必修课比较松散,迟到、旷课等违纪行为不为大家重视。另外,在临近毕业阶段,大四学生把主要精力会投入到实习、考研和求职等活动中,此类活动对于其具有更大的效用或收益。所以,他们更倾向于个人安排的事情而非学校安排的课程。

2."考试诚信"的以年级为因素的单因素方差分析

对分组均值进行多重比较发现,三、四年级学生在考试诚信Q4(为了通过考试,您会)的得分均值,与一、二年级相比存在较大负差异,它们分别为−0.1114、−0.0986和−0.1278和−0.1250。在Q5(考试时有一些题不会做,但能看到旁边同学的答案,您会)上,三年级学生与一、二年级学生相比存在较大负差异，分别为 -0.0984 和 -0.1029。在 Q6（在大学生涯中，您是否有过考试作弊的行为）上，三、四年级学生与一、二年级学生相比存在较大负差异：三年级学生与一、二年级学生相比分别为 0.1660 和 -0.1383；四年级学生与一、二年级学生相比分别为 -0.1831 和 -0.1554。同样的现象出现在 Q7（您觉得作弊后的心理感受是）上，三年级学生与一、二年级学生相比分别为 -0.0945 和 0.0925；四年级学生与一、二年级学生相比分别为 0.1025、-0.1005。以上数据显示，大学三、四年级学生在考试诚信上的表现"差强人意"，即在考场中他们与低年级同学相比更倾向于作弊，且作弊后的心理感受较之学弟、学妹们更加"坦然"而"不知耻"。

3. "情感诚信"的以年级为因素的单因素方差分析

在恋爱诚信上，大四学生与其他年级相比显现出较低水平。在 Q18（您有过几次恋爱经历，是否如实告诉现在的恋人）上，四年级与一、二和三年级相比，其均值负差异分别为 -0.1010、-0.1843 和 -0.1020。并且，四年级学生在 Q19（您已确定恋爱关系，又有您喜欢的异性追求，您会）上与二、三年级相比存在较大负差异，即分别为 -0.1011 和 0.0749。可以说，大学高年级学生（尤指大四学生）较之低年级学生，在恋爱上更显轻浮和缺乏道德责任感。大四学生在恋爱诚信上得分相对较低的原因：一是大四学生的功利主义恋爱成分增加。大四学生临近毕业，工作压力陡增，未来变数加大，与低年级学生崇尚精神之恋相比，部分大四学生的恋爱呈功利化态势。二是末班车心理，大四学生与低年级相比，课业负担少，空闲时间多，虽然他们专注于考研或寻找工作，但仍有部分大四学生为填补大学生活空白、满足虚荣心等而踏上恋爱末班车，有的甚至把"恋爱"转变为"练爱"，不可避免地就会出现缺乏责任心和道德感的恋爱行为。

4. "考试诚信"的以专业为因素的单因素方差分析

理工科学生考试诚信得分均值与文科生相比存在较大的负差异，

分别为 -0.1014、-0.1036、-0.0801、-0.0624。据此可以认为，理工科学生的考试诚信比文科生低，前者比后者更倾向于作弊行为且作弊后的"内疚感"较后者轻。

理工科学生考试诚信较低可以归因三个方面：首先，理工科学生因循"后果主义思维模式"，更偏重行为结果的效用最大化，即对一些专业性、技术性较强的"高就业性"课程认真学习，而对一些人文社科类课程不够重视，从"最小支出获取最大收益"出发而更倾向于在此类课程考试中"铤而走险"地采取作弊行为。其次，即使对于专业技术类必修课程，他们也往往因其难度大、学习吃力等而倾向于作弊过关。最后，理工科类学生易于"忽视"考试作弊带来的背信成本，总认为只要专业好、懂技术就可以找到工作，不在乎考试作弊的不良诚信记录的消极影响，故而，降低对自身的诚信道德要求。

发表于《思想教育研究》2009 年第 11 期

大学生诚信道德建设的路径选择 *

　　和谐社会对诚信的道德诉求，大学生作为高知群体对社会精神的引领作用及其作为社会建设的中坚力量所要担当的重任，都预示了加强大学生诚信道德建设的必然性；而目前我国大学生诚信道德的式微，又隆显了加强大学生诚信道德建设的紧迫性。因之，镜鉴西方主要国家大学生诚信管理的经验，契合我国大学生诚信道德的实情，据此而提出针对性的建设对策，不仅是培育大学生良好道德品行和人文精神的需要，也是构建社会主义和谐社会的需要。

一、学校管理制度的伦理化

　　制度作为环境结构状态中的重要部分，是避免个人行为的任意性、破坏性的重要制衡因素，因之，大学生诚信道德的缺失，不只是社会道德教育问题，在某种程度上，也与学校诚信的相关制度的完备与合理性相关。所以，加强大学生的诚信道德建设，必须首先要完善高校的管理制度，使其合理化。

　　首先，加强高校管理制度与国家上位法的契合度。国家法律调节的对象是包括大学生在内的全体公民，因此，高校对大学生的各项管理规定，应与国家上位法的原则和精神相契合。我国在市场经济法律体系的建立过程中，不仅对原有不合乎时代精神的法规进行了修订，而且根据社会需要也陆续出台了许多新的法规，这在客观上就要求高校应根据现行法的原则和要求，对学校的管理规章进行全面的审查，及时修改与法律法规有出入的地方，以减少高校管理制度和学生权利之间的摩擦，避免学校的管理规章因与国家上位法相冲突而影响学生对制度的尊重与践行。

其次，提高学生在学校规章制度制定中的有序参与度。受传统管理思维方式的影响，许多高校在对学生管理规章的制定过程中，仍存在着不同程度的"上脑思维"的特征，即把学生视为纯粹的管制客体，完全从学校单方面的管理秩序或效率出发而制定相关的制度。这种没有征求和听取学生意见、完全形于上的规章，不仅会导致颁布的有些规定，不符合学生的实情而影响学生的接受，而且也会因其强制推行，导致学生对制度的反感和排斥。现代管理理念，提倡民主协商的制度制定形式，尤其在高校，大学生作为高知群体，不仅具有强烈的自我意识和权利意识，而且具有进行规则商谈的能力。因此，各高校在对学生制定有关制度时，要注重发挥学生的自我管理、自我规范的能力，充分听取学生意见，在座谈、对话、交谈中形成规则共识，从而使这些管理制度成为学校、学生共同商谈的产物，形成学生有序参与制度制定的民主机制。也就是说，学校在制度制定的理念上，要把学生视为具有自我规定能力的主体；在制度制定的程序上，要设定学生参与的环节和渠道，发挥学生党团组织、学生会、学生社团的组织和桥梁作用，构建学生与校方之间双向沟通的平台；在制度的评估上，要让学生进行评价。由学生参与建立的制度，会因合乎学生的实情而更具合理性。

再者，提高学校管理制度的科学化程度。学校对学生的管理规定，不只是建立良好秩序的需要，更是学生完成学业、完善人格、就业成才的需要。在这个意义上说，学校管理规章的根本和最终目的就是为了学生。有鉴于此，学校在制定相关的制度过程中，必须要从学生的心理特征、行为能力和实际生活出发，不能为了纯粹的管制而建章，使规章带有较多的官僚主义、主观主义的成分。在专业课程的设置上，要立足于学科自身的体系化、社会工作专业化和学生职业化的需要安排课程，不能因师设课；教学内容要推陈出新，反映学科的最新知识，避免教材的理论陈旧。

二、学校诚信规章制度的系统化

高校尽管在学籍管理、考试制度等方面的规章日臻完善，但在学术、就业等诚信管理规章方面仍存在着不同程度的制度缺位问题，所以，高校诚信管理的制度建设急需系统化。

1. 完善考试管理制度

细化考试作弊的相关规定。尽管目前许多高校已制定和出台了考试方面的管理文件，但更多的是概括考试作弊行为的一般特征，提出对考试作弊行为的处罚原则。从总体来说，还应加强对考试作弊行为类型的具体归纳与描述，更要依作弊的形式及危害程度规定出详细的处罚措施，规定要明确、具体。

建立考务管理机构。为端正考风和严明考试纪律，把考试诚信落到实处，学校应成立专门的机构，如学校成立以主管教学工作的副校长为组长，包括教务处处长、学生处处长、各教学单位主管教学工作的副院长（副主任）在内的考试工作领导小组，加强对学校考务工作的统一领导；各教学单位成立以单位正职领导为组长，包括主管教学工作副院长（副主任）、主管学生工作副书记等在内的考试工作院系领导小组；成立教授和学生共同参加的监管会，负责对学生作弊行为的核实、申诉及对学校处罚结果的检察与纠正。

对学生成绩评价机制的科学化。在高校严格管理的情况下，考试作弊行为仍然频频发生，成为高校大学生诚信中严重的问题，深究其原因，与教师对学生成绩的单一评价制度无不相关。目前，在我国高校，普遍盛行的成绩检测形式是闭卷考试，尽管有些任课教师在给定课程成绩时，也会考虑学生的平时成绩，但期末的闭卷考试成绩仍占绝对的比例，致使一些学生会出于对死记硬背的公式、概念的厌烦或记不住而作弊。不可否认，考试是检测学生知识掌握和分析问题能力的重要形式，但不要唯一化，尤其是人文社会科学，教学的目的是让学生掌握相关知识的同时，训练其理性思维能力，培养其分析问题、解决问题的能力。所以，对学生课程成绩的考核，应注重综合性，把平时课堂发言、讨论、平时作业的成绩与期中、期末成绩统合，避免一卷定终身的现象，从而减少学生考试作弊的赌博心理。另外，应根据课程的特点和教学的根本目的，允许采用多种考试方式，有笔试闭卷或开卷；有口试、小论文或小设计报告等。

2.完善学术诚信制度

目前，有许多学校把学术规范和学风建设纳入制度建设当中，但问题是大部分学校的规章制度在内容上空泛，缺乏可操作性，致使学术诚信建设成为高校学风建设的薄弱环节。有些高校学术的规章制度在内容上几乎就是教育部文件的复制，缺乏针对本校实际情况的具体而详实的内容。有的学校在"违纪处分办法"中规定："学年论文、实习论文、毕业论文、学位论文剽窃他人成果，以作弊论，给予记过处分；情节严重者，给予留校察看直至开除学籍处分。"在此文件的其他条文中，既没有对"剽窃"的界定，也没有对"剽窃"程度或情节的明确划分。这类规定在实施过程中会因缺乏严明的规定而易于产生分歧，影响制度的实效化，造成某些规章制度的形同虚设。为此，我们需要首先厘定学术诚信规则。各学校应根据教育部的有关规定及大学的学术精神，制定出明确的学术规范条例，既包括对原则性的规定给予细化，对抄袭、剽窃、伪造等学术不诚信行为给予明确阐明，也包括对学术不诚信的不同行为类型给予相应处罚的具体规定。另外，要建立学术诚信的监督机制。对于学生的论文作业、学位论文，应形成一套以教师为主、学生为辅的检察制度，建立多种监督渠道，尤其是利用网络平台的自由性和隐匿性，形成过滤网，对抄袭、剽窃、伪造学术论文现象，及时得到发现和受到惩处。对学术不诚信者的处罚，要公示，形成失信受罚的行为预期和社会教育效应。同样重要的是，要推行荣誉承诺制。在试卷的上方和学术论文的首页，要印制诚信誓言，让学生通读并签署，以起到提醒和督促。

3. 完善贷款制度

健全贷款条件的核查制度。尽管许多高校在《国家助学贷款工作实施办法》中，基本上都把"遵纪守法，诚实守信，无违法违纪行为"作为申请国家助学贷款的一项重要条件，但在具体操作中，比较偏重对考试作弊违章的审查，而对其学术诚信则重视不够，有鉴于此，要建立包括考试、学术、材料申报等在内的全面审核制度。

明示欺骗贷款的处罚规定。有些学校在《国家助学贷款工作实施办法》中，规定贷款学生要"签订承诺协议书"以及"对于申请国家助学贷款隐瞒真实情况或弄虚作假的学生给予相应的处罚"，但处罚条例过于原则性，需要进一步的细化规定。

还贷方式多样化。目前，银行让学生在毕业前签订还款确认书，明确还款期限和每期固定的还款金额。这种确认书的签定本身无可厚非，需要改进的是要根据学生的实际情况，允许有多种还贷形式，即根据学生收入水平确定偿还贷款的速度以及还款数额，尤其要考虑一些学生由于失业、生病、受伤等原因暂时没有还贷能力，银行应给这部分学生建立申请缓还贷款的渠道。根据贷款学生的实际还贷能力采取灵活多样的形式，既可减轻贷款毕业生的压力，提高学生还贷的积极性，又可降低大学生贷款的违约率。

三、诚信奖惩制度体系化

成立第三方的诚信仲裁机构。高校目前普遍没有设立专门的诚信管理部门，基本都是挂靠在学校的相关职能部门，如教务处或学生处。为了体现公正和消除学生对学校的排斥心理，发挥学生的自我监管和评价能力，提议学校成立由教授和学生代表组成的学术委员会作为第三方，负责对学生诚信与失信行为的裁定及提出表彰或处罚的建议，然后由职能部门公示及存档。

失信惩罚程序化。由于受"重实体，轻程序"观念的影响，我国高校普遍存在忽视程序、注重结果的现象。为此，各高校要严格按照《普通高等学校学生管理规定》第64条的"处分要适当，处理结论要同本人见面，允许本人申辩、申诉和保留不同意见。对于本人的申诉，学校有责任进行复查"的规定制定出详细的处罚程序。具体建议是：第一，组织调查。学校发现学生有诚信违规的问题后，首先应查明事实真相，在事实没有得到确认之前任何人或部门都不得擅自作出处分决定。第二，书面告知。在初步查明违规事实后，应当书面告知当事人的事实信息和法律信息，同时听取涉嫌作弊学生的陈述和申辩意见，并告知其有申请听证会的权利。第三，举行听证会。若涉嫌作弊学生在规定的期限内申请听证，学校应当在法定期限内为其组织听证会，给他（她）留有合理的准备时间，并及时告知举行听证会的时间、地点和主持人。整个听证过程应当进行笔录，并由当事人核对无误后签字。第四，形成决议。听证会后，确认学生违规是否成立，如果违规事实证明不足，应公示，消除对该生的消极影响；如若违规事实确凿，应形成明确的处罚决议，提交教务处。第五，告之和公示。处分决定不仅要告之学生，而且要在学校公开张贴。第六，备案。退学、开除学籍等彻底改变学生身份的处分决定书，应当在规定的期限内报上级教育主管部门备案，接受国家教育行政部门的事后监督。

健全监督机制。首先，加强对国家助学金诚信行为的监督。全国学生资助管理中心，应在其网站上公开助学金管理条例、公示各学校被资助的学生名单，设立投诉、举报系统，便于社会监督。其次，加强毕业生就业诚信监督。学生的推荐材料要统一管理，就业推荐材料必须经过学校严格审核盖章，防止编造虚假信息，确保毕业生就业材料的真实性。再者，加强对荣誉称号的监管。学校要禁止开展名目繁多、适应就业需要的荣誉称号的评比活动，应使荣誉称号名副其实，成为稀缺资源，以发挥出荣誉称号在就业竞争中的特有价值。

四、大学生诚信信息社会化

目前许多学校还没有为本校的贷款学生建立个人诚信档案，而信用记录的空白在某种程度上，也是大学生毁约失信的诱因之一。因此，加快大学生诚信档案的社会化，则成为高校加强大学生诚信建设的重要方面。

诚信信息收集层次化。一是以班级为单位，由班级辅导员和班委共同负责收集该班学生的诚信信息；二是学校各职能部门，要恪守职责，对诚信缺失的学生，应记录在案，不能漏记或随意更改。

诚信信息内容具体化。要建立大学生的经济、学习、考试、求职诚信的全面信息档案。经济诚信信息应包括大学生在申请国家助学贷款、救济、补贴以及缴纳学费、住宿费等方面的情况；学习诚信包括学生旷课、作弊等方面的信息；学术诚信包括学生作业、论文完成的真实性，以及有无抄袭、伪造等记录；求职诚信包括学生所获荣誉称号、证书、签约履行等真实状况。

诚信信息的网络化。借助现代科学技术，建立大学生诚信档案数据库，逐步实现系统内联网，并与教育部门的"学生信用档案"网站联接。使大学生的诚信信息社会化，便于社会各界的查询、监督，使用人单位、社会中介组织、银行等机构能够随时查阅大学生的真实材料，从而降低大学生的信用风险，使个人信用档案真正成为学生的第二"身份证"，促使学生珍惜和维护自身的信用形象。

五、学校诚信教育多样化

加强大学生的诚信教育是不可或缺的。诚信教育不能孤立化，更不能完全知识化，要重视诚信伦理的意义教育。对大学生的诚信教育，要立足于他们立身成才的价值实现的人生想望，把遵守诚信之规与他们的生存和发展前景相关联，使他们认识到诚信是成就辉煌人生的道德基础，从而增强大学生践行诚信道德的内驱力。另外，要创设大学生主动教育与自我教育相结合的平台。通过开展"学术诚信周"活动，对在校生进行全面的学校规章和诚信的认知教育，使他们了解诚信条例，明辨诚信道德善恶。

重视学校诚信道德环境的熏染教育。首先，诚信立校。把诚信办校列入高校教学评估和精神文明单位的创建之中，坚决杜绝在迎接上级教学评估中的弄虚作假行为，尤其是让学生参与造假过程的行为。其次，诚信立教。加强师德师风的诚信道德建设，把教师的学术诚信列入工作考核、职称晋升、导师资格评定的标准体系中。杜绝老师上课迟到早退、授课敷衍、学术造假等行为，发挥教师的言教与身教的综合示范作用。再者，诚信立人。通过在学生中开展诚信道德楷模的评比活动，学校要树立学生身边的诚信道德楷模，宣传诚信立人的鲜活事例，授予诚信楷模光荣称呼，并记录在其档案中，使学生感受诚信道德的力量和价值。

发表于《思想教育研究》2008 年第 7 期

责任编辑:郭星儿

封面设计:源　源

图书在版编目(CIP)数据

伦理与德性:王淑芹学术论文集/王淑芹 著. —北京:人民出版社,2019.11

ISBN 978-7-01-021439-9

Ⅰ.①伦…　Ⅱ.①王…　Ⅲ.①伦理学-文集　Ⅳ.①B82-53

中国版本图书馆 CIP 数据核字(2019)第 229444 号

伦理与德性

LUNLI YU DEXING

——王淑芹学术论文集

王淑芹　著

人民出版社 出版发行

(100706　北京市东城区隆福寺街 99 号)

北京佳未印刷科技有限公司印刷　新华书店经销

2019 年 11 月第 1 版　2019 年 11 月北京第 1 次印刷

开本:710 毫米×1000 毫米 1/16　印张:32.5　字数:450 千字

ISBN 978-7-01-021439-9　定价:88.00 元

邮购地址 100706　北京市东城区隆福寺街 99 号

人民东方图书销售中心　电话 (010)65250042　65289539